普通高等院校土木工程专业"十三五"规划教材
国家应用型创新人才培养系列精品教材

水泥基材料结构与性能

Structure and Performance of Cement-Based Materials

郭晓潞　徐玲琳　吴　凯　编著

中国建材工业出版社

图书在版编目（CIP）数据

水泥基材料结构与性能／郭晓潞，徐玲琳，吴凯编
著． －－ 北京：中国建材工业出版社，2020.9
ISBN 978 – 7 – 5160 – 3007 – 3

Ⅰ．①水… Ⅱ．①郭… ②徐… ③吴… Ⅲ．①水泥基
复合材料 Ⅳ．①TB333．2

中国版本图书馆 CIP 数据核字（2020）第 127814 号

内 容 简 介

本书将水泥材料及混凝土材料有机整合在水泥基材料中，系统介绍了水泥基材料
的基本概念、基础知识、分析方法和前沿进展；重点突出了水泥基材料的结构与性能
及其表征；在汲取和发扬传统教材优势与特长的同时，融入水泥基材料领域的新内
容，如节能减排、生态水泥基材料、低碳水泥、智能建造、高性能化等新理念和新动
向，使之反映了当前水泥基材料的前沿知识、最新研究进展和未来发展趋势。

本书不仅可以作为研究生教学用书，更适合于从事水泥基材料科学研究与技术应
用等相关领域的教学、设计、生产、施工、研究、管理和监理等各类技术人员使用。

水泥基材料结构与性能
Shuiniji Cailiao Jiegou yu Xingneng
郭晓潞 徐玲琳 吴 凯 编著
出版发行：中国建材工业出版社
地 址：北京市海淀区三里河路 1 号
邮 编：100044
经 销：全国各地新华书店
印 刷：北京雁林吉兆印刷有限公司
开 本：787mm×1092mm 1/16
印 张：20.25
字 数：500 千字
版 次：2020 年 9 月第 1 版
印 次：2020 年 9 月第 1 次
定 价：75.00 元

前　　言

随着我国大规模经济建设的高速发展，城市化进程的不断推进，市政基础设施和房屋建筑工程规模及其运维技术的持续提升，水泥基材料的需求量急剧攀升，对其质量的要求也越来越高。同时，人类还在不断地扩大对海洋、地下、太空等空间资源的开发，并且越来越重视对生态环境的保护及能源、资源的节约使用和循环利用，先进水泥基材料的发展不断地为水泥基材料注入新的内容，也对水泥基材料的结构与性能及测试技术提出了新的要求。

同济大学以土木工程见长并闻名于世，水泥基材料是最大宗的土木工程材料，也是同济大学的优势学科方向。本书有幸入选普通高等院校土木工程专业"十三五"规划教材、国家应用型创新人才培养系列精品教材，并在同济大学研究生教材出版基金（2020JC19）的资助下编著完成。本书主要涵盖水泥的结构与性能、混凝土的结构与性能、生态水泥基材料的结构与性能、水泥基材料的微结构表征这四方面内容，系统介绍了水泥基材料科学的基本概念、基础知识、分析方法和前沿进展。本书在发扬传统教材优势和特长的同时，吸纳了水泥基材料领域的新研究进展和新测试方法，与时俱进地融入了生态水泥基材料、节能减排、智能建造、高性能化等新理念及新动向，使之及时反映了水泥基材料的前沿知识、最新研究进展和未来发展趋势。本书不仅可以作为研究生教学用书，更适合于从事水泥基材料科学研究与应用相关领域的教学、设计、生产、施工、研究、管理和监理等各类技术人员使用。

本书由同济大学郭晓潞教授、徐玲琳副教授和吴凯副教授编著，特别感谢同济大学施惠生教授和上海理工大学阚黎黎副教授对本书编撰工作的指导与帮助。各章编撰分工：第1~3章由郭晓潞、吴凯编写；第4~7章由吴凯、郭晓潞编写；第8章由徐玲琳、郭晓潞、吴凯编写；第9章由徐玲琳、吴凯编写。此外，本书在编撰过程中还得到了博士研究生熊归砚、汪琪，硕士研究生张堂俊、杨君奕、唐超宇、刘斯好、龙江峰、韩好、赵亚婷等的支持与帮助；本书的出版得到了中国建材工业出版社杨娜编辑的大力支持，在此一并致谢。

由于笔者水平的局限性，本书难免有谬误之处，诚请广大读者指正。

作　者

2020 年 6 月于同济嘉园

目　　录

第1章　硅酸盐水泥的结构与性能

水泥是一种粉末状材料，当它与水或适当的盐溶液混合后，在常温下经过一定的物理、化学作用，能由浆体状逐渐凝结、硬化，并且具有强度，同时能将砂、石等散粒材料或砖、砌块等块状材料胶结为整体。水泥是一种良好的矿物胶凝材料，它与石灰、石膏、水玻璃等气硬性胶凝材料不同，不仅能在空气中硬化，还能在水中更好地硬化，并保持和发展其强度。因此，水泥是一种水硬性胶凝材料。

水泥是制造各种形式的混凝土、钢筋混凝土和预应力钢筋混凝土构筑物的最基本组成材料，也常用于配制砂浆，以及用作灌浆材料等。水泥在国民经济建设中起着十分重要的作用，不仅大量用于工业和民用建筑，还广泛用于道路、桥梁、铁路、水利和国防工程中。

我国的水泥工业始于1889年，河北唐山启新洋灰公司为首家水泥制造厂，但截至1949年中华人民共和国成立之时，水泥产量仅66万t；解放以后，尤其是改革开放后，我国水泥工业迅速发展，至2019年，我国的水泥产量已达到23.3亿t。相对来说，水泥生产技术是非常传统的，在很长的一段时间里其基本原理始终保持不变。但是，在朝着低碳经济、降低能耗和减少员工，以及根治污染等方面努力的过程中，水泥生产工艺发生了意义十分深远的变化，这些变化使得水泥工业与环境相友好。

水泥的品种很多，按其主要水硬性矿物名称可分为硅酸盐系水泥、铝酸盐系水泥、硫铝酸盐系水泥、铁铝酸盐系水泥、磷酸盐系水泥等。近年来，随着环境保护意识的不断增强，人们对水泥生产中低碳、节能、利废等的要求不断提高，这也促进了各种生态水泥品种的研发。目前，在土木工程中生产量最大、应用最广的仍是硅酸盐系水泥。硅酸盐水泥是用量最大，生产最普遍的水泥，因此，本章将以硅酸盐水泥为基础介绍有关水泥的组成、生产过程和性能等，特别是水泥在制备混凝土时的水化过程、水泥水化产物、水泥浆体结构等知识。

1.1　硅酸盐水泥的生产

硅酸盐水泥（Portland Cement，故也常称为波特兰水泥）是硅酸盐系水泥的一个基本品种。其他品种的硅酸盐类水泥，都是在此基础上加入一定量的混合材料，或者适当改变水泥熟料的成分而形成的。

硅酸盐系水泥（图1-1）是以硅酸钙为主要成分的水泥熟料、一定量的混合材料和适量石膏，共同磨细而成。按其性能和用途不同，又可分为通用水泥、专用水泥和特性水泥三大类。

通用水泥是指大量用于一般土木建筑工程中的水泥；专用水泥是指用于各类有特殊要求的工程中的水泥；特性水泥是指具有某些特殊性能的水泥。

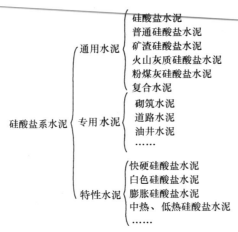

图 1-1　硅酸盐系水泥

1.1.1　硅酸盐水泥生产工艺简介

1. 水泥的主要原料

硅酸盐水泥的主要原料是石灰质原料（主要提供氧化钙）和黏土质原料（主要提供氧化硅和氧化铝，也部分提供氧化铁）。我国黏土质原料及煤炭灰分一般含氧化铝较高，含氧化铁不足。因此，使用天然原料的水泥厂大多需用铁质校正原料，另外还有辅助的熔剂原料和矿化剂。

（1）石灰质原料

石灰质原料作为水泥生产的主要原料，占水泥生料的 80% 左右。天然的石灰质原料有石灰石、泥灰岩、白垩、贝壳等。我国大部分水泥厂使用石灰石和泥灰岩，其主要成分为 $CaCO_3$。纯石灰石 CaO 最高含量为 56%，其品位也由 CaO 含量来决定。

石灰石中夹杂的黏土物质，使石灰石成分波动大，严重时必须剔除。熟料中的 MgO 来源于石灰石中的白云石（$CaCO_3 \cdot MgCO_3$），为了保证水泥中氧化镁含量小于规定值，应对石灰石中的氧化镁含量给予足够的重视。石灰石中的碱和硫会影响煅烧和水泥熟料质量，石灰石中夹杂的燧石（结晶二氧化硅），质地坚硬，难以磨细和煅烧，对窑、磨产量和熟料质量不利，也是有害成分，对其含量应予以控制。

除了天然石灰质原料外，电石渣、碱渣、白泥等，其主要成分都是碳酸钙，均可用作石灰质原料，但应注意其中杂质的影响。

（2）黏土质原料

黏土质原料主要提供 SiO_2 和 Al_2O_3。天然黏土质原料有黄土、黏土、页岩、泥沙、粉砂岩及河泥等。工业废料，如粉煤灰、赤泥、高炉矿渣等也都可以用作提供 SiO_2 和 Al_2O_3 的原料，使用时对其中 Al_2O_3/SiO_2 的比例有一定的要求：

$SiO_2/(Al_2O_3 + Fe_2O_3) \approx 2.5 \sim 3.5$，最好在 $2.7 \sim 3.1$；

$Al_2O_3/Fe_2O_3 \approx 1.5 \sim 3.0$。

此外，黏土质原料中的有害成分为碱、氧化镁和三氧化硫。

（3）辅助原料

石灰质原料主要提供 CaO，黏土质原料主要提供 SiO_2、Al_2O_3 及少量的 Fe_2O_3。当这两种原料按任何配合均达不到所要求的组成时，常用辅助原料以校正 Fe_2O_3 或 SiO_2 的不足。辅助原料分为硅质、铝质和铁质三种校正原料。硅质校正原料常用的有砂岩、河砂、粉砂岩等；铝质校正原料主要是电厂粉煤灰；铁质校正原料有硫铁矿渣、铜、铝矿渣等。

（4）矿化剂

为降低水泥生料煅烧温度，使煅烧时的熔融物（又称液相）增多，有利于水泥熟料质量的提高，还常加入一些矿化剂，如石膏、萤石以及一些含微量元素的尾矿。在使用矿化剂时，必须注意其中一些有害物质可能对生态环境产生污染，因此需要严格控制使用。

2. 水泥的生产工艺

典型的水泥生产工艺流程主要有干法回转窑生产工艺流程、湿法回转窑生产工艺流程、半干法生产工艺流程、立窑生产工艺流程四种。水泥生产过程可分为制备生料、煅烧熟料、粉磨水泥三个主要阶段。该生产工艺过程简述如下：石灰质原料和黏土质原料按适当的比例配合，有时为了改善烧成反应过程还加入适量的铁矿石和矿化剂，将配合好的原材料在磨机中磨成生料；然后将生料入窑煅烧成熟料。将适当成分的生料，煅烧至部分熔融得到以硅酸钙为主要成分的物料称为硅酸盐水泥熟料。其生产工艺流程图如图 1-2 所示。

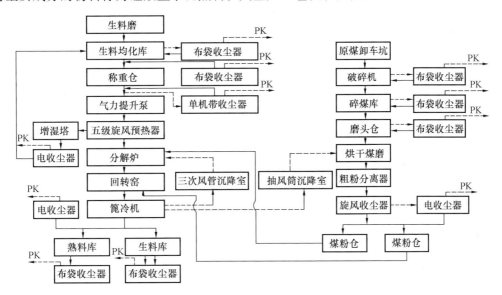

图 1-2　水泥生产工艺流程图

水泥生料的配合比例不同，将直接影响硅酸盐水泥熟料的矿物成分比例和主要技术性能，水泥生料在窑内的烧成（煅烧）过程，是保证水泥熟料质量的关键。熟料再配以适量的石膏，或根据水泥品种要求掺入混合材料，入磨机磨至适当细度，即制成水泥。

1.1.2　硅酸盐水泥熟料的形成化学

水泥生料入窑煅烧成熟料，熟料的煅烧是水泥生产中的中心环节，影响着水泥生产的产量、质量、燃料与耐火材料的消耗和窑的长期安全运转。水泥熟料的形成与煅烧制度、物料之间的相互反应、窑内气氛及冷却速度等直接相关，也正是对熟料形成过程不断地了解和研究，促使了水泥工业新技术的涌现，水泥工业不断向前推进。

1.1.2.1　熟料形成过程

水泥生料在水泥窑内，由常温加热到 1400～1500℃ 的高温下，进行着复杂的物理化学和热化学反应过程。在煅烧过程结束后形成各种矿物，从外观上看物料大部分已烧成了 10～20mm 的颗粒，这就称之为硅酸盐水泥熟料（图1-3）。表1-1为硅酸盐水泥熟料形成的基本程序。

1. 生料的干燥与脱水

生料中自由水的蒸发，称为干燥。生料中黏土矿物分解并放出其化合水，称为脱水。生料中自由水的含量因生产方法和窑型的不同而差别很大。自由水蒸发耗热十分巨大，每千克水蒸发潜热高达 2275kJ。

黏土矿物的化合水有两种：一种以 OH^- 离子状态存在于晶体结构中，称为晶体

图1-3　硅酸盐水泥熟料

配位水；一种以水分子状态吸附在晶层结构间，称为晶层间水或层间吸附水。所有的黏土矿物都含有配位水；蒙脱石还含有层间水；伊利石的层间水因风化程度而异。黏土脱水首先在粒子表面发生，接着向粒子中心扩展。对于高分散度的微粒，由于比表面积大，一旦脱水在粒子表面开始，就立即扩展到整个微粒并迅速完成。对于接近 1mm 的较粗粒度的黏土，因粒度大，比表面积小，脱水从粒子表面向纵深的扩散速度较慢，因此颗粒内部扩散速度控制整个煅烧过程。

表1-1　硅酸盐水泥熟料形成的基本程序

程序	温度范围（℃）	反应产物
脱水和结构水分解	27～600	H_2O 释出
碳酸盐分解	500～1000	CaO_f 由 <2% 增至 17%
铝硅酸盐分解	660～950	形成 $SiO_2 + Al_2O_3 + Fe_2O_3$
固相反应	550～1280	形成 $C_2S + C_{12}A_7 + C_3A + C_2$（A，F）$+ C_4AF + CaO_f$
液相烧结	1280～1450	形成 $C_3S + C_2S +$ 熔体
冷却结晶	1300～1000	形成 $C_3S + C_2S + C_3A + C_4AF +$ 玻璃体

温度升至 500～600℃时，黏土中主要矿物高岭土发生脱水分解反应。其在失去化学结合水的同时，本身晶体结构也受到破坏，生成无定型的偏高岭土，其具有较大的反应活性，当提高温度，一旦形成稳定的莫来石，则其反应活性降低。如果采用快速煅烧制度，虽然温度较高，但由于来不及形成稳定的莫来石，因此其产物仍可处于活性状态。

2. 碳酸盐的分解

生料中碳酸盐主要有碳酸钙和碳酸镁，其反应如下：

$$MgCO_3 \longrightarrow MgO + CO_2 \quad （590℃时）$$

$$CaCO_3 \longrightarrow CaO + CO_2 \quad （890℃时）$$

碳酸盐的分解反应有以下特点：首先，其是可逆反应，受系统温度和周围介质中 CO_2 的分压的影响，CO_2 的浓度和分解温度之间存在着一定的关系，如 CO_2 分压和温度处于平衡状态，使反应向正向或逆向进行，所以为了使分解反应顺利进行，必须保持较高的反应温度，

降低周围介质中 CO_2 分压或减少 CO_2 的浓度。其次，碳酸盐分解时，需要吸取大量的热能，是熟料形成过程中消耗热量最多的一个工艺过程。分解所需热量约占湿法生产总热耗的 1/3，约占新型干法窑热耗的 1/2。因此，为保证碳酸钙分解反应能完全地进行，必须提供足够的热量。最后，碳酸盐分解反应的起始温度较低，约在 600℃ 时碳酸镁分解，而碳酸钙开始有微弱的分解，至 894℃ 时，分解速度加快，1100～1200℃ 时分解极为迅速。

碳酸盐的分解分两个阶段进行。先进入动力学阶段，其速率取决于 CaO 晶核的形成能量和其浓度。然后进入扩散阶段，其速率取决于 $CaCO_3$ 颗粒表面形成的 CaO 外壳的厚度和 CO_2 通过这一外壳的扩散速度。$CaCO_3$ 颗粒表面首先受热达到分解温度后进行分解，排出 CO_2。随着过程的进行表层变为 CaO，分解反应逐步向颗粒内部推进。颗粒内部的分解反应可分为下列五个过程：

① 气流向颗粒表面的传热过程；

② 热量由表面以传导方式向分解面传递的过程；

③ 碳酸钙在一定的温度下，吸收热量，进行分解并放出 CO_2 的化学过程；

④ 分解放出的 CO_2，穿过 CaO 层向表面扩散的传质过程；

⑤ 表面的 CO_2 向周围介质气流扩散的过程。

当碳酸钙颗粒尺寸小于 30μm 时，由于传热和传质过程的阻力都比较小，因此分解速度和分解所需要的时间，将决定于化学反应所需要的时间。当粒径大约为 0.2cm 时，传热、传质的物理过程与分解反应化学过程具有同样重要的地位。当粒径约等于 1.0cm 时，传热和传质过程占主导地位，而化学过程降为次要地位。

影响碳酸钙分解反应的因素如下：

① 石灰石的种类和物理性质：结构致密、质点排列整齐、结晶粗大、晶体缺陷少的石灰石，分解速度慢。质地松软的白垩和内含其他组分较多的泥灰岩，则分解反应容易。

② 生料细度和颗粒级配：生料细度细，颗粒均匀，粗粒少，使传热和传质速度加快，有利于分解反应。

③ 温度：随温度的升高，分解反应速度加快。但应注意温度过高，将增加废气温度和热耗，预热器和分解炉的结皮、堵塞的可能性也大。

④ 窑系统的 CO_2 分压：通风良好，促使 CO_2 扩散速度加快，CO_2 压较低，有利于碳酸钙的分解。

⑤ 生料的悬浮分散程度：生料悬浮分散差，相对增大了颗粒尺寸，减少了传热面积，降低了碳酸钙分解速度。因此，生料悬浮分散程度是决定分解速度的一个非常重要的因素。这也是在悬浮预热器和分解炉内的碳酸钙分解速度较回转窑、立窑和立波尔窑内快的主要原因之一。

⑥ 黏土质组分的性质：如黏土质原料的主导矿物是活性大的高岭土，由于其容易与分解产物 CaO 直接进行固相反应生成低钙矿物，从而加速 $CaCO_3$ 的分解速度。

3. 固相反应

在生料煅烧过程中，碳酸盐分解的组分与黏土分解的组分通过质点之间相互扩散的反应称为固相反应。固相反应的过程比较复杂，其过程大致如下：

~800℃　　　$CaO + Al_2O_3 \longrightarrow CaO \cdot Al_2O_3(CA)$

　　　　　　$CaO + Fe_2O_3 \longrightarrow CaO \cdot Fe_2O_3(CF)$

$$2CaO + SiO_2 \longrightarrow 2CaO \cdot SiO_2(C_2S)$$

800～900℃ $7(CaO \cdot Al_2O_3) + 5CaO \longrightarrow 12CaO \cdot 7Al_2O_3(C_{12}A_7)$

$$CaO \cdot Fe_2O_3 + CaO \longrightarrow 2CaO \cdot Fe_2O_3(C_2F)$$

900～1100℃ $2CaO + Al_2O_3 + SiO_2 \longrightarrow 2CaO \cdot Al_2O_3 \cdot SiO_2(C_2AS)$ 形成后又分解

$$12CaO \cdot 7Al_2O_3 + 9CaO \longrightarrow 7(3CaO \cdot Al_2O_3)(C_3A)$$ 开始形成

$$7(2CaO \cdot Fe_2O_3) + 2CaO + 12CaO \cdot 7Al_2O_3 \longrightarrow 7(4CaO \cdot Al_2O_3 \cdot Fe_2O_3)$$

(C_4AF) 开始形成

1100～1200℃   形成大量 C_3A 和 C_4AF，C_2S 含量达最大值

在1250℃以下由于液相没有形成，反应总是在两种组分的界面上，通过颗粒之间的直接接触点或接触面进行。碳酸钙分解产物 CaO 和铝硅酸盐等的分解产物 SiO_2、Al_2O_3 和 Fe_2O_3 之间通过双向扩散进行固相反应。扩散途径首先发生在接触颗粒的外表面上，继而转移到颗粒间的界面上，最后转移到颗粒内部。因此接受 CaO 扩散的 SiO_2、Al_2O_3 和 Fe_2O_3 颗粒的大小控制着这些固相反应的动力学过程。黏土中的石英碎屑、砂岩中的石英等反应性都很差。因此，在原料选择中，力求避免采用粗晶石英。有资料推荐，生料中石英、长石和方解石颗粒的最大粒径，应分别控制在 $44\mu m$、$63\mu m$ 和 $125\mu m$。

影响固相反应的主要因素有以下几个方面：

① 生料的细度和均匀性：生料越细，则其颗粒尺寸越小，比表面积越大，各组分之间接触面积越大，同时表面的质点自由能也大，使反应和扩散能力增加，因此反应速度加快。但是，当生料磨细到一定程度后，如果继续再细磨，则对固相反应速度的影响不明显，而磨机产量却会大大降低，粉磨电耗剧增。因此，必须综合平衡，优化控制生料细度。生料各组分的均匀混合，有利于增加组分之间的接触，从而加速固相反应的进行。

② 温度和时间：当温度较低时，固体的化学活性低，质点的扩散和迁移速度很慢，因此，固相反应通常需要在较高的温度下进行，提高反应温度，可加速固相反应。由于固相反应时离子的扩散和迁移需要时间，因此必须要有一定的时间才能使固相反应进行完全。

③ 原料的性质：如果相互进行固相反应的物质都处于晶型转变或刚分解的新生态时，由于其质点间的相互作用较弱，因此，其固相反应的速度较快，耗能较低。

④ 矿化剂：能加速结晶化合物的形成，使水泥生料易烧的少量外加物称为矿化剂。加入矿化剂可以通过与反应物形成固溶体而使晶格活化，从而增加反应能力；或是与反应物形成低共熔物，使物料在较低的温度下出现液相，加速扩散和对固相的溶解作用；或是可促使反应物断键而提高反应物的反应速度。因此，加入矿化剂可以加速固相反应速度。

4. 液相烧结和熟料结晶

占硅酸盐水泥熟料45%～65%的 C_3S 是在熟料液相出现后形成的。它由已形成的 C_2S 和未结合的 CaO 在液相中扩散反应所生成。熔体含量有限又极黏稠，便只能形成熟料球那样的烧结产物。其反应式如下：

$$C_2S + CaO \xrightarrow{\text{液相}} C_3S$$

C_3S 的形成过程与熟料的液相密切相关，液相的温度、液相量，液相的黏度、表面张力及 C_2S、CaO 溶解于液相的速度等影响着 C_3S 的形成。

（1）最低共熔温度

物料在加热过程中，两种或两种以上组分开始出现液相的温度称为最低共熔温度。C_3S-C_2S-C_3A-C_4AF 系统中，液相出现的温度为 1338℃，掺有 5% MgO 后降为 1300℃。碱存在时液相出现的温度将进一步降低（表 1-2）。所有能熔入的少量化合物，均能进一步降低液相初始出现的温度，即降低了熟料的烧成温度。

表 1-2　一些系统的最低共熔温度

系统	最低共熔温度（℃）
C_3S-C_2S-C_3A	1450
C_3S-C_2S-C_3A-Na_2O	1430
C_3S-C_2S-C_3A-MgO	1375
C_3S-C_2S-C_3A-Na_2O-MgO	1365
C_3S-C_2S-C_3A-C_4AF	1338
C_3S-C_2S-C_3A-Fe_2O_3	1315
C_3S-C_2S-C_3A-Fe_2O_3-MgO	1300
C_3S-C_2S-C_3A-Na_2O-MgO-Fe_2O_3	1280

由表 1-2 可知，组分的性质和组分数都影响系统的最低共熔温度。硅酸盐水泥熟料由于含有氧化镁、氧化钾、氧化钠、硫酐、氧化钛、氧化磷等次要氧化物，因此其最低共熔温度为 1250～1280℃。

（2）液相量

液相量增加，则能溶解的氧化钙和硅酸二钙也多，C_3S 形成就快。但是液相量过多，则煅烧时容易结大块、结圈、结炉瘤等，影响正常生产。液相量不仅与组分的性质有关，而且与组分的含量、熟料烧结温度等有关。因此，不同的熟料成分与烧成温度等对液相量会有很大的影响。通常一定烧成温度下的液相量 P，可按下式计算：

$$1400℃ \qquad P = 2.95A + 2.2F$$
$$1450℃ \qquad P = 3.0A + 2.25F$$
$$1500℃ \qquad P = 3.3A + 2.6F$$

式中，A、F 为熟料中 Al_2O_3 和 Fe_2O_3 的含量，由于工业熟料还含有氧化镁、氧化钾、氧化钠等其他成分，可以认为这些成分全都变成液相，因此，计算时还需要加氧化镁含量 M 与碱含量 R，如下：

$$1400℃ \qquad P = 2.95A + 2.2F + M + R$$

一般水泥熟料在烧成阶段的液相量为 20%～30%，而白水泥熟料的液相量可能只有 15% 左右。

（3）液相的黏度

液相黏度直接影响硅酸三钙的形成速度和晶体尺寸。液相黏度小，则液相的粘滞阻力小，液相中质点的扩散速度增加，有利于硅酸三钙的形成和晶体的发育成长。反之，则使硅酸三钙形成困难。熟料液相黏度随温度和组成而变化。提高温度，使离子动能增加，减弱了相互间的作用力，因而使液相黏度降低。

（4）液相的表面张力

液相表面张力越小，越容易润湿熟料颗粒或固相物质，有利于固相反应或固液相反应，促进熟料矿物特别是硅酸三钙的形成。

（5）氧化钙溶解于熟料液相的速率

氧化钙在熟料液相中的溶解量，或氧化钙溶解于熟料液相的速率，对氧化钙与硅酸二钙生成硅酸三钙的反应有十分重要的影响。氧化钙和硅酸二钙溶入液相的速率，随液相黏度的降低而显著增加。氧化钙和硅酸二钙的颗粒越大，溶解速度越低，溶解于液相的时间越长（表1-3）。

表1-3　氧化钙溶解于熟料液相所需的时间

温度（℃）	不同粒径氧化钙的溶解时间（min）			
	$d=0.1mm$	$d=0.05mm$	$d=0.025mm$	$d=0.01mm$
1340	115	59	25	12
1375	28	14	6	4
1400	15	5.5	3	1.5
1450	5	2.3	1	0.5
1500	1.8	1.7	—	—

（6）反应物存在的状态

在熟料烧结时，氧化钙与硅酸二钙晶体尺寸小，晶体缺陷多的新生态，其活性大，易溶于液相中，因而反应能力很强，有利于硅酸三钙的形成。急剧煅烧（利用很高的热力梯度使反应物活化的方法）可使黏土矿物的脱水、碳酸盐的分解、固相反应、固液相反应几乎重合，使反应产物处于新生的高活性状态，反应物的晶粒微细、缺陷多，CaO 的溶解速度大，Ca^{2+} 的扩散速度也大，在极短的时间内，可同时生成液相、贝利特和阿利特，熟料的形成过程基本上始终处于固液相反应的过程中，大大加快了质点或离子的扩散速度，降低离子扩散活化能，加快反应速度，促使阿利特的形成。

5. 熟料的冷却

水泥熟料冷却的目的在于：回收熟料带走的热量，预热二次空气，提高窑的热效率；迅速冷却熟料以改善熟料质量与易磨性；降低熟料温度，便于熟料的运输、储存与粉磨。物料经 1250～1450～1250℃烧结，紧接着将其快速冷却，可得到最好的熟料。

熟料在冷却时，形成的矿物还会进行相变，其中贝利特转化为 γ 型和阿利特分解，对熟料质量有重要影响。冷却速度快并固溶一些离子等可以阻止相变。硅酸三钙在1250℃以下不稳定，会分解为硅酸二钙和二次游离氧化钙，降低水硬性，但不影响安定性。阿利特的分解速度十分缓慢，只有当冷却速度很慢，且伴随还原气氛时，分解才加快。方镁石晶体大小对水泥的安定性影响很大，晶体越大，影响越严重。不影响安定性的方镁石晶体的最大尺寸为 5～8μm，而熟料慢冷时，方镁石尺寸可达 60μm。试验表明：含 4% 5μm 的方镁石与含 1% 30～60μm 方镁石晶体的水泥，在压蒸釜试验中呈现出的膨胀率相近。熟料急冷时 C_3A 主要呈玻璃体，因而抗硫酸盐溶液侵蚀的能力较强。熟料慢冷将促使熟料矿物晶体长大。阿利特晶体的大小不仅影响熟料的易磨性，而且影响水泥的水化速度和活性。煅烧良好和急冷的熟料保持细小并发育完整的阿利特晶体，从而使水泥强度较高。急冷熟料的玻璃体含量较高，且其矿物晶体小，这使熟料的粉磨比慢冷熟料要容易得多。

1.1.2.2　微量元素的矿化作用

水泥生料中的微量组分来自原、燃料本身或少量外加物，虽然数量不多，但往往对熟料产生的影响很大，作为熔剂的作用是降低液相出现的温度，而作为矿化剂的功能在于加速固相与固、液相间的化学反应。

MgO 含量在水泥生料中被控制在一定的范围内，其可使生料液相出现时的温度降低 10℃ 左右，增加液相数量，降低液相黏度，有利于熟料的烧成，还能改善水泥色泽。硅酸盐水泥熟料中，其固溶量与溶解于玻璃相中的总 MgO 量约为 2%，多余的氧化镁呈游离状态，以方镁石存在，因此氧化镁含量过高时影响水泥安定性。

Cr_2O_3 含量在 2% 以下时，会降低熟料黏度，加速 C_3S 的形成速率并有助于晶体发育。超过这个限度，就会导致硅酸三钙分解为硅酸二钙和游离氧化钙。

ZnO 可阻止 β-C_2S 向 γ-C_2S 转化，并促进阿利特的形成；加入少量的 ZnO（小于 1% ~ 2%），可改善水泥的早期强度、降低需水量、提高水泥强度；若 ZnO 掺入过多会影响水泥的强度以及出现凝结不正常的现象。

TiO_2 不仅可有效地降低液相形成的温度，还可降低液相黏度和表面张力，其可进入熟料相的固溶体中，对 β-C_2S 起稳定作用，提高水泥强度。但含量过多则因与氧化钙反应生成没有水硬性的钙钛矿（CaO·TiO_2），影响水泥强度。因此，熟料中氧化钛的含量应小于 1.0%。

BaO 和 SrO 都是碱土金属氧化物，它极易取代 CaO 进入熟料矿物晶格，少量 BaO 替代 CaO，阻止贝利特的晶型转化，提高硅酸二钙的活性。熟料中适量的 BaO 可以降低煅烧温度、增加熟料中 C_3S 的含量。锶的氧化物在熟料中既是矿化剂，也是一种提高硅酸二钙活性、防止向 γ-C_2S 转化的稳定剂。

磷酸盐对于熟料的烧成起着强烈的矿化作用，促进氧化钙和磷酸盐生成固溶体。熟料中 P_2O_5 含量在 0.1% ~ 0.15%，水泥的性能最好。过量的 P_2O_5 会使 C_3S 分解，降低水泥的强度和延缓水泥的凝结。

氟化物是应用得最多的一种矿化物质，CaF_2 的加入有多方面的作用：促进碳酸盐分解过程；加速碱性长石、云母的分解过程；加强碱的氧化物的挥发；促进结晶氧化硅（石英、燧石）的 Si-O 键的断裂，有利于固相反应；使硅酸三钙在低于 1200℃ 的温度下形成，硅酸盐水泥熟料可在 1350℃ 左右烧成，其熟料组成中含有 C_3S、C_2S、$C_{11}A_7$·CaF_2，熟料质量良好，安定性合格。掺氟化钙矿化剂的熟料应采取急冷，以防止 C_3S 分解而影响强度。

硫化物原料黏土或页岩中含有少量硫，燃料中带入的硫通常较原料中多，在回转窑内氧化气氛中，含硫化合物最终都被氧化成三氧化硫，并分布在熟料、废气以及飞灰中。硫对熟料形成有矿化作用：SO_3 能降低液相黏度，增加液相数量，有利于 C_3S 形成，可以形成 $2C_2S$·$CaSO_4$ 及硫铝酸钙（$4CaO$·$3Al_2O_3$·SO_3 或简写为 $C_4A_3\bar{S}$）。$2C_2S$·$CaSO_4$ 为中间过渡化合物，其于 1050℃ 左右开始形成，于 1300℃ 左右分解为 α'-C_2S 和 $CaSO_4$。硫铝酸钙是一种早强矿物，因而在水泥熟料中含有适当数量的硫铝酸钙是有利的。加入适量 SO_3 能降低液相出现温度，并能使液相黏度和表面张力降低，能明显地促进阿利特晶体的生长过程。

萤石-石膏复合作用。两种或两种以上的矿化剂一起使用时，称为复合矿化剂，最常用的是氟化钙（萤石）和石膏复合矿化剂。掺加氟、硫复合矿化剂后，硅酸盐水泥熟料可以在 1300 ~ 1350℃ 的较低温度下烧成，阿利特含量高，熟料中游离氧化钙含量低，还可形成 $C_4A_3\bar{S}$ 和 $C_{11}A_7$·CaF_2 或两者之一的早强矿物，因而熟料的早期强度高。如果煅烧温度超过 1400℃，虽然早强矿物 $C_4A_3\bar{S}$ 和 $C_{11}A_7$·CaF_2 分解，但形成的阿利特数量多，而且晶体发育良好，也同样可以获得高质量的水泥熟料。值得注意的是，掺氟、硫复合矿化剂的熟料，有时会出现闪凝、慢凝的不正常凝结现象。一般为饱和系数偏低、煅烧温度偏低、窑内出现还原气氛时，易出现闪凝现象。当煅烧温度过高、铝率偏低、饱和比偏高、MgO 和 CaF_2 含量偏高时，会出现慢凝现象。另外还要注意复合矿化剂对窑衬的腐蚀和对大气的污染。

含碱氧化物的碱主要来源于黏土质原料，在以煤作燃料时，也会带入少量碱。熟料中含有微量的碱，能降低最低共熔温度和熟料烧成温度，增加液相量，起助熔作用。在熟料形成过程中，水泥生料中有利于石灰吸收的含碱氧化物的最佳量约为1%，通常熟料中碱含量以 Na_2O 计应小于1.3%。若生料中含碱量高时，除了首先与硫结合成硫酸钾、硫酸钠以及有时形成钠芒硝（$3K_2SO_4 \cdot Na_2SO_4$）或钙明矾（$2Ca_2SO_4 \cdot K_2SO_4$）等之外，多余的碱则与熟料矿物反应生成含碱矿物和固溶体。其反应式如下：

$$12C_2S + K_2O \longrightarrow K_2O \cdot 23CaO \cdot 12SiO_2 + CaO$$
$$3C_3A + Na_2O \longrightarrow Na_2O \cdot 8CaO \cdot 3Al_2O_3 + CaO$$

由于这些含碱矿物的形成，难以吸收 CaO 形成 C_3S，并增加游离氧化钙的含量，从而影响熟料质量。

此外，微量元素矿化作用的研究对当今水泥工业协同处理各类固体废弃物生产水泥熟料也有积极的借鉴价值。因此，必须充分考虑废弃物中的各种微量元素对水泥熟料生产的影响，在处置利用各类固体废弃物时更好地实现节能减排和保护生态环境。

1.1.2.3 结皮和结块的形成机理

采用预分解窑煅烧水泥熟料极大地提高了窑内气流对物料的传热效率，但同时也带来了严重的碱、硫、氯的循环富集，这除了导致熟料中碱含量增高外，还影响和干扰预分解窑的正常操作。一般预热器窑、预分解窑和立波窑均不同程度地存在着物料在预热系统中的结皮问题，严重时可引起预热系统的堵塞，导致停窑。国内某些预分解窑上还存在着熟料结大块的问题。窑料结皮原因是由结皮特征矿物钙明矾石（$2CaSO_4 \cdot K_2SO_4$）、硅方解石（$2C_2S \cdot CaCO_3$）、硫硅钙石（$2C_2S \cdot CaSO_4$）、多元相钙盐 $Ca_{10}[(SiO_4)_2(SO_4)_2](OH^-, Cl^-, F^-)$ 以及二次硫酸钙（$CaSO_4$）、氯化钾（KCl）、无水硫铝酸钙（$3CA \cdot CaSO_4$）等的一种或数种矿物，以固体结合键和（或）液体结合键的方式粘结尚未反应的方解石、石英等原料组分及反应生成的 CaO、β-C_2S、$C_2(A, F)$、$C_{12}A_7$ 和 C_3A 等熟料矿物而形成。一般来说，结皮随某些特征矿物的形成而产生，又随其分解而消失。几种结皮特征矿物的形成和分解温度见表1-4。

表1-4　几种结皮特征矿物的形成和分解温度

特征矿物	形成温度（℃）	分解温度（℃）
$2C_2S \cdot CaCO_3$	750 ~ 850	900
$2C_2S \cdot CaSO_4$	900	>1150
$3CA \cdot CaSO_4$	>950	>1300

在工业窑内，影响上述各种特征矿物的形成和分解的 K_2O、Na_2O、CO_2、CO、SO_2、Cl^- 和水汽的分压随处、随时变化，与实验室炉内大不一样，使这些特征矿物的形成和行为受到很大影响。而且每一种矿物本身都将影响所有其余矿物的挥发温度和挥发程度。因此，工业熟料的煅烧中，实际上无法知道确切的挥发程度和挥发量。一种原料是否导致结皮故障，没有人能做出可靠的预测。当然有关知识和经验越多，对趋势判断的可信程度越高。

国内外对结皮机理的主导性研究结果基本一致。施惠生与陆纯煊在我国最早研究了预分解窑内熟料结大块以及预分解窑预热器中的结皮现象，在大量试验研究的基础上，阐述了预分解窑中水泥物料结皮起块的机理。研究结果表明，预分解窑内不可避免地存在着挥发性物质的循环富集，熟料大块的形成起源于窑尾物料中存在大量碱的硫酸盐和氯化物的低共熔液相及其不均匀分布；硅方解石、硫硅钙石等中间化合物的大量形成，使初始团块具有较高的黏聚强度，继而大量熟料矿物提前形成，使得团块在较高的温度下不会碎散而继续长大；适当提高入窑物料的分解率和窑尾温度，可以降低窑尾物料中有害成分的含量和减少窑尾物料中中间化合物的形成，从而避免或减少熟料大块的形成。

1.1.3　硅酸盐水泥熟料的组成

水泥的性能主要取决于熟料质量，优质熟料应该具有合适的组成。硅酸盐水泥熟料的组成用化学组成和矿物组成来表示。化学组成是指水泥熟料中氧化物的种类和数量，而矿物组成是由各氧化物之间经反应所生成的化合物或含有不同异离子的固溶体和少量的玻璃体。熟料品质与矿物组成密切相关，但水泥厂常规的化学分析结果却是用各种元素的氧化物来表示，这是因为测定矿物组成需要专门的物相分析仪器和技术。在水泥工业中，通常是利用鲍格（R. H. Bogue）首先导出的一组公式，根据氧化物分析结果计算出水泥熟料的矿物组成。在水泥科学界通常习惯按表 1-5 简写形式来表示各种氧化物和熟料矿物。

表 1-5　水泥熟料化学成分与矿物成分的简写形式

氧化物	简写	矿物分子式	矿物名称	简写
CaO	C	$3CaO \cdot SiO_2$	硅酸三钙	C_3S
SiO_2	S	$2CaO \cdot SiO_2$	硅酸二钙	C_2S
Al_2O_3	A	$3CaO \cdot Al_2O_3$	铝酸三钙	C_3A
Fe_2O_3	F	$4CaO \cdot Al_2O_3 \cdot Fe_2O_3$	铁铝酸四钙	C_4AF
MgO	M	$CaSO_4 \cdot 2H_2O$	二水石膏	$C\bar{S}H_2$
SO_3	$\bar{S}$	$CaSO_4$	无水石膏	$C\bar{S}$
H_2O	H	—	—	—

由表 1-5 可知，水泥熟料中的四种主要矿物为硅酸三钙、硅酸二钙、铝酸三钙和铁铝酸四钙。各矿物特性如下：

1. 硅酸三钙

由硅酸二钙和氧化钙反应生成。硅酸三钙是硅酸盐水泥熟料的主要矿物，其含量通常为 50% 左右，有时甚至高达 60% 以上。纯 C_3S 只在 2065～1250℃ 温度范围内稳定，在 2065℃ 以上不一致熔融为 CaO 与液相，在 1250℃ 以下分解为 C_2S 和 CaO。实际上 C_3S 的分解反应进行得比较缓慢，致使纯 C_3S 在室温下可以呈介稳状态存在。随着温度的降低，C_3S 在不同温度下的多晶转变如下：

$$R \xleftrightarrow{1070℃} M_{\text{III}} \xleftrightarrow{1060℃} M_{\text{II}} \xleftrightarrow{990℃} M_{\text{I}} \xleftrightarrow{980℃} T_{\text{III}} \xleftrightarrow{920℃} T_{\text{II}} \xleftrightarrow{620℃} T_{\text{I}}$$

由上可知，C_3S 有分属于三个晶系的七种变形：即三方晶系的 R 型；单斜晶系的 M_{I}、M_{II}、M_{III} 型和三斜晶系的 T_{I}、T_{II}、T_{III} 型。

在硅酸盐水泥中，硅酸三钙并不是以纯的形式存在，而是含有少量的其他氧化物，如氧化镁、氧化铝等形成固溶体，称为阿利特（Alite）或 A 矿。阿利特的组成，由于其他氧化物的含量及其在硅酸三钙中固溶程度的不同而变化较大，但其成分仍然接近纯硅酸三钙。纯 C_3S 在常温下，通常只能保留三斜晶系（T 型），如含有少量 MgO、Al_2O_3、SO_3、ZnO、Cr_2O_3、Fe_2O_3、R_2O 等稳定剂形成固溶体，便可保留 M 型或 T 型。由于熟料中硅酸三钙总含有 MgO、Al_2O_3、ZnO、Fe_2O_3、R_2O 等氧化物，因此阿利特通常为 M 型或 T 型。纯 C_3S 为白色，密度为 $3.14 \sim 3.25 g/cm^3$。

2. 硅酸二钙

硅酸二钙由氧化钙与氧化硅反应生成。在熟料中的含量一般为 20% 左右，是硅酸盐水泥熟料的主要矿物之一。硅酸二钙也随温度变化有多种晶型转变如下：

$$\alpha \xleftrightarrow{1425\pm10℃} \alpha'_H \xleftrightarrow{1160\pm10℃} \alpha'_L \xleftrightarrow{650℃左右} \beta \xleftrightarrow{<500℃} \gamma$$

六方晶系　　斜方晶系　　斜方晶系　　单斜晶系　　斜方晶系

在室温下，有水硬性的 α 型和 β 型纯硅酸二钙的几种变型都是不稳定的，有趋势要转变为水硬性弱的 γ 型。α、β 型结构比较相似，它们之间的转变较易。而 β 型和 γ 型的转变，结构变化较大。在还原气氛，温度低于 500℃ 的条件下，硅酸二钙容易由密度 $3.28 g/cm^3$ 的 β 型转变为密度 $2.97 g/cm^3$ 的 γ 型，体积膨胀 10%，从而导致熟料粉化。但液相较多时，可使熔剂矿物形成玻璃体，将 β 型硅酸二钙晶体包住，在快速冷却的条件下，使其越过 β→γ 的转变温度而保留 β 型。当 C_2S 固溶有少量氧化物——MgO、Al_2O_3、Fe_2O_3、R_2O 时，也可保留 β 型。固溶有少量氧化物的硅酸二钙称为贝利特（Blite），简称 B 矿。

在硅酸盐水泥熟料中，贝利特常呈圆粒状，但也可见其他不规则形状。这是由于熟料在煅烧过程中，先通过固相反应生成贝利特，其边棱再溶进液相，在液相中吸收氧化钙反应生成阿利特。在反光镜下，正常温度烧成的熟料中，贝利特有交叉双晶纹；而烧成温度低且冷却缓慢的熟料，呈平行双晶纹。

3. 中间相

填充在阿利特、贝利特之间的物质通称中间相，其包括铝酸盐、铁酸盐、组成不定的玻璃体和含碱化合物。游离氧化钙、方镁石虽然有时会呈包裹体形式存在于阿利特、贝利特中，但通常分布在中间相中。中间相在熟料煅烧过程中，开始熔融成液相；冷却时部分液相结晶，部分液相来不及结晶而凝结成玻璃体。

（1）铝酸钙

熟料中的铝酸钙主要是铝酸三钙（C_3A），有时还可能有七铝酸十二钙（$C_{12}A_7$）。在反光镜下，由于其反光能力弱，呈暗灰色，一般称为黑色中间相。C_3A 在熟料中的潜在含量为 7% ~ 15%。纯 C_3A 为无色晶体，密度为 $3.04 g/cm^3$。在掺氟化钙作矿化剂的熟料中可能存在 $C_{11}A_7 \cdot CaF_2$，而在同时掺氟化钙和硫酸钙作矿化剂低温烧成的熟料中可能是 $C_{11}A_7 \cdot CaF_2$ 和 $C_4A_3\bar{S}$ 而无 C_3A。C_3A 也可固溶部分氧化物，如 K_2O、Na_2O、SiO_2、Fe_2O_3 等。

（2）铁相固溶体

熟料中含铁相比较复杂，其化学组成为一系列连续固溶体。铁相固溶体是 C_8A_3F-C_2F（或 C_6A_2F-C_6AF_2）之间的系列固溶体。在一般的硅酸盐水泥熟料中，其成分接近铁铝酸四钙（C_4AF），所以常用 C_4AF 来代表铁相固溶体。实际上，其具体组成随该相的 Al_2O_3/Fe_2O_3 比而有差异，如有可能含 C_6A_2F 或 C_6AF_2。铁铝酸四钙又称才利特(Celite)或 C 矿。其在反光镜下由于反射能力强，呈亮白色，故通常称为白色中间相。

（3）玻璃体

在硅酸盐水泥煅烧过程中，熔融液相如能在平衡条件下冷却，则可全部结晶析出而不存在玻璃体。但在工厂生产条件下，熟料通常冷却较快，部分液相来不及结晶就成为玻璃体。在玻璃体中，质点排列无序，组成也不固定。玻璃体的主要成分为 Al_2O_3、Fe_2O_3、CaO，也有少量的 MgO 和碱(K_2O 和 Na_2O)等。

铁铝酸四钙和铝酸三钙在煅烧过程中熔融成液相，可以促进硅酸三钙的顺利形成，这是它们的一个主要作用。如果熟料中熔剂矿物过少，氧化钙不易被吸收完全，导致熟料中游离氧化钙增加，影响熟料质量，降低窑产量，增加燃料消耗。如果熔剂矿物过多，易在窑内结大块，结炉瘤；甚至在回转窑内结圈等。

（4）游离氧化钙和方镁石

游离氧化钙是指熟料经高温煅烧未被吸收的，以游离状态存在的氧化钙，又称游离石灰(Freelime 或 f-CaO)。游离氧化钙水化生成氢氧化钙时，体积膨胀 97.9%，在硬化水泥石内部造成局部膨胀应力。因此，随着游离氧化钙含量的增加，首先是抗拉、抗折强度降低，进而 3d 以后强度倒缩，严重时甚至引起体积安定性不良。

游离氧化钙因其生成条件不同可有不同的形态，它们的危害程度也不同。高温未化合的游离钙（或称一次游离钙）经高温煅烧，包裹在熟料矿物中，结构比较致密；未经高温煅烧的游离钙，由于熟料在形成过程中出现漏生和欠烧，形成温度较低，结构疏松，对水泥安定性危害较轻。施惠生采用 X 射线衍射仪和热导式量热仪定量研究了不同煅烧条件和其他杂质氧化物对 CaO 晶体显微结构和水化活性的影响。研究表明，氧化钙的水化活性与其晶体显微结构密切相关，不同煅烧条件下所形成的晶体显微结构的差异导致了其水化活性的不同。氧化钙的晶粒尺寸越小，晶格畸变和晶胞参数越大，其水化活性就越大；不同杂质氧化物对 CaO 晶体显微结构和水化活性的影响也不同，硅酸盐水泥体系各主要氧化物中，氧化铁对 CaO 显微结构和水化活性的影响最显著。

方镁石是游离状态的氧化镁晶体。熟料煅烧时，氧化镁有一部分可和熟料矿物结合成固溶体以及熔于液相中。因此，当熟料含有少量氧化镁时，能降低熟料液相黏度，增加液相数量，降低液相生成温度，有利熟料形成。而方镁石比游离氧化钙更难水化，需几个月甚至几年才明显。水化生成氢氧化镁时，体积膨胀 148% 可使硬化水泥石结构破坏。方镁石的膨胀程度与其含量、晶体尺寸有关。水泥中 MgO 总量和游离氧化镁含量之间没有一定的比例关系，随着烧成温度、冷却制度和原料成分不同变化很大。因此，国标中对氧化镁最大含量进行限制，并有条件地放宽，以确保水泥的长期安全稳定性。

水泥石的膨胀现象实质上反映了其内部的应力匹配，它不仅与膨胀组分游离氧化钙和游离氧化镁等的含量和活性有关，还取决于水泥自身结构的黏聚应力。

（5）助磨剂

在粉磨过程中，加入少量的外加剂，可消除细粉的黏附和凝聚现象，加速物料粉磨过程，提高粉磨效率，降低单位粉磨电耗，提高产量。常用的助磨剂有煤、焦炭等炭素物质，以及表面活性物质，如亚硫酸盐纸浆废液、三乙醇胺下脚料、醋酸钠、乙二醇、丙二醇及其与尿素的复合助磨剂等。水泥粉磨时，炭素物质的加入量不得超过 1%，以确保水泥质量。

当用亚硫酸盐纸浆废液的浓缩物时，其加入量为 0.15% ~ 0.25%，过多会影响水泥的早期强度。用三乙醇胺下脚料时一般加入量为 0.05% ~ 0.1%，在水泥细度不变的情况下，可消除细粉的黏附现象，提高产量 10% ~ 20%，还有利于水泥早期强度的发挥，但加入量过多，会明显降低水泥强度。应该注意，助磨剂的加入，虽然可以提高磨机产量，降低粉磨电耗，但是应选择使用效果好成本低的助磨剂，否则反而不经济，同时助磨剂的加入不得损害水泥的质量。

1.2 硅酸盐水泥的水化

水泥加适量的水拌和后，立即发生化学反应，水泥的各个组分溶解并产生了复杂的物理、化学与物理化学的变化。随后可塑性浆体逐渐失去流动性能，转变为具有一定强度的石状体即为水泥的凝结硬化。水泥的凝结硬化是以水泥的水化为前提的，而水化反应可以持续较长的时间，因此在一般的情况下水泥硬化浆体的强度和其他性质也是在不断变化的。由于水泥是多种矿物的集合体，水化作用比较复杂，不仅各种水泥水化产物互相干扰不易分辨，而且各种熟料矿物的水化又会相互影响，石膏和混合材料的存在将使水化硬化更复杂化。

1.2.1 水泥熟料单矿物的水化

1. 硅酸三钙和硅酸二钙的水化

硅酸三钙（C_3S）在水泥熟料中的含量占 50% 左右，有时高达 60%，硬化水泥浆体的性能在很大程度上取决于 C_3S 的水化作用、水化产物以及所形成的结构。C_3S 在常温下的水化反应，可大致用下列反应式表示：

$$3\ CaO \cdot SiO_2 + nH_2O \longrightarrow xCaO \cdot SiO_2 \cdot yH_2O + (3-x)Ca(OH)_2$$

即
$$C_3S + nH \longrightarrow C\text{-}S\text{-}H + (3-x)CH$$

上式表明其水化产物是水化硅酸钙和氢氧化钙。式中的 x、y 分别表示水化硅酸钙固相的 CaO/SiO_2 分子比（或缩写为 C/S 比）和 H_2O/SiO_2 分子比（或缩写为 H/S 比）。研究表明：在不同浓度的氢氧化钙溶液中，水化硅酸钙的组成是不固定的，与水固比、温度、有无异离子参与等水化条件都有关系。

β 型硅酸二钙（β-C_2S）的水化和 C_3S 极为相似，但水化速率慢得多，约为 C_3S 的 1/20，其水化反应可采用下式表示：

$$2\ CaO \cdot SiO_2 + mH_2O \longrightarrow xCaO \cdot SiO_2 \cdot yH_2O + (2-x)Ca(OH)_2$$

即
$$C_2S + mH \longrightarrow C\text{-}S\text{-}H + (2-x)CH$$

β-C_2S 所形成的水化硅酸钙与 C_3S 生成的水化硅酸钙在 C/S 比和形貌等方面差别不大，故也通称为 C-S-H。

2. 铝酸三钙的水化

铝酸三钙与水反应迅速，其水化产物的组成与结构受溶液中氧化钙、氧化铝离子浓度和温度的影响很大。常温下水化反应如下：

$$2(3CaO \cdot Al_2O_3) + 27H_2O \longrightarrow 4CaO \cdot Al_2O_3 \cdot 19H_2O + 2CaO \cdot Al_2O_3 \cdot 8H_2O$$

即
$$2C_3A + 27H \longrightarrow C_4AH_{19} + C_2AH_8$$

C_4AH_{19} 在低于 85% 的相对湿度时，即失去 6mol 的结晶水而成为 C_4AH_{13}。C_4AH_{19}、C_4AH_{13} 和 C_2AH_8 均为六方片状晶体，在常温下处于介稳状态。有向 C_3AH_6 等轴晶体转化的趋势。

$$C_4AH_{13} + C_2AH_8 \longrightarrow 2C_3AH_6 + 9H$$

上述过程随温度的升高而加速，而 C_3A 本身的水化热很高，所以极易按上式转化，同时在温度较高（35℃以上）的情况下，其至还会直接生成 C_3AH_6 晶体：

$$C_3A + 6H \longrightarrow C_3AH_6$$

在溶液的氧化钙浓度达到饱和时，C_3A 还可能依下式水化：

$$C_3A + CH + 12H \longrightarrow C_4AH_{13}$$

这个反应在硅酸盐水泥浆体的碱性液相中最易发生；而处于碱性介质中的六方片状 C_4AH_{13} 在室温下又能稳定存在，其数量迅速增多，就足以阻碍粒子的相对移动。这是使水泥浆体产生瞬时凝结的一个主要原因。为此水泥粉磨时通常都掺加石膏。在石膏、氧化钙同时存在的条件下，C_3A 虽然开始也快速水化成 C_4AH_{13}，但接着就会与石膏反应，如下式：

$$C_4AH_{13} + 3C\overline{S}H_2 + 14H \longrightarrow C_3A \cdot 3C\overline{S} \cdot H_{32} + CH$$

所形成的三硫型水化硫铝酸钙，又称钙矾石。由于其中的铝可以被铁置换而成含铝、铁的三硫酸盐相，故常以 AFt 表示。当 C_3A 尚未完全水化而石膏已经耗尽时，则 C_3A 水化所成的 C_4AH_{13} 又能与先前形成的钙矾石反应，形成单硫型水化硫铝酸钙（AFm），如下式：

$$C_3A \cdot 3C\overline{S} \cdot H_{32} + 2C_4AH_{13} \longrightarrow 3(C_3A \cdot C\overline{S} \cdot H_{12}) + 2CH + 20H$$

当石膏掺量极少，在所有的钙矾石都转化成单硫型水化硫铝酸钙后，就可能还有未水化的 C_3A 剩留。在这种情况下，则会形成 $C_3A \cdot C\overline{S} \cdot H_{12}$ 和 C_4AH_{13} 的固溶体。

3. 铁相固溶体的水化

水泥熟料中的一系列铁相固溶体除用铁铝酸四钙（C_4AF）作为其代表式外，还可以 F_{ss} 来表示。C_4AF 的水化产物与 C_3A 极为相似。氧化铁基本上起着与氧化铝相同的作用，也就是在水化产物中铁置换部分铝，形成水化硫铝酸钙和水化硫铁酸钙的固溶体，或者水化铝酸钙和水化铁酸钙的固溶体：

$$C_4AF + 2CH + 6C\overline{S}H_2 + 50H \longrightarrow 2C_3(A, F) \cdot 3C\overline{S} \cdot H_{32}$$

$$2C_4(A, F)H_{13} + C_3(A, F) \cdot 3C\overline{S} \cdot H_{32} \longrightarrow 3(C_3(A, F) \cdot C\overline{S} \cdot H_{12}) + 2CH + 20H$$

4. 水泥熟料各单矿物的水化特性

水泥熟料中各单矿物在水化过程中表现出的特性见表1-6。

表1-6　硅酸盐水泥熟料矿物水化特性

性能指标	熟料矿物			
	C_3S	C_2S	C_3A	C_4AF
水化速率	快	慢	最快	快
28d 水化热	多	少	最多	中
早期强度	高	低	低	低
后期强度	高	高	低	低

硅酸三钙加水调和后，凝结时间正常。其水化较快，粒径为 $40 \sim 45\mu m$ 的硅酸三钙颗粒加水后 28d，可以水化 70% 左右。所以硅酸三钙强度发展比较快，早期强度较高，且强度增进率较大，28d 强度可达到它一年强度的 70% ~ 80%。其 28d 或一年强度在四种矿物中均最高。当与其他氧化物成固溶体存在时，会改变 C_3S 的晶型；固溶体在晶格中产生的变位、应变和扭曲，将会增加其反应能力。硅酸三钙水化热较高，抗水性较差，如要求水泥的水化热低、抗水性较好时，则熟料中硅酸三钙含量要适当低一些。

硅酸二钙水化较慢，至 28d 仅水化 20% 左右。凝结硬化缓慢，早期强度较低。但 28d 后，强度仍能较快增长。通过增加粉磨比表面积，可以明显提高其早期强度。由于硅酸二钙水化热小，抗水性较好，对大体积工程或处于侵蚀性大的工程用水泥，适当提高硅酸二钙含量，降低硅酸三钙含量是有利的。

铝酸三钙水化迅速，放热多，凝结很快，如不加石膏等缓凝剂易使水泥急凝。铝酸三钙硬化也很快，它的强度 3d 内就大部分发挥出来了，故早期强度较高，但绝对值不高，以后几乎不再增长，甚至倒缩。铝酸三钙的干缩变形大，抗硫酸盐性能差。当制造抗硫酸盐水泥或大体积工程用水泥时，铝酸三钙含量应控制在较低的范围内。

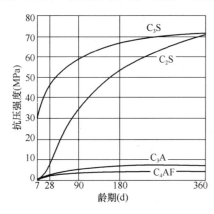

图 1-4　水泥熟料的强度增长曲线

铁铝酸四钙的水化速度在早期介于铝酸三钙与硅酸三钙之间，但随后发展不如硅酸三钙。它的早期强度类似于铝酸三钙，而后期还能不断增长，类似于硅酸二钙。铁铝酸四钙的抗冲击性能和抗硫酸盐性能较好，水化热较铝酸三钙低。当铁铝酸四钙含量高时，熟料较难磨。在制造道路水泥、抗硫酸盐水泥和大体积工程用水泥时，适当提高铁铝酸四钙的含量是有利的。

水泥熟料各矿物的抗压强度随时间的增长情况如图 1-4 所示。由上述可知，几种矿物成分的性质不同，它们在熟料中的相对含量改变时，水泥的技术性质也随之改变。例如，要使水泥具有快硬高强的性能，应适当提高熟料中 C_3S 及 C_3A 的相对含量；若要求水泥的发热量较低，可适当提高 C_2S 及 C_4AF 的含量而控制 C_3S 及 C_3A 的含量。因此，掌握硅酸盐水泥熟料中各矿物成分的含量及特性，就可以大致了解该水泥的性能特点。

1.2.2　硅酸盐水泥的水化特性

硅酸盐水泥的水化：硅酸盐水泥中多种矿物共同存在，有些矿物在遇水的瞬间，就开始溶解、水化。如果忽略一些次要的和少量的成分，则硅酸盐水泥与水作用后，生成的主要水化产物有水化硅酸钙凝胶(C-S-H)和水化铁酸钙凝胶、氢氧化钙、水化铝酸钙和水化硫铝酸钙晶体。在充分水化的水泥石中，C-S-H 凝胶约占 70%，$Ca(OH)_2$ 约占 20%，钙矾石和单硫型水化硫铝酸钙约占 7%。

但是，硅酸盐水泥的水化是多种矿物共同水化，填充在颗粒之间的液相，实际上不是纯水，而是含有各种离子的溶液。水泥加水后，C_3A 立即发生反应，C_3S 和 C_4AF 也很快水化，而 C_2S 则较慢。几分钟后可见在水泥颗粒表面生成钙矾石针状晶体、无定型的水化硅酸钙以

及 $Ca(OH)_2$ 或水化铝酸钙等六方板状晶体。由于钙矾石不断生成，使液相中 SO_4^{2-} 离子逐渐减少并在耗尽之后，就会有单硫型水化硫铝(铁)酸钙出现。如果石膏不足，还有 C_3A 或 C_4AF 剩留，则会生成单硫型水化物和 $C_4(A，F)H_{13}$ 的固溶体，甚至单独的 $C_4(A，F)H_{13}$，再逐渐转变成稳定的等轴晶体 $C_3(A，F)H_6$。

水泥既然是多矿物、多组分的体系，各熟料矿物不可能单独进行水化，它们之间的相互作用必然会对水化进程有一定的影响。例如，由于 C_3S 较快水化，迅速提高液相中的 Ca^{2+} 离子的浓度，促进 $Ca(OH)_2$ 结晶，从而能使 β-C_2S 的水化有所加速。C_3A 和 C_4AF 都要与硫酸根离子结合，但 C_3A 反应速度快，较多的石膏由其消耗掉后，就使 C_4AF 不能按计量要求形成足够的硫铝(铁)酸钙，有可能使水化较少受到延缓。适量的石膏可使硅酸盐的水化略有加速。同时在 C-S-H 内部会结合相当数量的硫酸根以及铝、铁等离子；因此 C_3S 又要与 C_3A、C_4AF 一起，共同消耗硫酸根离子。可见水泥的水化过程非常复杂，液相的组成，各离子的浓度依赖水泥中各组成的溶解度，而液相组成反过来影响各熟料矿物的水化，因此在水泥水化过程中，固、液两相处于随时间而变的动态平衡之中。

1.3　硅酸盐水泥的凝结与硬化

1.3.1　硅酸盐水泥的凝结硬化过程

水泥加水拌和后，成为可塑性的水泥浆，随着水化反应的进行，水泥浆逐渐变稠失去流动性而具有一定的塑性强度，称为水泥的"凝结"；随着水化进程的推移，水泥浆凝固成具有一定的机械强度并逐渐发展而成坚固的人造石——水泥石，这一过程称为"硬化"。水泥的凝结硬化是一个连续复杂的物理化学过程。一般按水化反应速率和水泥浆体结构特征分为初始反应期、潜伏期、凝结期和硬化期四个阶段，见表 1-7。

表 1-7　水泥凝结硬化时的几个划分阶段

凝结硬化阶段	一般的放热反应速度	一般的持续时间	主要的物理化学变化
初始反应期	168J/(g·h)	5～10min	初始溶解和水化
潜伏期	4.2J/(g·h)	1h	凝胶体膜层围绕水泥颗粒成长
凝结期	在6h内逐渐增加到21J/(g·h)	6h	膜层破裂，水泥颗粒进一步水化
硬化期	在24h内逐渐降低到4.2J/(g·h)	6h至若干年	凝胶体填充毛细孔

1. 初始反应期

水泥与水接触立即发生水化反应，C_3S 水化生成的 $Ca(OH)_2$ 溶于水中，溶液 pH 值迅速增大至 13，当溶液达到过饱和后，$Ca(OH)_2$ 开始结晶析出。同时暴露在颗粒表面的 C_3A 溶于水，并与溶于水的石膏反应，生成钙矾石结晶析出，附着在水泥颗粒表面。这一阶段大约经过 10min，约有 1% 的水泥发生水化。

2. 潜伏期

在初始反应期之后，有 1～2h 的时间，由于水泥颗粒表面形成水化硅酸钙溶胶和钙矾石晶体构成的膜层，阻止了与水的接触使水化反应速度很慢，这一阶段水化放热小，水化产物增加不多，水泥浆体仍保持塑性。

3. 凝结期

在潜伏期中，由于水缓慢穿透水泥颗粒表面的包裹膜，与矿物成分发生水化反应，而水化生成物穿透膜层的速度小于水分渗入膜层的速度，形成渗透压，导致水泥颗粒表面膜层破裂，使暴露出来的矿物进一步水化，结束了潜伏期。水泥水化产物体积约为水泥体积的2.2倍，生成的大量的水化产物填充在水泥颗粒之间的空间里，水的消耗与水化产物的填充使水泥浆体逐渐变稠失去可塑性而凝结。

4. 硬化期

在凝结期以后，进入硬化期，水泥水化反应继续进行使结构更加密实，但放热速度逐渐下降，水泥水化反应越来越困难，一般认为以后的水化反应是以固相反应的形式进行的。在适当的温度、湿度条件下，水泥的硬化过程可持续若干年。水泥浆体硬化后形成坚硬的水泥石，水泥石是由凝胶体、晶体、未水化完的水泥颗粒及固体颗粒间的毛细孔所组成的不匀质结构体。水泥凝结硬化过程示意图如图1-5所示。

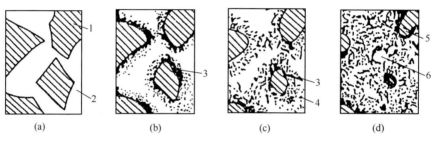

图1-5 水泥凝结硬化过程示意图

（a）分散在水中未水化的水泥颗粒；（b）在水泥颗粒表面形成水化物膜层；
（c）膜层长大并互相连接（凝结）；（d）水化物进一步发展，填充毛细孔（硬化）
1—水泥颗粒；2—水分；3—凝胶；4—晶体；5—水泥颗粒的未水化内核；6—毛细孔

水泥硬化过程中，最初的3d强度增长幅度最大，3～7d强度增长率有所下降，7～28d强度增长率进一步下降，28d强度已达到最高水平，28d以后强度虽然还会继续发展，但强度增长率却越来越小。

1.3.2 硅酸盐水泥凝结硬化的影响因素

1. 水泥组成成分的影响

水泥的矿物组成成分及各组分的比例是影响水泥凝结硬化的最主要因素。如前所述，不同矿物成分单独与水起反应时所表现出来的特点是不同的。如水泥中提高 C_3A 的含量，将使水泥的凝结硬化加快，同时水化热也大。一般来讲，若在水泥熟料中掺加混合材料，将使水泥的抗侵蚀性提高，水化热降低，早期强度降低。

2. 石膏掺量

石膏称为水泥的缓凝剂，主要用于调节水泥的凝结时间，是水泥中不可缺少的组分。水泥熟料在不加入石膏的情况下与水拌和会立即产生凝结，同时放出热量。其主要原因是由于熟料中的 C_3A 很快溶于水中，生成一种促凝的铝酸钙水化物，使水泥不能正常使用。石膏起缓凝作用的机理：水泥水化时，石膏很快与 C_3A 作用产生很难溶于水的水化硫铝酸钙（钙矾石），它沉淀在水泥颗粒表面形成保护膜，从而阻碍了 C_3A 的水化反应并延缓了水泥的凝结时间。

石膏的掺量太少，缓凝效果不显著，过多的掺入石膏其本身会生成一种促凝物质，反而使水泥快凝。适宜的石膏掺量主要取决于水泥中 C_3A 的含量和石膏中 SO_3 的含量，同时也与水泥细度及熟料中 SO_3 的含量有关。石膏掺量一般为水泥质量的 3% ~5%。若水泥中石膏掺量超过规定的限量时，还会引起水泥强度降低，严重时会引起水泥体积安定性不良，使水泥石产生膨胀性破坏。所以国家标准规定，硅酸盐水泥中 SO_3 总计不得超过水泥质量的 3.5%。

3. 水泥细度的影响

水泥颗粒的粗细直接影响水泥的水化、凝结硬化、强度及水化热等。这是因为水泥颗粒越细，总表面积越大，与水的接触面积也大，因此水化迅速，凝结硬化也相应增快，早期强度也高。但水泥颗粒过细，易与空气中的水分及二氧化碳反应，致使水泥不宜久存，过细的水泥硬化时产生的收缩也较大，水泥磨的越细，耗能多，成本高。通常，水泥颗粒的粒径在 7 ~200μm（0.007 ~0.2mm）范围内。

4. 养护条件（温度、湿度）的影响

养护环境有足够的温度和湿度，有利于水泥的水化和凝结硬化过程，有利于水泥的早期强度发展。如果环境湿度十分干燥时，水泥中的水分蒸发，导致水泥不能充分水化，同时硬化也将停止。严重时会使水泥石产生裂缝。

通常，养护时温度升高，水泥的水化加快，早期强度发展也快。若在较低的温度下硬化，虽强度发展较慢，但最终强度不受影响。但当温度低于 0℃ 以下时，水泥的水化停止，强度不但不会增长，甚至会因水结冰而导致水泥石结构破坏。

实际工程中，常通过蒸气养护、压蒸养护来加快水泥制品的凝结硬化过程。

5. 养护龄期的影响

水泥的水化硬化是一个较长时期内不断进行的过程，随着水泥颗粒内各熟料矿物水化程度的提高，凝胶体不断增加，毛细孔不断减少，使水泥石的强度随龄期增长而增加。实践证明，水泥一般在 28d 内强度发展较快，28d 后增长缓慢。

6. 拌和用水量的影响

在水泥用量不变的情况下，增加拌和用水量，会增加硬化水泥石中的毛细孔，降低水泥石的强度，同时延长水泥的凝结时间。所以在实际工程中，水泥混凝土调整流动性大小时，在不改变水灰比的情况下，增减水和水泥的用量（为了保证混凝土的耐久性，规定了最小水泥用量）。

7. 外加剂的影响

硅酸盐水泥的水化、凝结硬化受水泥熟料中 C_3S、C_3A 含量的制约，凡对 C_3S 和 C_3A 的水化能产生影响的外加剂，都能改变硅酸盐水泥的水化、凝结硬化性能。如加入促凝剂（$CaCl_2$、Na_2SO_4 等）就能促进水泥水化硬化，提高早期强度。相反，掺加缓凝剂（木钙糖类等）就会延缓水泥的水化、硬化，影响水泥早期强度的发展。

8. 储存条件的影响

储存不当，会使水泥受潮，颗粒表面发生水化而结块，严重降低强度。即使良好的储存，在空气中的水分和 CO_2 作用下，也会发生缓慢水化和碳化，经过 3 个月，强度降低 10% ~20%，6 个月降低 15% ~30%，1 年后将降低 25% ~40%，所以水泥的有效储存期为 3 个月，不宜久存。

1.4 硬化水泥浆体的组成与结构

由于混凝土的性能经常依赖水泥浆体的性能，因此有关硬化水泥浆体（HCP）组织构造的知识对于结构—性能关系的建立是很关键的。新拌水泥浆体的结构对硬化水泥浆体的结构和性能影响也很大。新拌水泥浆体从可塑状态转变为坚固石状体，故有时将硬化的水泥浆体称为水泥石。

硬化水泥浆体是一个很复杂的体系，这一体系具有以下特点：

（1）包括了固、液、气（孔）三相，而且各状态相中又不是单一的组成；

（2）从宏观、细观到微观看，水泥硬化浆体都是不均匀的，水化物的组成、结晶程度、颗粒大小、气孔大小和性质等方面都存在差别；

（3）水泥硬化浆体结构随条件而变化，如水/灰比大小、外界温度、湿度和所处的环境等；

（4）随水化时间，也就是制成混凝土后，结构应随时间而变化。这些特点，就为研究水泥硬化浆体的结构带来一定的困难。

1.4.1 硬化水泥浆体的基本微结构

硬化水泥浆体的性能最终取决于组分的性能及其（微结构）彼此之间空间联系的复合材料。典型水泥浆体的组成见表1-8，从表中可见，C-S-H凝胶是占主导地位的成分，大约固相的2/3由它组成。各水化产物的特征状态，见表1-9。

表1-8 I型硅酸盐水泥硬化浆体的组成（$w/c = 0.5$）

组成	体积分数近似值（%）	评注
C-S-H	50	无定形，含微细孔隙
CH	12	结晶型
AFm[①]	13	结晶型
未反应水泥	5	取决于水化
毛细孔	20	取决于水/灰比

① 视为 C_3A 和 C_4AF 的最终水化产物。

表1-9 水化产物的各种性能

化合物	相对密度	典型形貌	典型尺寸	分辨仪器[①]
C-S-H	$1.9 \sim 2.1$	多样性孔隙	约 $0.1\mu m$	SEM，TEM
CH	2.24	等边棱柱体或薄板状体	$0.01 \sim 0.1mm$	OM，SEM
AFt	约 1.75	棱柱形针状体	$10\mu m \times 1\mu m$	OM，SEM
AFm	1.95	薄六方片状体或不规则"玫瑰花形"物	$1\mu m \times 0.1\mu m$	SEM

①SEM：扫描电镜；TEM：透射电镜；OM：光学显微镜。

在水泥硬化浆体中一些大型粒子是由一些处在C-S-H密实包裹层包围之中的未反应水泥颗粒构成的，Bonen和Diamond称其为"显粒体"（phenograins）。它们被嵌埋在一片多孔的、其物质包含氢氧化钙和C-S-H凝胶以及毛细孔的、却又颇显一致的"基质体"（groundmass）之中。

"基质体"是一种含孔隙的细胞状特征的结构，而这孔隙被认为是由"中空壳体"水化演变而来的。"中空壳体"水化的实例是 Barnes 等首次予以发表的，而目前已被认为是在水泥水化中普遍可见的，尽管它们并不出现在 C_3S 的水化过程中。由此可认为早期 C-S-H 的形成受到铝酸盐相伴水化的影响。由 Scrivener 提出的，有关围绕水泥颗粒的 C-S-H 包覆层的发展概况见图1-6，并简述如下。

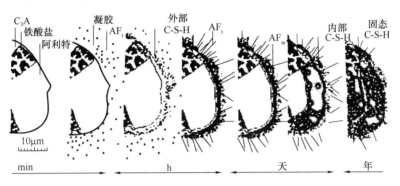

图1-6 水泥颗粒周围微观结构发展的概况
（显示的是一个中空壳体形成及被填充的过程）

绝大多数的水泥颗粒是多矿物的，C_3A 和 C_3S 的水化主导着早期反应。若干分钟，一个富铝酸盐的无定形包覆层（往往也含有硅酸盐）就形成了，还从中结晶出小的 AFt 针状体。诱导期过后，由 C_3S 水化而来的 C-S-H 沉积在 AFt 针状体的网状组织上，并向外生长，进入充水空间。到加速期结束时，打开的已是一个狭窄的空间（<1μm）。AFt 过后再结晶成大得多的针状体，而此后出现的是这个壳体依靠 C-S-H 不断的形成，并因其内表面向内推进，并非外表面向外推进而被加厚。小于 5μm 的颗粒往往在这间隙能被搭接之前即已完全水化，留下一些永久的中空壳体，就像一些只能通过较小毛细孔才能进入的大毛细孔。大于 15μm 的颗粒将经水化而闭合这一间隙，并形成"显粒体"（5~15μm 的中空壳体往往是由未反应内核在试样制备期间脱落而造成的）。Taylor 对此概况有过较详尽的讨论。

1.4.2 硬化水泥浆体中的固相成分及其结构模型

硬化水泥浆体中的固相，除未水化的水泥颗粒外（这在水化很长时间内都会存在），主要是水化产物：氢氧化钙、钙矾石、单硫型水化硫铝酸钙和 C-S-H 凝胶。

1. 氢氧化钙

氢氧化钙形成的晶体相当巨大：其尺寸比 C-S-H 粒子大 2 或 3 个数量级。这些晶体生长在充水的毛细孔中，包围在水化到一半的颗粒周围，有时还完全淹没了这些颗粒（图1-7），最终形成一个渗透网络。这些晶体在浆体中尺寸可长到 0.1mm。初始时，发生在[001]面上的优先生长，造成沿 c 轴方向的棱柱状晶形，但是之后在较低的 Ca^{2+} 浓度上，却在其他面上发生晶体的生长。而有外加剂存在，就能形成棱柱状或板状的晶体。$Ca(OH)_2$ 晶体的尺寸

图1-7 水泥浆体中的氢氧化钙晶体（600倍）

和形状还受水化温度的影响。在断裂面的 SEM 显微图像上，$Ca(OH)_2$ 晶体经常会有特征性的条纹状外观，这是由沿着弱结合的[001]面的一些滑移而造成的。

2. 钙矾石(AFt 相)和单硫型水化硫铝酸钙(AFm 相)

（1）AFt 相

钙矾石通常形成的晶体都是长径比大于 10 的六方截面的细棱柱体。其晶体结构建立在 $[Ca_3Al(OH)_6 \cdot 12H_2O]^{3+}$ 这一组分平行晶体长轴（c 轴）作紧密堆积而竖起的柱状体基础上（图1-8）。在这些柱状体之间的是平衡电荷的 SO_4^{2-} 和附加的水分子，构成分子式 $[Ca_6Al_2(OH)_{12} \cdot 24H_2O]^{6+} \cdot 3SO_4^{2-} \cdot 2H_2O$ 或 $3CaO \cdot Al_2O_3 \cdot 3CaSO_4 \cdot 32H_2O$，简写为 $C_6A\bar{S}_3H_{32}$ 或 $C_3A \cdot 3C\bar{S} \cdot H_{32}$。强干燥下（如加热至 105℃），柱状体内的水分子被移出，其结构遂变成无定形态。然而，在相对湿度 60% 以上条件下的再水化将恢复其结晶性。其他一些离子能部分（在某些场合则能全部）取代 SO_4^{2-}（如 OH^-、CO_3^{2-}、Cl^-、$H_2SiO_4^{2-}$），而 Fe^{3+} 也许和 Si^{4+} 能部分替代柱状体中的 Al^{3+}。水泥浆体中的钙矾石不会具有以 $C_3A \cdot 3C\bar{S} \cdot H_{32}$ 所表示的确切的化学计量，而是使用 AFt 这一名称。

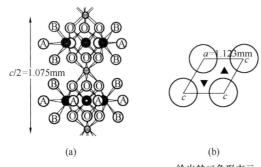

$c/2 = 1.075mm$

$a = 1.125mm$

（a）　　　　　　　　（b）

实心圆=Ca^{2+}；阴影圆=Al^{3+}；
空心圆：O=桥联OH，A、B=终端H_2O

绘出的三角形表示
SO_4^{2-}在柱体之间的位置

图 1-8　钙矾石的晶体结构

（a）柱状体的组成；（b）柱状体的分布

AFt 的形成常常伴随明显的体积增大和膨胀，这也是硫酸盐侵蚀的常见原因。水化期间，对钙矾石的形成加以控制，由此所产生的膨胀是补偿收缩水泥的基本原理。然而，当钙矾石生成时却不存在总体积的增加，这时发生的必然是由高度过饱和溶液的结晶化在受局限的空间上所引起的晶体生长压力。在陈旧混凝土的空隙或先前存在的裂缝中经常能观察到通过无害的再结晶过程而明显沉积其中的钙矾石。游离氧化钙的存在将促进膨胀；而在 CaO 不足的情况下，钙矾石将形成更大块的晶体，并能快速发展成一个坚硬的浆体。这就是一些快硬硅酸盐水泥和富贝利特水泥的基本原理。

（2）AFm 相

水化单硫型硫铝酸钙，$C_4A\bar{S}H_{12}$ 是分子式为 C_4AXH_n 的化合物的同结构群中的一员，具有一种层上正电荷被结构中阴离子所平衡的层状结构（图1-9），表1-10 中列出了这一结构群中一些常见化合物，但是，带其他阴离子的化合物是经配制而成的。在水泥水化中的最终产

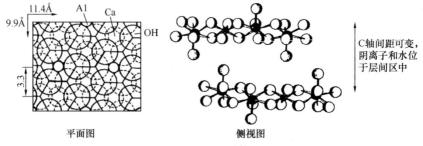

11.4Å　　A1　　Ca

9.9Å

OH

3.3

C轴间距可变，
阴离子和水位
于层间区中

平面图　　　　　　　　　侧视图

图 1-9　AFm 的晶体结构

在侧视图中，实心圆是 Ca^{2+}，阴影圆是 Al^{3+}，空心圆是 OH^-

物是一种结构中含 OH^- 和 SO_4^{2-} 的固溶体。近年来的一些研究表明，硅酸盐离子(也许和一些由大气碳化而来的碳酸盐)还是存在的。同样还将发生 Fe^{3+} 和 Si^{4+} 对 Al^{3+} 的部分替换，从而所用的名称是 AFm。

表 1-10　六方晶型水化物 $[Ca_2Al(OH)_6] \cdot X \cdot yH_2O$ 的结构

化合物	阴离子	n	水的物质的量 $y(mol)$	间距(Å)	现象
C_4AH_{19}	OH^-	2	12	10.6	由 C_3A 形成
C_4AH_{13}	OH^-	2	6	7.9	C_4AH_{19} 的脱水
半碳铝酸盐	OH^- CO_3^{2-}	1 1/2	6	8.2	C_4AH_{19} 的碳化
碳铝酸盐 (C_4ACH_{11})	CO_3^{2-}	1	5	7.6	有碳酸盐存在
单硫型硫铝酸盐 ($C_4A\bar{S}H_{12}$)	SO_4^{2-}	1	6	9	有硫酸盐存在
固溶体	OH^- SO_4^{2-}	可变	6	8.2～8.9	硅酸盐水泥中 C_3A 的最终水化产物
C_2AH_8	$Al(OH)_4^-$	2	6	10.6	由 C_3A 形成
卤化铝酸盐 (C_4AXH_{10})	X^-	2	6	7.8(Cl^-) 8.2(Br^-) 8.8(I^-)	能在高卤化物浓度下形成

注：$[Ca_2Al(OH)_6] \cdot X \cdot yH_2O$ 中，X 代表一个一价阴离子或 1/2 个二价阴离子，y 为水的物质的量(mol)。

3. C-S-H 凝胶
（1）分类

C-S-H 这一命名限于准晶态或无定形的水化硅酸钙相(包括结构中的外来离子)，而 C-S-H 凝胶表示的是，与其他隐晶物质相互混的 C-S-H 在胶体尺寸上的一种集合体。按 C-S-H 凝胶在微观结构中的部位或其形貌，可以对 C-S-H 凝胶进行分类，见表 1-11。但应注意的是，不同形貌的 C-S-H 凝胶未必意味着不同组分。

表 1-11　C-S-H 凝胶的分类

微观结构名称	形貌名称		形成时间
	SEM	TEM	
外部(产物) 基质体 早期产物	Ⅱ 型[1] (网状的)	E 型 (球状的)	诱导期期间
未名物 开始几天	Ⅰ 型(针状的)	0 型(箔状) Ⅰ 型(针状的)	扩散控制阶段 0 型的干燥形式
内部(产物) 显粒体	Ⅲ 型 (不确定)	Ⅲ 型 (纤维状的)	中间阶段 开始的 2～3 周
后期产物	Ⅳ 型 (球状的)	Ⅳ 型 (不确定的)	后阶段, 几周到几个月

[1]使用某些外加剂时，Ⅱ型能够保持到诱导期之后。所以，它与 0 型的关系也许比 E 型更密切。

（2）化学组成

当 C-S-H 在水泥浆体中形成时，基本上是无定形的，但是当 C-S-H 在相对较纯的系统中形成时，却会存在较长程的有序性。而这在水泥浆体中则未必可能，C-S-H 在此能吸附大量氧化物杂质，以形成固溶体。在 C-S-H 中已经找得到可能的物质有硫酸盐、铝、铁、碱金属物。C-S-H 凝胶的组成是相当多变，由取代物的范围决定的。C-S-H 凝胶的微观分析都显示出其微观结构中点到点（或颗粒到颗粒）的组成的可变性极大，分布图见图 1-10。围绕显粒体（内部产物）的 C-S-H 凝胶包覆层的组成具有相对较恒定的成分，可以代表 C-S-H 的一个单相，然而，基质体中的外部产物却是高度可变的，其分析结果趋于分布在内部产物的 C-S-H 与其他水化物相，如 AFm、AFt、Ca(OH)$_2$ 之间的连线上，说明 C-S-H 的组成比值为 Ca:Si = 1.7 ~ 2.1，Ca:Al = 20 ~ 30，Ca:$\overline{S}$ ≈ 25，其组成近似为 C$_{1.7 ~ 2.1}$(A$_{0.03 ~ 0.05}$ $\overline{S}_{0.04}$)H$_{xd}$。

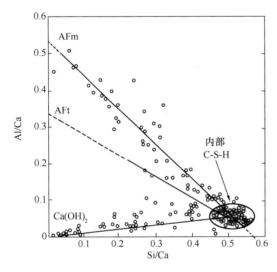

图 1-10　对一般水泥浆体中 C-S-H 的凝胶进行个别微观分析，所得其成分的标绘图（以 Al/Ca 对 Si/Ca 作图），标以 C-S-H 的成簇各点，代表的是显粒体包覆层中"内部 C-S-H"的成分范围

（3）C-S-H 凝胶结构模型

由于 C-S-H 是无定形的，为此，其分子尺度上的有机构成性很差，因此，按已知结构的结晶化合物做出结构模拟是很有用的。大量研究对水泥硬化浆体的微观结构做了深刻的描述，并建立了许多 C-S-H 凝胶结构的有效模型，比较经典的有 Powers-Brunauer 模型、Feldman-Sereda 模型、Munich 模型等。这些模型和理论都有各自的优点和缺点，各个模型有着特定的时代背景。随着现代测试技术的发展，新的表征手段为 C-S-H 凝胶结构模型的研究注入了新的活力，C-S-H 凝胶结构的新模型不断创立。这些模型有助于人们了解 C-S-H 凝胶的本质结构及其性质，能够使人们从更本质上解释一些现象，也有助于人们进一步地研究水泥基材料的性能等。

① Powers-Brunauer 模型

根据这一模型，C-S-H 凝胶相是由胶体粒子组成的，每个胶粒则由 2 ~ 3 层[SiO$_4$]、CaO 和 OH$^-$ 离子所组成，每个胶粒内含有 3 万 ~ 5 万个分子。胶粒间的随机排列组成 C-S-H 相，在胶粒间存在范德华长程力，偶尔也有共价键或离子键存在。此外，在胶粒层间的水只有在强烈的干燥时才会失去，并且失去的水不能可逆地回到结构中。根据这个模型，凝胶有很高的比表面积，其数量级为每克水泥浆体 180m^2，凝胶孔率为 28%。

水化凝胶的力学性质可以用该模型予以说明：由于假设这些胶粒间存在范德华力，其在水中的膨胀性是由于单个胶粒间存在水分子层而引起胶粒的分离，徐变是在应力作用期间胶粒间的水被挤出的结果；而由于假设胶粒间偶尔也有共价键或离子键存在，可以解释材料受限制的膨胀性质，但这种键的精确位置和作用并不清楚。

② Feldman-Sereda 模型

Feldman 和 Sereda 在 20 世纪 70 年代提出了另一种 C-S-H 凝胶结构模型，该模型认为 C-S-H 凝胶结构应该是不规则的单层状排列，其具体排列见图 1-11。但与 Powers-Brunauer 模型比较，这个模型认为水的作用更复杂。与干燥凝胶相接触的水有下列几个作用：与自由表面相作用形成氢键；物理地吸附在表面；在低湿度下进入材料的层状结构中；在高湿度下因毛细孔凝胶而填充在大孔中。

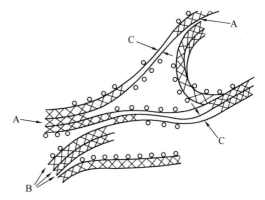

图 1-11　根据 Feldman-Sereda 的 C-S-H 凝胶的结构
A—晶间结合的形式；B—C-S-H 箔叶；C—引起不规则层的缺陷；○—物理吸附水；×—层间水化水

进入层间的水是结构的一部分，处于更有组织的状态，层间水的存在使 Ca 在 C-S-H 凝胶结构中配位数增加，导致结合力增强。相对湿度 10% 以下时，这种水的大部分从结构排出，在高湿度下只有一部分结构水被排出。

湿胀并不是由于初始聚集体的分离或这些结合的破坏造成的，而是由于下列几个因素的作用引起的：由于表面与水分子的物理作用而引起固体表面能的降低；水分子层间的渗透以及当水分子占据箔叶之间原来较坚硬的外廓而引起的有限的分离；毛细孔凝结的弯月面作用；时效作用，这个作用通常被认为是箔叶的进一步缩聚，并形成更多的层及畸形微晶体的伸长。

③ Munich 模型

以 Wittmann 和 Setzer 为代表的这一模型的提出者对水泥浆体中 C-S-H 凝胶粒子进行了长期的物理化学试验。试验结果证实，干燥的固体表面具有较大的表面能，当表面被 H_2O 分子所铺展时，表面能降低。在较低的湿度下，固体表面吸附单分子层，较高的相对湿度下吸附多分子层。

在较低的湿度下（RH < 50%），凝胶颗粒吸附水后引起的长度变化是由于表面自由能的变化；当 RH > 50% 时，单分子层的吸附水已经被破坏，成为多分子层，由于水分子的增多进而造成一种拆开压力，致使试样在拆开压力的作用下长度变化增快。而吸附水分子后的水泥浆体抗拉强度与初始抗拉强度之比，也会在 RH > 50% 时由于拆开压力的存在而急剧下降。

Munich 模型最初是为了解释水泥凝胶的力学性质，主要用于解释浆体及混凝土材料的徐变和膨胀。

④ Tobermorite-Jennite 的 C-S-H 凝胶模型

Taylor 研究发现两种能够在 100℃ 以下的悬浮液制得的晶型与水泥凝胶的结构较相近，它们是 1.4-nm 的托勃莫来石（1.4-nm Tobermorite，近似是 $C_5S_6H_9$），雪硅钙石（Jennite，$C_9S_6H_{11}$）；各种类型的半结晶的水化硅酸钙在结构上都介于这些化合物和 C-S-H 凝胶之间。两种清晰的凝胶 C-S-H（Ⅰ）和 C-S-H（Ⅱ）的结构分别接近 1.4-nm Tobermorite 和 Jennite。

1.4-nm 的托勃莫来石是一种层状结构，其前缀和厚度相关，加热到 55℃ 时，失去层间水，单向晶格收缩从而生成 1.1-nm Tobermorite。1.4-nm Tobermorite 是一种自然界的矿物，可以在 60℃ 时由 Ca(OH)$_2$ 和硅酸的悬浮液合成。每层的中间层是 CaO，其中的 O 原子是与

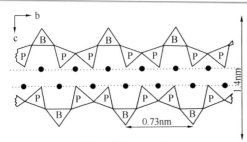

A.1.4-nm Tobermorite(bc)

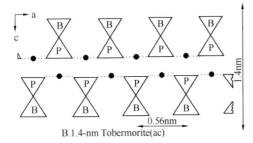

B.1.4-nm Tobermorite(ac)

图1-12 1.4-nm 的托勃莫来石
(1.4-nm Tobermorite)的结构

B—桥四面体;P—成对的四面体;实心点—钙原子

Si-O 链共享的,Si-O 链覆盖在每层的表面。在这些层之间是水分子和多余的钙原子。其理想组成是 $Ca_5(Si_6O_{18}H_2) \cdot 8H_2O$,但是由于会丢失一些四面体,因此其实际分子式为 $Ca_5Si_{5.5}O_{17}H_2 \cdot 8H_2O$,这对应着的平均链长为 11 个硅氧四面体。其结构见图1-12。

雪硅钙石(Jennite,$C_9S_6H_{11}$)也是以自然矿物的形式存在的,与 1.4-nm Tobermorite 一样,能够在 100℃ 以下当 Ca/Si 为 1.1~1.2 时,由 CH 和硅酸的悬浮液合成;但是延长反应时间就会生成 1.4-nm Tobermorite。在自然界中它总是与 1.4-nm Tobermorite 在一起,或处于一种亚稳平衡态,Jennite 在 70~90℃ 时会失水产生单向晶格收缩,生成 metajennite($C_9S_6H_7$)。通过核磁共振成像等 NMR 研究手段发现,其组成应该是 $Ca_9(Si_6O_{18}H_2)(OH) \cdot 6H_2O$,其结构与 1.4-nm Tobermorite 很相似,但是交替的链会被 OH 基团取代;每层的中间部分都是 CaO_2(经验分子式),加上扭曲的 CH 层,使得 Jennite 与 1.4-nm Tobermorite 又有很大的不同。雪硅钙石的结构见图1-13。

Taylor 认为在 RH =11% 的情况下,C-S-H 凝胶包含着 1.4-nm Tobermorite 和 Jennite 中的部分结构。XRD 分析也可以证实 C-S-H 凝胶和 1.4-nm Tobermorite 以及 Jennite 结构的相似性。Taylor 研究得出了 1.4-nm Tobermorite 和 Jennite 在 0.27~0.31nm 和 0.18nm 范围内有很强的衍射峰,表明在各孤立层中 Ca-O 结构的重复周期;而 C-S-H(Ⅰ)在 0.304nm,0.280nm 和 0.182nm 三处的衍射峰代表着扭曲的 CH 层有三个最短的重复距离;C-S-H(Ⅱ)的衍射花样在相同的区域有着相似的明显峰,对应着不同类型的扭曲。通过其他的手段如对 C-S-H 凝胶进行热重分析,也证明了其为 1.4-nm Tobermorite 和 Jennite 的中间体。

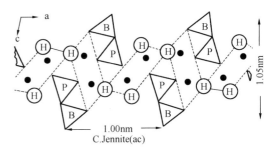

C.Jennite(ac)

图1-13 雪硅钙石(Jennite)的结构

B—桥四面体;P—成对的四面体;
●—钙原子;H——OH 基团

总之,Taylor 认为 C-S-H 凝胶的结构是高度变形的类 1.4-nm Tobermorite 和类 Jennite 结构,其中 1.4-nm Tobermorite 和 Jennite 均为层状结构,但是因缺少桥硅氧四面体,1.4-nm Tobermorite 和 Jennite 的硅氧四面体长链发生断裂,成为不同组成的硅氧四面体短链。在硅酸钙结构中,成对的四面体和 Ca-O 多面体共用 O 原子;在 1.4nm 的 Tobermorite 和 Jennite 中,四面体缩聚到 CaO_2 层,如果所有的桥四面体丢失,就会产生一系列的二聚体;大多数情况下,如果一些或全部丢失,就会产生 2,5,8,3n-1 的硅链。这个在 C-S-H 凝胶是存在的，利用先进的核磁共振等技术研究发现，C-S-H 凝胶中不是完整的 1.4nm 的 Tobermorite 和 Jennite 的长链，而是$(3n-1)$个硅四面体组成的短链结构。

Taylor 也指出了这种模型的不足之处，C-S-H 凝胶与 1.4-nm Tobermorite 或者 Jennite 至少有三点不同：①C-S-H 凝胶实际上是无定形态的；②C-S-H 凝胶的 Ca/Si 比大约为 1.75，高于 Jennite 中的 Ca/Si 比，而且更是高于 1.4-nm Tobermorite 的 Ca/Si 比；③1.4-nmTobermorite 和 Jennite 中的硅酸盐阴离子链都比较长，但是 C-S-H 凝胶中的链长仅为 2，5，8，…，$(3n-1)$个四面体。

⑤ Richardson-Groves 的模型

在 Richardson-Groves 的模型中，保留了 C-S-H 凝胶高度无序的层状结构的概念，该模型更多的是关注凝胶中各种分子和离子的组成与性质，但没有解释清楚这些离子和分子是如何排列的。引入了固溶体的概念，将凝胶看作 C-S-H 凝胶、$Ca(OH)_2$ 以及水分子等相互作用产生的固溶体。假设 Al^{3+} 或者其他三价阳离子可以取代桥四面体中的 Si^{4+}，造成的电荷不平衡是由碱金属离子或者内层多余的 Ca^{2+} 的迁移来使其中性化。

模型还给出了 C-S-H 凝胶的一般方程式：

$$Ca_x H_{(6n-2)} (Si_{(1-a)} R_a)_{(3n-1)} O_{(9n-2)} \cdot I_{a(3n-1)/c}^{c+} \cdot zCa(OH)_2 \cdot mH_2O$$

当 $0 \leqslant y \leqslant 2$ 时，$n(2-y) \leqslant w \leqslant 2n$；

$2 \leqslant y \leqslant 4$ 时，$0 \leqslant w \leqslant 2n$；

$4 \leqslant y \leqslant 6$ 时，$0 \leqslant w \leqslant n(6-y)$；

其中，R 是指代替 Si 的三价阳离子（主要是 Al），I^{c+} 是指平衡由于 R^{3+} 代替 Si^{4+} 引起的电荷不平衡时的内层阳离子（主要是 Ca^{2+} 或者碱金属离子），$(3n-1)$ 是指链长；$0 \leqslant a \leqslant (n-1)/(3n-1)$；$x=0.5(6n-w)$；$z=0.5[w+n(y-2)]$。

这个模型能够解释离子的组成关系，但是不能知道它们在 C-S-H 凝胶中到底是怎样排列的。

⑥ 富硅 C-S-H 和富钙 C-S-H 理论

运用 ^{29}Si 核磁共振技术（nuclearmagnetic resonance，NMR）的研究发现所有 C-S-H 凝胶结构均包含 Q^1，Q^2（Q^1，Q^2 分别指 $[SiO_4]^{4-}$ 四面体，与另外 1 个 $[SiO_4]^{4-}$ 四面体和 2 个 $[SiO_4]^{4-}$ 四面体的结合），即单链的硅氧四面体长链。

在 $CaO\text{-}SiO_2\text{-}H_2O$ 体系中 C-S-H 凝胶存在两种不同的结构，即富硅 C-S-H 和富钙 C-S-H。通过对富硅 C-S-H[$n(Ca)/n(Si) = 0.65 \sim 1.0$]NMR 谱的研究发现，它主要存在 Q^2 特征峰，这表明其结构中存在硅氧四面体长链，并且其结构类似于 1.4nm 的 Tobermorite。富钙 C-S-H[$n(Ca)/n(Si) = 1.1 \sim 1.3$]的 NMR 谱特征峰中 Q^2 与 Q^1 峰值比为 0.7，几乎固定不变，其结构受组成上的变化影响很小，但 Q^2/Q^1 峰值比对合成温度相当敏感，因此推测它是由相似于合成的 Jennite 的硅氧四面体短链和二聚体混合组成的。

⑦ 中尺度 C-S-H 凝胶结构模型

中尺度 C-S-H 凝胶结构模型是 Dwight Viehland 等经过大量的研究并总结前人研究成果的基础上提出来的，他们用高分辨电子显微技术（HREM）研究了水化硅酸钙凝胶，选区电子衍射（SAED）发现有一些衍射环，这意味着 C-S-H 凝胶中存在短程有序结构。但是研究发现不同区域的凝胶的衍射环有很大的区别，这说明不同区域的 Ca/Si 比有很大的差异。通过晶体图像也发现凝胶有短程有序的特性。这些研究表明在无定形的 C-S-H 凝胶基体中有纳米结晶区域，局部的纳米结晶区域可以认为组成上是均一的；然而，不同纳米结晶区域的组成波动是很大的，说明各个区域的结构有序性参数存在强烈的波动性；从个别的纳米结晶区域的 X 衍射图上来看，证明存在 1.4-nm Tobermorite 和 Jennite 的结构单元；这也支持了 Taylor 的纳米相模型。

传统的研究认为 C-S-H 凝胶结构上类似 Tobermorite 和 Jennite 的结构，而且相应的 X 射线衍射结果也证实了这点，但是由于丢失硅链上的桥四面体，加之 CaO 层无序地链接上不同长度的硅酸盐阴离子和 OH 基团，导致使其结晶度显著下降，所以也有学者认为 C-S-H 结构是无定形态的。而且过去的研究发现在 C-S-H 凝胶中不同区域的 Ca/Si 比波动很大，在 0.6～2；但是这些研究并没有明确局部 Ca/Si 比波动很大是因为任意的区域波动都很大，还是因为或许有很多尺度较小的组成上有序的区域。

在证明 C-S-H 凝胶中短程有序结构时开始是用 SAED 技术，但是尝试得到 SAED 花样通常是失败的，但偶尔会得到不是很好的清晰衍射花样；后又证实 SAED 的结果可信度的不高部分是因为在离子束研磨的过程中和在电镜观测时会造成离子束损伤，这可能会与试样的非晶态有关系，即试样制备过程和观测过程中可能会损害试件的原有形态，导致非晶体的出现。现代先进的制样技术有助于减小这方面的影响从而有助于得到更加可靠的观测结果。

Taylor 的纳米相模型认为 C-S-H 凝胶在纳米尺度上是由 Tobermorite 和 Jennite 结构单元混合而成的，他们仅仅局限于链接着硅链 Ca-O 层的一小部分，即几纳米的长度。这个模型能够解释许多晶体化学的观测结果、宏观性质、结构、组成趋势等。尤其是这个模型可以解释局部 Ca/Si 比波动很大；这个模型本质上要求 C-S-H 凝胶是个纳米均一体系，但是现在的研究结果都不能证明这个纳米均一体系的存在。

Dwight Viehland 等用高分辨电子显微技术（HREM）来更好的研究"中尺度"结构是否短程有序，这个技术为研究"中尺度"的结构的有序性提供了可能。首先 Dwight Viehland 等在微米级别对 C-S-H 凝胶进行了形态观测，图 1-14 是 C-S-H 凝胶的明视场图像，从图中可以看出外层水化产物的无定形特征是蜂窝状的扩展纤维区域；而内层水化产物的无定形特征是接近无孔的，几乎不存在凝胶孔。因此，在微米层次观测试样，仅仅发现内层和外层水化产物区域的无定形态的差别。

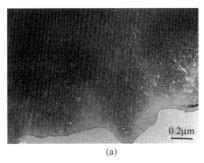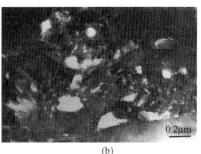

0.2μm   0.2μm

（a）   （b）

图 1-14　C-S-H 凝胶的明视场图像

（a）内层水化产物的形态；（b）外层水化产物的形态

局部组成的研究是通过对 C-S-H 凝胶不同区域进行 X 射线能谱分析（EDAX），每个 EDAX 点的面积是 $1nm^2$，定量的分析发现 Ca/Si 在 0.5～5.9 波动；这么大的波动一方面是由于试样制备的过程中减小了离子束的厚度和面积以及先进设备分辨率较以往有所提高；另一方面就是可能在纳米层面上 C-S-H 和 CH 共同生长；因此，在纳米尺度上局部组成分析的波动将会远远大于在微米尺度的探测。但是由于研究的数量点很有限还不足以证明凝胶中 Ca/Si 比的双峰的存在。

SAED 从凝胶的不同区域中得到，如图 1-15 所示。每个 SAED 衍射花样都观察到了衍射环，这个衍射环无疑证明了局部结构是有序的而不是无序的，而且短程有序结构明显存在。从衍射环的 d 值可以在较宽范围内变化，意味着在短程有序区域也存在结构上很大的差异。而且从图中也可以发现不同区域短程有序的周期是不同的。

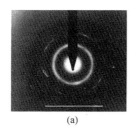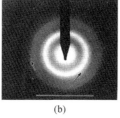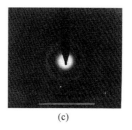

(a)　　　　　　　　　(b)　　　　　　　　　(c)

图 1-15　C-S-H 凝胶不同区域的 SAED 衍射花样

总的来说，C-S-H 凝胶将会形成一个连续的状态，有相似的结构单元，具体的重复周期可以从一个区域和另一区域不同，而不是形成几个可以看得见的、独立的、亚稳态的相。

Dwight Viehland 等用 HREM 来研究 C-S-H 凝胶，这有助于更好地理解其内部的"中尺度"的结构单元，这些结构单元导致了从 SAED 中观测到的存在衍射环的短程有序结构，观测结果如图 1-16 所示。

图 1-16 展示了一个 C-S-H 凝胶的晶格图像，可以很明显的看出纳米结晶区域，还有一些区域有一定程度的尺度为 1nm 的短程有序结构；图中也存在无定形态的 C-S-H 凝胶。而且还可以发现，纳米结晶区域大概为 5nm，其总的体积分数很大，但是不能定量计算出这个比例，因为这个在很大程度上受到选择的区域的影响。

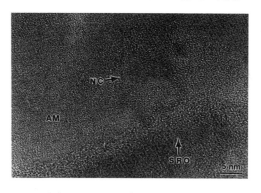

图 1-16　C-S-H 凝胶的晶格图像
（箭头指示的是纳米结晶区域）
NC—纳米结晶区域；SRO—短程有序结构；
AM—无定形态

这一研究证明了 C-S-H 凝胶中存在"中尺度结构"（10～100Å），见图 1-17。这个"中尺度结构"是由有很多尺度小于 5nm 的纳米结晶区域、尺度小于 1nm 的可变的短程有序区域无定形区域组成。在 SAED 衍射花样中，无定形区域造成了中心颜色环的背底，短程有序结构对衍射环花样有贡献，纳米结晶区域也是有助于衍射环的形成，以及较弱的衍射斑点。"中尺度"结构模型在支持纳米相结构假说的基础上阐述更完善和精细，C-S-H 凝胶结构中同时存在着短程有序和完全无序的状态是更为全面的描述。

⑧ 热力学理论——固溶模型

固溶模型是一种基于热力学理论的简易 C-S-H 凝胶模型，并将氢氧化钙（CH）认为以

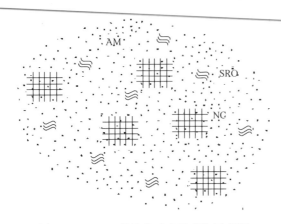

图 1-17　C-S-H 凝胶的"中尺度"示意图

点 AM 为无定形区域；曲线 SRO 表示短程有序区域；
网格 NC 代表纳米结晶区域

"键合质"存在，而不是"游离"。固溶模型最早由 Kantro 等人提出，模型是在两层 CH 中间夹了层状类托贝莫来石链；而 Stade 等人研究提出，模型为两层硅氧四面体链中间夹有 CaO，其中钙离子和水融入使结构复杂多样化，具体结构如图 1-18 所示。在此基础上，Fujii 等人提出，将该模型 C-S-H 凝胶视为由托贝莫来石和 CH 所形成的固溶体，CH 位于托贝莫来石的层状结构。固溶模型已被应用于水泥水化、建立计算机模拟的数据库等方面研究，但对于钙硅比的影响研究有所欠缺。由此，Kulik 等人对该模型提出了改进，将其与简单的固溶模型结合，通过结构位点的变化使之为亚晶格固溶模型，脱离了

钙硅比的限制条件，与 C-S-H 凝胶结构契合更佳。

⑨ Colloid 模型

Colloid 模型为纳米结构模型，由 Jennings 等人发现 C-S-H 凝胶存在最小结构单元胶束（Globue），可近似为直径小于 5nm 的球状体。这些球状体堆积在一起形成高密度水化硅酸钙凝胶（High Density Calcium Silicate Hydrate，HD C-S-H）和低密度水化硅酸钙凝胶（Low Density Calcium Silicate Hydrate，LD C-S-H），

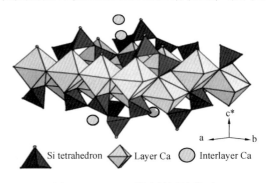

图 1-18　C-S-H 凝胶的固溶模型

如图 1-19 所示。该模型将 C-S-H 凝胶由紧密堆积的胶束视为球形，且胶束本身为层状的结构形式。随后，鉴于原模型对荷载作用下的干燥收缩和徐变过程中凝胶发生变化的影响研究

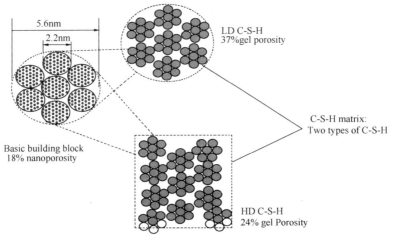

图 1-19　低密度和高密度 C-S-H 凝胶模型

空缺，Jennings 等人再次提出修正模型（CM-Ⅱ），见图 1-20，其将 C-S-H 凝胶视为一种分形特征形式存在，该模型中 C-S-H 凝胶含水的区域包括层间空间、胶粒内孔（Intra Globule Pores，IGP，尺寸≤1nm）、小凝胶孔（Small Gel Pores，SGP，尺寸为 1~3nm）和大凝胶孔（Larger Gel Pores，LGP，尺寸为 3~12nm），每个区域中存在的水都有其特定的热力学特性。Colloid 模型可以阐释不可逆收缩和徐变与 LGP 和 SGP 结构变化关系。

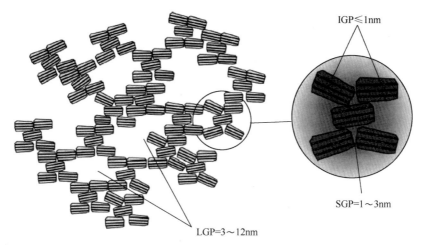

图 1-20　Jennings 修正模型

⑩ 基于表面物理理论的 SLGS 模型

Setzer 提出了 SLGS 模型（Solid-Liquid-Gel-System Model，SLGS），该模型基于表面物理的理论，根据不同的 C-S-H 凝胶与毛细孔水分分为两个区域：宏观区域和凝结区域。宏观区域（即孔隙大于 0.1μm）中水分子的密度、熔融温度等均与常态的水没有区别。但由于其出现条件的特殊性，可以忽略不计。凝结区域由于水变成了冰，高熵能存储于孔结构中，固体表面与预结构孔隙水相互作用部分的分离压力消失，则孔隙收缩，试样收缩。反之，如果在吸附过程中，非稳态结构的水凝结，吸附的表面层变得稳定，样品膨胀。解吸是亚稳态，其依赖叠加在分离压力上的毛细管压力。就吸附而言，水在内表面上被特征吸附为多分子层，未发现明显的能量变化，且其密度未知。在低温试验中，其在 -90℃下的动态弹性模量可产生高阻尼。同时，该模型受到环境湿度、温度等限制。

通过高精度重力吸附和氦流比重计测试了水泥基材料的密度、溶解热以及等温长度变化（收缩）等，验证了 SLGS 模型的适用性，且该模型考虑了 C-S-H 凝胶在水泥基材料中存在的膨胀现象。研究表明，当孔溶液的摩尔浓度接近 0.1mol/L，水泥基材料将达到最大的相邻压力的静电和排斥部分；在蒸发和成冰期间，孔溶液的浓度增加，静电分离压力降低。但是，该模型并没有讨论静电部分的作用或分离压力。

⑪ 三维介观结构模型

三维介观结构模型（Three-Dimensional Meso-Structures Model）是由 Etzold 等人整合信息将二维结构模型数字化为三维结构模型。该模型认为当水泥颗粒溶解，水泥水化产物沉淀析出形成一定物质。此后的 C-S-H 凝胶再将片层的边界面为生长点，假设片层为一个长方体，则满足水泥基材料的七个动力学关键因素的水泥水化产物可以沿着长方体的六个面不断形成，其结构如图 1-21 和图 1-22 所示。随着时间的演变，水化产物最后形成具有一定无序性

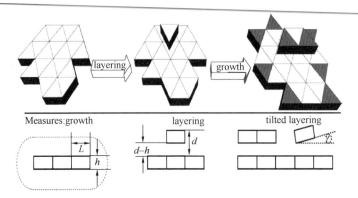

图 1-21　一个新的三角嵌入片层间，其层间边缘继续生长

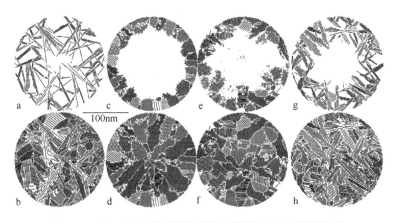

图 1-22　用三维介观结构模型算法模拟的 C-S-H 凝胶结构

的构架，符合核磁共振等多项试验测试结果。通过三维模型的成长形态展示了三维结构模型与其他二维模型的不同之处。

该模型还与 Gartner 等人的研究进行了对比，其对 C-S-H 凝胶形状大小有所限制，同时C-S-H 凝胶的生长点在水泥颗粒中是否存在也是值得商榷的问题。但该模型在解释核磁共振实验现象和扫描电镜图等都有一定合理性，适用于 C-S-H 凝胶的动力学方面的分析。

⑫ "Realistic" 模型

基于 Allen 等通过中子衍射试验测得的真实水化产物中的平均密度和钙硅比，麻省理工大学的学者们利用分子模拟的手段构建出一种 "Realistic" 模型。如图 1-23 所示，"Re-alistic" 模型以 Hamid T11 结构为基础，通过删除桥接硅氧四面体和增加层间钙离子的方法将体系总钙硅比调整至试验结果，继而通过蒙特卡洛模拟法（GCMC）在层间区域添加水分子以使体系总密度满足要求。对比其他

图 1-23　"Realistic" 模型示意图

试验参数，该模型能够较准确地预测出如刚度、强度等水泥基体系的基本力学性能。同时，多位学者成功利用该模型研究了 C-S-H 凝胶的热力学、动力学以及力学特性。然而，该模型也存在一些缺陷，如钙氧键的键长、钙原子的配位数等参数还与实际差距较大。此外，此模型也未考虑真实情况下 C-S-H 凝胶化学组成中钙硅比和水含量的变化。

基于分子模拟手段的"Realistic"模型可以有效地将理论模型和试验结果联系起来，其他学者如 Hou 和 Kovacevic 等借鉴该分子建模的方法也分别构建了 C-S-H 原子结构模型，并取得了较为理想的试验验证结果，积极推进了 C-S-H 凝胶真实结构的认知过程。

（4）水含量和物理性质

水的含量值（表达为 H/S 比值）可变性较大，C-S-H 结构部分存在的水分与微孔和间隙孔中的水分，以及多层吸附膜中的水分之间并不存在突出的区别。H/S 比不但取决于所采用的平衡干燥条件，还取决于材料在这些条件下所处的时间（在任何干燥条件下，都是渐渐达到平衡）。经 D-干燥（−79℃干冰的水蒸气压上的真空干燥）的 C-S-H 具有约为 1 的 H/S 比（少于相应的 C/S 比近 0.5），而在 11% 相对湿度下干燥的 C-S-H 其 H/S 比则接近 2.0。在饱和浆体中，H/S 比估计接近 4。目前公认 C-S-H 的微观结构在干燥期间因水的迁移而变化，虽然这些变化大多是可逆的，但还是测到了一些不可逆性。

1.4.3　硬化水泥浆体中的液相

已硬化的水泥浆体中仍然存在液相，它与浆体中的孔存在一定的关系，如毛细水、层间水、凝胶水脱去以后就成为相应的孔。但是水泥石中的水并非纯水，而是为其他离子所饱和的液体，它们的浓度与水化过程和水化产物有关，同时也对性能有影响。因此，有必要了解水泥石中液相的情况。

目前，为得到硬化水泥浆体的液相溶液，一般可以采用以下几种方法：高压压榨法（Pore Water Expression，PWE）、原位溶出法（In-Site Leaching，ISL）和水浸取法（Water Extraction，WE 或 Ex-Site Leaching，ESL）。在整个提取硬化浆体溶液的操作过程中应尽量避免空气中 CO_2 的干扰，以免引起分析过程中不必要的干扰。

当硬化浆体失去自由水时，不会引起它的体积变化，而在 5~50nm 的细小毛细孔中的水失去后，会导致体系的收缩。

另一类是吸附于固相表面的吸附水，它受外界相对湿度的影响较大，当 RH < 30% 时，吸附水大部分就逸出，同时引起浆体的收缩。至于层间水只存在于 C-S-H 结构中，它在 RH 更低，如 11% 以下时才失去，并使得 C-S-H 结构发生明显的收缩。至于结合水已不属于浆体结构的组成部分，而是水化产物所特有的，与浆体结构的关系很小。

1.4.4　硬化水泥浆体的孔隙和孔结构

孔隙是硬化水泥浆体的重要组成之一，孔结构的概念包含了浆体总的孔隙率、孔径分布、最大可几孔等，当然还可以包括孔的形貌。水泥硬化浆体中的孔结构对其物理性能有很大的影响。

硬化水泥浆体中的孔径范围很广，其有效直径的大小范围达若干数量级，没有一种分析方法能提供这些孔的全范围的信息。孔隙率影响混凝土所有的主要性能，孔径分布也是一个非常重要的参数。测定孔径分布的方法，最常用的为汞压入法。尽管压汞测孔仪不能给出孔径分布的绝对测量值，但用于测量孔隙系统的连通程度却是一个有效的方法。另一种测定方法是小角 X 射线衍射法（Small Angle of X-ray Scattering，SAXS），在 X 射线衍射仪上常常有这种装置，但严格地说，它较适用于两相体系，对复杂体系测定结果误差较大。

硬化水泥浆体中的孔隙按国际纯粹与应用化学联合会（IUPAC）分类法分成大孔、中孔和微孔，见表 1-12。大孔虽非硬化水泥浆体微观结构所固有，但是它们却限制试件的强度。由于大孔并未形成网络，因此对渗透性的影响不大。但是大孔和中孔之间不同的孔径区分（0.10μm 对 0.05μm）却能更好地表示它们对浆体性能的影响。毛细孔被视为水化水泥颗粒之间残存的充水空间，因而其尺寸和体积取决于初始水灰比（W/C）和水化程度，并且出现在外部的"低密度"C-S-H 凝胶之中。当大孔形成一个互联网络时，它们将成为传输物质很方便的通道，但是它们却频繁遭到中孔的阻隔。在中孔的尺寸上，毛细性成为主导现象，当水分迁出时，能引起内应力的发展，或当水分加入时，又能引起很高的抽吸压力。微孔则被视为 C-S-H 凝胶的一个固有部分，代表着这样的一种空间，其中水分被限制在间距很小的两个表面之间。微孔主要位于内部产物 C-S-H 内，而层间区域似可被考虑成微孔的一部分。

表 1-12 硬化水泥浆体中的孔的分类

名称	直径	孔形描述	源起
大孔	10000 ~ 50nm （10 ~ 0.05μm）	大毛细孔 界面孔	残存的原充水空间
中孔	50 ~ 10nm	中等毛细孔	残存的原充水空间
	10 ~ 2.5nm	小而隔绝的毛细孔	外部产物 C-S-H 的一部分
微孔	2.5 ~ 0.5nm	层间孔	C-S-H 本体中的一部分
	< 0.5nm		

1.4.5 硬化水泥浆体结构与其性能的关系

1. 力学性能

决定水泥浆体抗压强度的因素大致有：①熟料的矿物组成和显微结构，粉末粒径分布；②水灰比 W/C 及外加剂；③水化条件；④养护条件，特别是温度和湿度；⑤养护龄期；⑥测试方法，包括水量的测定。这里主要考虑的是决定水泥水化程度、硬化水泥浆体的水化相组成和显微结构，而其中孔结构是最重要的因素之一。

已经有很多经验公式表述抗压强度与上述一个或几个因素有关，可举例说明如下。

Feret $$\sigma = \left[C/(C + W + Q) \right]^2 \tag{1-1}$$

式中，C、W、Q 分别是水泥、水和空气的体积。

Powers $$\sigma = \sigma_0 XA \quad 或 \quad \sigma = \sigma_0 \left[0.68\alpha/(0.32\alpha + W/C) \right]^3 \tag{1-2}$$

式中，σ_0 表示水泥浆体的本征强度；α 是水泥水化程度。Powers 公式引入了 W/C 的同时，也引进了胶/空比 X 的概念。其中，胶/空比 X 可定义为：

胶/空比 X = 凝胶体积（包括凝胶孔）/水泥浆体所占体积 （1-3）
 = 凝胶体积/（凝胶体积 + 毛细孔体积）
 = 0.68/（0.32 + W/C）

Powers 公式对低水灰比的材料不适用。此外，还发展了很多强度关系式，其中更为适用为 Rossler 和 Odler 公式。

$$\sigma = \sigma_0(1 - EP) \tag{1-4}$$

式中，E 为常数；P 为孔隙率，一般以总孔隙率表示。

但是水泥浆体的强度并不只与孔隙率有关，它们还决定浆体的显微结构。需要说明的是，这些公式仅适用于水泥浆体，却并不一定适用于混凝土。

以上归纳了孔隙率对强度的影响，一些研究进一步表明，硬化水泥浆体的力学性能与孔径分布的关系也很密切，并认为，大孔径的孔对浆体的影响大，而小孔和微孔只对渗透性起作用，对强度并无不利影响，甚至微孔的多少是标志凝胶相的量，因此，微孔增多反而有利于强度的发展，从对水泥浆体强度的作用，可按孔径的大小，把孔划分为有害孔和无害孔。然而划分有害孔和无害孔的临界孔径是一个难题。对不同类型和结构的水泥浆体，不能有统一的有害孔和无害孔的临界孔径值。深入了解孔结构对水泥浆体力学性能的影响，可以有目的地改变浆体的孔结构，从而指导制备高强度的水泥基材料。

孔隙率和孔径分布并不能解释硬化水泥浆体何以产生强度和何以在外界的一定作用下不会毁坏。硬化水泥浆体是强极性物质，其中存在多种原子间力，且比范德华力强得多，包括离子—共价键、离子—偶极子吸引，伦敦力大约只存在于氢氧化钙（CH）晶体的多层之间。其次是纤维间的交织形成的粘附，在邻近 C-S-H 的多层或其他相接触的相之间，这种吸引力更重要。对于显微结构与强度的关系，必须从高局部应力处着手，可以认为水泥浆体受荷载断裂的过程是结构破坏的积累过程。

2. 体积稳定性

水饱和的硬化水泥浆体的体积是不稳定的，如在相对湿度 RH 低于 100% 时，材料开始失水，体积就收缩，在强烈干燥下，材料的线收缩达 1%。在干燥时，首先失去的是大于 50nm 的大空腔中的水，这时部分失水引起的收缩是不可逆的，但它并不影响体积，因为它与水化产物结构无关。当存在干燥—吸潮循环时，经过几次以后，将导致不可逆收缩的增大，可是继续这个循环作用，变化却又可以是可逆的了。这就是说，当水泥浆体开始收缩之前，已经失去了大量的可蒸发水，只有在失去吸附水和细小毛细管水（5~50nm）以后才发生明显的收缩，这是因为在毛细管中存在静水张力，失水后将引起毛细管孔壁上产生压应力而引起系统的收缩。在固体离子之间的狭窄空间如有吸附水，则将产生排斥压力，因此失去吸附水就会产生很大的收缩。C-S-H 结构中存在的层间水，在干燥条件下，也会失去。层间水与固体表面紧密附着，在干燥时水可以通过毛细孔网络的驱动力而排出。在水泥浆体收缩的同时，还会产生徐变作用，不同的是后者即使在 RH 为 100% 的条件下也会发生。

3. 渗透性

硬化水泥浆体的渗透性也称为水密性，它与水泥浆体结构的致密性密切相关。混凝土中的集料是不渗水的，因此水泥浆体的抗水渗透性直接影响了混凝土的抗渗透性。在水泥浆体结构中孔的尺寸和它的贯通性实际上是决定其抗渗性的主要因素。渗透性和孔隙率之间存在指数关系。

前面已经提到，总毛细孔隙率决定水泥浆体的水灰比 W/C 和水化程度，它随 W/C 减少和水化程度的增加而降低。在水化过程中，原来不连续的水泥颗粒间的空间逐渐被水化产物所填充，所以浆体中的大孔也减少。

C-S-H层间孔和毛细孔对水泥浆体的渗透性并无不良作用，由于C-S-H凝胶量增加的同时，这类孔也增多，而它的渗透性反而降低，生成的凝胶填充了大毛细孔。水泥浆体的渗透性与孔径大于100nm左右的孔体积有直接关系。

水泥硬化浆体显微结构与混凝土的抗渗性及其他性能，如耐久性等也有密切关系。

1.5 废弃物在水泥生产中的资源化利用

水泥工业可以实现对各种固体废弃物以及它们的焚烧灰的资源化利用，通过对其进行资源化处理，不仅可以实现废弃物的减量化，有利于生态环境的保护，而且通过废弃物的再生利用，可以进一步实现废弃物的无害化、产业化和社会化的长远战略目标，为全社会的节能减排做出重要贡献。

目前废弃物在水泥中的利用主要有三个方面：水泥原料、燃料和混合材。

1.5.1 用作水泥原料

前已述及，硅酸盐水泥是制造和使用最多的水泥，其主要原料是石灰质原料和黏土质原料。而石灰石是水泥生产最重要的原料。2019年我国水泥产量23.3亿t，若按照1t水泥消耗石灰石1.3t计算，每年消耗石灰石量为30.3亿t。从水泥产业的可持续发展角度出发，一方面要深挖潜力，提高水泥原料的利用率；另一方面通过科学的方法寻找新的原料或其替代品。

目前，废弃物作为水泥代用原料做得比较好的主要有城市垃圾和城市污泥以及一些工业废渣等，而利用废旧混凝土通过再生循环生产水泥原料的技术也取得了一定的进展。

1. 城市垃圾

城市垃圾一般是指城市居民的生活垃圾、商业垃圾、市政管理和维护中所产生的垃圾。目前，随着城市化进程日益加快，城市规模的不断扩大，城市人口急剧增加，产生的城市垃圾也越来越多。据统计，2018年全世界产生73亿t垃圾，仅中国就产生近2.28亿t城市垃圾，中国城市生活垃圾累积堆存量已超过80亿t，侵占的土地达5.4亿m^2，且垃圾产生量仍以5%~8%的速度增长，占地量以平均每年4.8%的速度持续增长。近年来，虽然城市垃圾的无害化处理量逐年增加，但仍有大量的垃圾未经处理，堆积在城郊，污染了环境，且危害人们的健康。

目前，对城市垃圾的处理，方法主要有填埋法、堆肥法和焚烧法。填埋法占地大，资源化程度低，容易产生二次污染，而堆肥法规模小，周期长，质量不稳定。焚烧法可以达到垃圾处理的减容化和资源化的目的，但烟气中的有害成分需处理，增加投资，如处理不当，可能造成由城市垃圾污染转变成对大气的污染。

利用水泥熟料烧成系统处理城市垃圾是近年水泥行业提出的一条新的垃圾处理途径。水泥窑炉具有燃烧炉温高和处理物料量大等特点，且水泥厂均配备有大量的环保设施，是环境自净能力强的装备。而城市生活垃圾、污泥的化学特性与水泥生产所用的原料基本相似。在垃圾焚烧灰的化学成分中，一般80%以上的矿物质是水泥熟料的基本成分（CaO、SiO_2、Al_2O_3和Fe_2O_3），从理论上推知应该具有胶凝性，因而具备了作为水泥的原料的可行性。同时，该法还可以将有害的灰渣和重金属固化在水泥熟料中，解决了焚烧法处理垃圾最棘手的重金属处置问题。合肥水泥研究设计院和同济大学合作已经在利用水泥窑协同处理城市生活垃圾方面进行了成功的工业试验,在灰渣、热能用于水泥生产的城市生活垃圾焚烧技术及装备的研究方面取得了突破。

因此,可以通过对垃圾的预处理、原料成分配比控制和对水泥生产工艺流程的调整,实现对城市垃圾的综合利用。真正做到垃圾处理的"三化"目标:即"以减量化为基础、以无害化为主体、以资源化为目标",实现资源的再利用和经济的可持续发展。

2. 城市污泥及其焚烧灰渣

在污水处理过程中,必然会产生大量污泥,其数量约占处理水量的 0.5% 左右(以含水率 97% 计)。污泥中含有大量的有机组分,N、P 等营养成分,病原微生物和有毒物质,在很短的时间内就会变为腐臭的令人厌恶的物质。随着人口的增加,下水道系统的进一步完善,更多的工业废水排入城市下水道系统,以及污水处理程度的提高,污泥量日益增加,因此,污泥的处理处置问题更加引起人们的关注。

污泥的处理一般分为污泥无害化和污泥利用,大多数情况下两者是联合使用的。污泥无害化有填埋、投海、焚烧和湿式氧化等。污泥利用包括农用、裂解制油、制水泥、做复合肥粘结剂、提取蛋白质和作为动物饲料等。目前世界范围内常用的污泥处理方法有农用、低温热解、填埋、投海、焚烧等。由于一般的填埋技术需专用的场址,且场址面积也要求较大,需要较高的运输和处理费用,并且填坑中含有各种有毒有害物质,会通过雨水的侵蚀和渗漏作用污染地下水环境,这对以地下水为生活水源的地区来说是个严重问题。而投海只是一种权宜之计,并没有从根本上解决环境污染问题。农用是一种积极、有效、有前途的污泥处置方式,但是污泥中不可避免的也会含有一些有害成分,如各种病原菌、寄生虫卵,以及铜、铝、锌、铬、砷、汞等重金属和多氯联苯、二噁英等难降解的有毒有害物质,这很大程度上影响污泥农用处理。

国外在寻求污泥材料的利用已有许多年,在这过程中,通过不断的对比实验,目前已经找到了用污泥作为原料生产水泥的办法,即利用污泥焚烧灰作为水泥生产的原料。通过测试分析,发现污泥焚烧灰与普通水泥的组成上的一些共性。污泥焚烧灰的 CaO 含量较低,因此焚烧灰要与一定量的石灰或石灰石混合,经煅烧后制成焚烧灰水泥的 CaO 虽然还是略偏低,但并不影响水泥质量。而 SO_3 的含量在污泥中较高,制成焚烧灰水泥后,有所降低,但其含量也不影响水泥质量。焚烧灰水泥中其他成分的含量则与普通水泥基本相似。从总体而言,由污泥焚烧灰加石灰或石灰石制成的生态水泥,其各种强度符合水泥工业的要求。

我国的科研工作者在污泥代用原料方面也做过不少工作,有研究人员将苏州河底泥全部代替黏土质原料进行了煅烧试验,烧成制度与普通熟料相同。生产出的熟料凝结时间正常,安定性合格。测试结果表明熟料以 C_3S、C_2S、C_3A 和 C_4AF 为主导矿物,岩相结构和普通水泥熟料基本相同,熟料中 f-CaO 和方镁石很少,具有优良熟料的特征。上海水泥厂用龙华水质净化厂污泥代替黏土生产水泥。水泥熟料的率值控制在与不掺污泥时一样,熟料烧成制度与普通硅酸盐熟料也基本相同。所以,应用城市污泥或其焚烧灰作为生态水泥的代用原料是大有可为的。

3. 工业废渣

工业废渣是在工业生产和工业加工过程中以及燃料燃烧,矿物开采,交通运输,环境治理过程中所丢弃的固体、半固体物质的总称。据中国环境公报统计,在各类工业废渣中,排前五位的分别是尾矿、煤矸石、粉煤灰、炉渣、冶炼废渣，占总量近90%，这些都可作为水泥工业的原材料使用。然而除高炉矿渣利用率达80%以上，其他工业废渣的利用率并不高。而这里大部分是用于水泥混合材的生产，用于水泥原料生产的比例很低。根据工业废渣自身的化学成分，工业废渣一般用于代替以下水泥的原料组分。

（1）代替黏土作组分配料：粉煤灰、煤矸石、炉渣、金属尾矿、赤泥等。根据实际情况可部分或全部代替。煤矸石、炉渣不仅带入化学组分，而且还可带入部分热量。

（2）代替石膏作矿化剂：磷石膏、氟石膏、盐田石膏、环保石膏、柠檬酸渣等，因其含有三氧化硫、磷、氟等都是天然的矿化成分，且 SO_3 含量高达40%以上，可全部代替石膏。

（3）代替熟料作晶种：炉渣、矿渣、钢渣等，可全部代替。

4. 废旧混凝土

世界各国由于城市改造、战争和地震等原因产生的废旧混凝土数量巨大，据统计，美国每年产生约0.6亿t废弃混凝土，欧洲每年产生废弃混凝土1.62亿t，我国每年产生的废弃混凝土也高达4000万t。近年来，废旧混凝土的再生技术已成为世界各国学术界的研究热点，主要集中于将废旧混凝土用于再生集料，并已经在路面工程和建筑结构中获得成功应用。同济大学在这方面的研究成果已经成功用于上海世博园工程和四川地震灾区重建工程中。

利用废旧混凝土生产生态水泥的研究已经引起关注，尽管废旧混凝土用于生产水泥比用于再生集料在技术上要困难得多，但因为废旧混凝土中含有宝贵的钙质成分（目前大多数固体废弃物都是硅铝质成分），对其利用可以节省石灰石资源而且不排放 CO_2，因此生态意义更显重要。从理论上分析，混凝土中分离出的硬化水泥浆体经脱水即与水泥成分相近，经粉磨、配掺新的活性组分、煅烧或水热合成、成型等工艺即可制成水泥或水泥制品。有资料报道，韩国利用废弃混凝土生产水泥技术已获得专利，其主要工艺是将混凝土中的水泥与集料和钢筋分离后，在700℃下煅烧，加入特殊物质混合粉磨即成再生水泥。每 $1m^3$ 混凝土可获得 $0.3m^3$ 左右的再生水泥，其性能与普通水泥相同，但成本仅为普通水泥的1/2，生产中无 CO_2 排放。可见，利用废弃混凝土生产生态水泥不仅技术上是可行的，而且在经济上和生态上都是极其合理的，随着废弃混凝土分离技术的成熟，该项技术将为生态水泥的生产开辟新的途径。

1.5.2 用作水泥生产用燃料

水泥行业向来以能耗大著称。我国"十二五"期间《水泥工业产业政策》就已明确规定，2015年单位熟料的热耗要小于109公斤标煤/吨，综合能耗小于117公斤标煤/吨，吨水泥综合电耗小于 $86kW \cdot h$，吨水泥的综合能耗水平也要在届时下降20%以上。《水泥工业"十三五"发展规划》中进一步规定，每吨水泥熟料综合能耗小于105公斤标煤/吨。因此，水泥行业必须大幅度降低能耗。水泥行业要想获得可持续发展，使用越来越多的可燃性废料作为代用燃料是一条非常有前景的可行之路；另一方面，利用各种可燃性废料作为熟料煅烧过程中的辅助燃料，而且对各种有毒废弃物具有很好的降解作用，既不会污染空气，又不向外界排出废渣，废料燃烧产生的残渣和绝大部分重金属都被固化在水泥熟料中，不会对环境产生二次污染。因此，这样做不仅可大大节省矿物燃料，而且兼有治理工业、生活垃圾效能，从而避免了传统的垃圾污染环境的影响。

1. 可燃性燃料的使用原则

水泥工业二次燃料的选用必须符合下列的一些原则：

（1）代替常规燃料后能产生经济效益。这些废料必须有足够的热值，达到部分取代常规燃料后所节省的燃料费用足以支付废料的收集、分类、加工、储运的成本。显然，热值越高，被应用的可能性就越大，通常应在 16720kJ/kg 以上。以下各种废料所含的热量分别是：轮胎 37620kJ/kg 左右，塑料、油、油墨 4180kJ/kg 以上，动物肉和骨的混合物 25080kJ/kg 左右，而纸、木屑为 16720kJ/kg 左右。可供量应该不少于单窑用煤量的 10%，否则可能产生不经济的结果。

（2）必须适应水泥窑的工艺流程需要。可燃废料的形态水分含量、燃点等都会决定使用过程的工艺流程设计，而这个设计必须与原有水泥窑的工艺流程很好的配合。另外，新型干法窑需严格控制的 Na_2O、K_2O、Cl^- 这类有害成分的含量应不以影响工艺要求为准。

（3）符合环保的原则。尽管目前世界上使用的二次燃料对大气排放不产生新的污染，对制成的混凝土也无影响，但仍然强调在使用二次燃料时，必须确保符合无害排放和对产品无害的重要原则。

2. 可燃性燃料的分类

按照使用的二次燃料的物理形态，可分为固体燃料、污泥状废料和液体废料。

（1）固体废料：炭黑、干洗废料、复印机粉、活性炭、树脂、橡胶、轮胎、木渣等；

（2）污泥状废料：废油漆、涂料、化妆品油、印刷油墨、储油罐底泥等；

（3）液体废料：废溶剂类（丙酮、丁酮、乙醇、甲基；甲苯、二甲苯、汽油类溶剂；三氯乙烷二氯甲烷、四氯乙烯等）、废油及其产品、溶剂蒸馏釜底物、环氧树脂、胶粘剂及胶、油墨及其他废燃料等。

3. 可燃性燃料的利用技术进展

目前，可燃废弃物中对水泥工业最具挑战性的则是城市垃圾，因其数量大而且增长很快，所以备受关注。合肥水泥研究设计院和同济大学合作在利用水泥窑协同处理城市生活垃圾方面进行了成功的工业试验，在灰渣、热能用于水泥生产的城市生活垃圾焚烧技术及装备的研究方面取得了突破。上海建材集团、北京建材集团也在水泥回转窑上进行了一系列利用可燃性废弃物的试验工作。如上海建材集团总公司所属万安企业总公司利用上海先灵葆制药有限公司生产氟洛氖产品过程中产生的氟洛氖废液（含氟异丙醇，按照危险废弃物的定义，它是一种有害废物），进行了替代部分燃料生产水泥的试验。万安企业总公司采用的技术路线是：液体废料储存在专用储库内，然后用泵从窑头将其直接送入窑内燃烧；将其他固体废料与煤一起入煤磨，与煤粉混用；将半固体的废料装入小编织袋，每袋 5kg，用本厂开发的"窑炮"从窑头打入烧成带焚烧，目前已经做到节能 25%。上海市环境监测中心对试烧过程中排放的废气进行了跟踪监测，测试结果表明，废气中的有害成分含量均低于上海市的排放标准，不存在对大气污染的问题；经中国建材研究院测试中心测定，试烧的水泥产品质量指标均在国家标准控制范围内，说明掺烧一定比例的氟洛氖废液，对水泥产品质量无影响，对环境大气也无污染。与填埋和焚烧炉回收二次能源等方法相比，效果非常理想。

1.5.3 用作水泥混合材

利用废弃物特别是工业废渣作为水泥混合材已经有很长的历史，并且取得非常好的综合效应。其中，粉煤灰硅酸盐水泥和矿渣硅酸盐水泥已经是我国水泥的六大体系中不可或缺的两大组成部分。用作水泥混合材料的工业废渣主要有煤矸石、粉煤灰、炉渣、冶炼废渣，部分金属尾矿等。水泥工业大量利用固体工业废渣，经济效益和社会效益非常显著。利用废弃物混合材既可以减少水泥熟料用量，降低水泥生产成本，又能通过对废弃物的再生利用，减少对环境的污染，同时还可以改善水泥的性能，使水泥产品能够满足不同场合的需求。目前，国家大力发展和推广使用高性能混凝土（High Performance Concrete，HPC），而高性能混凝土的一个重要标志就是必须掺有辅助性胶凝材料：粉煤灰、矿渣、硅灰等。由此可见，使用废弃物来生产水泥混合材已经由"可能"变为"必须"了。

1. 粉煤灰

煤粉在电厂锅炉燃烧过程中，碳和挥发物被烧掉后，剩下的矿物质如黏土、页岩、石英等经烧至熔融，悬浮在炉烟气中，熔融的矿物质随炉烟气迅速移至低温区固化，因表面张力形成球形颗粒，在排放到大气以前为布袋除尘器或静电除尘器捕集即为粉煤灰。

我国是世界上少数几个以煤为主要能源的国家之一，煤在能源构成中约占78%，全国燃煤消耗量达12亿 t/年，发电及热电联产消耗原煤6亿 t/年，排放的粉煤灰渣高达1.8亿 t/年。我国已成为世界上最大的用煤国和排灰国。燃煤所造成的空气、水体、固体废弃物污染已严重地威胁着生态环境。目前，我国对粉煤灰的处理以灰场储存为主要手段。据统计，每万 t 粉煤灰渣需堆场 $0.27 \sim 0.33 km^2$，至2017年，我国粉煤灰渣的堆存量就已超过20亿 t；2020年，我国粉煤灰总堆存量将高达30亿 t，需堆场8.1万 ~ 9.9 万 km^2，占用了大量土地。灰场储存灰渣的综合处理费为 $20 \sim 40$ 元/t，全国综合处理费就需 $60 \sim 120$ 亿元/年。因此，对粉煤灰的资源化利用的要求变得越来越迫切。

粉煤灰与其他火山灰质材料相比，结构比较致密，内比表面积小，有很多球状颗粒，所以需水量较低，干缩性小，抗裂性好；另外，水化热低，抗蚀性好；因此，粉煤灰水泥可用于一般的工业和民用建筑，尤其适用于大体积水工混凝土及地下和海港工程。利用粉煤灰做水泥的混合材料，既可减少水泥熟料用量、降低成本，又可改善水泥的某些性能，变废为宝，化害为利。粉煤灰作为水泥混合材料的使用是工业废渣二次利用的一个突出的典型。

国外对粉煤灰的开发利用较早，20世纪20年代就有人研究粉煤灰的处理和再利用。到了30年代开始探索利用粉煤灰配制粉煤灰混凝土的方法，已经取得了显著的成果，并带来了一定的经济效益。从50年代开始，苏联、英国、美国、荷兰、日本等发达国家相继开始对粉煤灰的物理化学特性、实践应用等课题进行了研究和开发。现在已明确作为一种二次资源进行开发利用。西方发达国家粉煤灰的综合利用率基本达50%以上。个别国家达90%以上。我国粉煤灰70%排入灰厂堆存，10%直接注入江河湖泊，其综合利用率为40.6%，与西方发达国家相比利用率较低。国外粉煤灰主要用于建材工业、建筑工程、筑坝以及造地、造田等农业领域。我国粉煤灰主要用于制造粉煤灰黏土砖、粉煤灰掺制水泥、筑路与筑坝、空气砌砖等。

2. 矿渣

高炉矿渣是冶炼生铁时从高炉中排出的废渣。高炉矿渣的主要成分是由 CaO、MgO、Al_2O_3、SiO_2、MnO、$FeO(Fe_2O_3)$ 等组成的硅酸盐和铝酸盐。SiO_2 和 MnO 主要来自矿石中的脉石和焦碳的灰分，CaO 和 MgO 主要来自熔剂。上述四种主要成分在高炉矿渣中占90%以上。根据铁矿石成分、熔剂质量、焦碳质量以及所炼生铁种类不同，一般每生产 1t 生铁，要排出 0.3 ~ 1.0t 废渣,因此它也是一种量大面广的工业废渣。

矿渣水泥是工业废渣利用最好的一种,在美国,高炉矿渣被称为"全能工程集料"广泛用于筑路、机场、混凝土工程等,也是我国产量最多的水泥品种。矿渣水泥的耐蚀性较好,可用于水工及海工建筑;由于水化热低,可用于大体积混凝土工程;由于耐热性好,可用于高温车间(如轧钢、煅烧、热处理、铸造)的建筑物,温度达 300 ~ 400℃ 的热气体通道等。

我国每年排出的高炉矿渣高达数千万吨,目前除少量钒钛等合金炉渣、含稀土元素的矿渣没有得到工业化利用外,其余大部分矿渣已经主要用于生产矿渣水泥、混凝土掺合料。这方面的资源利用大大减少了占地和环境污染,节约了能源,降低了成本,产生了较好的经济效益和社会效益。虽然,目前矿渣利用在我国已不作为工业废渣利用能享受国家的财政优惠政策,但其资源化利用对于水泥工业的节能减排仍起着重要的作用。

3. 煤矸石

煤矸石是煤炭开采和洗选加工过程中产生的固体废弃物,排放量相当于当年煤炭产量的 15% 左右。我国目前煤炭产量大约 10 亿 t,每年排放煤矸石超过 1 亿 t。长期以来人们对煤矸石弃之不用,就地堆放,造就了一座座煤矸石山,侵吞了大量耕地:积存已达 34 亿 t,占地 20 多万亩。煤矸石山风化挥发和自燃产生大量有害气体(CO、CO_2、SO_2、NO_x 等)和烟尘,对大气造成严重的污染,而且在雨季煤矸石山经过雨水冲刷淋滤,能使浅层地下水质变坏,硫酸盐、氟、砷等有害成分增加,威胁着矿区人民的身体健康和生命安全。煤矸石山对环境和社会的危害十分严重。

然而,煤矸石是可利用的资源,而且利用途径还很多。煤矸石中黏土矿物在加热分解后,形成无定形的 Al_2O_3 和 SiO_2,具有潜在的活性,能够与水泥、石灰等水化析出的氢氧化钙在常温下起化学反应,生成稳定的、不溶于水的水化铝酸钙、水化硅酸钙等,这些化合物能在空气中和水中继续硬化,从而产生强度。因而矸石渣是一种较好的水硬性材料。煤矸石经自燃或经 800℃ 左右人工煅烧后有一定活性,属于火山灰质的活性材料,可以与硅酸盐水泥熟料和石膏混合磨细制成火山灰硅酸盐水泥。

用矸石渣作为水泥混合材,具有改善水泥物理性能,降低成本和增加产量等优点。一般小水泥厂立窑煅烧熟料,f-CaO 含量往往偏高,水泥安定性较差,抗拉强度偏低,掺入具有活性的煤矸石做混合材,对消除游离氧化钙的影响,改善水泥的安定性,提高抗拉强度尤为显著。利用煤矸石作混合材生产水泥,在水泥厂内不需增加设施,完全是利用原有的工艺设备进行的。

利用煤矸石作混合材生产的火山灰硅酸盐水泥,早期强度高,后期强度上升快,水化热低,抗酸抗腐蚀性能好,可使用于水利工程、民用建筑、道路、桥梁、水坝的浇灌工程中。

4. 城市垃圾焚烧灰渣

随着城市建设的飞速发展,我国城市垃圾的排放也急剧增加,已成为制约经济发展的重要因素。《上海市城市总体规划(2017—2035 年)》提出,要打造更具活力的创新之城、更富魅力的人文之城、更可持续发展的生态之城。2019 年,《上海市生活垃圾管理条例》正式实施,生活垃圾按照"可回收物""有害垃圾""湿垃圾""干垃圾"分类标准进行垃圾分类。《上海市生活垃圾全程分类体系建设行动计划(2018—2020 年)》提出,上海所有区要实现生活垃圾分类全覆盖,90% 以上的居住区垃圾分类实际效果要达标。垃圾分类无疑将促进对分类后的垃圾进行针对性地无害化处置与资源化利用。

垃圾焚烧技术由于可以有效地破环有机毒性物质，大大降低垃圾的体积，而且可以回收能源，将会成为我国垃圾无害化、减容化和资源化处理技术的重要研究和发展方向。目前，上海每年大概会有 30 万 t 的城市垃圾焚烧飞灰产生，250 万 t 的焚烧炉渣产生，污泥全量焚烧以后，会产生焚烧炉渣大概有 60 万 t。

但是，垃圾焚烧时二次污染物的产生在一定程度上限制了焚烧技术的应用和发展，如垃圾焚烧后会产生一定数量的焚烧灰渣，根据垃圾组成、焚烧温度和焚烧时间的不同，残渣的量约占垃圾焚烧前总质量的 5% ~ 30%。同时，焚烧也必然会浓集某些化学成分，如重金属物质。我国城市垃圾的焚烧技术还处于摸索和经验积累阶段，焚烧炉的灰渣和烟气除尘器的飞灰(统称为焚烧灰渣)的处置还未得到足够的重视，几乎全部采取填埋或固化处理，有关焚烧灰渣的处置利用研究更是几近空白。焚烧飞灰的成分分析结果表明，焚烧飞灰并不是化学惰性物质，其中含有较高浸出浓度的 Cd、Pb、Zn 以及 Cr 等多种有害重金属物质和盐类，若处理不当，将会污染地下水，因而是一种有害物质，在对其进行最终处置之前必须先经过固化/稳定化处理。但同时焚烧飞灰中的主要化学成分属于 $CaO\text{-}SiO_2\text{-}Al_2O_3$($Fe_2O_3$)体系，所以焚烧飞灰既有污染性，又有资源利用性，因此如何安全有效地处置利用焚烧飞灰已成为急需解决的环境和社会问题。国内外对焚烧飞灰的处置着重于无害化处理，而对其所具有的资源性却未能利用，国内外公开发表的文献中对焚烧飞灰的研究大多是关于如何将其稳定固化后填埋。

中国的垃圾发电事业起步较晚，但发展迅猛。2008 年，成都九江环保发电厂、温岭 35kV 垃圾焚烧发电厂等项目已陆续开工建设，全国各地垃圾发电项目遍地开花。截至 2019 年年底，中国垃圾焚烧发电厂数量已经突破 400 座，达到 418 座，在建 167 座。就上海而言，为解决城市生活垃圾的污染问题，上海浦东御桥垃圾焚烧厂处理能力为 1000t/d；浦西江桥垃圾焚烧厂两期总的处理能力为 1500t/d；闵行颛桥垃圾焚烧厂和北郊垃圾焚烧厂的处理量均为 500t/d，四厂共计 3500t/d。如果按焚烧 1t 垃圾有 2% ~ 4% 的飞灰生成，则四厂同时运行后每天将有 100 ~ 180t 的焚烧飞灰产生，年产生量将达到 4 ~ 6 万 t。按目前的危险废弃物填埋场的收费标准(2700 元/t)，上海地区四座焚烧厂均投入运行后每年飞灰的填埋费用将超过 10 亿元，这还不包括固化/稳定化的费用和从焚烧厂到危废填埋场的运输等费用。再则，填埋场一般只有 10 ~ 20 年的使用寿命，而且，填埋场还存在二次污染的问题。因此，垃圾焚烧飞灰的处理和最终处置已经成为威胁城市发展并亟待解决的大问题，寻找合适的焚烧飞灰资源化途径，控制焚烧飞灰的零增长是实现可持续发展的重大需求。

施惠生、郭晓潞等长期以来针对垃圾焚烧飞灰和污泥灰渣的主要物理化学性能、焚烧飞灰中重金属的浸出机制、焚烧飞灰-水泥复合胶凝材料的宏观性能、水化特性、微观结构、重金属离子迁移模式及重金属离子的浸出行为，以及处置利用垃圾焚烧飞灰共研制新型节能水泥等方面进行了系统全面的研究工作，在大量试验的基础上提出了利用垃圾飞灰和污泥灰渣作为生态胶凝材料、水泥原料、水泥混合材或混凝土掺合料的设想，开创性地将环境废弃物处置与材料科学的发展有机地融为一体，形成了利用垃圾焚烧飞灰研制新型节能水泥的研究成果并获多项国家发明专利。同时，探索建立了焚烧飞灰-水泥复合胶凝材料的环境安全性评价体系，为焚烧飞灰在水泥基材料中的利用提供了理论与试验依据。

思考题

1. 生产硅酸盐水泥的原料有哪些？

2. 硅酸盐水泥熟料是怎样形成的？何谓微量元素的矿化作用？试举例说明。试述结皮和结块的形成机理。

3. 硅酸盐水泥熟料由哪些主要的矿物组成？它们在水泥水化中各表现出什么特性？

4. 硅酸盐水泥的水化硬化分哪几个阶段？影响硅酸盐水泥凝结硬化的因素主要有哪些？

5. 硬化水泥浆体中的固相主要有哪些？已建立的水化硅酸钙(C-S-H)结构模型有哪些？

6. 硬化水泥浆体的结构与其性能间存在怎样的内在关系？

7. 水泥工业协同处理固体废弃物的主要技术途径有哪些？

8. 试述水泥材料科学的发展与国家发展低碳经济和节能减排的关系及其作用。

第2章 混凝土用集料

集料是颗粒状材料,大多数来自天然的岩石(碎石和卵石)和砂子。集料有多种分类方法,按其粒径分为细集料和粗集料;按其形成条件分为天然矿物集料与人造集料;集料基于密度可分为轻集料、重集料和普通集料。集料在混凝土中所占的体积为 70% ~ 80%,它对混凝土许多重要性能如强度、体积稳定性及耐久性等都会产生重要的影响。为了使混凝土获得一些特殊的性能,满足一定的工程需求,常常对集料有着不同的要求。

2.1 集料的分类

集料是混凝土的主要组成材料,它占混凝土总体积的 70% ~ 80%。集料的存在使混凝土比单纯的水泥具有更高的体积稳定性和更好的耐久性,其与水泥相比价格低廉;因此,混凝土材料的成本低廉。

混凝土集料有多种分类方法,可根据粒径、来源或松散容重等进行分类,见表2-1。

表 2-1 集料的分类

粒径	细集料:公称粒径小于 5.00mm 的集料,如砂
	粗集料:公称粒径大于 5.00mm 的集料,如碎石
来源	天然集料:河砂、河卵石、海砂、海石、山砂、山石等
	人造集料:膨胀页岩、陶粒、膨胀珍珠岩等
	副产集料:矿渣碎石、膨胀矿渣、石煤渣等
用途	结构用:钢筋混凝土梁、板、柱等
	非结构用:防火、隔热、吸声、填充等
容重	重集料:容重大于普通集料
	普通集料:干燥捣实容重为 1100 ~ 1750kg/m³ 的集料
	轻集料:容重小于普通集料

注:公称粒径 5.00mm 的集料对应的筛孔的公称直径也是 5.00mm,而对应的方孔筛筛孔边长为 4.75mm;对于大体积混凝土集料粒径可大大超过表中粗集料的上限。

我国与欧美一些国家一样,普通混凝土所用的集料 90% 以上是普通的天然矿物集料,如砂等细集料,以及碎石和卵石等粗集料;因此,本章中着重对普通混凝土用集料及其对混凝土的性能的影响,以及不同混凝土对集料性能的要求作较详尽的讨论,而对其他集料仅作一般的阐述。

2.1.1 细集料

普通混凝土中所用细集料,一般有由天然岩石长期风化等自然条件形成的天然砂、由机器破碎形成的人工砂两大类。

天然砂是由天然岩石经长期自然风化、水流搬运和分选、堆积形成的、公称粒径小于5.00mm 的细岩石颗粒,天然砂可分为河砂、海砂、山砂及特细砂。河砂、湖砂和海砂是在河、湖、海等天然水域中形成和堆积的岩石碎屑,由于长期受水流的冲刷作用,颗粒表面比较圆滑而清洁,且这些砂来源广,但海砂中常含有碎贝壳及盐类等有害杂质,需经淡化处理才能使用。山砂是岩体风化后在山间适当地形中堆积下来的岩石碎屑,其颗粒多具棱角,表面粗糙,砂中含泥量及有机杂质较多。相对比河砂较适用,故土木工程中普遍采用河砂作细集料。

人工砂包括经除土处理的机制砂和混合砂。机制砂是将天然岩石经机械破碎、筛分制成粒径小于5.00mm 的颗粒,其颗粒富有棱角,比较洁净,但砂中片状颗粒及细粉含量较多,且成本较高。混合砂的使用是为了克服机制砂粗糙、天然砂细度模数偏细的缺点,是由机制砂和天然砂混合而成的砂。

在《普通混凝土用砂、石质量及检验方法标准(附条文说明)》(JGJ 52—2006)中,考虑天然砂资源日益匮乏,而建筑市场随着国民经济的发展日益扩大,首次将人工砂及特细砂纳入标准。

2.1.2　粗集料

公称粒径大于5.00mm 的集料称为粗集料。混凝土工程中常用的粗集料有碎石和卵石两大类。碎石为岩石(有时采用大块卵石,称为碎卵石)经破碎、筛分而得;卵石多为自然形成的河卵石经筛分而得。

2.2　集料性质与混凝土性能

由于集料在混凝土中占有极大的组分含量,因此,其性质必然对混凝土的性能有较大的影响。表2-2 反映了集料性质与硬化混凝土性能的关系。

表 2-2　集料性质对硬化混凝土性能的影响

混凝土性能	相应的集料性质
强度	强度、表面织构、清洁度、颗粒形状、最大粒径
抗冻融	稳定性、孔隙率、孔结构、渗透性、饱和度、抗拉强度、织构和结构、黏土矿物
抗干湿	孔结构、弹性模量
抗冷热	热胀系数
耐磨性	硬度
碱-集料反应	存在异常的硅质成分
弹性模量	弹性模量、泊松比
收缩和徐变	弹性模量、颗粒形状、级配、清洁度、最大粒径、黏土矿物
热胀系数	导热系数
比热	比热
容重	容重、颗粒形状、级配、最大粒径
易滑性	趋向于磨光
经济性	颗粒形状、级配、最大粒径、需要的加工量、可获量

集料所具备的性质与硬化混凝土性能有着十分密切的关系。集料的性能决定着新拌混凝土的性质，也是设计混凝土配合比的依据。根据集料的微观结构和加工处理因素，将集料的特性分为如下几类：

随孔隙率而定的特性：密度、吸水性和体积稳定性等；

随其形成条件和加工因素而定的特性：粒形、粒径和表面织构等；

随化学与矿物组成而定的特性：强度、硬度、弹性模量以及所含的有害物质。

2.2.1 普通混凝土用集料的基本性质

2.2.1.1 普通混凝土用砂的质量标准

目前，与混凝土用砂相关的现行标准有《建设用砂》（GB/T 14684—2011）和《普通混凝土用砂、石质量及检验方法标准（附条文说明）》（JGJ 52—2006）。两个标准在适用范围上存在一定的差异，个别技术参数也略有不同。根据《普通混凝土用砂、石质量及检验方法标准（附条文说明）》（JGJ 52—2006）的规定，混凝土用砂的质量要求主要包括以下几个方面：

1. 砂的粗细程度与颗粒级配

砂的粗细程度，是指不同粒径的砂粒，混合在一起后的总体的粗细程度，通常有粗砂、中砂与细砂之分。在相同用量条件下，细砂的总表面积较大，而粗砂的总表面积较小。在混凝土中，砂子的表面需要由水泥浆包裹，砂子的总表面积越大，则需要包裹砂粒表面的水泥浆就越多。因此，一般来说，用粗砂拌制混凝土比用细砂所需的水泥浆要省些。

砂的颗粒级配，即表示砂中大小颗粒的搭配情况。在混凝土中砂粒之间的空隙是由水泥浆所填充，为达到节约水泥和提高强度的目的，就应尽量减小砂粒之间的空隙。要减小砂粒间的空隙，就必须有大小不同的颗粒搭配。

因此，在拌制混凝土时，砂的颗粒级配和粗细程度应同时考虑。当砂中含有较多的粗粒径砂，并以适当的中粒径砂及少量细粒径砂填充其空隙，则可达到空隙及总表面积均较小，这样的砂比较理想，不仅水泥浆用量较少，还可提高混凝土的密实度与强度。

砂的颗粒级配和粗细程度，常用筛分析的方法进行测定。用级配区表示砂的颗粒级配，用细度模数表示砂的粗细。砂的筛分析方法是用一套筛孔公称直径为 5.00、2.50、1.25、0.630、0.315 及 0.160mm 的标准筛，将抽样所得 500g 干砂，由粗到细依次过筛，然后称得留在各筛上砂的质量，并计算各筛上的分计筛余百分率 a_1、a_2、a_3、a_4、a_5、a_6（各筛上的筛余量占砂样质量的百分率），及累计筛余百分率 A_1、A_2、A_3、A_4、A_5、A_6（各筛与比该筛粗的所有筛的分计筛余百分率之和）。累计筛余与分计筛余关系见表 2-3。任意一组累计筛余（$A_1 \sim A_6$）表征了一个级配，具体可见表 2-3。

表 2-3 分计筛余和累计筛余的关系

筛孔的公称直径（mm）	分计筛余（%）	累计筛余（%）
5.00	a_1	$A_1 = a_1$
2.50	a_2	$A_2 = a_1 + a_2$
1.25	a_3	$A_3 = a_1 + a_2 + a_3$
0.630	a_4	$A_4 = a_1 + a_2 + a_3 + a_4$
0.315	a_5	$A_5 = a_1 + a_2 + a_3 + a_4 + a_5$
0.160	a_6	$A_6 = a_1 + a_2 + a_3 + a_4 + a_5 + a_6$

我国标准规定砂按 0.630mm 筛孔的累计筛余百分率计，分成三个级配区，见表 2-4。砂的实际颗粒级配与表中所示累计筛余百分率相比，除 5.00mm 和 0.630mm 筛号外，允许稍有超出分界线，但其总量百分率不应大于 5%。以累计筛余百分率为纵坐标，筛孔尺寸为横坐标，根据表 2-4 规定画出砂的 Ⅰ、Ⅱ、Ⅲ 级配区上下限的筛分曲线（图 2-1），配制混凝土时宜优先选用 Ⅱ 区砂；当采用 Ⅰ 区砂时，应提高砂率，并保持足够的水泥用量，以满足混凝土的和易性；当采用 Ⅲ 区砂时，宜适当降低砂率，以保证混凝土强度。

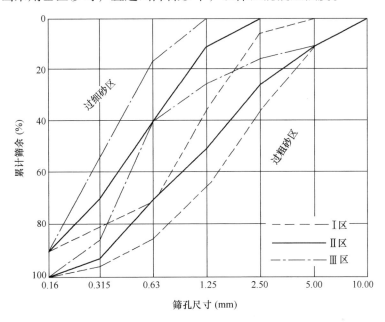

图 2-1　砂的级配区曲线

表 2-4　砂颗粒级配区

筛孔公称直径　级配区　累计筛余	Ⅰ 区	Ⅱ 区	Ⅲ 区
5.00mm	10 ~ 0	10 ~ 0	10 ~ 0
2.50mm	35 ~ 5	25 ~ 0	15 ~ 0
1.25mm	65 ~ 35	50 ~ 10	25 ~ 0
0.630mm	85 ~ 71	70 ~ 41	40 ~ 16
0.315mm	95 ~ 80	92 ~ 70	85 ~ 55
0.160mm	100 ~ 90	100 ~ 90	100 ~ 90

砂的粗细程度用细度模数表示，细度模数（M_x）按下式计算：

$$M_x = \frac{(A_2 + A_3 + A_4 + A_5 + A_6) - 5A_1}{100 - A_1} \qquad (2-1)$$

细度模数越大，表示砂越粗。按照细度模数不同，砂可分为粗（细度模数 3.7 ~ 3.1）、中（细度模数 3.0 ~ 2.3）、细（细度模数 2.2 ~ 1.6）、特细（细度模数 1.5 ~ 0.7）四级。配制混凝土时宜优先选用中砂。对特细砂，配制混凝土时要作特殊考虑。

应当注意，砂的细度模数不能反映其级配的优劣，细度模数相同的砂，级配可以不相同。所以配制混凝土时，必须同时考虑砂的级配和细度模数。

如果砂的自然级配不符合级配区的要求，可采用人工级配的方法来改善。通常，可将粗砂、细砂按适当比例搭配，掺和使用。为调整级配，在不得已时，也可将砂中过粗或过细的颗粒筛除。

2. 有害杂质含量

混凝土用砂要求洁净、有害杂质少。砂中含有的云母、泥块、淤泥、轻物质、有机物、硫化物及硫酸盐等，都对混凝土的性能有不利的影响。

含泥量是指集料中粒径小于 0.08mm 颗粒的含量。泥块含量在细集料中是指粒径大于 1.25mm，经水洗、手捏后变成小于 0.630mm 的颗粒的含量；在粗集料中则指粒径大于 5.00mm，经水洗、手捏后变成小于 2.50mm 的颗粒的含量。集料中的泥颗粒极细，会粘附在集料表面，影响水泥石与集料之间的胶结能力，而泥块会在混凝土中形成薄弱部分，对混凝土的质量影响更大。据此，对集料中泥和泥块含量必须严加限制。

天然砂的含泥量和泥块含量应符合表 2-5 的规定。

表 2-5　砂中的含泥量和泥块含量

项目	指标		
	≥C60	C55 ~ C30	≤C25
含泥量(按质量计,%)	≤2.0	≤3.0	≤5.0
泥块含量(按质量计,%)	≤0.5	≤1.0	≤2.0

人工砂或混凝土砂中的石粉含量应符合表 2-6 的规定。

表 2-6　人工砂或混凝土砂中的石粉含量

混凝土强度等级		≥C60	C55 ~ C30	≤C25
石粉含量(按质量计)(%)	MB 值 < 1.40(合格)	≤5.0	≤7.0	≤10.0
	MB 值 ≥ 1.40(不合格)	≤2.0	≤3.0	≤5.0

砂不应混有草根、树叶、树枝、塑料、煤块、炉渣等杂物。砂中如含有云母、轻物质、有机物、硫化物及硫酸盐等，其含量应符合表 2-7 的规定。

表 2-7　砂中有害物质含量

项目	质量指标
云母(按质量计,%)	≤2.0
轻物质(按质量计,%)	≤1.0
有机物(比色法)	颜色不应深于标准色。当颜色深于标准色时，应按照水泥胶砂强度试验方法进行强度对比试验，抗压强度比不应低于 0.95
硫化物及硫酸盐(按 SO_3 质量计,%)	≤1.0

对于有抗冻、抗渗要求的混凝土用砂，其云母含量不应大于 1.0%。

此外，砂中的氯离子含量应符合下列规定：

对于钢筋混凝土用砂，其氯离子含量不得大于 0.06% （以干砂的质量百分率计）；对于预应力混凝土用砂，其氯离子含量不得大于 0.02%。

对于长期处于潮湿环境的重要混凝土结构用砂，应采用砂浆棒（快速法）或砂浆长度法进行集料的碱活性检验。经上述检验判断为有潜在危害时，应控制混凝土的碱含量不超过 3kg/m³，或采用能抑制碱-集料反应的有效措施。

3. 坚固性

砂子的坚固性是指砂在自然风化和其他外界物理化学因素作用下抵抗破裂的能力。砂的坚固性指标通过测定硫酸钠饱和溶液渗入砂中形成结晶时的膨胀力对砂的破坏程度来间接地判断其坚固性。采用硫酸钠饱和溶液试验法，砂样经 5 次循环后其质量损失应符合表 2-8 的规定。

表 2-8 坚固性指标

混凝土所处的环境条件及其性能要求	5 次循环后的质量损失（%）
在严寒及寒冷地区室外使用并经常处于潮湿或干湿交替状态下的混凝土； 对于有抗疲劳、耐磨、抗冲击要求的混凝土； 对腐蚀介质作用或常处于水位变化区的地下结构混凝土	≤8
其他条件下使用的混凝土	≤10

人工砂的总压碎指标值应小于 30%。

4. 砂的含水状态

砂的含水状态。砂的含水状态有如下四种，如图 2-2 所示。

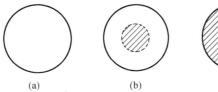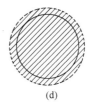

图 2-2 砂含水状态示意图

（a）绝干状态；（b）气干状态；（c）饱和面干状态；（d）湿润状态

（1）绝干状态：砂粒内外不含任何水，通常在 （105±5）℃ 条件下烘干而得。

（2）气干状态：砂粒表面干燥，内部孔隙中部分含水。指室内或室外（天晴）空气平衡的含水状态，其含水量的大小与空气相对湿度和温度密切相关。

（3）饱和面干状态：砂粒表面干燥，内部孔隙全部吸水饱和。水利工程上通常采用饱和面干状态计量砂用量。

（4）湿润状态：砂粒内部吸水饱和，表面还含有部分表面水。施工现场，特别是雨后常出现此种状况，搅拌混凝土中计量砂用量时，要扣除砂中的含水量；同样，计量水用量时，要扣除砂中带入的水量。

2.2.1.2 普通混凝土用石的质量标准

目前，与混凝土用石相关的现行标准有《建设用卵石、碎石》（GB/T 14685—2011）和《普通混凝土用砂、石质量及检验方法标准》（JGJ 52—2006）。两个标准在适用范围上存在一定的差异，个别技术参数也略有不同。

根据《普通混凝土用砂、石质量及检验方法标准》（JGJ 52—2006）的规定，混凝土用石的质量要求主要包括以下几个方面：

1. 最大粒径、颗粒级配

（1）石子最大粒径（D_{max}）

石子各粒级的公称上限粒径称为这种石子的最大粒径。石子的最大粒径增大，则相同质量石子的总表面积减小，混凝土中包裹石子所需水泥浆体积减少，即混凝土用水量和水泥用量都可减少。在一定的范围内，石子最大粒径增大，可因用水量的减少提高混凝土的强度。

在普通混凝土中，集料粒径大于40mm并没有好处，有可能造成混凝土强度下降。另外，混凝土粗集料的最大粒径不得超过结构截面最小尺寸的1/4，同时不得大于钢筋间最小净距的3/4。

（2）颗粒级配

粗集料的级配原理和要求与细集料基本相同。级配试验采用筛分法测定，即用筛孔边长分别为2.36、4.75、9.5、16.0、19.0、26.5、31.5、37.5、53.0、63.0、75.0和90mm等十二种方孔筛进行筛分。

石子的颗粒级配可分为连续级配和间断级配。连续级配是石子粒级呈连续性，即颗粒由小到大，每级石子占一定比例。用连续级配的集料配制的混凝土混合料，和易性较好，不易发生离析现象。连续级配是工程上最常用的级配。

间断级配也称单粒级级配。间断级配是人为地剔除集料中某些粒级颗粒，从而使集料级配不连续，大集料空隙由小几倍的小粒径颗粒填充，以降低石子的空隙率。由间断级配制成的混凝土，可以节约水泥。由于其颗粒粒径相差较大，混凝土混合物容易产生离析现象，导致施工困难。

石子颗粒级配范围应符合规范要求。碎石或卵石的颗粒级配规格见表2-9。

表 2-9　碎石或卵石的颗粒级配规格

级配情况	公称粒级（mm）	累计筛 按质量计（%）											
		方孔筛筛孔边长（mm）											
		2.36	4.75	9.5	16.0	19.0	26.5	31.5	37.5	53.0	63.0	75.0	90
连续粒级	5～10	95～100	80～100	0～15	0								
	5～16	95～100	85～100	30～60	0～10	0							
	5～20	95～100	90～100	40～80		0～10	0						
	5～25	95～100	90～100		30～70		0～5	0					
	5～31.5	95～100	90～100	70～90		15～45		0～5	0				
	5～40		95～100	70～90		30～65			0～5	0			
单粒级	10～20		95～100	85～100		0～15	0						
	16～31.5		95～100		85～100			0～10					
	20～40			95～100		80～100			0～10	0			
	31.5～63			95～100			75～100	45～75		0～10	0		
	40～80				95～100				70～100		30～60	0～10	0

2. 粗集料的强度及坚固性

（1）粗集料的强度

集料的强度一般是指粗集料的强度，为了保证混凝土的强度，粗集料必须致密、具有足够强度，碎石的强度可用抗压强度和压碎指标值表示，卵石的强度只用压碎指标表示。

碎石的抗压强度可用岩石的抗压强度和压碎值指标表示。岩石的抗压强度应比所配置的混凝土强度至少高 20%。岩石的抗压强度测定，是将其母岩制成边长为 50mm 立方体（或直径与高均为 50mm 的圆柱体）试件，在水饱和状态下测定的极限抗压强度值。碎石抗压强度一般在混凝土强度等级大于或等于 C60 时才检验，其他情况如有怀疑或必要时也可进行抗压强度检验。

压碎指标是将一定质量气干状态下 10～20mm 的石子装入一定规格的金属圆桶内，在试验机上施加荷载到 200kN，卸荷后称取试样质量（m_0），再用公称直径为 2.50mm 的方孔筛筛除被压碎的细粒，称取试样的筛余量（m_1），用下式计算压碎指标：

$$\delta_a = \frac{m_0 - m_1}{m_0} \times 100\% \qquad (2\text{-}2)$$

式中　δ_a——压碎指标值，%；

　　　m_0——试样质量，g；

　　　m_1——压碎试验后试样的筛余量，g。

压碎指标值越小，集料的强度越高。

碎石的压碎指标值宜符合表 2-10 的规定

表 2-10　碎石的压碎值指标

岩石品种	混凝土强度等级	碎石压碎值指标
沉积岩	C60～C40	≤10
	≤C35	≤16
变质岩或深成的火成岩	C60～C40	≤12
	≤C35	≤20
喷出的火成岩	C60～C40	≤13
	≤C35	≤30

卵石的强度可以用压碎值指标表示，其压碎值指标宜符合表 2-11 的规定。

表 2-11　卵石的压碎值指标

混凝土强度指标	C60～C40	≤C35
压碎值指标(%)	≤12	≤16

（2）粗集料的坚固性

碎石或卵石的坚固性是指在自然风化和其他外界物理化学因素作用下抵抗破裂的能力。碎石或卵石的坚固性指标采用硫酸钠溶液法进行试验，试样经 5 次循环后其质量损失应符合表 2-12 的规定。

表 2-12 坚固性指标

混凝土所处的环境条件及其性能要求	5 次循环后的质量损失(%)
在严寒及寒冷地区室外使用并经常处于潮湿或干湿交替状态下的混凝土; 对于有抗疲劳、耐磨、抗冲击要求的混凝土 对腐蚀介质作用或常处于水位变化区的地下结构混凝土	≤8
其他条件下使用的混凝土	≤12

3. 有害物质

粗集料中的有害杂质主要有黏土、淤泥及细屑;硫酸盐及硫化物;有机物质;蛋白石及其他含有活性氧化硅的岩石颗粒等。它们的危害作用与在细集料中相同。各种有害杂质的含量都不应超出规范的规定。

碎石或卵石中的含泥量和泥块含量应符合表 2-13 的规定。

表 2-13 碎石或卵石中的含泥量和泥块含量

项目	指标		
	≥C60	C55~C30	≤C25
含泥量(按质量计,%)	≤0.5	≤1.0	≤2.0
泥块含量(按质量计,%)	≤0.2	≤0.5	<0.7

对于有抗冻、抗渗或其他特殊要求的混凝土,其所用粗集料的含泥量不应大于 1.0%,对于有抗冻、抗渗或其他特殊要求的强度等级小于 C30 的混凝土,其所用粗集料的含泥量不应大于 0.5%。

碎石或卵石中的硫化物和硫酸盐含量以及卵石中有机物等有害物质含量,应符合表 2-14 的规定。

表 2-14 碎石或卵石中有害物质含量

项目	质量指标
硫化物及硫酸盐(按 SO_3 质量计,%)	≤1.0
卵石中有机物含量(用比色法试验)	颜色不应深于标准色。当颜色深于标准色时,应按照水泥胶砂强度试验方法进行强度对比试验,抗压强度比不应低于 0.95

对于长期处于潮湿环境的重要混凝土结构用混凝土,应采用专门方法对集料的碱活性进行检验。经上述检验判断为有潜在危害时,应控制混凝土的碱含量不超过 $3kg/m^3$,或采用能抑制碱-集料反应的有效措施。

4. 颗粒形态及表面特征

粗集料的颗粒形状以近立方体或近球状体为最佳,但在岩石破碎生产碎石的过程中往往产生一定量的针、片状,使集料的空隙率增大,并降低混凝土的强度,特别是抗折强度。针状是指长度大于该颗粒所属粒级平均粒径的 2.4 倍的颗粒;片状是指厚度小于平均粒径 0.4 倍的颗粒。

卵石和碎石的针片状颗粒含量应符合表 2-15 的规定。

表 2-15　针片状颗粒含量

项目	≥ C60	C55 ~ C30	≤ C25
针片状颗粒(按质量计,%)	≤8	≤15	≤25

粗集料的表面特征指表面粗糙程度。碎石表面比卵石粗糙,且多棱角,因此,拌制的混凝土拌合物流动性较差,但与水泥粘结强度较高,配合比相同时,混凝土强度相对较高。卵石表面较光滑,少棱角,因此拌合物的流动性较好,但粘结性能较差,强度相对较低。若保持流动性相同,由于卵石可比碎石适量少用水,因此卵石混凝土强度并不一定低。

2.2.2　集料性质对混凝土性能的影响

1. 集料性质对新拌混凝土性能的影响

集料的颗粒形状及其表面织构(集料表面的光滑和粗糙程度)是影响新拌混凝土工作性的主要因素。细集料的颗粒形状和表面织构仅仅影响新拌混凝土的工作性,而粗集料的表面织构不仅影响新拌混凝土的工作性,还会影响硬化混凝土的力学性能。

新拌混凝土工作性的优劣,取决于是否有足够的水泥浆包裹集料的表面,以提供润滑作用,减少搅拌、运输与浇灌时集料颗粒间的摩擦阻力,使新拌混凝土能保持均匀并不产生分层离析。因此,就新拌混凝土工作性而言,理想的集料应是表面比较光滑,颗粒外形近于球形的。天然河砂和砾石均属这种理想集料,而碎石、颗粒外形近似立方体以及扁平、细长的粗集料,由于其表面织构粗糙或由于其面积/体积比值较大,而需增加包裹集料表面的水泥浆量。

集料的粒径分布或颗粒级配,对混凝土所需的水泥浆量也有重大影响。为得到良好的混凝土工作性,水泥浆量不仅需要包裹集料的表面,还需要填充集料颗粒间的空隙。当粗、细集料颗粒级配适当时,粗集料或大颗粒集料之间的空隙可由细集料或小颗粒集料填充,从而可减少混凝土所需的水泥浆量。因此,在混凝土配合比设计中,对细集料的细度模数、级配和砂率都提出了要求。

由于集料本身往往含有一些与表面贯通的孔隙,水可以进入集料颗粒的内部,水也能保留在集料颗粒表面而形成水膜,使集料具有含水的性质。含水率不仅影响混凝土的水灰比,也影响新拌混凝土的工作性。因此,在配制混凝土计算组分材料时,必须首先精确测定集料的含水率,并根据集料的含水率,在配料计算时调整集料与水的配量。由于细集料的表面含水率远远高于粗集料,因此,更需要着重对细集料的含水率进行精确的测定。较高的细集料含水率,使颗粒间的水膜层增厚,由于水分所产生的表面张力,会推动颗粒的分离而增加集料的表观体积,形成溶胀现象,所以按体积比作混凝土配料或计算,则会产生显著的误差。

2. 集料对硬化混凝土力学性能的影响

影响硬化混凝土力学性能的主要因素在粗集料。粗集料的织构对硬化混凝土力学性能的影响,恰恰与对新拌混凝土工作性的影响相反。粗糙的粗集料表面,可以改善和增大粗集料与水泥浆体的机械粘结力而有利于混凝土强度的提高。因此,在考虑粗集料织构对混凝土性能的影响时,要全面衡量新拌混凝土的工作性与硬化混凝土力学性能两个不同的要求,根据工程的结构与施工做出权衡。

3. 集料对混凝土耐久性的影响

集料的耐久性会影响混凝土的耐久性。集料耐久性通常分为物理耐久性和化学耐久性。集料的物理耐久性主要表现在体积稳定性和耐磨性。

集料体积随着环境的改变而产生的变化，导致了混凝土的损坏，称为集料的不稳定性。集料体积稳定性的根本问题是抗冻融循环。粗集料对冻融循环与混凝土一样敏感。集料的抗冻融循环的能力决定集料内部孔隙率中水分冻结后引起体积增大时，是否产生较大的内应力，内应力的大小与集料的内部孔隙连贯性、渗透性、饱水程度和集料的粒径有关。从集料的抗冻融性来分析，集料有一个临界粒径，临界粒径是集料内部水分流至外表面所需要的最大距离的度量。小于临界粒径的集料将不会出现冻融危机。大部分粗集料的临界粒径都大于粗集料本身的最大粒径，但某些固结差且具有高吸水性的沉积岩，如黑硅石、杂砂石、砂岩、泥板岩和层状石灰石等，其临界粒径可能小于粗集料本身的最大粒径。

混凝土在遭受磨耗及磨损时，集料必然起着主要作用。因此，有耐磨性要求的混凝土工程，必须选用坚硬、致密和高强度的优良集料。

集料的化学耐久性，最常见也最主要的是碱-集料反应。碱-集料反应主要是碱氧化硅反应和碱碳酸盐反应。碱氧化硅反应是指水泥中所含的碱（Na_2O 或 K_2O）与集料的活性成分（活性 SiO_2），在混凝土硬化后潮湿条件下逐渐发生化学反应，反应生成复杂的碱-硅酸凝胶，这种凝胶吸水膨胀，导致混凝土开裂的现象。水泥中所含的碱还可能与白云石质石灰石产生膨胀反应，导致混凝土破坏，称为碱碳酸盐反应。

美国是碱-集料反应的发源之地，自 20 世纪 30 年代发现首例碱-集料反应破坏案例以来，其他破坏案例几乎遍及所有州。美国遭受碱-集料反应破坏的混凝土结构类型多种多样，包括大坝、桥梁、机场、道路以及各种海工构筑物，其中在交通设施和机场路面尤为严重，为仅次于钢筋锈蚀的第二大混凝土病害（图 2-3）。机场路面由于使用新型除冰盐（醋酸钾和醋酸钠）导致的碱-集料反应破坏是近年来出现的突出问题。据报道，美国有 30 家军用机场因使用除冰盐而导致严重碱-集料反应破坏，见图 2-4。此外，碱-集料反应与二次钙矾石的共存及相互作用也是美国近年来碱-集料反应研究的热点。

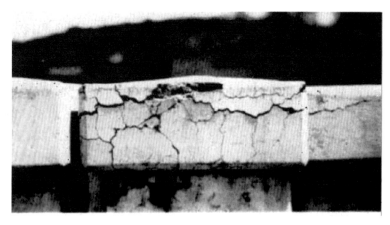

图 2-3　世界首例美国加州 Ash Creek 桥梁碱-集料反应破坏的照片

除碱-集料反应外，集料有时也会对混凝土引起一些其他类型的化学性危害。例如，黄铁矿和白铁矿在集料中是常见的膨胀性杂质，这些杂质中的硫化物能与水及空气中的氧起反

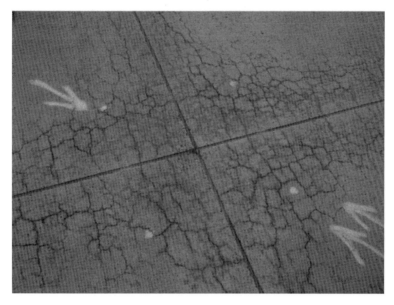

图 2-4 美国丹佛机场因使用除冰盐引起的碱-集料反应开裂

应而形成硫酸铁，而后，当硫酸根离子与水泥中的铝酸钙反应时，会分解生产氢氧化物。特别是在湿热条件下会引起膨胀，使水泥浆体涨崩、剥落。此外，集料中也不应含有石膏或其他硫酸盐，否则也会产生上述的后果。

2.3 不同混凝土对集料的要求

2.3.1 高强混凝土对集料的要求

集料是混凝土骨架的重要组成材料，它在混凝土中既有技术上的作用，又有经济上的意义。英国著名学者悉尼·明德斯在《混凝土》中曾明确指出："高强混凝土的生产，要求供应者对影响混凝土强度的三个方面提供最佳状态：①水泥；②集料；③水泥-集料粘结。"由此可以看出集料在高强混凝土中的重要作用。从总的方面，要求配制高强混凝土的集料，应选用坚硬、高强、密实而无孔隙和无软质杂质的优良集料。

1. 粗集料

粗集料是混凝土中集料的主要组成成分，在混凝土的组织结构中起着骨架作用，一般占集料的 60%～70%，其性能对高强混凝土的抗压强度及弹性模量起决定性的作用。粗集料对混凝土强度的影响主要取决于：水泥浆及水泥砂浆与集料的粘结力、集料的弹性性质、混凝土混合物中水上升时在集料下方形成的"内分层"状况、集料周围的应力集中程度等。因此，如果粗集料的强度不足，其他采取的提高混凝土强度的措施将成为空谈。对高强混凝土来说，粗集料的重要优选特性是抗压强度和最大粒径。

（1）粗集料的抗压强度

混凝土在其他条件相同时，粗集料的强度越高，配制的混凝土强度越高。为了配制高强混凝土，要优先采用抗压强度高的粗集料，以免粗集料首先破坏。当集料的强度大于混凝土强度时，集料的质量对混凝土的强度影响不大，但含有多量的软质颗粒和针、片状集料时，混凝土的强度会大幅度下降。

在很多情况下，集料质量是获取高强混凝土的主要影响因素。所以，在试配混凝土之前，应合理地确定各种粗集料的抗压强度，并应尽量采用优质集料。优质集料是指高强度集料和活性集料。按照规定，配制高强混凝土时，最好采用致密的花岗岩、辉绿岩、大理石等做集料，粒型应坚实并带有棱角，集料级配应在要求范围之内。粗集料的强度可用母岩立方体抗压强度和压碎指标值表示。

① 立方体抗压强度。即用粗集料的母岩制成 50mm × 50mm × 50mm 的立方体试块，在水中浸泡 48h（达饱和状态），测其极限抗压强度，即为粗集料的抗压强度。配制高强混凝土所用的粗集料，一般要求标准立方体的集料抗压强度与混凝土的设计强度的比值（岩石抗压强度/混凝土强度等级）应大于 1.5 ~ 2.0。

② 压碎指标值。即在国家规定的试验方法条件下，测定粗集料抵抗压碎的能力，从而间接推测其相应的强度。在实际操作上，对经常性的工程及生产质量控制，采用压碎指标值比立方体抗压强度更方便。粗集料的压碎指标值可参考表 2-16。

表 2-16　粗集料的压碎指标值

岩石品种	混凝土强度等级	压碎指标值（%）	
		碎石	卵石
火成岩	C40 ~ C60	10 ~ 12	≤9
变质岩或深成的火成岩	C40 ~ C60	12 ~ 19	12 ~ 18
喷出的火成岩	C40 ~ C60	≤13	不限

从表 2-16 中可以看出，碎石的压碎指标值比卵石高，卵石配制的高强混凝土强度明显小于碎石，因此，一般应采用碎石配制高强混凝土。若配制强度大于 C60 的混凝土，粗集料的压碎指标值还应再小些。

（2）粗集料的最大粒径

试验研究表明，用以配制高强混凝土的粗集料，其最大粒径与所配制的混凝土的最大抗压强度有一定的关系。在高强混凝土中，要特别注意集料的大小、形状、表面特征、矿物含量和洁净度。对每一种集料和混凝土强度等级，都会有一个最佳集料粒径。为了找到最佳粒径，试配时应选用最大粒径为 19mm 或更小的粗集料，并改变水泥用量。很多研究发现，采用 9.5mm ~ 12.5mm 公称最大粒径的集料能获得最佳强度。

对强度等级为 C60 级的混凝土，其粗集料的最大粒径不应大于 31.5mm，对强度等级高于 C60 级的混凝土，其粗集料的最大粒径不应大于 25mm；针片状颗粒含量不宜大于 5.0%，含泥量不应大于 0.5%，泥块含量不宜大于 0.2%；其他质量指标应符合现行行业标准。

在高强混凝土中，集料本身强度和集料与水泥石之间的粘结强度是影响混凝土强度的重要因素。试验证明使用碎石集料比使用卵石强度高，这可能是因为碎石粗糙、有棱角，故与水泥石粘结强度更高。对 C70 或更高强混凝土来说，满足设计要求的集料在使用前应确定其活性。

高强混凝土使用的粗集料必须洁净，即去除石粉、黏土块等有害杂质。除去石粉非常重要，因为它有可能影响细集料用量以及混凝土拌合物最终的需水量，黏土块可能会影响集料与水泥石的粘结强度，因此有必要对粗集料进行冲洗。建议将不同单粒级粗集料混合以获得所需级配，这样能得到较好的密实性并减少混凝土性能的离散性。

在保证混凝土工作性前提下，粗集料应该用量最大。因为高强混凝土中胶凝材料的含量较高，所以增加粗集料用量是应该和必须的。

2. 细集料

高强混凝土对细集料的要求与普通混凝土基本相同，在某些方面稍高于普通混凝土对细集料的要求。在高强混凝土组成中，细集料所占比例同样要比普通强度混凝土所用的量少些。

（1）颗粒级配

在高强混凝土中宜采用洁净的中砂，最好是圆球形颗粒、质地坚硬、级配良好的河砂。高强混凝土颗粒级配可参考表 2-17［《建设用砂》（GB/T 14684—2011）］。

表 2-17　细集料的颗粒级配

砂的分类	天然砂			机制砂		
级配区	1 区	2 区	3 区	1 区	2 区	3 区
方筛孔	累计筛（%）					
4.75mm	10~0	10~0	10~0	10~0	10~0	10~0
2.36mm	35~5	25~0	15~0	35~5	25~0	15~0
1.18mm	65~35	50~10	25~0	65~35	50~10	25~0
600μm	85~71	70~41	40~16	85~71	70~41	40~16
300μm	95~80	92~70	85~55	95~80	92~70	85~55
150μm	100~90	100~90	100~90	97~85	94~80	94~75

（2）杂质含量

砂中的有害物质主要有黏土、淤泥、云母、硫化物、硫酸盐、有机质以及贝壳、煤屑等轻物质。黏土、淤泥以及云母影响水泥与集料的胶结，含量多时会使混凝土的强度降低；硫化物、硫酸盐、有机物等对水泥均有侵蚀作用；轻物质本身的强度较低；会影响混凝土的强度及耐久性。配制高强混凝土时，对有害杂质应该控制在国标要求以下，可参考表 2-18［《建设用砂》（GB/T 14684—2011）］中有关 Ⅰ 类砂（适用于 C60 及以上混凝土）对含泥量和泥块含量的要求。

表 2-18　细集料中含泥量和泥块含量

项目	指标		
	Ⅰ 类	Ⅱ 类	Ⅲ 类
含泥量（按质量计，%）	<1.0	<3.0	<5.0
泥块含量（按质量计，%）	0	<1.0	<2.0

按照《普通混凝土配合比设计规程》（JGJ 55—2011）的规定，配制高强混凝土时，砂的细度模数宜大于 2.6，含泥量不超过 2.0%，泥块含量小于 0.5%。当水泥用量大时，砂子细度对混凝土强度无明显的影响。

（3）细度模数

因为高强混凝土中胶凝材料用量较高，细集料对其工作性的贡献不如对普通混凝土那么明显。细度模数约为 3.0 的粗砂能获得较好的工作性和较高的抗压强度。对抗压强度达 70MPa 或更高的混凝土来说，细度模数应该为 2.8～3.2，并在整个工程中细度模数相差不应超过 0.1。采用细度模数为 2.5～2.7 的砂会使强度降低并使拌合物黏稠难以施工。

2.3.2 自密实混凝土对集料的要求

1. 粗集料

由于自密实混凝土常常用于钢筋稠密或薄壁的结构中，因此粗集料的最大粒径一般在 16～20mm 范围，且间断级配往往优于连续级配，并尽可能选用圆形且不含或少含针、片状颗粒的集料。

2. 细集料

砂在混凝土中存在双重效应，一是圆形颗粒的滚动减水效应；二是比表面积吸水率高的需水效应。这两种相互矛盾的效应，决定了必须根据水泥、掺合料、外加剂等情况综合考虑。砂的含泥量和杂质，会使水泥浆与集料的粘结力下降，需要增加用水量和增加水泥用量，所以砂必须符合规范技术要求。

常用于自密实混凝土配制的细集料通常是中砂，中砂不同于细砂，中砂的总表面积较细砂小，砂子的表面需要由水泥浆包裹，砂子的总表面积越小，则需要包裹砂粒表面的胶结材就越少。一般来说，用中砂拌制混凝土比用细砂所需的胶结材要省；中砂级配优于细砂，空隙率较小，在混凝土中砂粒之间所需胶结材填充的空隙就越少，既节约胶结材又提高了强度，可见控制砂的颗粒级配和粗细程度有很大的技术经济意义。

2.3.3 补偿收缩混凝土对集料的要求

1. 粗集料

粗集料的品质对配制补偿收缩混凝土有很大的影响，主要体现在集料-砂浆界面粘结强度、集料弹性模量和集料的强度上。如果是采用泵送混凝土方式，则在考虑可泵性的同时，要综合考虑混凝土的早强性和后期强度。

粗集料常因为地质条件、岩石分布而异，无碱-集料反应的坚硬浆岩（侵入岩：如花岗岩、闪长岩）、沉积岩（石灰岩、砂岩）和变质岩（块状的片麻岩、大理岩）的卵石和碎石均可应用。对于凝灰岩要慎重使用，胶结不良的砂岩以及泥岩、页岩、片状的变质岩碎石，均不宜用。一般来说，石灰岩、花岗岩等碎石性能都较好。

如果粗集料是碎石，需经过二次破碎，使碎石基本无棱角，并减少针片状颗粒的含量，使用粒径为 5～31.5mm 的碎石时，应要求有一定量的 5～10mm 粒径的小石子。

2. 细集料

细集料要求使用干净的河砂。严格按高标准控制砂中云母含量、硫化物含量、含泥量及压碎指标值。细度模数选用中砂为宜。不宜选用砂岩类山砂、机制砂、海砂，此类砂对膨胀混凝土的膨胀率影响非常大。如要使用海砂，一定要先进行淡化处理。人工砂一般粉砂（0.15mm）含量较多，砂率一般在 35%～45% 范围内。

2.3.4　大体积混凝土对集料的要求

大体积混凝土所需的强度并不是很高，所以组成混凝土的砂石料比高强混凝土要高，约占混凝土总质量的 85%，正确选用砂石料对保证混凝土质量、节约水泥用量、降低水化热量、降低工程成本是非常重要的。集料的选用应根据就地取材的原则，首先考虑成本较低、质量优良、满足要求的天然砂石料。根据国内外对人工砂石料的试验研究和生产实践，证明采用人工集料也可以做到经济实用。

1. 粗集料

大体积混凝土宜优先选择以自然连续级配的粗集料配制。这种连续级配粗集料配制的混凝土，具有较好的和易性、较少的用水量、节约水泥用量、较高的抗压强度等优点。石子选用卵石或碎石均可，但要求针片状少、颗粒级配符合筛分曲线要求。这样可避免堵泵，减少砂率、水泥用量，提高混凝土强度。

在选择粗集料粒径时，可根据施工条件，尽量选用粒径较大、级配良好的石子。当石子的最大粒径较大时，混凝土的密实性较好，并可以节约水泥。根据有关试验结果证明，采用 5～40mm 石子比采用 5～20mm 石子，每立方米混凝土可减少用水量 15kg 左右，在相同水灰比的情况下，水泥用量可节约 20kg 左右，混凝土温升可降低 2℃。

选用较大集料粒径，确实有很大优越性。但是，集料粒径增大后，容易引起混凝土的离析，影响混凝土的质量，因此必须调整好级配设计，施工时加强振捣作业。

为了达到预定的要求，同时又要发挥水泥最有效的作用，粗集料有一个最佳的最大粒径。对于结构工程的大体积混凝土，粗集料的最大粒径不仅与施工条件和工艺有关，而且与结构物的配筋间距、模板形状等有关。石子的最大粒径不得超过结构截面最小尺寸的 1/4，也不得大于钢筋最小净距的 3/4，如采用泵送混凝土施工，石子的最大粒径还应符合泵送混凝土的要求。

2. 细集料

大体积混凝土中的细集料，以采用优质的中、粗砂为宜，细度模数宜在 2.6～2.9 范围内。根据有关试验资料证明，当采用细度模数为 2.79、平均粒径为 0.381mm 的中粗砂时，比采用细度模数为 2.12、平均粒径为 0.336mm 的细砂，每立方米混凝土可减少水泥用量 28～35kg，减少用水量 20～25kg，这样就降低了混凝土的温升和减小了混凝土的收缩。

泵送混凝土的输送管道形式很多，既有直管又有锥形管、弯管和软管。当通过锥形管和弯管时，混凝土颗粒间的相对位置就会发生变化，此时，如果混凝土中的砂浆量不足，很容易发生堵管现象。所以，在混凝土配合比设计时，可适当提高砂率；但若砂率过大，将对混凝土的强度产生不利影响。因此，在满足混凝土可泵性的前提下，尽可能选用较小的砂率。

3. 大体积混凝土对集料的质量要求

集料是混凝土的骨架，集料的质量如何，直接关系混凝土的质量。所以，集料的质量技术要求，应符合国家标准的有关规定。混凝土试验表明，集料中的含泥量多少是影响混凝土质量的最主要因素。若集料中含泥量过大，它对混凝土的强度、干缩、徐变、抗渗、抗冻融、抗磨损及和易性等性能都会产生不利的影响，尤其会增加混凝土的收缩，引起混凝土抗拉强度的降低，对混凝土的抗裂更是十分不利。因此，在大体积混凝土施工中，石子的含泥量不得大于 1.0%，砂的含泥量不得大于 3.0% ［《普通混凝土配合比设计规程》（JGJ 55—2011）］。

集料在混凝土中起骨架作用。其级配越好，所组成的混凝土骨架越稳定，抗变形能力越好；级配越好，水泥用量越少，两者共同作用，使混凝土的抗裂性越好。

2.3.5 道路水泥混凝土对集料的要求

1. 粗集料

与普通混凝土相同，道路混凝土所用粗集料通常为卵石或碎石。卵石混凝土拌合物和易性比碎石好，在相同的水灰比下，单位用水量和水泥用量较少，但抗折强度低。资料表明，碎石混凝土抗折强度要比卵石混凝土高 30% 左右。这是因为卵石表面光滑，与胶砂粘结面的粘结力低于表面粗糙的碎石与胶砂的粘结力，形成了混凝土中最薄弱的抗拉粘结面。从混凝土折断面也可看出，卵石从砂浆中被"干净"地剥离出来，表面几乎没有粘结砂浆。所以，不宜用卵石配制高抗折强度等级（≥5.0 MPa）的道路混凝土，否则，强度保证率不高。

《公路水泥混凝土路面施工技术细则》（JTG/T F30—2014）中规定：粗集料应使用质地坚硬、耐久、干净的碎石、破碎卵石或卵石。极重、特重、重交通荷载等级公路面层混凝土用粗集料质量不应低于Ⅱ级集料的要求；中、轻交通荷载等级公路面层混凝土可使用Ⅲ级粗集料。具体见表2-19。

表2-19 碎石、破碎卵石和卵石质量标准

项目	技术要求		
	Ⅰ级	Ⅱ级	Ⅲ级
碎石压碎指标（%）	≤18.0	≤25.0	≤30.0
卵石压碎指标（%）	≤21.0	≤23.0	≤26.0
坚固性（按质量损失计,%）	≤5.0	≤8.0	≤12.0
针片状颗粒含量（按质量计,%）	≤8.0	≤15.0	≤20.0
含泥量（按质量计,%）	≤0.5	≤1.0	≤2.0
泥块含量（按质量计,%）	≤0.2	≤0.5	≤0.7
吸水率[①]（按质量计,%）	≤1.0	≤2.0	≤3.0
硫化物及硫酸盐[②]（按 SO_3 质量计,%）	≤0.5	≤1.0	≤1.0
洛杉矶磨耗损失[③]（LA, %）	≤28.0	≤32.0	≤35.0
岩石抗压强度[②]	岩浆岩不应小于100MPa；变质岩不应小于80MPa；沉积岩不应小于60MPa		
有机物含量（比色法）	合格		
表观密度（kg/m³）	≥2500		
松散堆积密度（kg/m³）	≥1350		
空隙率（%）	≤47		
磨光值[③]（%）	≥35.0		
碱活性反应[②]	不得有碱活性反应或疑似碱活性反应		

① 有抗冰冻、抗盐冻要求时，应检验粗集料吸水率。

② 硫化物及硫酸盐含量、碱活性反应、岩石抗压强度在粗集料使用前应至少检验一次。

③ 洛杉矶磨耗损失、磨光值仅在要求制作露石水泥混凝土面层时检测。

中、轻交通荷载等级公路面层水泥混凝土可使用再生粗集料。有抗冰冻、抗盐冻要求时，再生粗集料不应低于Ⅱ级；无抗冰冻、抗盐冻要求时，可使用Ⅲ级再生粗集料。再生粗集料不得用于裸露粗集料的水泥混凝土抗滑表层。不得使用出现碱活性反应的混凝土为原料破碎生成再生粗集料。

（1）粗集料的最大粒径

粗集料最大粒径直接影响着混凝土拌合物和易性。粒径增大，拌合物易离析泌水，与砂浆界面的粘结强度下降，抗折强度降低。一般卵石最大公称粒径不宜大于 19.0mm；碎卵石最大公称粒径不宜大于 26.5mm。碎石最大公称粒径不应大于 31.5mm。

（2）粗集料级配

用作路面和桥面混凝土的粗集料不得使用不分级的统料，应按最大公称粒径的不同采用 2~4 个粒级的集料进行掺配，具体见表 2-20。

表 2-20　粗集料与再生粗集料的级配范围

类型	粒径级配	方筛孔尺寸（mm）							
		2.36	4.75	9.50	16.0	19.0	26.5	31.5	37.5
		累计筛余（以质量计）（%）							
合成级配	4.75~16	95~100	85~100	40~60	0~10	—	—	—	—
	4.75~19	95~100	85~95	60~75	30~45	0~5	0	—	—
	4.75~26.5	95~100	90~100	70~90	50~70	25~40	0~5	0	—
	4.75~31.5	95~100	90~100	75~90	60~75	40~60	20~35	0~5	0
单粒级级配	4.75~9.5	95~100	80~100	0~15	0	—	—	—	—
	9.5~16	—	95~100	80~100	0~15	0	—	—	—
	9.5~19	—	95~100	85~100	40~60	0~15	0	—	—
	16~26.5	—	—	95~100	55~70	25~40	0~10	0	—
	16~31.5	—	—	95~100	85~100	55~70	25~40	0~10	0

粗集料级配对混凝土抗折强度的影响主要体现在以下两个方面：

① 良好的级配可使粗集料获得较大的堆积密度，集料空隙少，需要填充空隙的浆体少，在相同的水泥浆量下，使混凝土拌合物获得更好的工作性和更大的密实度，进而提高混凝土抗折强度。

② 良好的级配能使粗集料通过砂浆的粘结作用，相互之间保持较好的机械咬合状态，有利于提高混凝土抗折强度。在相同的水灰比下，单粒级碎石混凝土抗折强度比连续级配碎石混凝土的低。不宜用单粒级粗集料配制道路混凝土，无连续级配粗集料，也可用多种单粒级按适当比例混合使用。

2. 细集料

（1）细集料品种

细集料应采用质地坚硬、耐久、洁净的天然砂、机制砂或混合砂。

《公路水泥混凝土路面施工技术细则》（JTG/T F30—2014）中规定：极重、特重、重交通荷载等级公路面层混凝土用天然砂和机制砂的质量不应低于Ⅱ级细集料的要求；中、轻交通荷载等级公路面层混凝土可使用Ⅲ级天然砂和机制砂。其中，机制砂宜采用碎石作为原料，并用专用设备生成。天然砂和机制砂的质量标准详细见表2-21。

表 2-21　天然砂和机制砂的质量标准

项目		技术要求		
		Ⅰ级	Ⅱ级	Ⅲ级
机制砂母岩的抗压强度（MPa）		≥80.0	≥60.0	≥30.0
机制砂单粒级最大压碎指标（%）		≤20.0	≤25.0	≤30.0
机制砂母岩的磨光值		≥38.0	≥35.0	≥30.0
氯化物[①]（按氯离子质量计，%）	天然砂	≤0.02	≤0.03	≤0.06
	机制砂	≤0.01	≤0.02	≤0.06
坚固性（按质量损失计，%）		≤6.0	≤8.0	≤10.0
云母含量（按质量计，%）	天然砂	≤1.0	≤1.0	≤2.0
	机制砂	≤1.0	≤2.0	≤2.0
天然砂含泥量（按质量计，%）		≤1.0	≤2.0	≤3.0
天然砂、机制砂泥块含量（按质量计，%）		≤0	≤0.5	≤1.0
机制砂石粉含量（按质量计，%）	MB 值＜1.40 或合格	＜3.0	＜5.0	＜7.0
	MB 值≥1.40 或不合格	＜1.0	＜3.0	＜5.0
天然砂海砂中的贝壳类物质含量（按质量计，%）		≤3.0	≤5.0	≤8.0
硫化物及硫酸盐[①]（按 SO₃ 质量计，%）		≤0.5		
轻物质含量（按质量计，%）		≤1.0		
吸水率（%）		≤2.0		
表观密度（kg/m³）		≥2500		
松散堆积密度（kg/m³）		≥1400		
空隙率（%）		≤45		
有机物含量（比色法）		合格		
碱活性反应[①]		不得有碱活性反应或疑似碱活性反应		
天然砂结晶态二氧化硅含量[②]（%）		≥25.0		

① 碱活性反应、氯离子含量、硫化物及硫酸盐含量在天然砂和机制砂使用前应至少检验一次。
② 天然砂按岩相法，测定除隐晶质、玻璃质二氧化硅以外的结晶态二氧化硅的含量。

（2）细集料级配

天然砂和机制砂宜符合表2-22规定的级配范围。层面水泥混凝土使用的天然砂细度模数宜在2.0～3.7，而机制砂细度模数宜在2.3～3.1。细度模数差值超过0.3的砂应分别堆放，分别进行配合比设计。

表 2-22　天然砂和机制砂的级配范围

天然砂分级	细度模数	方孔筛尺寸（mm）							
		9.50	4.75	2.36	1.18	0.60	0.30	0.15	0.075
		通过各筛孔的质量百分率（%）							
粗砂	3.1～3.7	100	90～100	65～95	35～65	15～30	5～20	0～10	0～5
中砂	2.3～3.0	100	90～100	75～100	50～90	30～60	8～30	0～10	0～5
细砂	1.6～2.2	100	90～100	85～100	75～100	60～84	15～45	0～10	0～5

续表

机制砂分级	细度模数	方孔筛尺寸（mm）						
		9.50	4.75	2.36	1.18	0.60	0.30	0.15
		水洗法通过各筛孔的质量百分率（%）						
Ⅰ级砂	2.3~3.1	100	90~100	85~95	50~85	30~60	10~20	0~10
Ⅱ、Ⅲ级砂	2.8~3.9	100	90~100	50~95	30~65	15~29	5~20	0~10

（3）机制砂

路面和桥面混凝土所使用的机制砂除应符合表2-21和表2-22的规定外，采用机制砂时，外加剂宜采用引气高效减水剂或聚羧酸高性能减水剂。

（4）淡化海砂

在河砂资源紧缺的沿海地区，二级及二级以下公路混凝土路面和基层可使用淡化海砂，缩缝设传力杆混凝土路面不宜使用淡化海砂；钢筋混凝土及钢纤维混凝土路面和桥面不得使用淡化海砂。淡化海砂除应符合表2-21和表2-22规定的要求外，尚应符合下述规定：

① 淡化海砂带入每立方米混凝土中的含盐量不应大于1.0kg。

② 淡化海砂中碎贝壳等甲壳类动物残留物含量不应大于1.0%。

③ 与河砂对比试验，淡化海砂应对砂浆磨光值、混凝土凝结时间、耐磨性、弯拉强度等无不利影响。

2.3.6 铁路客运专线高性能混凝土对集料的要求

1. 粗集料

用于铁路客运专线高性能混凝土的粗集料应选用级配合理、粒形良好、质地均匀坚固、线胀系数小的洁净碎石，也可采用碎卵石或卵石，不宜采用砂岩碎石。

粗集料的最大公称粒径不宜超过钢筋的混凝土保护层厚度的2/3，且不得超过钢筋最小间距的3/4。配制强度等级C50及以上预应力混凝土时，粗集料最大公称粒径不应大于25mm。

粗集料应采用二级或多级级配，其松散堆积密度应大于1500kg/m³，紧密空隙率宜小于40%，吸水率应小于2%（用于干湿交替或冻融循环下的混凝土应小于1%）。

2. 粗集料

用于铁路客运专线高性能混凝土的细集料应选用级配合理、质地均匀坚固、吸水率低、空隙率小的洁净天然中粗河砂，也可选用专门机组生产的人工砂。不宜使用山砂，也不得使用海砂。

配制混凝土时宜优先选用中级细集料。当采用粗级细集料时，应提高砂率，并保持足够的水泥或胶凝材料用量，以满足混凝土的和易性；当采用细级细集料时，宜适当降低砂率。

2.4 特殊集料

2.4.1 轻集料

轻集料按形成方式不同可分为天然轻集料、人造轻集料和工业废渣轻集料。按照粒径大小又分为轻粗集料和轻细集料。轻粗集料习惯上称为轻集料，是指粒径大于 5mm、堆积密度不大于 1200kg/m³ 的陶粒。轻细集料是指粒径不大于 5mm，堆积密度不大于 1200kg/m³ 的陶砂。制备优质轻集料混凝土的粗集料需要采用品质好且性能稳定的优质人造轻集料，而细集料主要采用质量较好的河砂。

目前使用最多的人造轻集料有膨胀黏土陶粒、膨胀页岩（板岩）陶粒和粉煤灰陶粒三类。因原料和烧制工艺不同，轻集料的外形和质地有较大差别，从极不规则的碎石形到圆球形各种粒形都有，我国轻集料混凝土技术规程将轻集料分为圆球型、砕石型和普通型三种。轻集料的颗粒形状、表面特征、级配以及强度等性能对混凝土的和易性、强度、容重等各种性能都有重要影响。

评价轻集料品质的常用指标有堆积密度、颗粒表观密度、筒压强度、强度标号、吸水率、级配、最大粒径、粒形系数、浮粒率、抗冻性等，其中筒压强度、吸水率和堆积密度是最主要的指标，习惯上人们将它们称为三大指标。

1. 筒压强度

轻集料是一种多孔材料，内部结构疏松多孔，其颗粒强度和弹性模量较低。颗粒强度一般用筒压强度表示，筒压强度的测试，是将 10～20mm 粒级的粗集料，装入截面面积为 100cm² 的圆筒内做抗压试验，取压入深度为 2cm 时的抗压强度为该轻集料的筒压强度。由于轻集料在筒内为点接触，因此其抗压强度不是轻集料的极限抗压强度，只是反应集料颗粒强度的相对强度。

根据筒压强度的大小可将轻集料划分为普通轻集料和高强轻集料。高强轻集料是指筒压强度大于 6.0MPa、强度标号大于 25MPa 的轻集料，它是配制高强轻集料混凝土的重要原材料，目前国内已有很多厂家能够生产出筒压强度达到 7.0MPa 以上的高强优质轻集料。

轻集料的筒压强度与堆积密度等级有密切关系，见表 2-23。

表 2-23 轻集料的筒压强度与堆积密度等级的关系

序号	堆积密度等级	粉煤灰陶粒和陶砂（MPa）	黏土陶粒和陶砂（MPa）	页岩陶粒和陶砂（MPa）	天然陶粒和陶砂（MPa）
1	300	—	—	—	0.2
2	400	—	0.5	0.8	0.4
3	500	—	1.0	1.0	0.6
4	600	—	2.0	1.5	0.8
5	700	4.0	3.0	2.0	1.0
6	800	5.0	4.0	2.5	1.2
7	900	6.5	4.0	2.5	1.2
8	1000	—	—	—	1.8

2. 吸水率

轻集料的吸水率是一项非常重要的指标，其大小直接影响混凝土的拌和方式、工作性能和强度大小，甚至影响其耐久性能。表征轻集料吸水率的指标有 1h 吸水率、压力吸水率、真空吸水率等，一般烧胀陶粒 24h 吸水率可达 10%，粉煤灰陶粒、火山渣、膨胀珍珠岩等轻集料，1h 的吸水率几乎达到 24h 吸水率的 80% 以上，所以通常所指的吸水率是 1h 吸水率，根据吸水率大小可将轻集料分为低吸水率陶粒（吸水率 <5%）和高吸水率陶粒（吸水率 >5%）。根据工程经验，一般吸水率不应大于 22%。

轻集料与普通集料相比，具有较大的吸水率，一般人工轻集料 24h 的吸水率在 10% ~ 25%。轻集料吸水率的大小，主要取决于轻集料的生产工艺及内部的孔隙结构和表面状态。通常，孔隙率越大，吸水率也越高，特别是具有开孔的轻集料，其吸水率往往都比较大。

吸水率过大的轻集料，会给混凝土的性质带来不利影响。如轻集料吸水率过大，施工时混凝土拌合物的和易性很难控制，硬化后的混凝土会降低保温性能、抗冻性和强度。

3. 堆积密度

堆积密度是表示轻集料在某一级配下，自然堆积状态时单位体积的质量。堆积密度不仅能够反映轻集料的强度，还能反映轻集料的颗粒密度、粒形、级配、粒径的变化。轻集料的堆积密度越大，则其强度越高，堆积密度小于 $300kg/m^3$ 的集料只能配置非承重的、保温用的轻集料混凝土。

轻集料的粒径和级配对新拌混凝土和硬化混凝土的性能都有重要影响，尤其是在采用泵送施工时不宜采用粒径大于 20mm 的轻集料，为此许多标准都设定了轻集料最大粒径的控制范围。国外陶粒生产厂家都十分强调对轻集料最大粒径的控制，基本上要求轻集料的最大粒径应小于 16mm，如 Leca 的最大粒径要求不大于 12mm。而在我国，陶粒生产厂家对粒径过大给混凝土性能造成的危害认识显得不够，对粒径控制不严格，很多厂家生产的轻集料最大粒径甚至超过 30mm。

轻集料的多孔性使得轻集料在混凝土拌和与运输过程中将吸收水泥浆体中的水分，进而造成混凝土坍落度损失，降低施工性能，所以在混凝土拌和前一般需要对轻集料进行预湿处理。这是轻集料混凝土施工工艺不同于普通混凝土的一个主要特征。预处理的目的主要是使轻集料在混凝土拌和过程中不继续吸水，以减小混凝土的坍落度损失和满足泵送施工的技术需要。预处理工艺主要有常压预湿饱水、热差饱水、真空饱水以及表面处理等。其中常压饱水和真空饱水处理工艺较简单，是目前最主要的预湿处理工艺。经真空饱水之后轻集料吸水达到饱和，所以在混凝土施工过程中，可避免因轻集料吸水而造成的坍落度损失。但是真空饱水将显著增大轻集料混凝土的容重，降低抗冻性和耐久性。所以预处理工艺的选择需要权衡各方面的利弊，进行科学选择。用石蜡涂覆轻集料表面虽然可以有效降低吸水率，提高轻集料混凝土的泵送性能，但是这种方法使轻集料的生产过程变得较复杂，而且在轻集料表面涂覆石蜡之后对轻集料与水泥石的界面结合有不利影响，从而降低混凝土的性能，所以表面处理的方法现在已很少使用。

2.4.2　重集料

重集料是由密度大的材料组成的，用以配制重混凝土，其用途主要用于防核辐射的混凝土防护工程。

重集料也有天然重集料和人造重集料两种。天然重集料有含钡矿物和钛矿石。人造重集料有磷铁合金，含水铁矿石、含硼的矿物、钢质废料或铁段、铁球等。但以磷铁合金作为混凝土重集料时，可能会产生有毒并易燃的气体。采用重集料配制混凝土时，由于集料的密度大，混凝土往往容易产生集料离析现象，在施工时应注意并采取技术措施。

2.4.3 再生集料

2.4.3.1 再生集料的生产工艺

从山川河流中开采天然集料，配制生产普通混凝土，混凝土老化或破坏后，将这些废弃混凝土进行再加工，生产再生集料，最后利用再生集料配制生产再生混凝土。再生混凝土的整个生产过程可简单地用图 2-5 表示。再生混凝土可以解决城市废弃物的堆放、占地和环境污染等问题，对节能减排和环境保护具有重要意义。

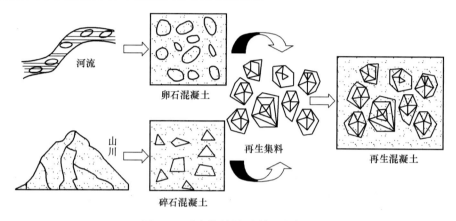

图 2-5　再生集料循环利用示意图

再生集料的生产通常采用两种形式：① 在建筑工地对所形成的废料现场进行加工。该方式简单易行，便于现场操作，节约了时间和运输费用，但由于工艺程序简单，不能较完全地洁净和分级，得到的再生集料质量较低劣。② 在专门的再生集料加工厂对废料再加工。此工艺需要配备运输工具，厂内配有大功率的破碎、筛分、粉磨等设备，可深加工，清除杂质，可组织后勤服务和销售，相对容易解决生态问题。

再生集料的生产需要成套化的生产工艺设备。欧洲、日本已有建筑公司研制这方面的成套设备。日本研发的再生集料生产工艺流程图，如图 2-6 所示。

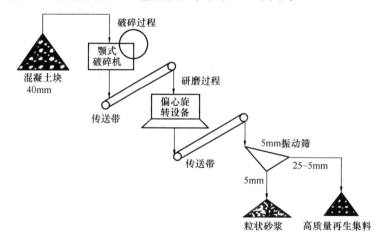

图 2-6　日本再生集料生产工艺流程图

俄罗斯再生集料的生产工艺流程图如图 2-7 所示。该工艺流程是一条理想的再生集料回收利用流程，其中的各分项内容可根据各单位的实际经济条件和实际工程的场地条件等来选用合适的加工机器、设备以及配备合适的工作人员。在这一生产流程中，块体破碎、集料筛分均是国内碎石集料生产的成熟工艺，因此关键是要控制好分拣、分选、洁净等环节的工艺技术和质量。

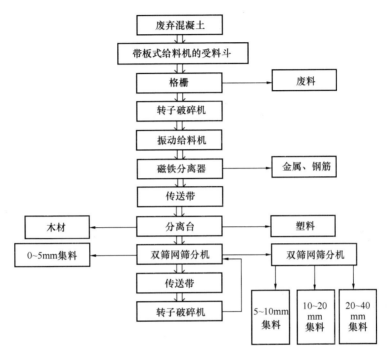

图 2-7　俄罗斯再生集料生产工艺流程图

我国对再生集料混凝土的开发研究晚于工业发达国家，因此可以借鉴发达国家的先进经验。综合各国生产装置的特点，并结合国内当前建筑业的实际情况，提出图 2-8 的连续生产流程。

该再生集料生产流程中一级筛分后产生的初加工再生集料可用于普通混凝土，再经加温、二级破碎、二级筛分后获得的高品质再生集料可用于高强高性能混凝土，这是因为加温到 300℃ 左右后包裹在天然岩石集料外的水泥石粘结较差的部分，或在一级破碎中天然集料外已带有损伤裂纹的水泥石，在二级转筒式或球磨式碾压中会脱离剥落，剩下的粗集料的强度相当于提高了，但加温、二级碾磨、二级筛分必然带来生产成本的提高。若进一步将再生集料进行强化处理，便可得到更高品质的再生集料。另外，本工艺设计将再生集料生产过程中产生的小于 0.15mm 的微细粉料经过球磨成水泥细度，作水泥混凝土的矿物掺合料，从而使建筑垃圾能百分之百地转化为再生资源，避免了二次污染。

2.4.3.2　再生集料的基本性质

再生集料是废弃混凝土再加工的产品，因此，再生集料颗粒绝大部分为表面附着部分废旧砂浆的次生颗粒，少部分为与废旧砂浆完全脱离的原状颗粒，还有很少一部分为废旧砂浆颗粒。再生集料的基本性质将对混凝土的工作性、强度、耐久性等各项性能都有很大影响。

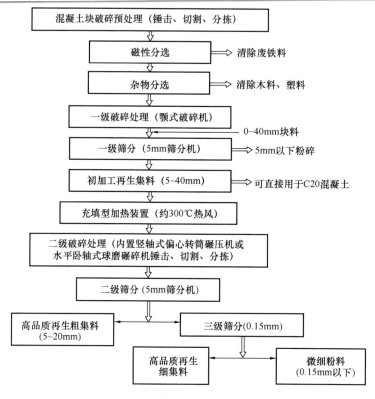

图 2-8　再生集料生产流程图

1. 再生集料的颗粒形状与表面结构

再生集料的颗粒形状关系集料的堆积密度和空隙率、新拌混凝土的工作性以及硬化混凝土的强度和耐久性。

再生集料形状特征系数包括细长率、扁平率、方形率和三轴形状系数，如果 a、b、c 分别表示集料颗粒的长、中、短轴，则细长率为 a/c、扁平率为 ab/c、方形率为 a/b、三轴形状系数为 $c/\sqrt{ab}$，它们的计算值越小，集料的颗粒状就越好。

针片状颗粒含量也是表征集料颗粒形状优劣的一个重要指标，它是利用专门的规准仪测定的粗集料颗粒的最小厚度（或直径）方向与最大长度（或宽度）方向的尺寸之比小于一定比例的颗粒，可用于评价集料的颗粒形状和抗压碎的能力。再生集料针片状颗粒含量一般比天然碎石要小，不会对再生混凝土性能产生显著的不良影响。

再生粗集料颗粒绝大部分为表面附着部分废旧砂浆的次生颗粒。表面附着废旧砂浆的再生粗集料自身差异很大，有些颗粒的水泥砂浆附着面大，有些颗粒的附着面小甚至与砂浆完全脱离，还有极少一部分水泥颗粒。其表面粘附水泥砂浆的多少等情况与原生混凝土的强度等级、集料种类等因素有关，原生混凝土的强度等级越高，则表面粘附的水泥砂浆越多，碎石表面粘附的水泥砂浆比卵石表面的多。

由于混凝土废弃物破碎后的再生粗集料表面附着废旧砂浆，致使其表面比碎石或卵石粗糙。加之，在破碎的过程中，部分石子因受力而沿纹理开裂，这既增加了新的粗糙表面，又增加了棱角效应。再生集料具有轮廓分明的边界，多棱角，因而有较高的面积—体积比；表面纹理粗糙且多孔，这也是由于其表面附着的旧砂浆造成的。从这一点来说，再生集料与水泥等粘结物的粘结能力比天然集料好。此外，被水泥砂浆包裹的再生集料，再次与水泥砂浆搅拌时，具有表面亲水性，能很好地为水溶液所润湿。

2. 再生集料的颗粒级配

再生集料的颗粒级配及其评价方法通常参考《普通混凝土用砂、石质量及检验方法标准（附条文说明）》（JGJ 52—2006）进行。再生细集料的尺寸一般为 0.16～5mm。再生细集料的粗细程度也用细度模数来表示，它是指不同粒径的细集料混在一起后的平均粗细程度。如果再生细集料的自然级配不合适，就要采用人工级配的方法来改善，一般不能采用过细的再生细集料配制混凝土。

再生粗集料尺寸为大于 5mm 的颗粒，粒径范围也可以按有关标准确定，如按我国《建设用卵石、碎石》（GB/T 14685—2011）的规定，分别组合成 5～10mm、10～16mm、10～20mm、16～25mm、16～31.5mm、20～40mm 和 40～80mm 单粒级。在组合各种级配的再生粗集料时，也应结合此标准相应级配中不同粒径范围的集料的相对含量，并通过试验找出达到最小孔隙率时各种筛孔尺寸集料的质量百分数，并依此称量配合并混合均匀。

3. 再生集料中的有害杂质

废弃混凝土在破碎中往往会混入一些有害杂质，且含有黏土、淤泥、粉砂等有害杂质，它们粘附在集料表面，增加了再生集料混凝土的用水量，降低混凝土强度；同时还加大再生集料混凝土的收缩，降低抗冻性和抗渗性。所以，在使用前必须对再生集料进行冲洗、过筛等处理，将有害杂质清除。

4. 再生集料的吸水特性

天然岩石由于其孔体积含量很低，一般低于 3%，极少超过 10%，因此常用的天然集料吸水速率和吸水率都很小。然而对于再生集料，其颗粒棱角多，表面粗糙，组分中包含相当数量的硬化水泥砂浆（包裹在天然集料表面或以碎屑形式存在），砂浆体中水泥石本身孔隙比较大，且在破碎过程中，其内部往往会产生大量的微裂缝。因此，再生集料的吸水性和吸水速率比天然集料要大得多；再生集料不仅吸水率大，而且吸水速率相当快。

从旧建筑物拆除现场取得的再生集料与天然集料采集场的操作环境截然不同，经破碎后获得的再生集料除非进行水洗处理，否则因含有较多的泥土和泥块，也会增加其含水率和吸水率。

再生集料吸水特性与原生混凝土强度有一定的关系。表 2-24 是不同强度等级 C20、C30、C40 和 C50 的原生混凝土破碎得到的再生集料和天然粗集料的吸水率试验。显然，原生混凝土的强度等级越高，其吸水率越小，吸水速率越慢；而天然集料的吸水率和吸水速率都较高。

表 2-24　原生混凝土强度与再生集料吸水特性的关系

时间	原生混凝土强度等级				天然集料
	C20	C30	C40	C50	
10min	4.06	4.07	4.15	3.28	1.01
30min	4.46	4.27	4.15	3.28	1.01
30h	4.67	4.47	4.36	3.48	1.62

再生细集料的吸水率远远高于再生粗集料。再生集料的吸水性随再生集料粒径的增大而减小，再生集料的粒径越小，其吸水性越大，吸水速率也越快；再生集料的吸水性还与其表观密度有关，且随其表观密度的减小呈抛物线型迅速增加。因此，再生集料比天然集料含水率高，吸水量大，且吸水速率大，当用其配制混凝土时，搅拌用水要比天然集料多5%。

5. 再生集料的坚固性

集料的坚固性是指集料抵抗气候或其他物理作用的耐久性，反映集料抵抗气候变化或其他因素作用下导致破损的能力。内因方面与母体的节理、孔隙率、孔分布、孔结构及吸水能力等有关；外因方面与孔隙水的冻融膨胀能力有关。

集料的坚固性可用硫酸钠溶液法检验，也可用洛杉矶磨损性来评价。硫酸钠溶液试验可以评定集料的抗风化能力，但许多国家的研究者都认为不宜用硫酸钠溶液法来评定再生集料的坚固性。因为，再生粗集料颗粒的砂浆附着面越大、附着的砂浆量越多，材料颗粒的吸水率就越大、吸附的饱和硫酸钠溶液就越多，干燥环境中水分蒸发，饱和硫酸钠溶液就变成过饱和硫酸钠溶液，硫酸钠就以晶体的形式析出，含有结晶水的硫酸纳晶体是膨胀型的，大量的硫酸钠结晶产生膨胀应力，再生粗集料颗粒就会遭到破坏。

再生集料的洛杉矶磨损性（Los Angeles abrasion），简称LA磨损性，它以再生集料的LA磨损损失率来评价。再生集料的耐磨损性较差。再生集料的磨损性与再生集料的原始混凝土强度和再生集料的粒径密切相关。

表2-25为一组耐磨损性试验数据，它反映了再生集料的原始混凝土强度与耐磨损性的关系。随着原始混凝土强度的增大，再生集料的耐磨损性提高。

表2-25 不同强度再生集料的LA磨损损失率

原生混凝土强度(MPa)	15	16	21	30	38	40
LA磨损损失率(%)	28.7	27.3	28.0	25.6	22.9	20.1

再生集料的LA耐磨损性还与再生集料的粒径有关。有试验表明：从高强原始混凝土中得到的粒径范围在16~32mm的再生集料，其LA磨损损失率为22.4%；而粒径为4~8mm的同一来源的再生集料的LA磨损损失率上升为41.4%。因此，随着再生集料的尺寸的减小，其耐磨损性呈明显减小的趋势。这是因为再生集料尺寸越小，其含有硬化砂浆颗粒的概率越大，而砂浆的耐磨损性比石子小得多。

再生集料比天然集料表面多了一层硬化水泥砂浆，由于硬化水泥砂浆强度低，因此在压实、研磨的作用下更易于分散，导致再生集料的LA磨损值比天然集料大。有关资料提到，再生集料的LA磨损损失率在26%~37%。根据ASTM C-33《混凝土集料标准》，生产混凝土所用的集料的磨损损失率应小于50%，用于路面混凝土的集料，其磨损损失率应低于40%。英国有关标准也明确指出，耐磨损性为对路面所使用集料的考核指标之一。对于路面混凝土，可能有些再生集料的耐磨损性不合格，但用该再生集料生产结构混凝土，其耐磨损性应该不会有问题。

6. 再生粗集料的强度

再生粗集料的强度特性取决于它的矿物组成、吸水性、孔隙率及孔隙结构。相对于天然集料，再生集料的颗粒组成复杂，并非由单一的、质量均匀的颗粒组成，其中的原状颗粒、废旧砂浆、次生颗粒以及它们含量的差异都影响着再生粗集料的强度，所以再生粗集料的抗压强度值变异系数较大。且再生集料在破碎加工过程中，其内部往往会产生大量的微裂缝，即再生集料的孔隙率高，吸水性大而且极易吸水饱和。当吸水饱和或含水饱和时，水对集料的软化作用会影响集料的抗压强度。再生粗集料吸水饱和后，其抗压强度明显降低。水对天然卵石或碎石的软化作用可以忽略，但对再生粗集料的软化作用则不容忽视。

思考题

1. 集料有哪些分类方法？普通混凝土用细、粗集料的来源有哪些？
2. 普通混凝土用集料的基本性质包括哪些方面？
3. 集料的性质对混凝土的性能有哪些影响？
4. 试举例说明不同混凝土对集料的要求有哪些区别？
5. 特殊集料都有哪些？各有什么特性和用途？
6. 试述再生集料的生产工艺和基本性质。

第3章　混凝土外加剂

众所周知，混凝土是一类量大面广、易成型、价格低廉的传统材料，在今后相当长的时间内，它仍将是一类主要的建筑材料。然而，随着高层建筑、大跨桥梁、水工大坝等的设计建造，人类对海洋资源、地下空间资源的开发等，以及对节能、节约资源、保护环境等的重视，传统的混凝土技术已经不能满足工程界对其性能日益增长的需求。从 1824 年硅酸盐水泥问世并用于生产混凝土以来，混凝土经历了从素混凝土（不配筋的混凝土）到 19 世纪中叶的钢筋混凝土，在 1928 年又从钢筋混凝土发展到了预应力钢筋混凝土的生产应用阶段，都没有从根本上改变混凝土材料本身的性能，混凝土技术仍处在强度等级较低、耐久性难以提高和施工性相对较差的水平。然而，从 20 世纪 30 年代国际上混凝土外加剂的应用开始，经过 60~70 年混凝土技术水平的发展，再到当前新兴的超高性能混凝土（UHPC），无不与混凝土外加剂的开发和应用紧密相关。混凝土外加剂的出现和应用，彻底改变了那种"混凝土只是由水泥、砂、石和水拌和并经浇筑、养护和硬化而成的硬化体"的传统概念。

混凝土外加剂通常包括化学外加剂（Chemical Admixtures）和矿物外加剂（Mineral Admixtures）。化学外加剂是指在混凝土搅拌之前或搅拌过程中掺入，用以改善新拌混凝土或硬化混凝土性能的物质，掺量不大于 5%（特殊情况除外）。矿物外加剂是在混凝土拌制过程中加入的、具有一定细度和活性的用于改善新拌和硬化混凝土性能（特别是混凝土耐久性）的某些矿物类的产品。矿物外加剂的掺量大，当前广泛使用的矿物外加剂有磨细矿渣、磨细粉煤灰、磨细天然沸石、硅灰及其复合物，我国也将其称为混凝土掺合料或辅助性胶凝材料。

各种混凝土外加剂的应用改善了新拌和硬化混凝土性能，促进了混凝土新技术的发展，增加了工业副产品在胶凝材料系统中更多的应用，还有助于节约资源和环境保护，已经逐步成为优质混凝土必不可少的材料。近年来，国家基础建设保持高速增长，铁路、公路、机场、煤矿、市政工程、核电站、大坝等工程对混凝土外加剂的需求一直很旺盛，我国的混凝土外加剂行业也一直处于高速发展阶段。

3.1　化学外加剂

3.1.1　概述

3.1.1.1　化学外加剂的发展与现状

国际上从 20 世纪 30 年代开始使用混凝土化学外加剂，我国自 20 世纪 50 年代开始在混凝土中少量使用化学外加剂。化学外加剂自推广应用以来，其品种不断增多，性能不断改善，这归功于人们对其作用的认识程度的提高和研究、应用的重视。到了 70 年代末期，混凝土化学外加剂行业开始兴起，科研队伍不断发展壮大，生产企业不断增加，新产品不断研制开发，应用领域不断拓展扩大。各种化学外加剂本身不但从微观、亚微观层次改变了硬化混凝土的结构，而且在某些方面彻底改善了新拌混凝土的性能，进而改变了混凝土的施工工艺，如泵送混凝土工艺、水下抗分散混凝土的浇筑工艺等都是有力的证明。

从广义上讲，早在人类人工合成胶凝材料之前，以天然胶凝材料配制的混凝土就已使用外加剂进行改性。公元前，在当时使用的胶凝材料即石灰中就混有猪油的迹象。在罗马时代，也曾经把牛血、牛油、牛奶和动物尿之类的混入火山灰里。我国早在秦代（公元前 221 年）修筑万里长城时就掺用糯米汁来增固。宋代（公元 1170 年）修筑和州城时曾采用糯米-石灰配成的胶凝材料。

自 1824 年英国人 J. Aspdin 首先获得水泥生产专利以来，水泥混凝土得到了广泛应用，成为最主要的建筑材料之一。为了改善混凝土性质，19 世纪末，人们已经摸索出了掺加氯化钙、氯化钠等无机盐类物质对混凝土进行调凝的方法。

1935 年美国人 E. W. Scripture 首先成功研制以木质素磺酸盐为主要成分的塑化剂（Plasticizer）并开始推广应用，标志着现代意义上的混凝土外加剂历史的开端。在当时，美国、英国和日本等国已经在公路、隧道和地下工程中使用引气剂、塑化剂、防冻剂和防水剂。所以，从那时算起，混凝土外加剂的发展至今已有 80 余年的历史。

混凝土化学外加剂的迅速发展和应用是从 20 世纪 60 年代开始的。随着混凝土制品种类日益增多，结构物日益复杂并向大型化发展，出现了许多超大型的特种混凝土结构物，如海上钻采平台、大跨度桥梁、运输液化气的水泥船、储油罐和大型钢筋混凝土塔等。这些新型混凝土制品和特殊工程，仅仅依靠当时已有的振动、加压、真空等工艺已不再满足施工要求，迫切需要为混凝土制备和施工提供性能优异的外加剂。1962 年，日本花王石碱公司的服部健一博士等首先研制成以 β-萘磺酸甲醛缩合物钠盐为主要成分的减水剂，简称萘系减水剂。由于这类减水剂具有减水率高、基本上不影响混凝土的凝结时间、引气量低等特点，适合于制备高强混凝土或大流动度混凝土，所以受到工程界极大欢迎。目前，萘系减水剂已成为我国主要的高效减水剂品种。

1964 年，前联邦德国研制成功磺化三聚氰胺甲醛缩合物减水剂，简称密胺树脂系减水剂。该类减水剂与萘系减水剂同样具有减水率高、早强效果好和引气量低等特点。与此同时，还出现了多环芳烃磺酸盐甲醛缩合物减水剂。由于萘系、密胺系和多环芳烃磺酸盐甲醛缩合物这三类减水剂在减水率方面远超过以木质素磺酸盐为代表的减水剂，增强效果好，所以在当时称为超塑化剂（Superplasticizer）或高效减水剂（High Range Water-reducing Agent）。

美国、日本等国家为改善混凝土的和易性、耐久性及其他物理力学性能，广泛采用引气剂（Air Entraining Agent，简称 AE 剂）和引气减水剂（Air Entraining Water Reducer，简称 AEWR）。在混凝土技术发展过程中，引气剂也起到了非常显著的作用。掺入极少量的引气剂（掺量为水泥质量的 0.01% ~ 0.1%），可以使混凝土在加水搅拌过程中产生大量微小、封闭、独立、稳定的气泡，不仅改善了混凝土的和易性，而且使硬化后混凝土的抗冻融性提高了几十倍，耐久性大大改善。

为满足工程中对混凝土速凝、早强、缓凝、防水、补偿收缩、膨胀等性能的要求，各种有机无机的外加剂层出不穷。同时，为方便混凝土工程对外加剂的使用，还出现了集两种或两种以上功能于一体的复合型外加剂，如缓凝减水剂、早强减水剂等。

进入 20 世纪 80 年代，快速的经济发展和宏大的建设规模极大地推动了混凝土外加剂的产业化和商品化。自应力混凝土、大流动性混凝土、自密实混凝土、高强超高强混凝土等混凝土技术，都因外加剂的成功使用而得以在实际工程中应用。混凝土的集中搅拌和商品化以及泵送施工，急切需要能够有效控制混凝土坍落度损失的外加剂品种，这时，许多科研单位投入大量人力、物力对此进行技术攻关，并成功研制控制混凝土外加剂坍落度损失的泵送剂。而 20 世纪 90 年代初提出的高性能混凝土则又将外加剂的发展推向新的高潮，高效减水剂的品种不断增加，水下抗分散混凝土外加剂的成功应用，以及专用于大掺量活性混合材混凝土的外加剂的研制就说明了这一点。20 世纪末至 21 世纪初，聚羧酸系高性能减水剂的研制和成功生产、应用则开创了混凝土外加剂的新纪元。这种减水剂集掺量低、减水率高、混凝土坍落度损失小、与各种水泥和矿物外加剂的适应性较强等特性于一体，再加上其生产过程中对环境影响较小、本身 Cl^-、SO_4^{2-} 含量较低的优点，受到国外及国内工程界的推崇。

回顾历史，我国在某些混凝土化学外加剂产品的研制和生产方面还是比较先进的，但从总体看来，与发达国家相比，我国在混凝土外加剂的应用方面相对比较落后，应用面尚不广、应用技术地区差异较大。有些发达国家，其掺加外加剂的混凝土已达 70% 以上，甚至 90%。而我国 20 世纪 80 年代的这一数据只有 10%，根据 1999 年中国混凝土外加剂协会的调查统计，全国范围内掺外加剂的混凝土约占混凝土总掺量的比例只上升到 30%，2004 年这一数据上升为 40%，2018 年约为 50%（部分大城市和沿海地区为 70% 以上）。因此，我国在外加剂的发展和应用水平的提高方面，潜力很大，也需要广大应用单位尽快更新传统的混凝土技术观念，增强意识，花大力气，为改善混凝土性能，节约资源和能源，保护环境，促进建筑业的可持续发展而努力。

3.1.1.2　化学外加剂的分类

绝大多数用于混凝土的化学外加剂的掺量都小于 5%，而某些膨胀剂的掺量较大（5%～20%）。

混凝土化学外加剂按其主要功能分为六类，见表 3-1。

表 3-1　按主要功能对混凝土化学外加剂进行分类

序号	按功能分类	品种
1	改善混凝土拌合物性能	普通减水剂 高效减水剂 早强减水剂 缓凝减水剂 缓凝高效减水剂 引气剂 引气减水剂 泵送剂等
2	调节混凝土凝结时间、硬化性能	缓凝剂 缓凝减水剂 缓凝高效减水剂 早强剂 早强减水剂 速凝剂等

序号	按功能分类	品种
3	改善混凝土耐久性	引气剂 引气减水剂 防水剂 阻锈剂 碱-集料反应抑制剂等
4	调节混凝土含气量	引气剂 加气剂 消泡剂
5	提供混凝土特殊性能	膨胀剂 养护剂 着色剂 水下浇筑混凝土抗分散剂等
6	其他功能	砂浆外加剂 脱模剂 混凝土表面缓凝剂 混凝土界面处理剂 大掺量掺合料专用混凝土外加剂等

混凝土化学外加剂的具体名称和定义见表3-2。

表 3-2　混凝土化学外加剂的具体名称和定义

序号	中文名称	英文名称	定义
1	普通减水剂	Water-reducing Admixture 或 Plasticizer	在混凝土坍落度基本相同的条件下，能减少拌和用水量的外加剂，或在用水量相同的条件下，能提高混凝土流动性的外加剂
2	高效减水剂	High-range Water-reducing Admixture 或 Superplasticizer	在混凝土坍落度基本相同的条件下，能大幅度减少拌和用水量的外加剂，或在用水量相同的条件下，能大幅度提高混凝土流动性的外加剂
3	早强剂	Hardening Accelerating Admixture	能加速混凝土早期强度发展的外加剂
4	缓凝剂	Set Retarding Admixture	能延长混凝土凝结时间的外加剂
5	速凝剂	Flash Setting Admixture	能使混凝土迅速凝结硬化的外加剂
6	引气剂	Air Entraining Admixture	在搅拌混凝土过程中能引入大量均匀分布、稳定而封闭的微小气泡的外加剂
7	早强减水剂	Hardening Accelerating and Water-reducing Admixture	兼有早强和减水功能的外加剂
8	缓凝减水剂	Set Retarding and Water-reducing Admixture	兼有缓凝和减水功能的外加剂

续表

序号	中文名称	英文名称	定义
9	缓凝高效减水剂	Set Retarding and High-range Water-reducing Admixture	兼有缓凝和大幅减水功能的外加剂
10	引气减水剂	Air Entraining and Water-reducing Admixture	兼有引气和减水功能的外加剂
11	防水剂	Water Repellent Admixture	能降低混凝土在静水压力下透水性的外加剂
12	防冻剂	Anti-freezing Admixture	能使混凝土在负温下硬化，并在规定时间内达到足够防冻强度的外加剂
13	阻锈剂	Anti-corrosion Admixture	能抑制或减轻混凝土中钢筋或其他预埋金属锈蚀的外加剂
14	加气剂	Gas Forming Admixture	混凝土制备过程中因发生化学反应放出气体而使混凝土中形成大量气孔的外加剂
15	膨胀剂	Expanding Admixture	能使混凝土产生一定体积膨胀的外加剂
16	着色剂	Colouring Admixture	能制备具有稳定色彩混凝土的外加剂
17	泵送剂	Pumping Concrete Admixture	能改善混凝土拌合物泵送性能的外加剂
18	碱集料反应抑制剂	Anti-AAR Admixture	能够抑制混凝土内部碱-集料反应的外加剂
19	粘结剂	Bonding Agent	涂抹在混凝土表面，能提高新浇筑混凝土与原混凝土表面粘结强度，从而增强混凝土整体性的物质
20	水下抗分散混凝土外加剂	Anti-washout Concrete Admixture	能改善混凝土水下浇筑时抗分散性的外加剂
21	脱模剂	Release Agent	能使模板易于拆脱的涂抹物质
22	养护剂	Curing Agent	能密封混凝土表面，防止混凝土内部水分蒸发，从而起到良好养护作用的物质
23	保水剂	Water Retenting Agent	能增强混凝土保水能力的外加剂
24	聚羧酸系高性能减水剂	Polycarboxylate Based High-performance Water-reducing Agent	聚羧酸系减水剂是一类分子中含羧基接枝共聚物的减水剂。其分子结构呈梳型，主链短，由含羧基的活性单体聚合而成；侧链长，主要为 PEO 链，具有较高的空间位阻效应；其具有掺量低、减水率高、增强效果好、与水泥适应性较好等优点

3.1.1.3　化学外加剂的作用及应用范围

各种混凝土用化学外加剂都有其各自的特殊作用。合理使用各种混凝土外加剂，可以满足实际工程对混凝土在塑性阶段、凝结硬化阶段和凝结硬化后期服务阶段各种性能的不同要求。归纳起来，人们使用混凝土外加剂的主要目的有以下几个方面：

（1）改善混凝土、砂浆和水泥浆塑性阶段的性能：①在不增加用水量的情况下提高新拌混凝土和易性，或在和易性相同时减少用水量；②降低泌水率；③增加黏聚性，减小离析；④增加含气量；⑤降低坍落度经时损失；⑥提高可泵性；⑦改善在水下浇筑时的抗分散性等。

（2）改善混凝土、砂浆和水泥浆在凝结硬化阶段的性能：① 缩短或延长凝结时间；② 延缓水化或减少水化热，降低水化热温升速度和温峰高度；③ 加速早期强度增长速度；④ 在负温下尽快建立强度以增强防冻性等。

（3）改善混凝土、砂浆和水泥浆在凝结硬化后期及服务期内的性能：①提高强度（包括抗压、抗拉、抗弯和抗剪强度等）；②增强混凝土与钢筋之间的粘结能力；③提高新老混凝土之间的粘结力；④增强密实性，提高防水能力；⑤提高抗冻融循环能力；⑥产生一定体积膨胀；⑦提高耐久性；⑧阻止碱-集料反应；⑨阻止内部配筋和预埋金属的锈蚀；⑩改善混凝土抗冲击和抗磨损能力等。

化学外加剂的作用与使用效果因外加剂的种类而不同，具体归纳见表3-3。

表 3-3　化学外加剂的作用与使用效果

序号	外加剂种类	作用及使用效果
1	普通减水剂 高效减水剂	（1）在保持单位立方混凝土用水量和水泥用量不变的情况下，可提高混凝土的流动性； （2）在保持混凝土坍落度和水泥用量不变的情况下，可减少用水量，从而提高混凝土的强度，改善混凝土的耐久性； （3）在保持混凝土坍落度和设计强度不变的情况下，可节约水泥用量，从而降低成本； （4）在保持混凝土坍落度不变的情况下，通过配合比设计，可以达到同时节约水泥用量和提高混凝土强度的目的； （5）改善混凝土的黏聚性、保水性和易浇筑性等； （6）通过降低水泥用量从而降低大体积混凝土的水化热温升、减少温度裂缝； （7）减少混凝土塑性裂缝、沉降裂缝和干缩裂缝等； （8）提高混凝土的抹面性等
2	早强剂	（1）在混凝土配合比不变的情况下，可以提高混凝土早期强度发展速度，从而提高早期强度； （2）使拆模时间提前； （3）减轻混凝土对模板的侧压力； （4）缩短混凝土养护周期； （5）加快混凝土制品场地周转，提高生产效率； （6）减少低温对混凝土强度发展的影响； （7）对于修补、加固工程，可加快施工速度等
3	早强减水剂	同时具有早强和减水剂的作用
4	缓凝剂	（1）延长混凝土的凝结时间； （2）延长混凝土的可施工时间； （3）降低混凝土的坍落度损失速率； （4）降低混凝土内部水化热温升速率； （5）提高大体积混凝土的连续浇筑性，避免产生冷缝； （6）延缓混凝土的抹面时间等
5	缓凝减水剂 缓凝高效减水剂	同时具有缓凝剂和减水剂（高效减水剂）的作用

续表

序号	外加剂种类	作用及使用效果
6	速凝剂	（1）使混凝土在短时间内迅速凝结硬化； （2）使混凝土满足喷射施工工艺要求； （3）对于快速堵漏和其他抢修工程，具有特殊意义
7	引气剂	（1）使混凝土在搅拌过程中，内部产生大量微小稳定的气泡； （2）改善混凝土的黏聚性、保水性和抗离析性； （3）改善混凝土的可泵性； （4）减少塑性裂缝和沉降裂缝； （5）大幅度提高混凝土的抗冻融循环能力； （6）增强混凝土的抗化学物质侵蚀性等
8	加气剂	（1）使混凝土在凝结前内部产生大量气泡； （2）生产加气混凝土； （3）改善混凝土的保温性； （4）降低混凝土的表观密度等
9	防水剂	（1）增强混凝土的密实度； （2）提高混凝土的抗渗等级； （3）改善混凝土的耐久性等
10	防冻剂	（1）降低混凝土中自由水的冰点； （2）提高混凝土的早期强度； （3）使混凝土能够在负温下尽早建立强度，以提高其防冻能力； （4）使混凝土能够在冬季进行浇筑施工； （5）改善混凝土的抗冻融循环性等
11	膨胀剂	（1）使混凝土在硬化早期产生一定的体积膨胀； （2）补偿收缩，减少温度裂纹和干缩裂缝； （3）提高混凝土的抗渗性； （4）减少超长混凝土结构的施工缝； （5）可生产自应力混凝土等
12	泵送剂	除具有减水剂的作用外，还可以起到： （1）改善混凝土的泵送性； （2）减小混凝土坍落度损失等
13	碱-集料反应抑制剂	（1）预防混凝土内部碱-集料反应； （2）改善混凝土的耐久性等
14	阻锈剂	（1）阻止混凝土内部配筋和预埋金属的锈蚀； （2）改善混凝土的耐久性等
15	粘结剂	（1）增强新老混凝土之间的粘结强度； （2）避免出现冷缝； （3）提高混凝土修补加固工程的质量等

序号	外加剂种类	作用及使用效果
16	着色剂	(1) 生产具有各种不同颜色的混凝土制品； (2) 配制彩色砂浆； (3) 配制彩色水泥浆等
17	水下浇筑混凝土抗分散剂	(1) 提高新拌混凝土的黏聚性； (2) 提高混凝土水下浇筑时的抗分离性； (3) 避免对混凝土浇筑区附近水域的污染等
18	脱模剂	(1) 使混凝土易于脱模； (2) 改善混凝土表面质量等
19	养护剂	(1) 阻止混凝土内部水分蒸发； (2) 提高混凝土的养护质量； (3) 减少混凝土干缩开裂； (4) 减少养护劳力； (5) 满足干燥炎热气候下的施工要求； (6) 改善混凝土的耐久性等

　　任何混凝土中都可以使用外加剂，外加剂也已被公认为现代技术的混凝土所不可缺少的第五组分。但是混凝土外加剂的品种繁多，功能各异。所以，实际应用外加剂时，应根据工程需要、现场的材料和施工条件，并参考外加剂产品说明书及有关资料进行全面考虑，如果有条件，最好通过实验验证使用效果和计算经济效益后再确定具体使用方案。

　　表3-4 是按照工程常用的特种混凝土种类确定的化学外加剂应用范围。

表3-4　化学外加剂的应用范围

序号	混凝土品种	应用目的	适合的外加剂
1	普通强度混凝土（C20 ~ C30）	(1) 节约水泥用量； (2) 使用低强度等级水泥； (3) 增大混凝土坍落度； (4) 降低混凝土的收缩和徐变等	普通减水剂
2	中等强度混凝土（C35 ~ C55）	(1) 节约水泥用量； (2) 以低强度等级水泥代替高强度等级水泥； (3) 改善混凝土的流动性； (4) 降低混凝土的收缩和徐变等	普通减水剂； 早强减水剂； 缓凝减水剂； 缓凝高效减水剂； 高效减水剂； 由普通减水剂与高效减水剂复合而成的减水剂
3	高强混凝土（C60 ~ C80）	(1) 节约水泥用量； (2) 降低混凝土的 W/C； (3) 解决掺加硅灰与降低混凝土需水量之间的矛盾； (4) 改善混凝土的流动性； (5) 降低混凝土的收缩和徐变等	高效减水剂； 聚羧酸系高性能减水剂； 缓凝高效减水剂等

序号	混凝土品种	应用目的	适合的外加剂
4	超高强混凝土（＞C80）	（1）大幅度降低 W/C； （2）改善混凝土流动性； （3）降低混凝土的收缩和徐变等； （4）降低混凝土内部温升，减少温度开裂	高效减水剂； 聚羧酸系高性能减水剂； 缓凝高效减水剂等
5	早强混凝土	（1）提高混凝土早期强度，使混凝土在标养条件下3d强度达28d的70%，7d强度达设计强度等级； （2）加快施工速度，包括加快模板和台座的周转，提高产品生产率； （3）取消或缩短蒸养时间； （4）使混凝土在低温情况下，尽早建立强度并加快早期强度发展	早强剂； 高效减水剂； 早强减水剂等
6	大体积混凝土	（1）降低混凝土初期水化热释放速率，从而降低混凝土内部温峰，减小温度开裂程度； （2）延缓混凝土凝结时间； （3）节约水泥； （4）降低干缩，减少干缩开裂等	缓凝剂（普通强度混凝土）； 缓凝减水剂（普通强度混凝土）； 缓凝高效减水剂（中等强度混凝土，高强混凝土）； 膨胀剂； 膨胀剂与减水剂复合掺加等
7	喷射混凝土	（1）大幅度缩短混凝土凝结时间，使混凝土在瞬间凝结硬化； （2）在喷射施工时降低混凝土的回弹率	速凝剂
8	流态混凝土	（1）配制坍落度为18～22cm甚至更大的混凝土； （2）改善混凝土的黏聚性和保水性，减小离析泌水； （3）降低水泥用量，减小收缩，提高耐久性	流化剂（即普通减水剂或高效减水剂）； 引气减水剂等
9	泵送混凝土	（1）提高混凝土流动性； （2）改善混凝土的可泵送性能，使混凝土具有良好的抗离析性，泌水率小，与管壁之间的摩擦阻力减小； （3）确保硬化混凝土质量	普通减水剂； 高效减水剂； 引气减水剂； 缓凝减水剂； 缓凝高效减水剂； 泵送剂等

续表

序号	混凝土品种	应用目的	适合的外加剂
10	预拌混凝土	（1）保证混凝土运往施工现场后的和易性，以满足施工要求，确保施工质量； （2）满足工程对混凝土性能的特殊要求； （3）节约水泥，取得较好的经济效益	普通减水剂； 高效减水剂； 夏季及运输距离比较长时，应采用缓凝减水剂、缓凝高效减水剂、泵送剂或能有效控制混凝土坍落度损失的减水剂（泵送剂）； 选用不同性质的外加剂，以满足各种工程的特殊要求
11	自然养护的预制混凝土构件	（1）以自然养护代替蒸气养护； （2）缩短脱模、起吊时间； （3）提高场地利用率，缩短生产周期； （4）节省水泥，从而降低成本； （5）方便脱模，提高产品外观质量等	普通减水剂； 高效减水剂； 早强剂； 早强减水剂； 脱模剂等
12	蒸养混凝土构件	（1）改善混凝土施工性，降低振动密实能耗； （2）缩短养护时间或降低蒸养温度； （3）缩短静停时间； （4）提高蒸养制品质量； （5）节省水泥用量； （6）方便脱模，提高产品外观质量等	早强剂； 高效减水剂； 早强减水剂； 脱模剂等
13	防水混凝土	（1）减少混凝土内部毛细孔； （2）细化内部孔径，堵塞连通的渗水孔道； （3）减少混凝土的泌水； （4）减小混凝土的干缩开裂等	防水剂； 膨胀剂； 普通减水剂； 引气减水剂； 高效减水剂等
14	补偿收缩混凝土	（1）在混凝土内产生 0.2 ~ 0.7MPa 的膨胀应力，抵消由于干缩而产生的拉应力，降低混凝土干缩开裂； （2）提高混凝土的结构密实性，改善混凝土的抗渗性	膨胀剂； 膨胀剂与减水剂等复合掺加
15	填充用混凝土	（1）使混凝土体积产生一定膨胀，抵消由于干缩而产生的收缩，提高机械设备和构件的安装质量； （2）改善混凝土的和易性和施工流动性； （3）提高混凝土的强度	膨胀剂； 膨胀剂与减水剂等复合掺加

序号	混凝土品种	应用目的	适合的外加剂
16	自应力混凝土	（1）在钢筋混凝土内部产生较大膨胀应力（>2MPa），使混凝土因受钢筋的约束而形成预压应力； （2）提高钢筋混凝土构件（结构）的抗开裂性和抗渗性	膨胀剂； 膨胀剂与减水剂等复合掺加
17	修补加固用混凝土	（1）达到较高的强度等级； （2）满足修补加固施工时的和易性； （3）与老混凝土之间具有良好的粘结强度； （4）收缩变形小； （5）早强发展快，能尽早承受荷载，或较早投入使用	早强剂； 减水剂； 高效减水剂； 早强减水剂； 膨胀剂； 粘结剂； 膨胀剂与早强剂、减水剂等复合使用等
18	大模板施工用混凝土	（1）改善和易性，确保混凝土既具有良好的流动性，又具有优异的黏聚性和保水性； （2）提高混凝土的早期强度，以减轻模板所受的侧压力，加快拆模和满足一定的扣板强度	夏季： 普通减水剂； 高效减水剂等。 冬季： 高效减水剂； 早强减水剂等
19	滑模施工用混凝土	（1）改善混凝土的和易性，满足滑模施工工艺； （2）夏季适当延长混凝土的凝结时间，便于滑模和抹光； （3）冬季适当早强，保证滑升速度	夏季： 普通减水剂； 缓凝减水剂； 缓凝高效减水剂； 冬季： 高效减水剂； 早强减水剂； 早强剂与高效减水剂复合使用
20	高温炎热干燥天气施工用混凝土	（1）适当延长混凝土的凝结时间； （2）改善混凝土的和易性； （3）预防塑性开裂和减少干燥收缩开裂等	缓凝剂； 缓凝减水剂； 缓凝高效减水剂； 养护剂等
21	冬期施工用混凝土	（1）防止混凝土受到冻害； （2）加快施工进度，提高构件（结构）质量； （3）提高混凝土的抗冻融循环能力	早强剂； 早强减水剂； 根据冬季日最低气温，选用规定温度的防冻剂； 早强剂与防冻剂、引气剂与防冻剂、引气剂与早强剂或早强减水剂复合掺加等

续表

序号	混凝土品种	应用目的	适合的外加剂
22	耐冻融混凝土	（1）在混凝土内部引入适量稳定的微气泡； （2）降低混凝土的 W/C 等	引气剂； 引气减水剂； 普通减水剂； 高效减水剂等
23	水下浇筑混凝土	（1）提高混凝土的流动性； （2）提高混凝土的黏聚性和抗水冲刷性，使拌合料在水下浇筑时不分离； （3）适当提高混凝土的设计强度等	水下浇筑混凝土外加剂； 絮凝剂； 絮凝剂与减水剂复合掺加等
24	建筑砂浆	（1）节省石灰膏； （2）改善砂浆和易性，提高其保水性等	砂浆微沫剂； 普通减水剂； 高效减水剂等
25	预拌砂浆 （商品砂浆）	（1）节省石灰膏； （2）改善砂浆和易性，提高其保水性； （3）降低砂浆流动性经时损失； （4）节省水泥用量等	砂浆微沫剂； 砂浆增稠剂（絮凝剂）； 砂浆微沫剂与增稠剂（絮凝剂）、普通减水剂（或高效减水剂）等复合掺加
26	预拌干粉砂浆	（1）彻底不用石灰膏； （2）改善砂浆加水后的和易性和施工性； （3）节省水泥用量等	砂浆微沫剂； 砂浆增稠剂（絮凝剂）； 砂浆微沫剂与增稠剂（絮凝剂）、普通减水剂（或高效减水剂）等复合掺加

3.1.2　常用化学外加剂

3.1.2.1　减水剂

减水剂是指在混凝土坍落度相同的条件下，能减少拌和用水量；或者在混凝土配合比和用水量均不变的情况下，能增加混凝土坍落度的外加剂。根据减水率大小或坍落度增加幅度分为普通减水剂和高效减水剂两大类。此外，尚有复合型减水剂，如引气减水剂，既具有减水作用，又具有引气作用；早强减水剂，既具有减水作用，又具有提高早期强度作用；缓凝减水剂，同时具有延缓凝结时间和减水的功能；等等。

1. 减水剂的主要功能

①配合比不变时显著提高流动性；②流动性和水泥用量不变时，减少用水量，降低水灰比，提高强度；③保持流动性和强度不变时，节约水泥用量，降低成本；④配置高强高性能混凝土。

2. 减水剂的作用机理

减水剂提高混凝土拌合物流动性的作用机理主要包括分散作用和润滑作用两方面。减水剂实际上是一种表面活性剂，长分子链的一端易溶于水——亲水基，另一端难溶于水——憎水基，如图 3-1 所示。

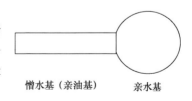

憎水基（亲油基）　　　亲水基

图 3-1　表面活性剂分子
示意图（减水剂）

（1）分散作用

水泥加水拌和后，由于水泥颗粒分子引力的作用，使

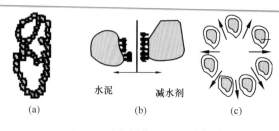

图 3-2 减水剂作用机理示意图

（a）絮状结构；（b）静电斥力；（c）水膜润滑

水泥浆形成絮凝结构，使10%～30%的拌合水被包裹在水泥颗粒中，不能参与自由流动和润滑作用，从而影响了混凝土拌合物的流动性［图3-2（a）］。当加入减水剂后，由于减水剂分子能定向吸附于水泥颗粒表面，使水泥颗粒表面带有同一种电荷（通常为负电荷），形成静电排斥作用，促使水泥颗粒相互分散，絮凝结构破坏，释放出被包裹部分水，参与流动，从而有效地增加混凝土拌合物的流动性［图3-2（b）］。

（2）润滑作用

减水剂中的亲水基极性很强，因此水泥颗粒表面的减水剂吸附膜能与水分子形成一层稳定的溶剂化水膜［图3-2（c）］，这层水膜具有很好的润滑作用，能有效降低水泥颗粒间的滑动阻力，从而使混凝土流动性进一步提高。

3. 减水剂的经济技术效果

掺减水剂的混凝土与未掺减水剂的基准混凝土相比，具有如下效果：

①在保证混凝土混合物和易性和水泥用量不变的条件下，可减少用水量，降低水灰比，从而提高混凝土的强度和耐久性；②在保持混凝土强度（水灰比不变）和坍落度不变的条件下，可节约水泥用量；③在保持水灰比与水泥用量不变的条件下，可大大提高混凝土拌合物的流动性，从而方便施工。

4. 常用减水剂的品种

混凝土工程中可用的普通减水剂有木质素磺酸钙、木质素磺酸钠、木质素磺酸镁及丹宁等。

混凝土工程中，高效减水剂按照化学成分不同，可分为多环芳香族磺酸盐类（如萘和萘的同系磺化物与甲醛缩合的盐类、胺基磺酸盐等）、水溶性树脂磺酸盐类（如磺化三聚氰胺树脂、磺化古码隆树脂等）、脂肪族类（如聚羧酸盐类、聚丙烯酸盐类、脂肪族羟甲基磺酸盐高缩物等）、改性木质素磺酸钙、改性丹宁等。

现将常用混凝土减水剂品种介绍如下：

（1）木质素减水剂

木质素系减水剂主要有木质素磺酸钙（简称木钙，代号 MG）、木质素磺酸钠（木钠）和木质素磺酸镁（木镁）三大类。工程上最常使用的是木钙。

MG 是由生产纸浆的木质废液，经中和发酵、脱糖、浓缩、喷雾干燥而制成的棕黄色粉末。MG 属缓凝引气型减水剂，掺量拟控制在 0.2%～0.3%，超掺有可能导致数天或数十天不凝结，并影响强度和施工进度，严重时导致工程质量事故。MG 的减水率约为 10%，保持流动性不变，可提高混凝土强度 8%～10%；若不减水则可增大混凝土坍落度 80～100mm；若保持和易性与强度不变时，可节约水泥 5%～10%；MG 主要适用于夏季混凝土施工、滑模施工、大体积混凝土和泵送混凝土施工，也可用于一般混凝土工程。MG 不宜用于蒸气养护混凝土制品和工程。

（2）萘磺酸盐系减水剂

萘系减水剂为高效减水剂，它是以工业萘或由煤焦油中分馏出的含萘及萘的同系物熘分为原料，经磺化、水解、缩合、中和、过滤、干燥而制成的，为棕色粉末，其主要成分为

β-萘磺酸盐甲醛缩合物，属阴离子表面活性剂。这类减水剂品种很多，目前我国生产的主要有 NNO、NF、FDN、UNF、MF、建 I 型、SN-2、AF 等。萘系减水剂适宜掺量为 0.5% ~ 1.2%，其减水率较大，可达 15% ~ 30%，相应地可提高 28d 强度 10% 以上，或节约水泥 10% ~ 20%。萘系减水剂增强效果显著，缓凝性很小，大多为非引气型。适用于日最低气温 0℃ 以上的所有混凝土工程，尤其适用于配制高强、早强、流态等混凝土。

萘系减水剂对钢筋无锈蚀作用，具有早强功能。但混凝土的坍落度损失较大，故实际生产的萘系减水剂，极大多数为复合型的，通常与缓凝剂或引气剂复合。

萘系减水剂主要适用于配制高强、早强、流态和蒸养混凝土制品和工程，也可用于一般工程。

（3）树脂系减水剂

树脂系减水剂为磺化三聚氰胺甲醛树脂减水剂，通常称为密胺树脂系减水剂。主要以三聚氰胺、甲醛和亚硫酸钠为原料，经磺化、缩聚等工艺生产而成的棕色液体。最常用的有 SM 树脂减水剂。

SM 为非引气型早强高效减水剂，性能优于萘系减水剂，但目前价格较高，适宜掺量 0.5% ~ 2.0%，减水率可达 20% 以上，1d 强度提高 1 倍以上，7d 强度可达基准 28d 强度，长期强度也能提高，且可显著提高混凝土的抗渗、抗冻性和弹性模量。

掺 SM 减水剂的混凝土黏聚性较大，可泵性较差，且坍落度经时损失也较大。目前主要用于配制高强混凝土、早强混凝土、流态混凝土、蒸气养护混凝土和铝酸盐水泥耐火混凝土等。

（4）聚羧酸系高性能减水剂

聚羧酸系高性能减水剂是一类分子结构为由含有羧基的枝接共聚物的表面活性剂，其结构呈梳形，主要通过布包和单体在引发剂作用下共聚而获得，主链是由含羧基的活性单体聚合而成，侧链是由含功能性官能团的活性单体与主链枝接共聚而成，使混凝土在减水、保坍、增强、收缩及环保等方面具有优良性能的系列减水剂。

目前，我国高性能聚羧酸盐高效减水剂已成为快速发展的亮点。2000 年，我国开始聚羧酸系减水剂的探索性生产和应用。2007 年高速铁路建设带动聚羧酸系高性能减水剂迅猛发展。自 2011 年开始，全国各地搅拌站陆续接受聚羧酸系减水剂，并在中低强度等级泵送混凝土中大量应用，使得聚羧酸系减水剂产量有了大幅度增加。近年来，在节能、环保、安全生产等压力下，聚羧酸系减水剂在有些地区快速替代萘系减水剂成为主流供应减水剂。2017 年，全国聚羧酸系减水剂总产量为 723.50 万 t，比 2013 年（497.8 万 t）增长 45.3%。2017 年聚羧酸系高性能减水剂占合成减水剂总产量的 77.6%。

与掺萘系等第二代（高效）减水剂的混凝土性能相比，掺聚羧酸系高性能减水剂的混凝土具有显著的性能特点。

三代减水剂对混凝土性能影响特点对比，见表 3-5。

表 3-5　三代减水剂对混凝土性能影响特点对比

品种性能	第一代减水剂	第二代减水剂	第三代减水剂
	木钙、木钠、木镁等	萘系、蜜胺系、氨基磺酸系、脂肪系等	聚羧酸系
减水率	一般掺量下：5% ~ 8% 饱和掺量下：12% 左右	一般掺量下：15% ~ 20% 饱和掺量下：30% 左右	一般掺量下：25% ~ 30% 饱和掺量下：大于 45%

品种性能	第一代减水剂	第二代减水剂	第三代减水剂
	木钙、木钠、木镁等	萘系、蜜胺系、氨基磺酸系、脂肪系等	聚羧酸系
对混凝土拌合物综合性能的影响	超掺时，缓凝严重，引气量大，强度下降严重，单用时易引起混凝土质量事故	掺萘系混凝土拌合物坍落度损失大、易泌水。掺蜜胺混凝土拌合物坍落度损失大、黏度大	混凝土拌合物整体状态好，流动性和流动保持性好，极少存在泌水、分层、缓凝等现象
混凝土强度增长	一般	较高	高
对混凝土体积稳定性的影响	对混凝土的体积稳定性影响不大	萘系增加混凝土塑性收缩和干缩；蜜胺系可降低混凝土28d的收缩率	与萘系相比，可明显降低混凝土收缩
对混凝土含气量的影响	增加混凝土的含气量	一般情况下，混凝土含气量增加很少	一般情况下，会增加混凝土的含气量，但可控制
钾、钠离子含量	较少	一般在5%~15%	一般在0.2%~1.5%
环保性能及其他有害物质含量	环保性能好，一般不含有害物质	环保性能差，生产过程使用大量甲醛、萘、苯酚等有害物质，成品中也含有一定量的上述有害物质	生产和使用过程中均不含任何有害物质，环保性能优

3.1.2.2 早强剂

早强剂是指能加速混凝土早期强度发展的外加剂。其主要作用机理是加速水泥水化速度，加速水化产物的早期结晶和沉淀。主要功能是缩短混凝土施工养护期，加快施工进度，提高模板的周转率。主要适用于有早强要求的混凝土工程及低温、负温施工混凝土、有防冻要求的混凝土、预制构件、蒸气养护等。

1. 早强剂的种类及掺量

混凝土工程中可采用的早强剂有以下三类：① 强电解质无机盐类早强剂（如硫酸盐、硫酸复盐、硝酸盐、亚硝酸盐、氯盐等）；② 水溶性有机化合物（如三乙醇胺、甲酸盐、乙酸盐、丙酸盐等）；③ 其他（如有机化合物、无机盐复合物）。

混凝土工程中可采用由早强剂与减水剂复合而成的早强减水剂。采用复合早强剂效果往往优于单掺，故目前应用广泛。

早强剂掺量应按供货单位推荐掺量使用，常用早强剂掺量限值见表3-6。

表3-6 常用早强剂掺量限值

混凝土种类	使用环境	早强剂名称	掺量限值(水泥质量%)不大于
预应力混凝土	干燥环境	三乙醇胺	0.05
		硫酸钠	1.0
钢筋混凝土	干燥环境	氯离子(Cl⁻)	0.6
		硫酸钠	2.0
		与缓凝减水剂复合的硫酸钠	3.0
		三乙醇胺	0.05
	潮湿环境	硫酸钠	1.5
		三乙醇胺	0.05

续表

混凝土种类	使用环境	早强剂名称	掺量限值(水泥质量%)不大于
有饰面要求 的混凝土	—	硫酸钠	0.8
素混凝土	—	氯离子(Cl⁻)	1.8

注：预应力混凝土及潮湿环境中使用的钢筋混凝土中不得掺氯盐类早强剂。

2. 常用早强剂

（1）氯盐类早强剂

氯盐类早强剂主要有 $CaCl_2$、$NaCl$、KCl、$AlCl_3$ 和 $FeCl_3$ 等。工程上最常用的是 $CaCl_2$，为白色粉末，适宜掺量为 0.5% ~3%。因 Cl^- 对钢筋有腐蚀作用，故钢筋混凝土中掺量应控制在 1% 以内。$CaCl_2$ 早强剂能使混凝土 3d 强度提高 50% ~ 100%，7d 强度提高 20% ~ 40%，但后期强度不一定提高，甚至可能低于基准混凝土。此外，氯盐类早强剂对混凝土耐久性有一定影响，因此 $CaCl_2$ 早强剂及氯盐复合早强剂不得在下列工程中使用：① 环境相对湿度大于 80%、水位升降区、露天结构或经常受水淋的结构。主要是防止泛卤。② 镀锌钢材或铝铁相接触部位及有外露钢筋埋件而无防护措施的结构。③ 含有酸碱或硫酸盐侵蚀介质中使用的结构。④ 环境温度高于 60℃ 的结构。⑤ 使用冷拉钢筋或冷拔低碳钢丝的结构。⑥ 给排水构筑物、薄壁构件、中级和重级吊车、屋架、落锤或锻锤基础。⑦ 预应力混凝土结构。⑧ 含有活性集料的混凝土结构。⑨ 电力设施系统混凝土结构。

此外，为消除 $CaCl_2$ 对钢筋的锈蚀作用，通常要求与阻锈剂亚硝酸钠复合使用。

（2）硫酸盐类早强剂

硫酸盐类早强剂主要有硫酸钠（即元明粉，俗称芒硝）、硫代硫酸钠、硫酸钙、硫酸铝及硫酸铝钾（即明矾）等。土木工程中最常用的为硫酸钠早强剂。

硫酸钠为白色粉末，适宜掺量为 0.5% ~2.0%，早强效果不及 $CaCl_2$。对矿渣水泥混凝土早强效果较显著，但后期强度略有下降。硫酸钠早强剂在预应力混凝土结构中的掺量不得大于 1%；潮湿环境中的钢筋混凝土结构中掺量不得大于 1.5%；严格控制最大掺量，超掺可导致混凝土后期膨胀开裂，强度下降；混凝土表面起"白霜"，影响外观和表面装饰。此外，硫酸钠早强剂不得用于下列工程：① 与镀锌钢材或铝铁相接触部位的结构及外露钢筋预埋件而无防护措施的结构。② 使用直流电源的工厂及电气化运输设施的钢筋混凝土结构。③ 含有活性集料的混凝土结构。

（3）有机胺类早强剂

有机胺类早强剂主要有三乙醇胺、三异醇胺等。工程上最常用的为三乙醇胺。三乙醇胺为无色或淡黄色油状液体，呈碱性，易溶于水。三乙醇胺的掺量极微，一般为水泥质量的 0.02% ~0.05%，虽然早强效果不及 $CaCl_2$，但后期强度不下降并略有提高，且无其他影响混凝土耐久性的不利作用，掺量不宜超过 0.1%，否则可能导致混凝土后期强度下降。掺用时可将三乙醇胺先用水按一定比例稀释，以便于准确计量。此外，为改善三乙醇胺的早强效果，通常与其他早强剂复合使用。

（4）复合早强剂

为了克服单一早强剂存在的各种不足，发挥各自特点，通常将三乙醇胺、硫酸钠、氯化钙、氯化钠、石膏及其他外加剂复配组成复合早强剂，效果大大改善，有时可产生超叠加作用。常用配方如下：

① 0.02%～0.05% 三乙醇胺 +0.5% NaCl。

② 0.02%～0.05% 三乙醇胺 +0.3%～0.5% NaCl +1%～2% 亚硝酸钠。

3. 早强剂的使用范围

早强剂及早强减水剂适用于蒸养混凝土及常温、低温和最低温度不低于 -5℃ 环境中施工的有早强要求的混凝土工程。炎热环境条件下不宜使用早强剂、早强减水剂。

掺入混凝土后对人体产生危害或对环境产生污染的化学物质严禁用作早强剂。含有六价铬盐、亚硝酸盐等有害成分的早强剂严禁用于饮水工程及与食品相接触的工程。硝铵类严禁用于办公、居住等土木工程。

4. 早强剂应用注意事项。

(1) 严禁采用含有氯盐配制的早强剂及早强减水剂的混凝土结构：① 预应力混凝土结构；② 相对湿度大于80%环境中使用的结构、处于水位变化部位的结构、露天结构及经常受水淋、受水流冲刷的结构；③ 大体积混凝土；④ 直接接触酸、碱或其他侵蚀性介质的结构；⑤ 经常处于温度为60℃以上的结构，需经蒸养的钢筋混凝土预制构件；⑥ 有装饰要求的混凝土，特别是要求色彩一致的或是表面有金属装饰的混凝土；⑦ 薄壁混凝土结构，中级和重级工作制吊车的梁、屋架、落锤及锻锤混凝土基础等结构；⑧ 使用冷拉钢筋或冷拔低碳钢丝的结构；⑨ 集料具有碱活性的混凝土结构。

(2) 严禁采用含有强电解质无机盐类的早强剂及早强减水剂的混凝土结构：① 与镀锌钢材或铝铁相接触部位的结构，以及有外露钢筋预埋铁件而无防护措施的结构；② 使用直流电源的结构以及距高压直流电源100m以内的结构。

3.1.2.3 引气剂

引气剂是指在混凝土搅拌过程中能引入大量均匀分布、稳定而封闭的微小气泡的外加剂。

引气剂也是表面活性剂，其憎水基团朝向气泡，亲水基团吸附一层水膜，由于引气剂离子对液膜的保护作用，使气泡不易破裂。引入的这些微小气泡（直径为 20～1000μm）在拌合物中均匀分布，明显地改善混合料的和易性，提高混凝土的耐久性（抗冻性和抗渗性），使混凝土的强度和弹性模量有所降低。

1. 引气剂的主要品种

① 松香树脂类（如松香热聚物、松香皂类等）；② 烷基和烷基芳烃磺酸盐类（如十二烷基磺酸盐、烷基苯磺酸盐、烷基苯酚聚氧乙烯醚等）；③ 脂肪醇磺酸盐类（如脂肪醇聚氧乙烯醚、脂肪醇聚氧乙烯磺酸钠、脂肪醇硫酸钠等）；④ 皂甙类（如三萜皂甙等）；⑤其他（如蛋白质盐、石油磺酸盐等）。

2. 引气剂的作用原理

(1) 改善混凝土拌合物的和易性

混凝土拌合物中引入大量微小气泡后，增加了水泥砂浆的体积，而封闭小气泡犹如滚珠轴承，减少了集料间的摩擦力，使混凝土拌合物流动性提高。一般混凝土的含气量每增加1%时，混凝土坍落度约提高10mm，若保持原流动性不变，则可减水6%～10%。同时由于微小气泡的存在，阻滞了固体颗粒的沉降和水分的上升，加之气泡薄膜形成时消耗了部分水分，减少了能够自由移动的水量，使混凝土拌合物的保水性得到改善，泌水率显著降低，粘聚性也良好。

（2）提高混凝土的抗渗性和抗冻性

引气剂能提高混凝土的抗渗和抗冻性的原因：混凝土中引入的大量微小密闭气泡，它们堵塞和隔断了混凝土中的毛细管通道；同时，由于保水性的提高，减少了混凝土因沉降和泌水造成的孔缝；另外，因和易性的改善，也减少了施工造成的孔隙。引气混凝土的抗渗性能一般比不掺引气剂的混凝土提高 50% 以上，抗冻性可提高 3 倍左右。抗冻性的提高还因封闭气泡的引入，缓冲了水的冰胀应力。

（3）混凝土抗压强度有所降低

引气混凝土中，因气泡的存在，使混凝土的有效受力面积减少了，故混凝土的强度有所下降。一般混凝土的含气量每增加 1% 时，其抗压强度将降低 4% ~ 6%，抗折强度降低 2% ~ 3%，而且随龄期的延长，引气剂对强度的影响越显著。

3. 引气剂的掺量

掺引气剂及引气减水剂混凝土的含气量，不宜超过表 3-7 规定的含气量；对抗冻性要求高的混凝土，宜采用表 3-7 规定的含气量数值。

表 3-7　掺引气剂及引气减水剂混凝土的含气量

粗集料最大粒径（mm）	20	25	40	50	80
混凝土含气量（%）	5.5	5.0	4.5	4.0	3.5

4. 引气剂的适用范围

引气剂及引气减水剂，可用于抗冻混凝土、抗渗混凝土、抗硫酸盐混凝土、泌水严重的混凝土、贫混凝土、轻集料混凝土、人工集料配制的普通混凝土、高性能混凝土以及有饰面要求的混凝土。

3.1.2.4　防冻剂

防冻剂是指能降低水泥混凝土拌合物液相冰点，使混凝土在相应负温下免受冻害，并在规定养护条件下达到预期性能的外加剂。混凝土防冻剂绝大多数均为复合外加剂，通常由防冻组分、早强组分、减水组分或引气组分等复合而成。防冻组分常用物质有氯化钙、氯化钠、亚硝酸钠、硝酸钠、硝酸钙、硝酸钾、碳酸钾、硫代硫酸钠、尿素等，其作用是降低水的冰点，使水泥在负温下仍能继续进行水化。早强组分常用物质有氯化钙、氯化钠、硫代硫酸钠、硫酸钠等，其作用是提高混凝土的早期强度，以抵抗水结冰产生的膨胀应力。减水组分有木质素磺酸钙、木质素磺酸钠、煤焦油系减水剂等，其作用是减少混凝土拌和用水量，以达到减少混凝土中的冰含量，并使冰晶粒度细小且均匀分散，减轻对混凝土的破坏应力。引气组分有松香热聚物、木质素磺酸钙、木质素磺酸钠等，其作用是向混凝土中引入适量的封闭微小气泡，减轻冰胀应力。

1. 防冻剂的主要种类

① 强电解质无机盐类防冻剂包括氯盐类、氯盐阻锈类和无氯盐类防冻剂。氯盐类是以氯盐为防冻组分的外加剂；氯盐阻锈类是以氯盐与阻锈组为防冻组分的外加剂；无氯盐类是以亚硝酸盐、硝酸盐等无机盐为防冻组分的外加剂。② 水溶性有机化合物类是以某些醇类等有机化合物为防冻组分的外加剂。③ 复合型防冻剂是以防冻组分复合早强、引气、减水等组分的外加剂。④有机化合物与无机盐复合类防冻剂。

以上氯盐类防冻剂适用于无筋混凝土，氯盐阻锈类防冻剂不可用于钢筋混凝土，无氯盐类防冻剂可用于钢筋混凝土工程和预应力钢筋混凝土工程。硝酸盐、亚硝酸盐和碳酸盐不得用于预应力混凝土工程，以及与镀锌钢材或与铝铁相接触部位的钢筋混凝土结构。含有六价铬盐、亚硝酸盐等有害成分的防冻剂，严禁用于饮水工程及与食品相接触的工程，严禁食用。

2. 防冻剂的施工

防冻剂用于负温条件下施工的混凝土。在日最低气温为 −5 ~ −10℃、−10 ~ −15℃、−15 ~ −20℃，采用保温措施时，宜分别采用规定温度为 −5℃、−10℃、−15℃的防冻剂。

防冻剂的规定温度应按《混凝土防冻剂》（JC 475—2004）规定的试验条件成型的试件，在恒负温条件下养护的温度。施工使用的最低气温可比规定温度低5℃。

3.1.2.5 膨胀剂

膨胀剂是指能使混凝土产生一定体积膨胀的外加剂。

1. 膨胀剂的主要种类

膨胀剂主要有硫铝酸钙类、硫铝酸钙—氧化钙类和氧化钙类膨胀剂。

2. 膨胀剂的作用原理

膨胀剂的主要作用原理：混凝土中掺入膨胀剂后，生成大量钙矾石晶体，晶体生长和吸水膨胀而引起混凝土体积膨胀。因此，采用适当成分的膨胀剂，掺加适宜的数量，使水泥水化产物（C-S-H）凝胶与钙矾石的生成互相制约、互相促进，使混凝土强度与膨胀协调发展，产生可控膨胀以减少混凝土的收缩。另外，大量钙矾石的生成，引起填充、堵塞和隔断混凝土中的毛细孔及其他孔隙，改善了混凝土的孔结构，混凝土密实度提高，抗渗性可比普通混凝土提高 2 ~ 5 倍。

3. 膨胀剂的应用范围

由于掺膨胀剂混凝土具有良好的防渗抗裂能力，对克服和减少混凝土收缩裂缝作用显著。因此可用以配制补偿收缩混凝土和自应力混凝土，广泛应用于屋面、水池、水塔、大型圆形结构物、地下建筑、管柱桩、矿山井巷、井下碉室等混凝土工程中，以及生产自应力混凝土管和用于预制构件的节点、混凝土块体或墙段之间的接缝，也可用于混凝土结构的修补。膨胀剂的适用范围见表3-8。

表3-8　膨胀剂的适用范围

用途	适用范围
补偿收缩混凝土	地下、水中、海水中、隧道等构筑物，大体积混凝土(除大坝外)，配筋路面和板、屋面与厕浴间防水、构件补强、渗漏修补、预应力混凝土、回填槽等
填充用膨胀剂混凝土	结构后浇带、隧洞堵头、钢管与隧道之间的填充等
灌浆用膨胀砂浆	机械设备的底座灌浆、地脚螺栓的固定、梁柱接头、构件补强、加固等
自应力混凝土	仅用于常温下使用的自应力钢筋混凝土压力管

3.1.2.6 调凝剂

1. 缓凝剂

能延缓混凝土凝结硬化的外加剂，称为缓凝剂。混凝土工程中可采用下列缓凝剂及缓凝减水剂。

（1）糖类：糖钙、葡萄糖酸盐等；掺量为水泥质量的 0.1% ~ 0.3%，混凝土的凝结时间可延长 2 ~ 4h。

（2）木质素磺酸盐类：木质素磺酸钙、木质素磺酸钠等；常用的是木钙，掺量为水泥质量的 0.2% ~ 0.3%，混凝土的凝结时间可延长 2 ~ 3h。

（3）羟基羧酸及其盐类：柠檬酸、酒石酸钾钠等；掺量为水泥质量的 0.03% ~ 0.10%，混凝土的凝结时间可延长 4 ~ 10h。

（4）无机盐类：锌盐、磷酸盐等。

（5）其他：胺盐及其衍生物、纤维素醚等。

缓凝剂的水泥品种适应性十分明显，不同品种水泥的缓凝效果不同，甚至会出现相反的效果。因此，使用前必须进行试验，检测其缓凝效果。

混凝土工程中可采用由缓凝剂与高效减水剂复合而成的缓凝高效减水剂。缓凝剂、缓凝减水剂及缓凝高效减水剂可用于大体积混凝土、碾压混凝土、炎热气候条件下施工的混凝土、大面积浇筑的混凝土、避免冷缝产生的混凝土、需较长时间停放或长距离运输的混凝土、自流平免振混凝土、滑模施工或拉模施工的混凝土及其他需要延缓凝结时间的混凝土。缓凝高效减水剂可制备高强高性能混凝土。

2. 速凝剂

能使混凝土迅速凝结硬化的外加剂，称为速凝剂。速凝剂可分为粉末状和液体状两种。

粉末状速凝剂主要以铝酸盐、碳酸盐等为主要成分的无机盐混合物等；而液体速凝剂主要是以铝酸盐、水玻璃等为主要成分，与其他无机盐复合而成的复合物。

速凝剂主要应用于喷射混凝土工程。喷射混凝土是借助于喷射机械将混凝土高速喷射到受喷面上凝结硬化而成的一种混凝土。与普通混凝土相比较，它具有快速、早强，施工工艺简单，不需要模板和振捣，很多情况下可以不影响其他生产的特点。喷射混凝土从诞生开始就被大量运用于地下工程。由于其材料和工艺的特点，很快就突破了地下工程支护的范围，被运用于建筑物的加固补强上，并取得了良好加固效果和经济效益。

以往，喷射混凝土仅掺用速凝剂。其虽能使混凝土速凝早强，但存在喷射施工时混凝土回弹量大、空气中粉尘高、劳动条件差等缺点。近年来，喷射混凝土采取将速凝剂与减水剂复合掺用，取得了良好的效果，不仅使回弹率和粉尘降低，节约了水泥，降低了造价，改善了工作环境，而且提高了混凝土的可输送性和黏聚性，且一次喷射厚度增加。在施工方法上也由过去的干喷法，发展成混合法和裹砂法施工，大大提高了施工质量。

3.1.2.7　防水剂

防水剂是指能降低砂浆、混凝土在静水压力下的透水性的外加剂。防水剂主要有以下四大类：

（1）无机化合物类：氯化铁、硅灰粉末、锆化合物等。

（2）有机化合物类：脂肪酸及其盐类、有机硅表面活性剂（甲基硅醇钠、乙基硅醇钠、聚乙基羟基硅氧烷）、石蜡、地沥青、橡胶及水溶性树脂乳液等。

（3）混合物类：无机类混合物、有机类混合物、无机类与有机类混合物。

（4）复合类：上述各类与引气剂、减水剂、调凝剂等外加剂复合的复合型防水剂。

防水剂可用于工业与民用建筑的屋面、地下室、隧道、巷道、给排水池、水泵站等有防水抗渗要求的混凝土工程。

3.1.2.8　泵送剂

泵送剂主要是为了满足混凝土的泵送要求，混凝土工程中，可采用由减水剂、缓凝、引气剂等复合而成的泵送剂。

泵送剂适用于工业与民用建筑及其他构筑物的泵送施工的混凝土；特别适用于大体积混凝土、高层建筑和超高层建筑；适用于滑模施工等；也适用于水下灌注桩混凝土。

3.2 矿物外加剂

混凝土矿物外加剂不同于生产水泥时与熟料一起磨细的混合材料，它是在混凝土搅拌前或在搅拌过程中，与混凝土其他组分一样，直接加入的一种外掺料。

用于混凝土的矿物外加剂绝大多数是具有一定活性的固体工业废渣。矿物外加剂不仅可以取代部分水泥、减少混凝土的水泥用量、降低成本，而且可以改善混凝土拌合物和硬化混凝土的各项性能。因此，混凝土中掺用矿物外加剂，其技术、经济和环境效益是十分显著的。

在土木工程中，用作混凝土的矿物外加剂主要有磨细粉煤灰、磨细矿渣、硅灰、磨细天然沸石及其复合物，近年来也有学者采用纳米材料来提升混凝土的性能等。随着国家发展循环经济和节能减排战略的实施，目前各类没能得到利用的固体废弃物也正在得到开发研究，相信在不久会有越来越多的废弃物被作为矿物外加剂得到应用。

3.2.1 粉煤灰

粉煤灰又称飞灰（Fly ash，或简称FA），是一种颗粒非常细以致能在空气中流动并被除尘设备收集的粉状物质。通常所指的粉煤灰是指燃煤电厂中在锅炉中燃烧后从烟道排出、被收尘器收集的物质。粉煤灰呈灰褐色，通常为酸性，比表面积为 $2500 \sim 7000 \ m^2/kg$，颗粒尺寸从几百微米到几微米，通常为球状颗粒，主要成分为 SiO_2、Al_2O_3 和 Fe_2O_3，有时还含有比较高的 CaO。粉煤灰是一种典型的非均质性物质，含有未燃尽的碳、未发生变化的矿物（如石英等）和碎片等，各种颗粒之间的成分、结构和性质相差悬殊，所以说它是一种庞大而无序的人工矿物资源。但粉煤灰中相当大比例（通常 >50%）是颗粒粒径小于 $10\mu m$ 的球状铝硅颗粒。

1. 粉煤灰的种类及技术要求

按照国家标准《用于水泥和混凝土中的粉煤灰》（GB/T 1596—2017）的规定，拌制混凝土用的粉煤灰分为 F 类粉煤灰和 C 类粉煤灰两类。F 类粉煤灰是由无烟煤或烟煤煅烧收集的，其 CaO 含量小于 10% 或游离 CaO 含量不大于 1%；C 类粉煤灰是由褐煤或次烟煤煅烧收集的，其 CaO 含量大于或等于 10% 或游离 CaO 含量大于 1%，又称高钙粉煤灰。

F 类和 C 类粉煤灰根据其技术要求分为 Ⅰ 级、Ⅱ 级和 Ⅲ 级三个等级。拌制砂浆和混凝土用粉煤灰理化性能要求见表 3-9。

表 3-9 拌制砂浆和混凝土用粉煤灰理化性能要求

项目		技术要求［不大于（%）］		
		Ⅰ 级	Ⅱ 级	Ⅲ 级
细度（45μm 方孔筛筛余）（%）	F 类粉煤灰	≤12.0	≤30.0	≤45.0
	C 类粉煤灰			

续表

项目		技术要求[不大于(%)]		
		Ⅰ级	Ⅱ级	Ⅲ级
需水量比(%)	F 类粉煤灰	≤95.0	≤105.0	≤115.0
	C 类粉煤灰			
烧失量(%)	F 类粉煤灰	≤5.0	≤8.0	≤10.0
	C 类粉煤灰			
含水量(%)	F 类粉煤灰	≤1.0		
	C 类粉煤灰			
三氧化硫(%)	F 类粉煤灰	≤3.0		
	C 类粉煤灰			
游离氧化钙(%)	F 类粉煤灰	≤1.0		
	C 类粉煤灰	≤4.0		
二氧化硅(SiO_2)、三氧化二铝（Al_2O_3）和三氧化二铁（Fe_2O_3）总质量分数(%)	F 类粉煤灰	≥70.0		
	C 类粉煤灰	≥50.0		
密度($g \cdot cm^{-3}$)	F 类粉煤灰	≤2.6		
	C 类粉煤灰			
强度活性指数(%)	F 类粉煤灰	≥70.0		
	C 类粉煤灰			
安定性(雷氏法)（mm）	C 类粉煤灰	≤5.0		

与 F 类粉煤灰相比，C 类粉煤灰一般具有需水量比小、活性高和自硬性好等特征。但由于 C 类粉煤灰中往往含有游离氧化钙，因此在用作混凝土矿物外加剂时，必须对其体积安定性进行合格检验。

2. 混凝土掺用粉煤灰的方法

混凝土工程选用粉煤灰时，对于不同的混凝土工程，选用相应等级的粉煤灰。Ⅰ级灰适用于钢筋混凝土和跨度小于 6m 的预应力钢筋混凝土；Ⅱ级灰适用于钢筋混凝土和无筋混凝土；Ⅲ级灰主要用于无筋混凝土；但大于 C30 的无筋混凝土，宜采用Ⅰ、Ⅱ级灰。

各类混凝土中粉煤灰的最大掺量是根据混凝土结构类型、水泥品种及水胶比确定的。在保持混凝土水泥用量不变的情况下，外掺一定数量的粉煤灰，其目的只是为了改善混凝土拌合物和易性。实践证明，当粉煤灰取代水泥量过多时，混凝土的抗碳化耐久性能变差。

粉煤灰在混凝土中的掺量应通过试验确定，《粉煤灰混凝土应用技术规范》（GB/T 50146—2014）中规定了粉煤灰最大掺量宜符合表 3-10。

表 3-10 粉煤灰的最大掺量 （%）

混凝土种类	硅酸盐水泥		普通硅酸盐水泥	
	水胶比≤0.4	水胶比>0.4	水胶比≤0.4	水胶比>0.4
预应力混凝土	30	25	25	15

混凝土种类	硅酸盐水泥		普通硅酸盐水泥	
	水胶比≤0.4	水胶比>0.4	水胶比≤0.4	水胶比>0.4
钢筋混凝土	40	35	35	30
素混凝土	55		45	
碾压混凝土	70		65	

注：1. 对浇筑量比较大的基础钢筋混凝土，粉煤灰最大掺量可增加5%～10%；

　　2. 当粉煤灰掺量超过本表规定时，应进行试验验证。

另外，对早期强度要求较高或环境温度、湿度较低条件下施工的粉煤灰混凝土宜适当降低粉煤灰掺量。特殊情况下，工程混凝土不得不采用具有碱硅酸反应活性集料时，粉煤灰的掺量应通过碱活性抑制试验确定。

3. 粉煤灰在混凝土中的应用

粉煤灰适用于一般工业与民用建筑结构和构筑物用的混凝土，尤其适用于泵送混凝土、大体积混凝土、抗渗混凝土、抗化学侵蚀的混凝土、蒸气养护的混凝土、地下和水下工程混凝土以及碾压混凝土等。

4. 高钙粉煤灰的研究和利用

高钙粉煤灰（C 类粉煤灰）是火力发电厂采用褐煤、次烟煤作为燃料时排放出的一种氧化钙含量较高的粉煤灰，它既含有一定数量的水硬性晶体矿物又具有潜在活性，可用作水泥混合材料或混凝土矿物外加剂，具有减水效果好、早期强度发展快等优点。但由于其游离氧化钙含量高，若使用不当，会导致水泥安定性不合格甚至导致混凝土膨胀开裂。相关标准规定了 C 类粉煤灰及相应的技术要求。

近年来，随着电力工业的飞速发展，越来越多的大型发电机组已投入运行，更多的具有高挥发分的褐煤、次烟煤被用作动力燃料。在某些地区，高钙粉煤灰的排放量已远远超过了低钙粉煤灰，低钙粉煤灰的来源已越来越少，迫使人们将注意力更多地投入高钙粉煤灰的研究和开发利用中。

施惠生等较早对高钙粉煤灰的本征特性和水化特性、高钙粉煤灰混合水泥硬化水泥浆体的体积安定性和自由线膨胀率，以及高钙粉煤灰作为混凝土膨胀剂等方面做了深入研究。高钙粉煤灰中主要晶体矿物为石英、磁铁矿、赤铁矿、莫来石、硬石膏和游离氧化钙等，与普通低钙粉煤灰相比，主要的差别就是高钙粉煤灰中游离氧化钙和硫酸钙含量明显偏高，其他矿物组成差别不大，但相对含量较少。在显微镜下观察可发现，高钙粉煤灰中大部分是玻璃质球状微珠。高钙粉煤灰中硅酸盐阴离子团聚合度较低，因此较普通低钙粉煤灰具有更高的火山灰活性，作为矿物外加剂使用时具有减水、早强等作用。高钙粉煤灰中游离氧化钙的晶粒较小，晶格畸变较大，作为矿物外加剂使用时其水化相对较快，与水泥熟料中游离氧化钙相比，其产生的膨胀作用发生较早，膨胀增长期较短。高钙粉煤灰引起的膨胀主要发生在28d 内。采取适宜的技术措施，可以有效地控制高钙粉煤灰的水化和膨胀，使其成为高效的矿物外加剂。

混合水泥硬化水泥浆体中无论是掺加了原状高钙粉煤灰还是经机械力化学改性后的高钙粉煤灰，混合水泥的雷氏夹膨胀值均随高钙粉煤灰掺量的增加而增大，不同类别高钙粉煤灰对混合水泥净浆自由线膨胀率的影响规律也与其相似。混合水泥中由高钙粉煤灰引入的游离氧化钙量超过一定限度时，水泥的体积安定性会产生突变，混合养护条件下高钙粉煤灰混合水泥净浆能否补偿收缩取决于由高钙粉煤灰引入的游离氧化钙量。

利用高钙粉煤灰中游离氧化钙水化时产生的膨胀能，还可以将高钙粉煤灰制成节能、利废型混凝土膨胀剂。

3.2.2 粒化高炉矿渣

粒化高炉矿渣磨细后的细粉称为磨细矿渣（GGBS）。粒化高炉矿渣是熔化的矿渣在高温状态迅速水淬而成的。经水淬急冷后的矿渣，其中玻璃体含量多，结构处在高能量状态不稳定、潜在活性大，但须磨细才能使潜在活性发挥出来，其细度一般为 $400 \sim 600\text{m}^2/\text{kg}$。作为混凝土的矿物外加剂，粒化高炉矿渣粉根据细度、活性指数和流动度比，分为 S105、S95 和 S75 三个级别。

磨细矿渣的主要化学成分为 SiO_2、CaO 和 Al_2O_3。一般情况下这三种氧化物含量大约 90%。此外还含有少量的 MgO、Fe_2O_3、Na_2O、K_2O 等。

磨细矿渣的活性与其化学成分有很大的关系。各钢铁企业的高炉矿渣，其化学成分虽大致相同，但各氧化物的含量并不一致，因此，矿渣有碱性、酸性和中性之分。以矿渣中碱性氧化物和酸性氧化物含量的比值 M 来区分：

$$M = \frac{(CaO + MgO + Al_2O_3)\%}{SiO_2\%} \tag{3-1}$$

式中，$M > 1$ 为碱性矿渣；$M < 1$ 为酸性矿渣；$M = 1$ 为中性矿渣。酸性矿渣的胶凝性差，而碱性矿渣的胶凝性好，因此，磨细矿渣应选用碱性矿渣，其 M 值越大，反映其活性越好。

按照《用于水泥、砂浆和混凝土中的粒化高炉矿渣粉》（GB/T 18046—2017）的规定，矿渣粉应符表 3-11 的技术要求。

表 3-11　矿渣粉的技术要求

项目		级别		
		S105	S95	S75
密度（$\text{g} \cdot \text{cm}^{-3}$）		≥2.8		
比表面积（$\text{m}^2 \cdot \text{kg}^{-1}$）		≥500	≥400	≥300
活性指数（%）	7d	≥95	≥70	≥55
	28d	≥105	≥95	≥75
流动度比（%）		≥95		
初凝时间比（%）		≤200		
含水量（质量分数,%）		≤1.0		
三氧化硫（质量分数,%）		≤4.0		
氯离子（质量分数,%）		≤0.06		
烧失量（质量分数,%）		≤1.0		
不溶物（质量分数,%）		≤3.0		
玻璃体含量（质量分数,%）		≥85		
放射性		$I_{Ra} \leqslant 1.0$ 且 $I_r \leqslant 1.0$		

粒化高炉矿渣粉是混凝土的优质矿物外加剂。它不仅可等量取代混凝土中的水泥，而且可使混凝土的每项性能均获得显著改善，如降低水化热、提高抗渗和抗化学腐蚀等耐久性、抑制碱-集料反应以及大幅度提高长期强度。

掺矿渣粉的混凝土与普通混凝土的用途一样，可用作钢筋混凝土、预应力钢筋混凝土和素混凝土。大掺量矿渣粉混凝土更适用于大体积混凝土、地下工程混凝土和水下混凝土等。矿渣粉还适用于配制高强度混凝土、高性能混凝土。

矿渣粉混凝土的配合比设计方法与普通混凝土基本相同。掺矿渣粉的混凝土允许同时掺用粉煤灰，但粉煤灰掺量不宜超过矿渣粉。混凝土中矿渣粉的掺量应根据不同强度等级和不同用途通过试验确定。对于 C50 和 C50 以上的高强混凝土，矿渣粉的掺量不宜超过 30%。

3.2.3 硅灰

《砂浆和混凝土用硅灰》（GB/T 27690—2011）规定了砂浆和混凝土用硅灰的术语和定义、分类和标记、要求、试验方法、检验规则、包装、标识、运输和储存。

硅灰，又称微硅粉（Silica fume，简称 SF）。在冶炼硅金属时，将高纯度的石英、焦炭投入电弧炉内，在 2000℃ 高温下，石英被还原成硅，即成为硅金属。有 10% ~ 15% 硅化为蒸气，进入烟道。硅蒸气在烟道内随气流上升，与空气中的氧结合成二氧化硅。通过回收硅粉的收尘装置，即可收得粉状的硅灰。

硅灰的主要成分是 SiO_2，一般占 85% 以上，绝大部分是无定形的氧化硅。其他成分如氧化铁、氧化钙、氧化硫等一般不超过 1%，烧失量不大于 4%。

硅灰一般为青灰色或银白色，在电子显微镜下观察，硅灰的形状为非晶体的球形颗粒，表面光滑。硅灰的表观密度很低，堆积密度为 200 ~ 300kg/m^3，相对密度为 2.1 ~ 2.3。硅灰很细，用透气法测得的硅灰比表面积为 3.4 ~ 4.7m^2/g，用氮吸附法测量，一般为 18 ~ 22m^2/g。

硅灰取代水泥后，其作用与粉煤灰类似，可改善混凝土拌合物的和易性，降低水化热，提高混凝土抗侵蚀、抗冻、抗渗性，抑制碱-集料反应，且其效果要比粉煤灰好很多。硅灰中的 SiO_2 在早期即可与 $Ca(OH)_2$ 发生反应，生成水化硅酸钙。所以，用硅灰取代水泥可提高混凝土的早期强度。

硅灰取代水泥虽一般在 5% ~ 15%，当超过 20% 水泥浆将变得十分黏稠。混凝土拌和用水量随硅灰的掺入而增加，为此，当混凝土掺用硅灰时，必须同时掺加减水剂，这样才可获得最佳效果。硅灰能提高混凝土的泵送性能，能够承受更多振动而不产生离析。另外，硅灰能够提高混凝土的流动性，使用同样的浇筑方法，硅灰混凝土比普通混凝土的坍落度高20cm。硅灰混凝土对早期收缩裂缝非常敏感，应该特别注意对养护条件的控制。

目前硅灰的售价较高，主要用于配制高强和超高强混凝土、高抗渗混凝土、水下抗分散混凝土以及其他要求的混凝土。

3.2.4 沸石粉

《混凝土和砂浆用天然沸石粉》（JG/T 566—2018）规定了混凝土和砂浆用天然沸石粉的术语和定义、分类与标记、要求、试验方法、检验规则、标志、包装、运输和储存。

沸石粉是天然的沸石岩磨细而成的。沸石岩是经天然煅烧后的火山灰质铝硅酸盐矿物，含有一定量活性二氧化硅和三氧化铝，能与水泥水化析出的氢氧化钙作用，生成胶凝物质。

沸石粉具有很大的内表面积和开放性结构，颜色为白色。

沸石粉的适宜掺量依所需达到的目的而定，配制高强混凝土时的掺量为 10% ~ 15%，以高强度等级水泥配制低强度等级混凝土时掺量可达 40% ~ 50%，可置换水泥 30% ~ 40%；配制普通混凝土时掺量为 10% ~ 27%，可置换水泥 10% ~ 20%。

沸石粉用作混凝土矿物外加剂不仅可以提高混凝土强度，配制高强混凝土；还可以改善混凝土和易性及可泵性，配制流态混凝土及泵送混凝土；此外，沸石粉也可以有效地抑制碱-集料反应和降低混凝土的水化热。

3.2.5 纳米材料

为了有效适应现代大型基础设施工程对高性能混凝土（HPC）高强增韧、高流动性、高耐久性的需要，需要引入能够改善水泥混凝土基体的微观结构及功能性能的增韧补强组分，而性能优异的纳米材料在水泥混凝土行业研究与应用已成为近年来混凝土行业中的一个研究热点。

纳米材料是指粒径为 1 ~ 100nm，处于原子团簇和宏观物体交接区域的粒子。纳米材料可分为纳米颗粒、纳米纤维、纳米薄膜、碳纳米管、纳米复合材料等。纳米材料除了具有宏观物质所不具有的特殊效应：小尺寸效应、量子效应、表面和界面效应以及宏观量子隧道效应等，还具有一系列的如电、磁、光和力学等方面的特性。

对于混凝土行业来讲，能够应用于混凝土中的纳米材料主要是一些可以改善混凝土某些性能的无机纳米材料以及一些纳米金属氧化物。目前，在水泥混凝土中应用研究较成熟和广泛的纳米材料是纳米氧化硅和纳米碳酸钙等。纳米氧化硅又称为超细硅灰，它能促进水泥颗粒的水化，将水泥水化早期产物 $Ca(OH)_2$ 转变成 C-S-H 凝胶，火山灰活性远超过普通硅灰进而使硬化水泥混凝土界面过渡区 $Ca(OH)_2$ 晶体尺寸有效减小，相应微观形貌变得紧密，力学强度和抗渗耐久性得到有效改善。此外，掺有纳米氧化硅的水工混凝土抗渗性能及抗磨性能有大幅度的提升，动弹性模量损失率和氯离子扩散系数相应得到降低，在水工混凝土结构中应用效果良好。纳米碳酸钙是粒径在纳米尺寸的惰性颗粒，由于掺加纳米碳酸钙后，混凝土的和易性特别是保水性和黏聚性得到很大的改善，且纳米碳酸钙相对价格较便宜，因此，其在混凝土中得到了广泛应用。目前，国内外研究者较公认的观点是掺入纳米碳酸钙后，混凝土的早期力学性能有所提高，但是后期强度的下降是它的一个弊端。此外，对于各纳米材料来说，尽管其对改善混凝土性能具有十分重要的作用，但各纳米材料的掺量不宜过高，以免引起纳米材料的团聚现象，而影响其对混凝土性能的改善效果。

思考题

1. 混凝土化学外加剂按其功能分可分为哪几类？各有哪些品种的产品？
2. 减水剂的主要功能和作用机理是什么？常用的混凝土减水剂有哪些品种？
3. 常用的早强剂有哪些类型？在工程中使用早强剂应注意什么？
4. 引气剂和膨胀剂的作用原理是什么？它们的适用范围有哪些？
5. 常用的混凝土矿物外加剂有哪些？用于水泥和混凝土的粉煤灰和粒化高炉矿渣有什么技术要求？

第4章 新拌混凝土的性能

为了使生产的混凝土达到所要求的性能，选择特定的原材料和配合比无疑是很重要的。新拌混凝土是由混凝土的组成材料拌和而成的尚未凝固的混合物，也称为混凝土拌合物。新拌混凝土的性能不仅影响混合物制备、运输、浇筑、振捣设备的选择，而且影响硬化后混凝土的性能。如果新拌混凝土的性能不好，在一定的施工条件下，就不能生产出密实的和匀质的混凝土结构。对于指定的工程，新拌混凝土应具有相应的性能，优良的新拌混凝土性能是硬化混凝土的强度和耐久性的必要保证。新拌混凝土有许多性能指标，如和易性、凝结时间、塑性收缩和塑性沉降等。其中，和易性是最重要的一个。

现代混凝土技术与传统技术相比，有了很多革新和进步。掺加了各种高效化学外加剂、矿物外加剂等功能组分的新拌混凝土性能有了大幅度提升。现在大量采用泵送混凝土技术、3D打印技术等，传统流动性的概念和测试方法对泵送混凝土显得不太适用了。传统和易性的概念正受到新的混凝土技术的挑战。

4.1 和易性

4.1.1 和易性的概念

新拌混凝土的和易性，也称工作性，是指混凝土拌合物易于施工操作（拌和、运输、浇筑、振捣）并获得质量均匀、成型密实的性能。很明显，这样表述的和易性是一种粗略的、综合的、不能定量的性能；而且与施工方法和结构形式有关，对大体积混凝土结构来说工作性好的拌合物，对配筋密而断面小的结构来说就未必合适。鉴于此，许多学者趋向于把工作性定义为混凝土拌合料的一种固有的与结构形式和成型方法无关的物理性质。如美国ASTM C125 对和易性的定义：使一定数量新拌混凝土拌合料在不丧失匀质性的前提下，浇筑振实所需的功。这里所谓不丧失匀质性是指不产生明显的离析和分层。混凝土的浇筑振实过程实质上是把夹杂在混凝土拌合料内的空气排除出去而得到尽可能致密结构的过程；所需的功用来克服混凝土颗粒之间的内摩擦和拌合料与钢筋和模板表面的摩擦。

混凝土拌合物的和易性是一项综合技术性质。它至少包括流动性、黏聚性和保水性三项独立的性能。流动性是指混凝土拌合物在自重或机械（振捣）力作用下能产生流动并均匀密实地填满模板的性能。黏聚性是指混凝土拌合设备组成材料之间有一定的黏聚力，不致在施工过程中产生分层和离析的现象。保水性是指混凝土拌合物具有一定的保水能力，不致在施工过程中出现严重的泌水现象。可见，新拌混凝土的流动性、黏聚性和保水性有其各自的内涵，影响它们的因素也不尽相同。

理想的新拌混凝土应该同时具有：满足输送和浇捣要求的流动性；不为外力作用产生脆断的可塑性；不产生分层、泌水的稳定性和易于浇捣致密的密实性。但这几项性能常相互矛盾，很难同时具备。例如，增加新拌水泥混凝土中用水量，可以提高其流动性，但过多的水也将不易稳定，易出现泌水；干硬性混凝土，不会产生泌水，但密实性差，需采用碾压工艺。因此在实际工程中，应具体分析工程及工艺的特点，对新拌混凝土的和易性提出具体的、有侧重的要求，同时也要兼顾到其他性能。

4.1.2　和易性的测定及评价指标

由于混凝土和易性内涵较复杂、影响因素多，因此目前尚没有能够全面反映混凝土拌合物和易性的测定方法和指标。而在和易性的众多内容中，流动性是影响混凝土性能及施工工艺的最主要的因素，而且通过对流动性的观察，在一定程度上也可以反映出新拌混凝土其他方面的好坏，因此目前对新拌混凝土工作性的测试主要集中在流动性上，以测定混凝土拌合物流动性方法为主，辅以其他方法或直接观察并结合经验评价混凝土拌合物的黏聚性和保水性。目前，混凝土拌合物的流动性试验检测方法有坍落度试验和维勃稠度试验两种方法。

4.1.2.1　坍落度与坍落度扩展度法

湿润坍落度筒及底板，但在坍落度筒内壁和底板上应无明水。将搅拌好的混凝土拌合物分三层均匀地装入筒内（坍落度筒，见图 4-1），使捣实后每层高度为筒高的 1/3 左右。每层用捣棒插捣 25 次。插捣应沿螺旋方向由外向中心进行，各次插捣应在截面上均匀分布。插捣筒边混凝土时，捣棒可以稍稍倾斜。插捣底层时，捣棒应贯穿整个深度，插捣第二层和顶层时，捣棒应插透本层至下一层的表面；浇灌顶层时，混凝土应灌到高出筒口。插捣过程中，如混凝土沉落到低于筒口，则应随时添加。顶层插捣完后，刮去多余的混凝土，并用抹刀抹平。清除筒边底板上的混凝土后，垂直平稳地提起坍落度

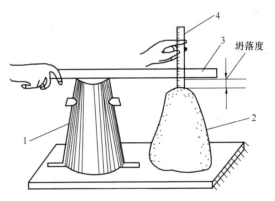

图 4-1　坍落度测定（mm）
1—坍落度筒；2—新拌混凝土；3—捣棒；4—直尺

筒。坍落度筒的提离过程应在 3~7s 内完成；从开始装料到提坍落度筒的整个过程应不间断地进行，并应在 150s 内完成。提起坍落度筒后，当试样不再继续坍落或坍落时间达 30s 时，测量筒高与坍落后混凝土试体最高点之间的高度差，即为该混凝土拌合物的坍落度值；混凝土拌合物坍落度值测量应精确至 1mm，结果应修约至 5mm；坍落度筒提离后，如混凝土发生崩坍或一边剪坏现象，则应重新取样另行测定；如第二次试验仍出现上述现象，则表示该混凝土和易性不好，应予记录备查。作为流动性指标，坍落度越大表示流动性越好。

该方法适用于集料最大粒径不大于 40mm、坍落度不小于 10mm 的混凝土拌合物流动性的测定。当混凝土拌合物的坍落度大于 220mm 时，坍落度不能准确反映混凝土的流动性，用混凝土扩展后的平均直径即坍落扩展度，作为流动性评价指标。试验时用钢尺测量混凝土拌合物展开扩展面的最大直径以及与最大直径呈垂直方向的直径，在这两个直径之差小于 50mm 的条件下，用其算术平均值作为坍落扩展度值；否则，此次试验无效。

实际施工时，混凝土拌合物的坍落度要根据构件截面尺寸大小、钢筋疏密和捣实方法来确定。当构件截面尺寸较小或钢筋较密，或采用人工捣实时，坍落度可选择大一些。反之，

若构件截面尺寸较大，或钢筋较疏，或采用机械振捣，则坍落度可选择小一些。

4.1.2.2 维勃稠度法

对于干硬或者较干稠的新拌混凝土，坍落度试验测不出拌合物稠度变化情况，即混凝土的坍落度小于10mm时，说明混凝土的稠度过干，宜用维勃稠度测定其和易性。

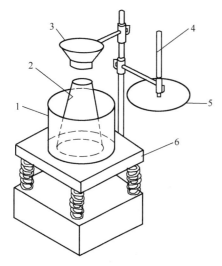

图4-2 维勃稠度仪
1—圆柱形容器；2—坍落度筒；3—漏斗；
4—测杆；5—透明圆盘；6—振动台

维勃稠度法采用维勃稠度仪测定，如图4-2所示。维勃稠度仪应放置在坚实水平面上，用湿布把坍落度筒、喂料漏斗及其他用具润湿；将喂料漏料斗提到坍落度筒上方扣紧，校正容器位置，使其中心与喂料中心重合；将混凝土拌合物试样分三层经喂料斗均匀地装入筒内；把喂料漏斗转离，垂直地提起坍落度筒，此时应注意不使混凝土试体产生横向的扭动；把透明圆盘转到混凝土圆台体顶面，放松测杆螺钉，降下圆盘，使其轻轻接触混凝土顶面；拧紧定位螺钉，并检查测杆螺钉是否已经完全放松；在开启振动台的同时用秒表计时，当振动到透明圆盘的底面被水泥浆布满的瞬间停止计时，并关闭振动台。由秒表读出时间即为该混凝土拌合物的维勃稠度值，精确至1s。

该方法适用于集料最大粒径不超过40mm，维勃稠度在5~30s的混凝土拌合物稠度测定。坍落度不大于50mm、干硬性混凝土和维勃稠度大于30s的特干硬性混凝土拌合物的稠度可采用增实因数法来测定。

混凝土拌合物浇筑时的维勃稠度按表4-1分级。

表4-1 混凝土浇筑时的坍落度

名称	级别	维勃稠度（s）
超干硬性混凝土	V0	≥31
特干硬性混凝土	V1	30~21
干硬性混凝土	V2	20~11
半干硬性混凝土	V3	10~5

4.1.3 影响和易性的主要因素

和易性的影响因素有水泥浆量、水灰比、砂率、集料的品种和规格及质量、外加剂、温度和时间及其他影响因素。

1. 组成材料质量及其用量的影响

（1）单位体积用水量

单位体积用水量是指在单位体积混凝土中，所加入水的质量，它是影响混凝土和易性的最主要因素。新拌混凝土的流动性主要是依靠集料及水泥颗粒表面吸附一层水膜，从而使颗粒间变得润滑。而黏聚性也主要是依靠水的表面张力作用，如用水量过少，则水膜较薄，润滑效果较差；而用水量过多，毛细孔被水分填满，表面张力的作用减小，混凝土的黏聚性变差，易泌水。因此，用水量的多少直接影响水泥混凝土的和易性，而且大量的试验表明，当粗集料和细集料的种类和比例确定后，在一定的水灰比范围内（$W/C = 0.4 \sim 0.8$），水泥混凝土的坍落度主要取决于单位体积用水量，而受其他因素影响较小，这一规律称为固定加水量定则，它为水泥混凝土的配合比设计提供了极大方便。

（2）水泥特性的影响

水泥的品种、细度、矿物组成以及混合材料的掺量等都会影响需水量。由于不同品种水泥达到标准稠度的需水量不同，所以不同品种水泥配制成的混凝土拌合物具有不同的和易性。通常普通硅酸盐水泥配制混凝土拌合物比矿渣水泥和火山灰水泥的和易性好。矿渣水泥拌合物的流动性虽大，但黏聚性差，易泌水离析。火山灰水泥流动性小，但黏聚性最好。此外，水泥细度对混凝土拌合物的和易性也有影响，适当提高水泥的细度可改善混凝土拌合物的黏聚性和保水性，减少泌水、离析现象。

（3）集料特性的影响

集料的特性包括集料的最大粒径、形状、表面纹理（卵石或碎石）、级配和吸水性等，这些特性将不同程度地影响新拌混凝土的和易性。其中最明显的是，卵石拌制的混凝土拌合物的流动性较碎石好。集料的最大粒径增大，可使集料的总表面积减小，拌合物的和易性也随之改善。此外，具有优良级配的混凝土拌合物具有较好和易性。

（4）集浆比的影响

集浆比是指单位混凝土拌合物中，集料绝对体积与水泥浆绝对体积之比，有时也用其倒数，称为浆集比。水泥浆在混凝土拌合物中，除了填充集料间的空隙外，还包裹集料的表面，以减少集料颗粒间的摩阻力，使混凝土拌合物具有一定的流动性。在单位体积的混凝土拌合物中，如水灰比保持不变，则水泥浆的数量越多，拌合物的流动性越大。但若水泥浆数量过多，则集料的含量相对减少，达到一定限度时，就会出现流浆现象，使混凝土拌合物的黏聚性和保水性变差；同时对混凝土强度和耐久性也会产生一定的影响。此外，水泥浆数量增加，就要增加水泥用量，提高了混凝土的单价。相反，若水泥浆数量过少，不足以填满集料的空隙和包裹集料表面时，则混凝土拌合物黏聚性变差，甚至产生崩坍现象。因此，混凝土拌合物中水泥浆数量应根据具体情况决定，在满足和易性要求的前提下，同时要考虑强度和耐久性要求，尽量采用较大的集浆比。

（5）水灰比的影响

水灰比是指水泥混凝土中用水量与水泥用量之比。在单位混凝土拌合物中，集浆比确定后，即水泥浆的用量为一固定数值时，水灰比决定水泥浆的稠度。水灰比较小，则水泥浆较稠，混凝土拌合物的流动性也较小，当水灰比小于某一极限值时，在一定施工方法下就不能保证密实成型；反之，水灰比较大，水泥浆较稀，混凝土拌合物的流动性虽然较大，但黏聚性和保水性却随之变差。当水灰比大于某一限值时，将产生严重的离析、泌水现象。因此，为了使混凝土拌合物能够密实成型，所采用的水灰比值不能过小，为了保证混凝土拌合物具有良好的黏聚性和保水性，所采用的水灰比值又不能过大。由于水灰比的变化将直接影响水泥混凝土的强度，因此在实际工程中，为增加拌合物的流动性而增加用水量时，必须保证水灰比不变，同时增加水泥用量，否则将显著降低混凝土的质量，决不能以单纯改变用水量来调整混凝土拌合物的流动性。在通常使用范围内，当混凝土的用水量一定时，水灰比在小的范围内变化，对混凝土拌合物的流动性影响不大。

（6）砂率的影响

砂率是指混凝土中砂的质量占砂、石总质量的百分率。砂率表示混凝土拌合物中砂与石相对用量比例。由于砂率变化，可导致集料的空隙率和总表面积的变化。从图4-3中可以看出，当砂率过大时，集料的空隙率和总表面积增大，在水泥浆用量一定的条件下，混凝土拌合物就显得干稠，流动性小；当砂率过小时，虽然集料的总表面积减小，但由于砂浆量不足，不能在粗集料周围形成足够的砂浆层起润滑作用，因而使混凝土拌合物的流动性降低。更严重的是影响了混凝土拌合物的黏聚性与保水性，使拌合物显得粗涩、粗集料离析、水泥浆流失，甚至出现溃散等不良现象，如图4-4所示。因此，在不同的砂率中应有一个合理砂率值。混凝土拌合物的合理砂率是指在用水量和水泥用量一定的情况下，能使混凝土拌合物获得最大流动性，且能保持黏聚性。

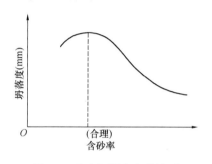
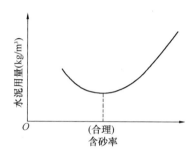

图4-3　砂率与坍落度的关系　　　图4-4　砂率与水泥用量的关系
　（水与水泥用量一定）　　　　　　（达到相同的坍落度）

2. 环境条件的影响

引起混凝土拌合物和易性降低的环境因素，主要有时间、温度、湿度和风速。对于给定组成材料性质和配合比例的混凝土拌合物，其和易性的变化，主要受水泥的水化速率和水分的蒸发速率所支配。水泥的水化，一方面消耗了水分；另一方面产生的水化产物起到了胶粘作用，进一步阻碍了颗粒间的滑动。而水分的挥发将直接减少单位混凝土中水含量。因此，混凝土拌合物从搅拌到捣实的这段时间里，随着时间增加，坍落度将逐渐减小，称为坍落度损失，如图4-5所示。图4-6是一个试验室的资料，表明温度对混凝土拌合物坍落度的影响。同样，风速和湿度因素会影响拌合物水分蒸发速率，因而影响坍落度。在不同环境条件下，要保证拌合物具有一定的和易性，必须采取相应的和易性改善措施。

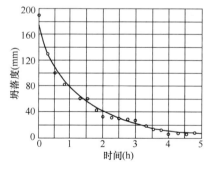
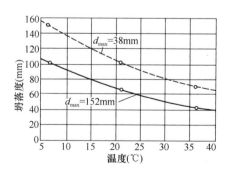

图4-5　坍落度损失　　　图4-6　温度对混凝土拌合物坍落度的影响

102

3. 搅拌条件

在较短的时间内，搅拌得越完全越彻底，混凝土拌合物的和易性越好。具体地说，用强制式搅拌机比自落式搅拌机的拌和效果好；高频搅拌机比低频搅拌机拌和的效果好；适当延长搅拌时间，也可以获得较好的和易性，但搅拌时间过长，由于部分水泥水化将使流动性降低。

4. 外加剂

在拌制混凝土时，加入很少量的外加剂能使混凝土拌合物在不增加水泥浆用量的前提下，获得很好的和易性，增大流动性，改善黏聚性，降低泌水性，并且通过改变混凝土微观结构，还能提高混凝土耐久性。

4.1.4　调整和易性的措施

1. 调节混凝土的材料组成

在保证混凝土强度、耐久性和经济性的前提下，适当调整混凝土的组成配比可以提高和易性。

① 尽可能降低砂率，采用合理砂率，有利于提高混凝土的质量和节约水泥。② 改善砂、石（特别是石子）的级配，好处同上，但要增加备料的工作量。③ 尽量采用较粗的集料。④ 当混凝土拌合物坍落度太小时，维持水灰比不变，适当增加水泥浆用量，或者加入外加剂等；当拌合物坍落度太大，但黏聚性良好时，可保持砂率不变，适当增加砂和石子。

2. 掺加各种外加剂

使用外加剂是调整混凝土性能的重要手段，常用的有减水剂、高效减水剂、流化剂、泵送剂等，外加剂在改善新拌混凝土和易性的同时，还具有提高混凝土强度，改善混凝土耐久性，降低水泥用量等作用。

3. 改进水泥混凝土拌合物的施工工艺

采用高效率的强制式搅拌机，可以提高水的润滑效率，采用高效振捣设备，也可以在较小的坍落度情况下，提高水的润滑效率；采用高效振捣设备，也可以在较小的坍落度情况下，获得较高的密实度。现代商品混凝土，在远距离运输时，为了减小坍落度损失，还经常采用二次加水法，即在拌和站拌和时只加入大部分的水，剩下少部分水在施工现场时再加入，然后迅速搅拌以获得较好的坍落度。

4. 加快施工速度

减少输送距离，加快施工速度，使用坍落度损失小的外加剂，可以使新拌混凝土在施工时保持较好的和易性。

和易性只是水泥混凝土众多性能中的一部分，因此当决定采取某项措施来调整和易性时，还必须同时考虑对混凝土其他性质（如强度、耐久性）的影响，不能以降低混凝土的强度和耐久性来换取和易性。

4.2　黏聚性与保水性

4.2.1　基本概念与评定方法

在进行坍落度试验的同时，应观察混凝土拌合物的黏聚性和保水性，以便全面地评定混凝土拌合物的和易性。

拌合料保持其组成材料粘结在一起抵抗分离的能力称为黏聚性。黏聚性的评定方法：用捣棒在已坍落的混凝土锥体侧面轻轻敲打，此时如果锥体逐渐下沉，则表示黏聚性良好，如果锥体倒塌、部分崩裂或出现离析现象，则表示黏聚性不好。

保水性是以混凝土拌合物中稀浆析出的程度来评定。坍落度筒提起后，如有较多的稀浆从底部析出，锥体部分的混凝土拌合物也因失浆而集料外露，则表明此混凝土拌合物的保水性能不好；如坍落度筒提起后无稀浆或仅有少量稀浆自底部析出，则表示此混凝土拌合物保水性良好。

拌合料的各种组成材料由于它们自身的密度和颗粒大小不同，在重力和外力（如振动）作用下又相互分离而造成不均匀的自动倾向，称为离析性。离析性是黏聚性的反义词。离析有两种形式：一种是粗集料颗粒从拌合料中分离出去，因为粗集料比细集料更易沉降和沿斜面滑动；另一种是水和水泥浆从拌合料中分离出去，因在各种组成材料中水的密度最小。水析出在混凝土表面的现象称为泌水。干硬性拌合物易产生第一种离析，而富水泥流动性大的拌合料易产生第二种离析，即泌水。现代混凝土趋向于高流动性，干硬性混凝土在现场浇筑的使用面越来越少，因此泌水是离析的主要形式。

泌水率的标准测试方法是将拌合料装入圆柱容器，捣实。每隔一定时间取出表面的积水，积聚在表面总的泌水量占拌合水量之比即为泌水率。

混凝土在振捣过程中，水浮到粗集料的下方和水平钢筋的下方，水化或蒸发后留下孔隙将减弱粗集料的界面粘结力和与钢筋的粘结强度，成为混凝土中的薄弱环节。也有一部分水泌出于整体混凝土的表面，造成混凝土在高度方向质量的不均匀。在道路、地板和大面积结构物施工时，振捣后在表面浮出一层水和水泥颗粒的混合物，也称"浮浆"。这层浆体水灰比特别大，硬化后成为强度低、容易起灰表面层，在施工时要特别注意，设法把表面的浮浆和水分去除。

如混凝土输送和浇筑过程中从高的地方沿溜槽滑下，则会加剧离析的发生。在这种情况下应选用黏聚性好的拌合料。

4.2.2 调整黏聚性和保水性的主要措施

黏聚性和保水性也是新拌混凝土拌合物和易性的重要方面。严重离析和泌水的拌合物其黏聚性和保水性不良。离析和泌水是密度不同的组成材料沉降速度不同而产生的，要完全避免是不可能的，而且适量的泌水有时也是施工过程中所必需的。但是，必须在配合比设计和输送、浇筑方法的选择时予以注意和加以控制，避免产生对工程质量有害的、过大的离析和泌水。

为减少离析和泌水，可以采取以下一些措施：

（1）改善集料级配。

适当增加砂的用量，或采用颗粒较细的砂。

（2）掺加各种矿物外加剂。

掺加各种矿物外加剂，以提高胶结料的保水性。

（3）适当增加水泥用量。

在水灰比一定的条件下，适当增大一些水泥用量。碱和 C_3A 含量高的水泥有较大保水性，因而拌合料泌水性小，但其坍落度损失加大。

（4）掺加适量引气剂。

引气剂是指能使混凝土在拌和过程中引入大量微小、封闭而稳定的气泡的外加剂。这种球状气泡如滚珠一样使混凝土的和易性得到较大改善。尤其在集料粒形不好的碎石或人工砂混凝土中更显著。

通常，一些增大流动性的措施往往减小黏聚性，反之亦然。因此，流动性与黏聚性常是矛盾的，特别对大流动性拌合料较明显（图 4-7）。因此在设计配合比时，需要同时考虑流动性和黏聚性的要求，选择一个适应工程需要的最佳配合和范围。

掺加引气剂能同时提高拌合物的流动性和黏聚性，因此是解决泌水问题时优先考虑的措施。

掺加引气剂对新拌混凝土和易性的改善主要表现在坍落度增加、泌水离析现象减少等。

（1）对混凝土坍落度的影响。

在保持水泥用量和水灰比不变的情况下，在混凝土中掺加引气剂，由于混凝土含气量的增加，相应增加了混凝土坍落度。掺加引气减水剂由于有引气和塑化双重作用，因此坍落度将大幅度增加。

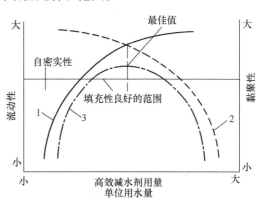

图 4-7　流动性与黏聚性的矛盾
1—流动性；2—黏聚性；3—填充性

图 4-8 表示混凝土含气量大小对坍落度的影响，从图中可以看出，在水灰比不变的情况下，随着含气量增加，坍落度增加。相当于每增加含气量 1%，混凝土坍落度可提高 1cm。增加含气量同时需关注其对混凝土力学性能的不利影响。

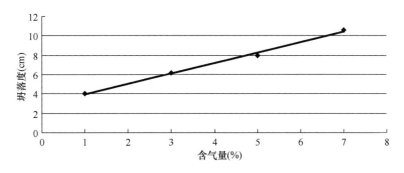

图 4-8　混凝土含气量对坍落度的影响

（2）减水作用。

如果保持坍落度不变，则在混凝土内部引气后可以降低水灰比，可以认为，掺加引气剂也有助于减水。通常情况下，混凝土含气量每增加 1%，在保持相同坍落度情况下，水灰比可以减小 2%～4%（单位用水量减少 4～6kg）。如果掺加引气减水剂，则由于其引气和减水双重作用，对于降低混凝土水灰比十分有益。

引气剂的减水效果会因引气量大小、集料大小及级配、水泥种类和用量等的不同而有差异。但是有一点是肯定的，即引气剂掺量越大，混凝土含气量越大，减水率越高。尽管引气剂的减水作用有助于弥补引气对强度所产生的负效应，但是混凝土的含气量仍不得过高，否则，强度会严重下降。

（3）对混凝土泌水的影响。

由于引气剂或引气减水剂的掺加，对减少混凝土的泌水、沉降现象效果十分显著。

Kreijger 通过试验，提出了相对泌水速度与外加剂浓度的关系式。对于 W/C = 0.50 的水泥浆，掺阴离子型减水剂时，相对泌水速度如下：

$$Q_x/Q = 1 - 10x \tag{4-1}$$

而对掺加阴离子型引气剂和非离子型减水剂者，相对泌水速度如下：

$$Q_x/Q = 1 - 4x \tag{4-2}$$

式中　Q_x/Q——相对泌水速度；

$\quad\quad Q_x$——不掺外加剂的水泥浆的泌水速度；

$\quad\quad Q$——掺外加剂的水泥浆的泌水速度；

$\quad\quad x$——外加剂浓度。

使用相同浓度的外加剂时，由水泥浆的泌水速度可以计算混凝土的泌水速度。

泌水和沉降的程度如何，与混凝土中水泥浆的黏度有密切关系，而水泥浆的黏度又与其微粒对引气剂的吸附及气泡在粒子表面的附着情况有关。由于大量微小气泡的存在，使整个浆体体系的表面积增大、黏度提高，必然使得泌水和沉降减少；另外，大量微小气泡的存在和相对稳定，实际上相当于阻碍混凝土内部水分向表面的迁移，堵塞了泌水通道；再则，由于吸附作用，气泡和水泥颗粒、集料表面都带有相同电荷，这样一来，气泡、水泥颗粒以及集料之间处于相对的"悬浮"状态，阻止重颗粒沉降，也有助于减少泌水和沉降。

因掺加引气剂所带来的减少沉降和泌水的效果，极大地改善了混凝土的均匀性，集料下方形成水囊的可能性减小。另外，复合掺加引气剂或者使用引气减水剂也是配制大流动度混凝土、自流平混凝土的技术保证之一。

4.3　流变性

4.3.1　流变学的基本概念与模型

流变学是研究物体流动和变形的科学。在外力作用下物质能流动和变形的性能称为该物质的流变性。流变学的研究对象是理想弹性固体、塑性固体和黏性液体以及它们的弹性变形、塑性变形和黏性流动。

研究材料流变特性时，要研究材料在某一瞬间的应力和应变关系，这种关系常用流变方程表示。由于材料组成和流变特性的多样性，难以用相同的流变方程表示。一般的流变方程都是基于以下三种理想材料的基本模型或流变基元，即胡克（Hooke）体模型（简称 H-模型）、牛顿（Newton）模型（简称 N-模型）和圣维南（St. Venant）体模型（简称 StV-模型）。

H-模型（图 4-9）代表具有完全弹性的理想材料，其表达式如下：

$$\tau = G\varepsilon \tag{4-3}$$

图 4-9　H-模型

式中　τ——剪切应力；

　　　G——弹性模量；

　　　ε——弹性变形。

　　N-模型（图 4-10）代表只有黏性的理想材料，其表达式如下：

$$\tau = \eta(\nu/t) \tag{4-4}$$

式中　τ——剪切应力；

　　　η——黏度系数；

　　　ν——塑性变形；

　　　t——时间。

　　StV-模型（图 4-11）代表超过屈服点或只有塑性变形的理想材料，其表达式如下：

$$\tau = \tau_0 \tag{4-5}$$

式中　τ——剪切应力；

　　　τ_0——屈服剪切应力。

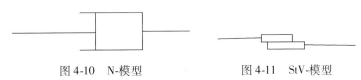

图 4-10　N-模型　　　　　　　图 4-11　StV-模型

　　由此可见，弹性、塑性、黏性和强度是材料的四个基本流变特性，根据这些基本性质可以导出材料的其他性质。

　　胡克固体具有弹性和强度，但没有黏性；圣维南固体具有弹性和塑性，但没有黏性；牛顿液体具有黏性，但没有弹性和强度。严格地说，以上三种理想物质并不存在，而大量物质介于弹、塑、黏性体之间，所以实际材料的流变性质具有上述四个基本流变性质。因此，各种材料的流变性质可用具有不同的弹性模量 G、黏性系数 η 和屈服剪切应力 τ_0 的流变基元，以不同的模型加以表示。

4.3.2　新拌混凝土的流变性模型

　　水泥浆、砂浆和混凝土是介于弹性体、塑性体和黏性液体之间的材料，它们的流变性随着硬化而不断地变化。新拌混凝土是不同粒径的固体粒子（水泥、砂、石）不均匀地分散于水中的多组分材料，它具有弹性、黏性和塑性等特征。物质的流动和变形，实际上可以归结为变形与应力的关系随时间的变化规律。对于混凝土整个生命周期，都可以用弹性、黏性和塑性变化进行描述。

　　新拌混凝土的流变性质可以用宾汉姆（Bingham）体模型来表征，如图 4-12 所示，宾汉姆体模型的结构为牛顿液体模型并联圣维南固体模型，再与胡克固体模型串联而成。

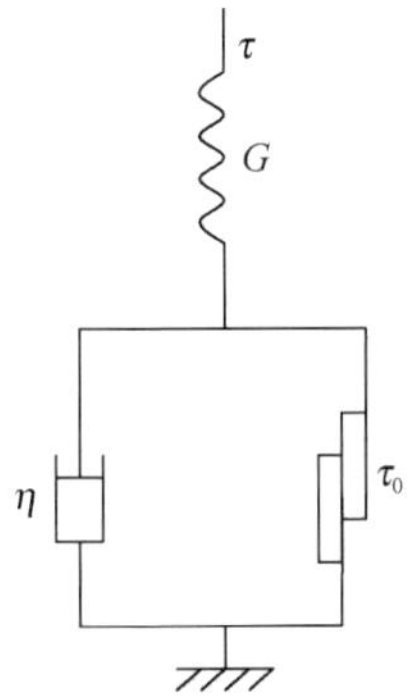

　　宾汉姆体模型的表达式如下：

$$\tau = \tau_0 + \eta(\mathrm{d}r/\mathrm{d}t) \tag{4-6}$$

式中　τ——总剪切应力；

图 4-12　宾汉姆体模型示意图

τ_0——屈服剪切应力；

η——黏度系数；

(dr/dt)——剪切速率。

由式（4-6）可见，在剪切速率一定的情况下，降低初始剪切应力或/和降低黏度系数，都是降低剪切应力的有效措施。对于新拌混凝土来说，只要设法降低浆体的初始剪切应力和/或黏度系数，就可以增加其坍落度和流动扩展度。

4.3.3 新拌混凝土流变性的测试方法

长期以来，人们一直在探寻简便、准确测定高性能混凝土流变特性的试验方法。

吴中伟院士在其专著《高性能混凝土》中，对目前各种探索混凝土流变特性的十几种方法进行了系统梳理，其中比较典型的几种方法如下：

（1）坍落流动度试验。进行坍落度试验时，同时测定拌合物扩展到直径 50cm 时的时间或扩展终了时的时间或扩展直径，根据拌合物的坍落流动度判断其可施工性能。

（2）L——流动试验。根据拌合物的流动速度评价混凝土的黏度，根据流动铺展值评价混凝土的剪应力。

（3）BTRHEOM（叶片式流变仪）。该仪器是由法国路桥实验中心研制，用于测量高性能混凝土流变性能，其原理与旋转黏度计相同，只是将内筒用叶片代替，已用于高性能混凝土的配合比设计。但仪器价格昂贵，且需由经专门训练的人员使用，不便于现场使用。

（4）改良坍落度试验。日本的谷川小组根据坍落度与屈服应力相关性很好的事实，将标准坍落度筒进行改造，测定坍落度与时间的关系曲线，用拌合物坍落的平均速率来表征塑性黏度。美国的 Chiara 对这种装置进行了改良，在坍落度筒中轴位置的棒上装一个可滑动的圆盘，用秒表记录圆盘随拌合物坍落下降到 100mm 时消耗的时间，据此确定的拌合物坍落速率和坍落度值，推算混凝土的屈服应力和塑性黏度。

20 世纪 70 年代，英国 Shefield 大学 Tattersall 首先设计了一台新拌混凝土流变仪。

20 世纪 80 年代，上海建材学院陈健中在 Tattersall 流变仪的基础上自制了一台旋转叶片式流变仪，并用其研究各种工艺因素和减水剂对新拌混凝土流变特性的影响，继而他又研究了泵送混凝土的流变特性，并结合上海杨浦大桥主塔工程研究了高泵程混凝土的流变特性。

旋转叶片式流变仪的工作简图见图 4-13。它由一装料筒 8 和一个旋转的叶片 7 组成，装料筒的直径为 30cm、高为 16cm。电动机 2 通过传动装置使叶片轴 6 旋转，装于料筒中的新拌混凝土被叶片 7 带动而转动。作用于拌合料上的扭矩通过传力件 9 相平衡并传递到传感器 10 上，经动态应变仪 11 和单板机 12，最后由打印机 13 自动将扭矩和转速值打印出来。

试验时拌合料装入料筒后，叶片转速（r/min）由 10、20、30、40 到 50 逐级增大，然后由 50 至 10 逐级减少，得到速度上升阶段和下降阶段的扭矩（T）-转速（N）曲线（图 4-14）。下降阶段的 T-N 曲线符合下列方程：

$$T = g + hN \tag{4-7}$$

式中　g，h——常数。

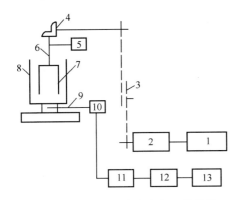

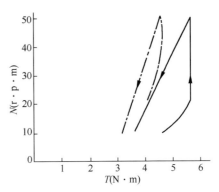

图 4-13　旋转叶片式流变仪工作简图

图 4-14　典型的新拌混凝土流动曲线

1—转速控制器；2—直流电动机；3—链齿；

4—斜齿轮；5—转速器；6—旋转轴；7—搅拌

叶片；8—装料筒；9—传力件；10—传感器；

11—动态应变仪；12—单板机；13—打印机

所测得的扭矩 T 与作用于拌合料的总剪切应力 τ 呈正比，转速 N 与剪切速率（dr/dt）呈正比。因此 g 和 h 分别相当于屈服剪切应力 τ_0 和黏度系数 η ［对照式（4-6）］。用若干种典型的 Bingham 流体以标准的旋转式黏度计测得它们的 τ_0 和 η 值，再用本仪器测得 g 和 h 值，就能找到 τ_0 与 g 以及 η 与 h 的关系式，从而由实测得的新拌混凝土的 g 和 h 值计算得到 τ_0 和 η 值。

在坍落度大于 8cm 时，坍落度与测得的屈服剪切应力有很好的相关性，但与黏度系数的相关性不显著，因此，传统的坍落度实际上表征了屈服剪切应力，但不能反映黏度系数。同时屈服剪切应力值比坍落度反映更灵敏（图 4-15）。在一般的配比条件下，如果屈服剪切应力增大，黏度系数也增大，两者同方向变化；但在某些特殊条件下，两者反方向变化。传统的坍落度试验则无法反映这种变化。用两个流变特征参数比用单一坍落度能更好地表征新

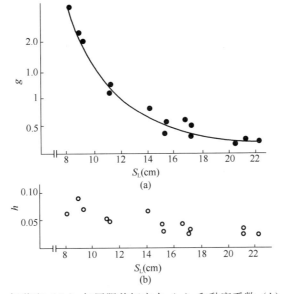

图 4-15　坍落度（S_L）与屈服剪切应力（g）和黏度系数（h）的关系

拌混凝土拌合料的性能。

近年来，瑞典水泥和混凝土研究所也曾致力于新拌高性能混凝土的流变性研究，他们用改进了的同轴式双筒黏度仪，仪器由一个旋转的圆柱形外筒和一个固定的内筒组成，在两个筒之间充填拌合料，同样测定扭矩和转速，其原理与叶片式粘度仪是一样的，但拌合物的石子最大粒径不得大于16mm。

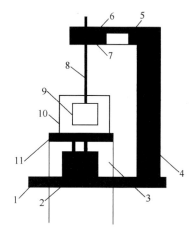

图 4-16　流变仪工作原理图

1—底盘；2—电动机；3—电动机保护壳；
4—空心立柱；5—仪表盘；6—上支架；
7—传感器；8—轴；9—搅拌叶片；
10—装料筒；11—旋转盘

亢景付设计了一种能用于研究高性能混凝土和泵送混凝土流变性能的流变仪，其工作原理如图4-16所示。

装料筒10的直径为30cm，高30cm，用卡销固定在旋转盘11上，交流电动机带动旋转圆盘，转速控制器安装在仪表盘5内，搅拌叶片9与轴8相连，料筒工作时，作用在轴8上的扭矩由传感器7测定，其数据由仪表盘5中的仪表直接读出。该仪器结构紧凑，整体性好，空间占用小，既可用于标准试验室最大集料粒径≤20mm的高性能混凝土、泵送混凝土流变性能研究，又可用于工地试验室的质量控制，还可用于研究拌合物流变性能的经时性变化。在用于工地试验室质量控制时，可根据标准试验室的测试结果，只选择1~2个转速，然后根据传感器的稳定读数变化情况，即可对混凝土的工作性做出评价。

随着现代测试技术的发展，出现了各种各样的新型混凝土流变仪。然而，流变仪的测试还有其缺点和局限性，它适用于坍落度较大的拌合料，对低流动性的拌合料反映不够灵敏；试验用的石子粒径不能太大（不大于16~20mm），否则影响数据的离散性和可取性，因此还不能完全代表工程上用的混凝土。

相较于传统坍落度方法，新拌混凝土流变特性表现出自身的优越性，最适用于对大流动性混凝土、泵送混凝土和各种外加剂作用的试验研究。随着大流动性混凝土和新型外加剂的出现和发展，流变特性的研究将会不断加强和深化。

4.4　可泵性

混凝土从干硬性到流动性，再到大流动性混凝土的演变，为混凝土搅拌、运输和浇筑等工艺革新创造了条件。混凝土施工技术的发展对新拌混凝土的性能提出了许多新的要求，同时也对材料学科提出了许多新的课题。泵送混凝土的发展是一个典型案例。

国外早在20世纪60年代前就已开始混凝土的泵送化施工，欧洲、北美和日本等发达国家和地区对混凝土实行预拌化生产，然后通过带盖卡车或混凝土专用运输车，将混凝土拌合物运送至建筑工地进行浇筑（图4-17）。这样，集中搅拌的混凝土制备工艺，保证了混凝土原材料的统一和计量的准确性，也避免了现场搅拌混凝土产生的粉尘、废水等的污染以及噪声危害。

过去浇筑混凝土普遍采用手推车，对于多层或高层建筑往往采用吊车将装有混凝土拌合物的手推车或吊斗吊送至浇筑部位进行浇筑。而大流动性混凝土的应用，加之混凝土泵送施

图 4-17　过去用卡车运送预拌混凝土进行浇筑

工设备的不断研发，直接带动了泵送混凝土的发展。

严格地说，泵送混凝土与大流动性混凝土有一定区别。大流动性混凝土指流动性较大的混凝土（坍落度 >16cm），对其他性能没有限制。而泵送混凝土对混凝土拌合物的性能要求更全面，泵送混凝土一般要求混凝土具有较好的流动性，且不泌水，含气量符合要求、流动性经时损失小等。在发达国家，将运送至浇筑工地现场的流态混凝土（坍落度 5~8cm），采用加流化剂的方法，搅拌成坍落度大于 18cm 的大流动性混凝土，进行泵送施工浇筑（图4-18）。

在我国，预拌混凝土（商品混凝土）和泵送混凝土在几个沿海城市有了很大的发展。泵送混凝土具有施工速度快、质量高、施工现场占地少等一系列优点，特别适合于高层建筑、大体积工程施工。我国混凝土的垂直泵送高度连创新高，从上海东方明珠电视塔的一次泵送 150m，上海金茂大厦的一次泵送 280m，上海中心大厦工程混凝土主楼核心筒 C60 混凝土泵送 580m，再到天津 117 大厦主塔楼 596.5m 泵送高度，都见证了我国泵送混凝土技术的快速发展。

泵送混凝土是拌合料在压力下沿管道内进行垂直和水平的输送，它的输送条件与传统的输送有很大的不同。因此，对拌合料性能的要求与传统的要求相比，既有相同点也有不同之处。即传统方法设计的有良好工作性（流动性和黏聚性）的新拌混凝土，在泵送时却不一定有良好的可泵性，有时发生泵压陡升和阻泵现象。阻泵和堵泵会造成施工困难，这就要求混凝土学者对新拌混凝土的可泵性做出较科学又较实用的阐述，何为可泵性、如何评价可泵性、泵送拌合料应具有

图 4-18　专用运送车将预拌混凝土运送至现场，添加流化剂改善流动性后泵送施工

怎样的性能、如何设计等，并找出影响可泵性的主要因素和提高可泵性材料设计措施，从而提高配制泵送混凝土的技术水平。

4.4.1 可泵性的概念

在泵送过程中，拌合料与管壁产生摩擦。在拌合料经过管道弯头处遇到阻力，拌合料必须克服摩擦阻力和弯头阻力方能顺利地流动。因此，可泵性实际上就是拌合料在泵压下在管道中移动摩擦阻力和弯头阻力之和的倒数。阻力越小，则可泵性越好。

最理想的测试方法是用一套包括泵和管道的小型模拟设备直接测量泵送压力来评价可泵性的好坏，但显然这种试验方法不适用于现场试验室。正由于此，即使在研究单位装备了这一套设备，其研究结果也很难指导实际施工。也有学者试图用流体力学的基本理论来分析计算拌合料在管道中流动的阻力。然而拌合料不是液体，而是多组分组成的混合物，在输送过程中不可避免地产生离析和泌水，所以在整个输送过程中，材料组成是不均匀的。鉴于此，黄士元等从考察实际泵送过程，总结工地泵送经验，再在实验室进行分析研究，采取常用的简便测试方法来评价可泵性。

在拌合料的组成材料中，只有水是可泵的。泵送过程中压力靠水传递到其他固体组成材料。这个压力必须克服管道的所有阻力，才能推动拌合料移动。在管壁有一层具有一定厚度的水泥浆润滑层，管壁的摩擦阻力决定了润滑层水泥浆的流变性（屈服剪切应力 τ_0 和黏度系数 η）以及润滑层厚度 l，水泥浆流动的速率 V 可用下式表示：

$$V = \frac{\tau - \tau_0}{\eta} l \tag{4-8}$$

式中　τ——泵压施于水泥浆的切应力。

由此可见，如果这一润滑层水泥浆流动性差，润滑层薄，则水泥浆不易流动，或者说阻力太大。由此得到一个结论：为保证可泵性，拌合料必须有足够量的水泥浆，而且水泥浆必须有好的流动性。否则将产生过大的集料与管壁之间的摩擦，大大增加阻力。

观察实际泵送过程，可以发现两种堵泵情况。一种正如上面分析的，由于配合比设计的原因拌合料本身流动性偏小，坍落度偏小、造成阻力太大，泵压不足以推动拌合料前进。这种堵泵现象是很容易理解的。另外一种堵泵现象是经常遇到的。拌合料中有足够的用水量，由于掺加了高效减水剂，坍落度也很大，有的高达 $18 \sim 20cm$，但仍然发生堵泵。黄士元等进行了长时间的实际观察和现场测试，发现堵泵的拌合料压力泌水值都偏高。几个典型的测试数据见表 4-2。

分析表 4-2 的数据可知，拌合料在压力下泌水太多，通到障碍物（如弯头）或在出口处，水脱离了拌合料，回流到后面的料中，压力不能很好地传递到固体颗粒，因此固体颗粒不能顺利移动，造成堵泵。

表 4-2　泵送混凝土现场测试数据

工地	锦沧酒家			沪办大楼	展览北馆		
泌水量（mL）	125	123	159	103	127	115	117
坍落度（cm）	17.7	18	21	16.5	22.3	16.9	16.5
泵送情况	尚可	顺利	有堵泵	顺利	有堵泵	顺利	顺利
泵压（10^5Pa）	160~180	210~220	210~220	140	160~180	160~180	180~190
泵送高度（m）	100	100	100	120	128	130	143

当不能直接用泵压或阻力来表征可泵性时，可泵性可理解为拌合料流变性和黏聚性的综合反映，更实际地说，是拌合料流动性和压力泌水值的综合反映。这与普通混凝土拌合料的和易性概念是相似的，只是拌合料的黏聚性对泵送拌合料的可泵性影响更敏感，泵送混凝土对黏聚性的要求更高。普通混凝土拌合料泌水率的测试方法对泵送混凝土显得不够敏感，不适用于泵送拌合料。

4.4.2　可泵性的评价方法

新拌混凝土的可泵性可用坍落度和压力泌水值双指标来进行评价。

由于普通混凝土泌水率的测试方法不能满足泵送混凝土要求，必须另外设计一种测定压力下泌水值的仪器和方法。

压力泌水值是在一定压力下，一定量的拌合物在一定时间内泌出水的总量，以总泌水量（mL）或单位混凝土泌水量（kg/m³ 混凝土）来表示。混凝土压力泌水仪，主要由压力表、活节螺栓、筛网等部件构成，如图 4-19 所示。其工作活塞压强为 3.0MPa，工作活塞公称直径为 125mm，混凝土容积为 1.66L，筛网孔径为 0.335mm。

将混凝土拌合物装入试筒内，用捣棒由外围向中心均匀插捣 25 次，将仪器按规定安装完毕。尽快给混凝土加压至 3.0MPa，立即打开泌水管阀门，同时开始计时，并保持恒压，泌出的水接入量筒内。加压 10s 后读取泌水量 V_{10}，加压 140s 后读取泌水量 V_{140}。压力泌水率按下式计算：

$$B_p = \frac{V_{10}}{V_{140}} \times 100 \qquad (4-9)$$

式中　B_P——压力泌水率，%；

　　　V_{10}——加压 10s 时的泌水量，mL；

　　　V_{140}——加压 140s 时的泌水量，mL。

结果以三次试验的平均值表示，精确至 0.1%。

压力泌水率比按下式计算，精确到 1%。

$$R_b = \frac{B_{PA}}{B_{PO}} \times 100 \qquad (4-10)$$

式中　R_b——压力泌水率比，%；

　　　B_{PO}——基准混凝土压力泌水率，%；

　　　B_{PA}——受检混凝土压力泌水率，%。

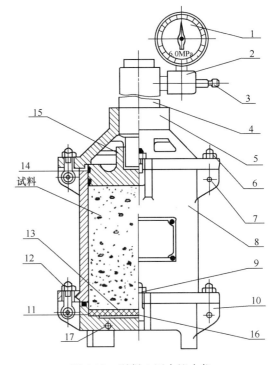

图 4-19　混凝土压力泌水仪

1—压力表；2—三通；3—输油管接头；4—油缸；5—上盖；6—活节螺栓；7—螺栓销钉；8—缸体；9—活节螺栓；10—底座；11—筛板；12—O 型密封圈；13—筛板；14—活塞密封圈；15—活塞；16—孔径为 0.335mm 的筛网；17—泌水管阀门（M10×1t 水阀孔，接 DP-5 型放水阀）

在实验室，可以用模拟方法来验证压力泌水值与摩擦阻力的关系。拌合物放置在一个钢圆筒内，用下千斤顶推动筒体，测量推动一定距离所需的最大的推动力 F，得到压力泌水值与推动力 F 的关系曲线如图 4-20 所示。图中曲线 F_1 是拌合物装筒后即测，曲线 F_2 是拌合物装筒后，用上千斤顶加载至 0.8MPa，持荷 120s，吸去上部泌水后卸荷，再用下千斤顶推动筒体，测得的最大推动力。曲线 F_2 说明，压力泌水一旦过高或过低，摩擦阻力都大。

在现场观察也证实，压力泌水值不能太大，也不能太小。泌水太多，阻力大，泵压不稳定，可能堵泵。但若压力泌水值太小，拌合料黏稠，黏度系数过大，从式（4-8）可见，压力大，也不易泵送。

压力泌水值应有一个合适的范围。实际施工现场测试表明，对用于高层建筑坍落度大于 16cm 的拌合料，压力泌水值在 70～110mL（40～70kg/m³ 混凝土）较合适。对坍落度 10～16cm 的拌合料，合适的泌水量范围相应还小一些。

为了更形象地表示拌合物双指标评价，图 4-21 中的大致范围来划分拌合物的可泵性。1 区表示可泵性好，适合高层泵送；2 区泌水量太小，拌合物偏黏，可泵性不太好；3 区表示泌水量太大，泵压不稳，可能堵泵；4 区适用于较低层泵送。在这 4 个区域外的拌合物都是不适宜泵送的。

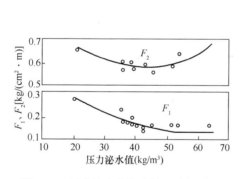

图 4-20　压力泌水值与摩擦阻力的关系

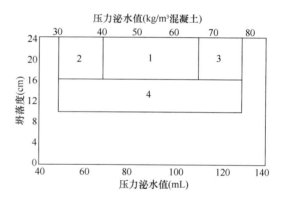

图 4-21　新拌混凝土可泵性评价

4.4.3　泵送混凝土的设计要点

泵送混凝土的设计方法与普通混凝土基本相同，但在用水量和砂率的确定以及外加剂等选择上有其特殊性。

1. 用水量

泵送混凝土设计的目标是在达到工程要求的强度和耐久性的前提下，调节坍落度和压力泌水值，得到最佳的可泵性，同时最大程度地减少水泥用量。水泥用量过大不仅不经济，对硬化混凝土性能也有不利影响，如收缩徐变较大。

混凝土的水灰比由强度和耐久性的要求确定。

拌合物的坍落度根据泵送高度和水平距离确定，可参考表 4-3。如水平运输距离较长，可按一定比率把水平运距折合成垂直高度，这个比率为 8～15，泵送速度越快，这个比率越小。

表 4-3　泵送混凝土拌合物坍落度参考泵送高度来确定

泵送高度（m）	30	30～50	60～100	100～150	>150
坍落度（cm）	10～14	14～6	16～18	18～20	>20

注：泵送高度包括泵送高度以及水平距离的折算高度。

2. 砂率

泵送混凝土对集料级配的要求比普通混凝土更严格，要求集料的堆积空隙率尽量小，因为如集料空隙大，不仅要增加水泥用量，而且容易产生离析，增大粗集料与管壁的摩阻。砂率对泵送混凝土的可泵性有较大影响。细集料的增加（比表面增大）可减小泌水，但同时也降低拌合料的流动性（图 4-22），调整砂率可以调节坍落度和压力泌水值，使两者达到均可接受的最佳值。泵送混凝土砂率一般比普通混凝土大一些，在 0.40～0.44 之间。如粗集料粒径偏小，则取下限值，粗集料偏大，则取上限值。

3. 泵送剂

由于泵送混凝土要求坍落度较大，拌合料中一般都掺加减水剂。由于对泵送混凝土性能的特殊要求，混凝土泵送剂不能简单等同于减水剂，而是在减水剂基础上通过改性而成。

（1）泵送剂的性能要求

为了满足预拌混凝土生产和泵送混凝土施工要求，泵送剂必须满足以下性能要求：

① 减水率。因为泵送混凝土流动性好、坍落度大，泵送剂必须具有一定的减水率。标准要求，当基准混凝土坍落度为 10cm 时，在此基础上掺加泵送剂，坍落度增加值必须在 8cm 或 8cm 以上。

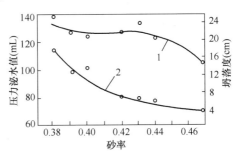

图 4-22　砂率与压力泌水值和坍落度
（SL）的关系
1—砂率与坍落度的关系；
2—砂率与压力泌水值的关系

② 坍落度损失小。掺加减水剂的混凝土一般坍落度损失比不掺的大，而商品预拌混凝土运送至工地浇筑，要经历一段时间，且由于集中化泵送施工，有时运送车尚需等待一段时间才能卸料浇筑，所以，坍落度保持性是衡量预拌混凝土和泵送混凝土的一项重要指标。标准要求，掺加泵送剂的混凝土，当初始坍落度为 21cm 时，其经过 30min 的坍落度损失不得大于 9cm，经过 60min 的坍落度损失不得大于 11cm。一般来说，混凝土坍落度小于 12cm 时就不适合泵送施工了，而水平泵送距离较长，或垂直泵送的混凝土，都需要较好的流动性才能泵送成功，否则容易发生堵泵现象，或者泵送压力过大而使泵管爆裂，影响正常施工。

③ 不泌水、不离析、保水性好。如果混凝土拌合物发生离析、泌水，在泵送过程中很容易出现浆体先行泵出，而集料在某个弯管处堆积的现象，导致泵管内混凝土堵塞。所以混凝土拌合物的保水性和黏聚性必须合格。标准要求，掺泵送剂的混凝土，其常压泌水率不得高于基准混凝土。另外，标准还对泵送剂的压力泌水率比提出了要求。

④ 有一定的缓凝作用。尽管标准对泵送剂的凝结时间差没有进行规定，但由于商品混凝土搅拌后要经历一定时间的运输和等候才能进行浇筑、密实，所以其凝结时间一般要求比普通混凝土延长 1～2h 才合理。另一方面，延缓凝结时间在一定程度上可以降低混凝土的坍

落度损失性，同时可降低水化热，推迟热峰出现，以免产生温度裂缝。

⑤ 有一定的引气性。泵送剂具有一定的引气性，保证泵送混凝土制备过程中引入一定量的微小气泡，一方面可以改善混凝土和易性，减小混凝土泵送过程中与管壁之间的摩擦阻力，防止堵泵现象的发生；另一方面，也有助于改善混凝土的抗冻融循环性能。掺泵送剂的混凝土，要求其含气量在4%左右，但不大于5%。

⑥ 对强度和耐久性的影响。泵送剂均有一定的缓凝作用，特别是对初凝时间有一定的延缓。为满足对混凝土坍落度保留值的要求，泵送剂中通常复配有一定比例的缓凝成分。另外，泵送剂中往往还复配保水剂（增稠剂）这类物质也有一些缓凝作用。泵送剂的缓凝作用使得掺泵送剂的混凝土，其早期抗压强度的发展有所减缓，但后期强度仍能较好、较快地发展。此外，由于具有一定的引气性，掺泵送剂的混凝土，其强度与单纯掺加减水剂的混凝土相比，有一定程度的降低。泵送混凝土由于泵送剂、粉煤灰、矿渣粉的掺加，对耐久性改善非常有利。

（2）泵送剂的分类

由于泵送剂是以减水剂为主进行复配而成的，因此通常泵送剂按减水剂的种类进行分类，具体如下：

① 木质素磺酸盐类泵送剂；

② 萘系高效减水剂类泵送剂；

③ 密胺系高效减水剂类泵送剂；

④ 脂肪族系高效减水剂类泵送剂；

⑤ 氨基磺酸盐系高效减水剂；

⑥ 聚羧酸系高效减水剂类泵送剂等。

泵送剂还可按照其减水效果或塑化效果进行分类，如我国华东地区普遍采用以下分类方法：① 普通型泵送剂，以木质素磺酸盐减水剂为主复配而成；② 中效型泵送剂，以萘系、脂肪族系高效减水剂和木质素磺酸盐减水剂为主复配而成；③ 高效泵送剂，以萘系、脂肪族系或者氨基磺酸盐系高效减水剂为主复配而成；④ 高性能泵送剂，以聚羧酸系减水剂为主复配而成。

如果按照控制坍落度损失的能力进行分类，泵送剂则可以分类为泵送剂和控制坍落度损失型泵送剂。

（3）泵送剂的应用要点

由于泵送混凝土流动性大，并通过泵送施工，因此，具体施工时应注意的方面较多，具体如下：

① 注意泵送剂与水泥/掺合料的适应性，并通过试验验证泵送剂的适用性。

泵送剂成分多，比例变化大，而我国水泥和掺合料品种多，原材料成分复杂。泵送剂与水泥/掺合料的适应性必须引起高度重视。检测部门出具合格证明的泵送剂产品，不一定适合某项具体工程，往往出现减水率不足、泌水、离析，流动性损失过快等现象。必须通过试验，选择合适的泵送剂品种。

② 验证试验必须采用工地现场的原材料，当原材料发生变化，配比变化时，必须再次进行验证试验。

泵送剂对水泥、掺合料、砂石料以及配合比均十分敏感。所以试配和验证试验必须采用工地现场的原材料，当原材料发生变化，配比变化时，必须再次进行验证试验。

③ 泵送剂的品种、掺量应根据环境温度、泵送高度、泵送距离等进行调整。

具体施工时，环境温度、混凝土运送距离、泵送距离、泵送高度等不断变化，混凝土中泵送剂的品种和掺量也应根据这些因素的变化而有所改变，但所有改变均应按照工地现场条件，通过试验来确定。

④ 后添加泵送剂必须经过试验和专人指导、监督。

在不可预测情况下造成预拌商品混凝土流动性损失过大时，可采用后添加泵送剂的方法掺入混凝土搅拌运输车中，必须快速运转，搅拌均匀后，测定坍落度符合要求后方可使用。后添加的泵送剂的量必须预先进行试验确定。

4.5　最早期裂纹

将在后文 6.3.1 节详细介绍塑性收缩的内容。

1. 最早期裂纹

众所周知，混凝土在硬化过程由于干燥脱水引起的体积收缩是混凝土出现裂纹的原因之一，但人们不太注意，某些裂纹在凝结硬化前已经产生了，这是由混凝土塑性收缩引起的。混凝土在浇筑后 3～12h，水泥水化反应激烈，分子链逐渐形成，出现泌水和水分急剧蒸发现象，引起失水收缩变形，此时集料与胶结料之间也产生不均匀的沉缩变形。

产生塑性收缩的原因是泌水和沉降以及水泥-水系统最早期水化引起的化学减缩。当收缩遇到限制产生应力，而在塑性阶段混凝土的强度很低，不足抵抗收缩应力时，就可能产生裂纹。柱子和墙体，在浇筑后几小时内顶面会有所下沉，在下沉受到钢筋或集料大颗粒的限制时会产生水平裂纹。在混凝土板和路面，当表面蒸发失水的速率过快，超过泌水的速率，表面混凝土已相当稠硬，失去流动性，但强度却不足以抵抗塑性收缩受限制而产生的应力时，也会在板面或路面产生相互平行的裂纹，裂纹间距几厘米至 10cm。

2. 早期裂纹的控制及需采取的措施

泌水、沉降和化学减缩都是自发倾向，无法避免，但塑性阶段的裂纹却是可以避免的。产生裂纹的原因主要是失水过快或混凝土凝结过快、塑性收缩和凝结两者速度不协调。

在炎热干燥和大风的气候条件下，最易产生塑性阶段的早期裂纹，因为混凝土表面蒸发太快，此时必须采取相应措施，避免裂纹的产生，这些措施包括：

（1）临时挡风设施，减小混凝土表面的风速；

（2）临时遮阳设施，降低表面温度；

（3）在浇筑与抹面间隔，临时覆盖塑料膜；

（4）尽量缩短浇筑与养护开始之间的时间；

（5）在抹面后立即用湿麻布覆盖、喷雾或用养护剂，减少蒸发。

如使用凝结时间快的水泥或掺有促凝性的外加剂，如收缩补偿水泥、微膨胀剂、促凝剂、含铝高的水泥等，常会出现表面的水平裂纹，这往往是由塑性收缩引起的。这种现象的控制方法是调节混凝土凝结时间，掺加缓凝剂和适当提高水灰比。

思考题

1. 何谓新拌混凝土的和易性？混凝土拌合物的流动性试验检测方法有哪些？
2. 影响新拌混凝土和易性的主要因素有哪些？如何调整新拌混凝土的和易性？
3. 如何评定混凝土黏聚性和保水性？调整黏聚性和保水性的主要措施有哪些？
4. 流变学的基本模型有哪些？新拌混凝土的流变性质可以用哪种模型来表征？
5. 新拌混凝土的可泵性的评价指标有哪些？泵送混凝土的设计要点包括哪些方面？
6. 何谓混凝土的塑性收缩？如何降低混凝土的塑性收缩？

第5章 硬化混凝土的结构

材料的各种性能与其内部结构存在密切关系，材料的内部结构往往决定材料性能，而且常常还可以通过适当地改变材料的内部结构而予以改性。因此，现代材料科学的核心之一是结构与性能的关系。

在混凝土力学性能中有许多似乎难以回答的问题，如混凝土的拉伸破坏为何呈脆性？而压缩破坏时为何具有一定的弹塑性？混凝土各组分材料当分别以单轴压力试验时，直到破坏都保持弹性，而为何混凝土却表现为非完全弹性行为？混凝土的抗压强度为何能较其抗拉强度高一个数量级？水泥用量、水灰比和水化龄期均相同，为何水泥砂浆的强度比混凝土高？当粗集料粒径增大时，为何混凝土强度会降低？即使混凝土所用的集料非常致密，为何混凝土的抗渗性比相应的水泥浆体低一个数量级？混凝土暴露在火中时，为何弹性模量的降低比抗压强度要快得多？

这些问题的解释，只有通过对混凝土中集料相、硬化水泥石以及界面过渡区（interfacial transition zone，ITZ）结构的特性进行分析才能得到回答。在研究混凝土的各种性能（如强度、弹性、收缩、徐变、开裂、耐久性等）时，也必须从混凝土内部结构来认识其内在的因素和变化规律，才能达到改善其性能的目的。

水泥浆体与集料间的界面过渡区，虽然其材料的组成与水化水泥浆体相同，但其结构和性质却不相同。因此，在硬化混凝土的结构中，过渡区结构具有十分重要的意义，对硬化混凝土的许多性能起着十分重要的作用。

5.1　概　述

硬化混凝土的内部结构十分复杂，它具有高度的不均匀性，而且是多相（气相、液相、固相三者兼而有之）、多孔的材料。从宏观来看，可将混凝土视为由集料颗粒分散在水泥浆基体中所组成的两相材料。通过微观测试，则显示出混凝土内部结构的复杂性，不仅前述的两相材料是随机分布且非均匀的；还存在着毛细管、孔隙及其中所含的气和水以及微裂缝等内在的缺陷，对混凝土的性能起着不可忽视的影响。此外，在水泥浆体与集料结合的界面，还存在过渡区。过渡区是围绕大集料周围的一层薄壳，此处的硬化水泥浆体的结构与系统中水泥石或水泥砂浆的结构有明显的不同，根据混凝土配合比、制备、养护、服役及测试方法等不同，其厚度可为十几乃至几百微米，是混凝土性能中的一个薄弱环节。

有关硬化水泥浆体的组成与结构及其表征方法，在第1章中已经做了很详细的阐述。集料相在混凝土中所占的体积为70%～80%，它会对混凝土许多重要性能如强度、体积稳定性及耐久性等产生重要的影响。集料相对混凝土性能所起的作用，不是化学性的，而是物理性的，如表观密度、弹性模量、体积稳定性等。其影响因素是集料的表观密度、强度、粗集料的形状和结构与粒径等。混凝土所用的粗集料尺寸越大，长条或扁平颗粒含量越多，会使混凝土强度降低。关于集料相的结构对混凝土性能的影响，以及不同混凝土工程对集料相的不同要求，已在第2章中做过详细讨论，本章将仅概括介绍，不予赘述。

5.2 集料相结构

集料相主要影响混凝土的单位质量、弹性模量和尺寸稳定性。混凝土的这些性质在很大程度上取决集料的表观密度和强度，而集料的物理特性要比化学特性对其更具有决定性。换句话说，与物理性质，如孔隙的体积、孔径及其分布相比，集料中固相的化学组成或矿物组成通常并不重要。

除孔隙率外，粗集料的形状和构造也会影响混凝土的性能。一般来说，天然卵石呈圆形和具有表面光滑的构造；碎石则构造粗糙，这取决于岩石的类型和选用的破碎设备。碎石可能会含有比例可观的针片状颗粒，它们对混凝土的很多性能都会产生不利影响。由浮石加工的轻集料颗粒呈蜂巢状、多棱角且构造粗糙；但是用膨胀黏土或页岩制成的轻集料则通常为圆形而且表面光滑。

由于比混凝土其他两相的强度高，集料相通常不直接影响普通混凝土的强度，除非是多孔和软弱颗粒，如浮石。然而，粗集料的粒径和形状间接地影响混凝土的强度。混凝土中集料的粒径越大，针片状颗粒所占的比例越大，集料表面集聚水膜的趋势就越强，因此削弱了界面过渡区，这种现象称为微区泌水。

5.3 水泥浆体与集料间的过渡区结构

硬化水泥浆体和集料间的界面过渡区的结构与性能直接影响混凝土的整体性能。

1905年，Sabin开始意识到了水泥基复合材料的界面问题。硬化水泥混凝土浆体中有许多种不同层次的界面，其中包括：①水泥浆体内部各相之间的界面；②水化产物与未水化水泥颗粒之间的界面；③水泥浆体与惰性、潜在活性及活性矿物掺合料之间的界面；④水泥浆体与集料颗粒之间的界面；⑤水泥浆体或砂浆与纤维之间的界面；⑥混凝土与钢筋或预应力钢绞线之间的界面等，所有这些层次的界面都是非常重要的。

20世纪40年代末到50年代中，法国"二战"后建起的大坝、地下结构以及电站等大部分出现严重的开裂，影响了使用。许多专家学者从多方面寻找原因，都没能找到明确答案。后来，Farran等从岩相学、矿物学以及晶体学等多方面调研后发现，问题的关键在于硬化水泥浆体与集料之间的界面区域，即界面过渡区。

混凝土中硬化水泥浆体、过渡区与集料相的示意图，见图5-1。

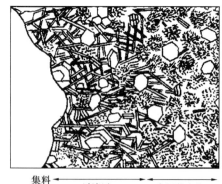

图 5-1 混凝土中水泥浆体本体和过渡区的示意图

5.3.1　过渡区的结构

界面过渡区（ITZ）是指该区域水化产物的组成及形貌与基体组成、结构及分布有所不同，其结构相对疏松，且强度较低，在外界因素的作用下，该区域易出现裂纹。

材料的化学组成和微观结构决定了宏观性能。混凝土的性能也不例外，它取决于两方面因素，一是组成材料，二是这些组成材料之间的相互作用。混凝土可以看成是由水泥石、ITZ 和集料三相组成的，其中 ITZ 是将性质完全不同的水泥浆体和集料两种材料联成一个整体的最重要组成环节，起到桥梁的作用。界面被认为是薄弱环节，是以一些比较显而易见的现象为根据的。由于水膜层或者搅拌时带入空气常在界面留下孔隙，致使界面疏松；水泥混凝土材料无论受压、受拉、受剪、破坏常常首先发生在界面及其附近；水泥混凝土材料，无论是荷载、冷热、干湿等原因引起变形，裂缝常在界面缝开始，延伸贯通直到破坏；界面及其附近常常成为渗透路径，以致降低抗渗性；界面孔缝常常首先引进侵蚀因素而降低耐久性。

事实上，把 ITZ 作为混凝土的一个独立部分，说明其结构和性能与非过渡区的水泥基材存在很大差异，有必要对其开展单独研究。许多混凝土性能方面的现象难以从其他方面寻求解答，却能通过对 ITZ 的分析而得到解释。例如，在相同水胶比、相同水化时间的前提下，水泥砂浆的强度比混凝土的高；混凝土的抗拉强度比抗压强度小一个数量级；随着粗集料粒径的增大，混凝土的强度降低，在遭遇火灾时，混凝土弹性模量比抗压强度降低要快；等等。Mondal 等利用纳米压痕研究了水泥净浆，砂子、石子周围 ITZ 的纳米尺度弹性模量的分布，也证实了 ITZ 的独特结构组成。

由于形成的 ITZ 不是一个明确的区域，而是一个各相梯度分布的过渡区域。它的有效厚度随所研究的微结构特征和水化过程变化。胡曙光等利用能谱仪（EDS）采用线扫描的方式分析了从集料表面到水泥石基体各元素相对含量变化，并由 ITZ 化学成分变化推算出轻集料与水泥石之间的界面厚度为 $20 \sim 30 \mu m$。崔宏志、邢锋等通过傅里叶变换红外光谱学（FT-IR）对轻集料混凝土界面区域的研究可知，轻集料混凝土 ITZ 的厚度为 $25 \sim 30 \mu m$，比普通混凝土 $50 \mu m$ 的 ITZ 厚度减小约 50%。研究也表明随着混凝土集料尺寸的增大，ITZ 厚度越大。吴中伟提出混凝土"中心质假说"和"中心质效应"的概念，把混凝土中的粗集料看作大中心质，认为集料界面的作用是多种性质作用的综合表现，在粗集料和浆体之间存在一个厚度 $50 \sim 100 \mu m$ 的"过渡区"，其结构疏松，对混凝土性能不利，应当减小其厚度、密实其结构，以提高混凝土的性能。采用 BSE 技术分析在混凝土中掺入硅灰后的界面微观形貌表明，掺入硅灰后，混凝土 ITZ 孔隙率和 CH 含量都减少，并且 ITZ 的宽度有所降低，从 $60 \mu m$ 降到 $40 \mu m$。Amir Elsharief 利用 BSE 观测砂浆集料的 ITZ，发现 ITZ 的结构和厚度受水胶比和集料尺寸影响较明显，且 ITZ 的厚度随龄期的增加而减小。贺鸿珠等人研究了水泥浆体-粗集料界面性能的交流阻抗，发现交流阻抗谱方法是测试浆体-集料界面性质及孔隙率变化的一种灵敏而无损的测试方法。贾耀东等使用 xCT 技术对 ITZ 进行了研究，为模拟浆体中的过渡区，水胶比为 0.5 的水泥浆位于 $100 nm$ 厚金箔上方并用载玻片夹紧。试验得出金箔和水泥浆之间形成 ITZ 在金箔和浆体之间存在着宽度为 $10 \mu m$ 的过渡区，孔隙在这里富集。其主要原因为水泥颗粒堆积产生的"边壁效应（Wall effect）"。蒋蕾利用纳米压痕技术和 BSE 技术测试水泥砂浆样品发现，养护 90d

的水泥砂浆中存在厚度为 10~20μm 的 ITZ。与普通水泥浆体相比，此区域中浆体的弹性性能较低，孔隙率较高。Basheer 等研究粗集料对普通硅酸盐水泥混凝土 ITZ 的影响，采用扫描型电子显微镜（SEM）及图形分析了粗集料 ITZ 的微结构，指出随着粗集料所用粒径的增大，ITZ 厚度增大，总的孔隙率也明显增加。

ITZ 形成主要是由于混凝土泌水等因素所致，而混凝土 ITZ 的厚度、强度及弹性模数等也直接影响混凝土的性能。当混凝土受荷载作用时，集料和水泥浆体的弹性模量不同，引发集料和水泥浆体之间的 ITZ 产生应力集中，进而形成裂缝，导致混凝土破坏。DeRooij 用 ESEM 研究了集料与浆体 ITZ 微观结构的演化过程，发现脱水收缩现象是 ITZ 形成的主要原因。在混凝土混合物加水拌和时，集料表明首先生成几微米厚的水膜层。初始阶段水膜层基本不存在熟料粒子。然后浆体和集料的部分离子进入水膜层。在水膜层中最先生成的晶体是 AFt 和 CH。因为此时没有任何约束，晶体长得很大，比远离界面处所生成的晶体大得多，这些晶体生成疏松的网络，并且易于在集料表面定向排列，使晶体孔隙率增大，并有碍于 C-S-H 凝胶与集料的接触。随着难容的 Si^{4+} 和 Al^{3+} 进入水膜层的数量增多，浓度增大而生成第二代晶体填充于网络之中，形成有缺陷的疏松的网络结构集料-基体的 ITZ，见图 5-2。

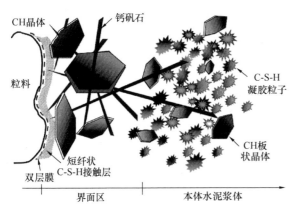

图 5-2　De Rooij 等人（1998 年）提出的 ITZ 结构示意图

水中和等利用扫描电子显微镜（SEM）、电子探针（EPXM）和电子能谱仪（EDXA）对老混凝土集料颗粒和水泥浆体 ITZ 的微观结构特征和成分分布进行研究，指出 Si 在界面区内的含量明显低于其在水泥基体中的含量，这可能是受到其他富 Ca 及富 Fe 等化合物的排斥作用。Al、S 和 Mg 等有时也在 ITZ 聚集，但这些元素的分布是不连续和不均匀的。界面离子浓度及其分布与水膜层的厚度有关。而水膜层的厚度在很大程度上取决于水胶比的大小，它直接影响 ITZ 的性状和结构。界面形成疏松的网络结构，原始裂缝增多变大，界面粘结强度下降，削弱了界面效应。因此，水胶比的变化，对 ITZ 性能的影响是很大的。

对混凝土的研究表明，受集料边壁效应、水化产物的单边生长效应等影响，ITZ 有以下三个特点：①孔隙率、CH 含量以及 CH 晶体取向性均比基体部分的高，未水化水泥的含量比基体部分的要低；②强度、弹性模量比浆体本体的低；③渗透与扩散系数均比基体部分的高。

这些特点决定了 ITZ 强度低，容易引发裂缝，并且裂缝容易传播，从而使 ITZ 成为水泥混凝土中最薄弱的环节。虽然决定界面性质的因素很多，但 CH 的取向和富集形成薄弱层界面是主要物理化学原因之一，它间接反映了界面层的孔结构和致密性。所以要增强界面区尤其是强化最薄弱层，消除和减小界面层与基体间的差异，必须减少 CH 含量，打乱其取向性，减小界面微区的水胶比，降低孔隙率。水泥基材料的碳化过程实际上是 CH、C-S-H、AFt 等水化产物与水、CO_2 反应的过程，ITZ 中水化产物的这些特点会对碳化反应产生不同于基体的影响。ITZ 的高孔隙率、扩散性等微结构特点会对传输过程产生重要影响。

5.3.2　过渡区对混凝土性能的影响

1. 对混凝土力学性能的影响

混凝土界面过渡区的粘结强度较低，成为混凝土中薄弱环节的重要体现，可视之为混凝土的强度极限相。

马一平等采用自行设计的劈裂抗拉强度试验方法（图 5-3），研究了提高普通混凝土中水泥石与集料界面粘结强度的途径。水泥石与集料界面粘结强度通过 2cm×2cm×2cm 的试件劈裂抗拉强度来衡量，界面粘结试件制作时，切割 2cm×2cm×1cm 石材，先用砂纸将石材磨光作为界面粘结面，然后将磨光的石材装入 2cm ×2cm×2cm 试模的一侧，再在试模另一侧浇筑经机械搅拌的水泥净浆，界面粘结面为垂直的面取向，经小刀插捣、手工振动刮平后，在标准养护室静养 1d 后拆模，继续标养至所要求龄期，取出进行劈裂抗拉强度测定。采用下式计算劈裂抗拉强度：

$$f_{ts} = \frac{2F}{\pi L^2} \qquad (5\text{-}1)$$

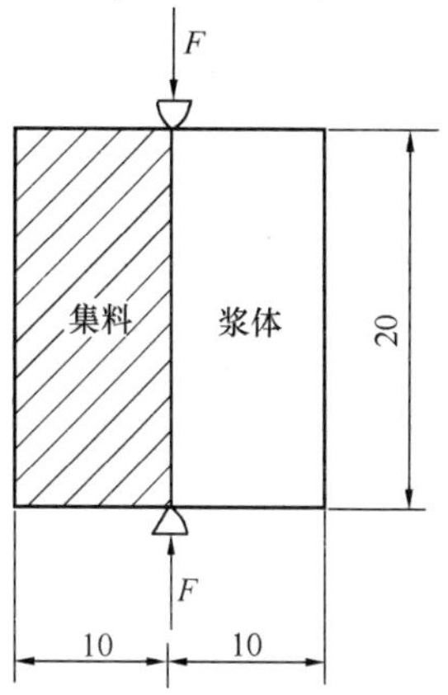

图 5-3　混凝土劈裂抗拉
强度测试图

式中　f_{ts}——劈裂抗拉强度，MPa；

　　　F——破坏荷载，N；

　　　L——试件边长，mm。

在硬化混凝土的结构中，由于过渡区的强度低于水化水泥浆体和集料相，因此，使混凝土在承受比水化水泥浆体和集料强度低得多的荷载作用下而破坏。

由于过渡区存在微裂缝，在荷载作用下，微裂缝扩展而引起混凝土破坏。因此，混凝土在受荷载后至破坏的过程中呈现出非弹性行为。在拉伸荷载作用下，微裂缝的扩展比压荷载作用更迅速。因此，混凝土的抗拉强度十分显著地低于抗压强度，且呈脆性破坏。

过渡区结构中存在的孔隙体积和微裂缝，对混凝土的刚性与弹性也有很大的影响。过渡区在混凝土中起着水泥砂浆基体和粗集料颗粒间的搭接作用，因该搭接作用的薄弱，不能较好地传递应力，故混凝土的刚性较小，特别是在暴露于火或高温环境中，由于微裂缝的扩展更激烈，使混凝土的弹性模量比抗压强度降低得更快、更多。

2. 对混凝土部分碳化区形成的影响

混凝土碳化过程中会形成 3 个 pH 值渐变的区，即完全碳化区、部分碳化区、未碳化区。未碳化区混凝土的 pH 值大约是 12.5，完全碳化区混凝土的 pH 值为 8.5，相当于饱和溶液值，部分碳化区 pH 值为 8.5～12.5，而这一部分即未完全碳化区。这是对碳化过程机理的又一重要认识，给修正经典的碳化模型又提供了一个重要影响参数，因此众多学者对此进行了研究。Parrot 发现碳化前沿并不是一个明显锐利的碳化前端，而是不光滑的，很多学者也发现了这一现象。由于钢筋的脱钝 pH 值在 11.5 以下，因此部分碳化区钢筋表面也会发生脱钝现象，这对准确预测钢筋脱钝时间有重要意义。

从碳化机理分析，部分碳化现象是碳化反应速度跟不上 CO_2 的扩散速度的最终结果，而引起两者速度差异的是孔隙溶液的饱和度。当外界湿度较大时，混凝土内部靠近表面的孔隙饱和度较大，CO_2 的扩散速率较慢，而碳化反应较快。随着 CO_2 的传输，内部孔隙饱和度降低，使得扩散速率快于反应速率，多余的 CO_2 来不及碳化，形成部分碳化区。

根据常用的碳化深度预测模型

$$X_c = K\sqrt{T} \qquad\qquad (5\text{-}2)$$

式中　X_c——混凝土碳化深度，mm；

　　　K——碳化系数，是反映混凝土碳化速度快慢的综合参数；

　　　T——碳化时间，年；

根据式（5-2）可知，在时间一定的情况下，碳化深度与碳化系数相关，即与碳化速率有关。因此，可以用界面碳化深度的比值确定界面碳化速率的比值。

根据部分碳化区的形成机理分析，界面的孔结构及其饱和度应该更有利于 CO_2 扩散，因为其孔隙率和孔径是基材部分的数倍，Shane 指出 ITZ 的最大孔隙率约是基体孔隙率的 3 倍，同时也有研究表明界面处氯离子扩散速率是基材的数倍；因此界面处 CO_2 的扩散速度也应该是基材部分的数倍；因此有理由推断，界面的扩散也是形成部分碳化区的重要原因，且很有可能是集料周围部分碳化区的影响范围叠加，形成了部分碳化区，其形成模型如图 5-4 和图 5-5 所示。

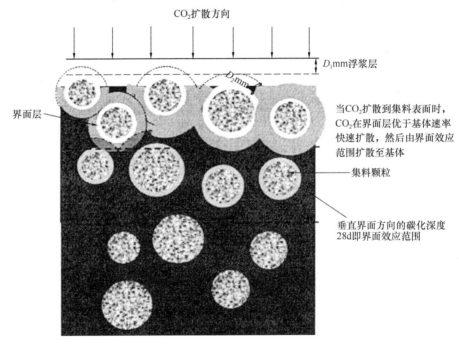

图 5-4　CO_2 在界面层的快速扩散

注：深色表示未碳化的酚酞显色，浅色表示部分碳化的酚酞显色，白色表示完全碳化的酚酞显色。

3. 对混凝土传输的影响

界面过渡区性质同样也是影响介质在混凝土中传输过程的重要因素。Andreas Leemann 等认为界面过渡区是决定混凝土传输性能和耐久性的主要方面，但该研究没有从微观层面上阐释界面与基材在孔隙率上的差别而导致传输不同的原因。而关于界面过渡区和逾渗对水泥基材料传输性能的影响也早有报道。Shah 和 Delagrave 等指出在水化水泥基体中集料对混凝

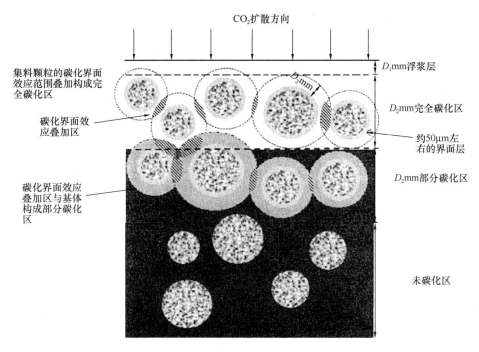

图 5-5 碳化 3 个区的形成

注：为了区别已碳化的界面层与界面效应圈基体，将本阶段完全碳化区和部分碳化区已经完全碳化的界面层显示灰色。

土的稀释和曲折效应降低了混凝土的渗透性能，然而界面过渡区和逾渗作用却会提高混凝土的渗透性能。孙国文试验研究表明界面区特殊的微观结构增加了传输性能，界面区效应要大于其曲折和稀释效应。吴凯、施惠生等试验结果也表明在高集料体积掺量或较小粒径分布条件下，界面过渡区对氯离子传输的增加效应，将大于由集料稀释效应和迁曲度增加对氯离子传输的限制效果。高礼雄指出集料增多对混凝土孔隙率的提高起着重要作用，当集料的体积分数超过 50% 时，对传输性能的影响也发生显著变化。

赵艳林等研究了集料对扩散的影响。相对于纯砂浆，混凝土中粗集料加入改变了扩散路径的方向和长度，使之变得弯曲，增加了路径长度。而且集料集合体分布特性的改变会导致扩散路径长度和迁曲度发生变化，从而改变扩散的速度。集料的含量越高，集料颗粒数量越多，扩散路径就越曲折，扩散速度也越慢。Nyame 就集料对混凝土渗透性的影响进行了研究，得到以下结论：随着集料掺量的增加，界面区对混凝土渗透性的影响加大，而集料吸收了浆体的部分水，导致浆体本身渗透性降低。郑建军等应用计算机模拟研究了混凝土界面面积分数和渗流阈值，引入周期性边界条件，提出了混凝土细观结构的静态模拟方法结合 Monte Carlo 数值积分，获得了界面面积分数。通过数值分析发现，界面面积分数随着界面厚度的增加而增大，但随着最大集料直径的增大而减小，而且集料级配对界面面积分数也有很大的影响。

总结发现，集料存在对传输的四个作用：稀释效应、曲折效应、ITZ 效应和逾渗效应。一般而言，稀释效应和曲折效应降低了混凝土的传输性能，而 ITZ 效应和逾渗效应提高了混凝土的传输性能。

5.4 著名学者有关硬化混凝土结构的论述

本章概述中提出的硬化混凝土的结构，即硬化混凝土的结构由三部分组成：①水化水泥浆体；②集料；③水泥混凝土浆体和集料间的界面过渡区，这是根据美国著名混凝土材料研究学者 P. K. Mehta 教授按硬化混凝土的三个组分来阐明和讨论硬化混凝土的结构及其对混凝土的影响。

我国水泥基材料科学奠基人吴中伟教授和黄蕴元教授则从另一个角度研究和讨论了硬化混凝土的结构及其对混凝土的影响。吴中伟教授提出的是"中心质假说"，而黄蕴元教授提出的论述是"四个结构层次"。

5.4.1 中心质假说

早在 20 世纪 50 年代中期，吴中伟教授提出了"中心质假说"，阐明并改进混凝土的组成结构以提高其性能。在该论述中，对孔缝结构与界面有其独特的见解。

该论述将混凝土作为一种复合材料，混凝土是由各级分散相分散在各级连续相中而组成的多相聚集体。"中心质假说"将各级分散相命名为中心质，将各级连续相命名为介质。中心质与介质根据尺度各分为大、次、微三个层次，即大中心质、次中心质、微中心质和大介质、次介质、微介质。

大中心质包含各种集料、掺合料、增强材料、长期残存的未水化的水泥熟料；次中心质是粒度小于 $10\mu m$ 的水泥熟料粒子，属过渡性组分；微中心质是水泥水化后生成的各种晶体，包括 I、II 型 C-S-H 纤维状和网状结晶。大介质是大中心质所分散成的连续相，其中有结构膜层；次介质是次中心质所分散成的连续相，其中有水化层；微介质是微中心质所分散成的连续相，III、IV 型 C-S-H、尺寸较小的不规则形的粒子与结构水及吸附水均可视为该级的连续相。混凝土组成结构的"中心质假说"的图解如图 5-6 所示。

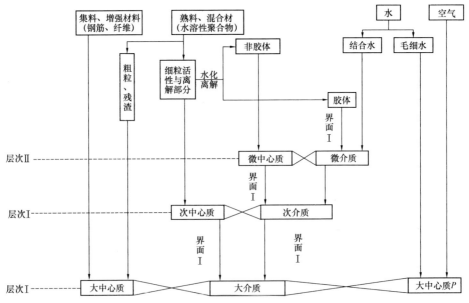

图 5-6 混凝土组成或结构的"中心质假说"

从图 5-6 可以看到,该假说把孔、缝这种特殊的分散相也列为中心质。由于其性质与功能不同于其他中心质,因此命名为负中心质 P。在三个层次的中心质与介质间均有各自的界面区,即界面 I、II、III。

该图解实际上就是混凝土组成结构的模型。为得到最优化的混凝土组成结构,应使水泥基材料的性能得到充分的发挥,从而得到一个最终结构模型,该模型是在一定的实验基础上,通过抽象、判断、推理而得来的,可用以描述和解释并据以改进各种水泥基材料的性能。因此,不仅具有理论意义,也具有实际应用价值。

混凝土的理想结构模型应体现最优化的混凝土组成结构,可概括为以下几个要点:

(1)各级中心质(分散相)以最佳状态(均布、网络、紧密)分散在各级介质(连续相)之中。在中心质与介质间存在着过渡区的界面,是渐变的非匀质过渡结构组成的区域,结构组成的排列顺序为中心质—界面区—介质。

(2)网络化是中心质的特征。各层次的中心质网络构成水泥基材料的骨架。各级介质填充于各级中心质网络之间。强化网络骨架是提高水泥基材料性能的一个必要条件。

(3)界面区保证中心质与介质的连续性。因此,界面区的优劣决定了水泥基材料的强度、韧性、耐久性、整体性与均匀性的优劣。界面区不是水泥基材料中的薄弱部分,因为其作用是将中心质的某些性能传给介质,而是有利于网络结构的形成和中心质效应的发挥。强化界面区是提高水泥基材料性能的又一个必要条件。

(4)各种尺度的孔、缝也是一种分散相,分布在各级介质之中,因此,也是中心质。尺度较大的孔(毛细孔)对强度等性能不利,也不参加构成网络。因此,对其尺度与含量应加以限制。但是,它在水泥基材料中还起着补给水分与提供水化物空间的有利作用。孔的有利作用过去很少提及。但吴中伟教授对此一直很重视,认为孔在水泥基材料中的存在,除有利于水化外,对开发轻质高强、提高抗裂性与耐久性(如抗冲密、抗冻融等)的水泥基材料有重要的研究价值。

在上述要点中,吴中伟教授对界面与孔所提出的观点是十分值得重视的。

对中心质网络化、界面区组成结构和中心质效应的含义及其作用,分别阐述如下:

(1)中心质网络化。中心质网络不仅包括各种金属增强材料与金属增强材料在水泥基材料中形成的大中心质网络骨架,还有不同尺度、不同性质的纤维增强材料在水泥基材料中形成的大中心质与次中心质网络;聚合物在混凝土中所形成的次中心质网络;无宏观缺陷(MDF)材料中大量未水化水泥熟料粒子间充满的聚合物与水化反应生成的相互交错的网状物所形成的次中心质与微中心质网络;聚合物与水泥两相间的化学键合作用形成的两相互穿网络结构而成为次中心质与微中心质网络以及各种水化产物形成的针、柱状结晶相互组成的微中心质网络。

(2)界面区组成结构。界面区通过强化,能够具有比介质更好的物理力学性能。因此,强化界面区是提高水泥基材料各种性能的关键。人们对界面区的认识,总是认为界面区是薄弱环节,总是研究如何减少或削弱其影响。而从中心质假说的观点,吴中伟教授提出:通过界面化学键合作用与中心质效应叠加作用,能够强化界面结构,从而提高水泥基材料的均匀性与整体性。认为在这方面具有很大的潜力,应深入地研究中心质效应,不仅界面区本身可以形成网络,还可设想通过中心质效应来建立中心质的网络。

(3)中心质效应。在中心质假说中提出了中心质效应的概念。因为大中心质效应对整个体系的形成、发展与性能起着重要的作用，它能够改善大介质的某些性能，使在效应范围（或称为效应圈）内的大介质得到强化，如强度、密实度等都得到十分显著的提高。中心质效应与界面区有密切的关系，薄弱的界面区会阻断或削弱中心质效应的发挥。界面区性能越好，中心质效应也越能得到发挥，使有效效应距（效应半径）增大，效应的叠加作用也能得到加强，对中心质的网络化也有利。

当中心质的间距小于有效效应距时，由于效应圈互相重叠，就能产生效应叠加作用，使界面得到进一步强化，并使水泥基材料的有关性能得到显著的提高。

图 5-7 表示不同中心质间距的效应叠加作用。

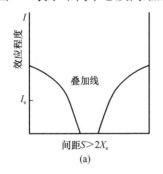 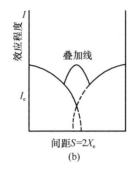 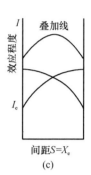

图 5-7　中心质间距与效应叠加作用
（a）S 中心质间距；（b）I_e 有效效应程度；（c）X_e 有效效应距

从图 5-7（a）中可见，当中心质间距大于 2 倍有效效应距时，就不存在效应叠加作用，因此，大介质与界面区的性能不均匀。而在该图 5-7（c）中，当中心质间距等于或小于有效效应距时，大介质处于效应叠加作用的范围内，其性能就均匀并得到明显的提高。

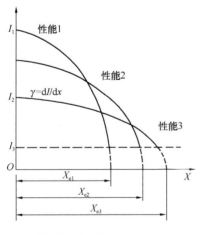

图 5-8　中心质效应三要素

在中心质效应的研究中，可用 3 个量来描述效应的变化，称为效应三要素，见图 5-8。

图中的效应程度 I 是反映界面处效应的大小，主要取决中心质的表面物理、化学性能与变形性能等。

图中的效应梯度 γ 是反映效应程度随界面距而变化（递减）的梯度，主要取决界面区性质的优劣。

图中的有效效应距 X_e 是反映中心质效应所能明显达到介质的有效范围。

效应程度、效应梯度与有效效应距即为中心质效应的三要素。不同的中心质，由于其性能的不同，三要素也不相同，见图 5-8 中的性能 1、性能 2、性能 3。

吴中伟教授在中心质假说中特别强调并重视负中心质对混凝土结构及其性能的作用。认为在混凝土结构中必然存在的作为特殊分散相的孔、缝，不仅是混凝土结构的缺陷，当孔、缝的尺度超过一定范围时，对混凝土的许多性能，如强度、刚度、变形性能等力学行为及抗渗、抗冻、耐蚀等耐久性，起"负作用"（因此在"中心质假说"中命名为负中心质），还必须看到孔、缝对混凝土结构及性能还具有积极的作用：

① 孔、缝既能为水泥的继续水化提供水源及供水通道，又可成为水化产物生长的场所，从而为混凝土结构及其性能的发展创造条件。

② 由于混凝土中形成了各种中心质的网络骨架，因此荷载、干湿、温度等外界因素的作用，并非完全反映为外形体积的变化，而可能更多地反映在孔、缝的变化。

③ 尺寸较小的孔、缝，不但对混凝土的某些性能如强度、在一定水压下的抗渗性无害，而且对轻质、隔热及抗冻性有一定的益处。

④ 可利用孔、缝网络来改善混凝土结构，如用聚合物浸渍形成大中心质网络。

需加以说明的是，凝胶微晶间孔与内孔不属于负中心质，而应属于微介质。

负中心质就其形成及发展的过程而言，可分为原生孔缝和次生孔缝两种。原生孔缝是混凝土在制备过程中即已形成并在养护后即已存在的孔缝。次生孔缝是在混凝土养护结束后，在使用过程中，由于荷载、温度变化、化学侵蚀等外界因素以及内部的化学与物理化学变化的继续，在已硬化的混凝土中所产生的新孔缝。而次生孔缝往往是原生孔缝的引发、延伸和扩展所形成的。

形成原生孔缝与次生孔缝的原因有以下几种：

① 由原材料带入或制备过程中混入的气泡，表现为原生大孔。

② 由外加剂如引气剂、减水剂等所引入的气泡，表现为原生大孔。

③ 多余的拌合水所留下的孔，表现为原生大孔或毛细孔。

④ 大中心质周围的水膜所形成的孔，表现为原生大孔。

⑤ 次中心质周围的水膜所形成的孔，表现为原生大孔或毛细孔。

⑥ 水泥水化过程中的减缩（称化学收缩）引起的孔，表现为原生或次生的毛细孔或过渡孔。

⑦ 水化产物结晶转变所留下的孔。如钙矾石，在石膏消耗完毕后转变为单硫型，这是由于单硫型硫铝酸钙体积变小而形成的孔，表现为原生或次生的毛细孔。

⑧ 次中心质水化后留下的 Hadley 孔（因由 Hadley 发现而命名的孔）。这是水泥熟料颗粒完全水化并干缩后所余留的孔，表现为次生的细孔。

⑨ 由于外界条件，如荷载、干缩、冷缩，所引起的孔缝，表现为次生的大孔及毛细孔。这是负中心质变化最主要也是最常见的原因。

在外界各种化学和物理化学因素以及各种侵蚀因素的作用下，混凝土将发生收缩或膨胀体积变形。其中，大中心质变化甚微，大介质、次中心质、次介质、微中心质及微介质的变化也不显著，而变化最大的是负中心质。凡引起收缩或膨胀的各种因素均能导致负中心质的发生与变化。因此，在混凝土变形的研究中，负中心质也是一个重要方面，混凝土一些性能的变化与波动也与负中心质的变化有关。

负中心质在外界因素（荷载、温度、湿度等）作用下所发生的变化有两个发展趋势：第一个发展趋势是裂缝从大中心质向大介质延伸发展；第二个发展趋势是裂缝从次中心质向次介质延伸发展。

负中心质如同中心质一样，能形成网络分布，概括为以下几个方面：

① 从原生孔缝引发扩展为次生孔缝，所有孔缝贯穿分布在整个系统中，形成负中心质网络。

② 从大中心质界面缝引发延伸向大介质并贯穿大介质中的孔缝，与邻近的大中心质界

面缝连通，组成了这一部分的负中心质网络。

③ 次中心质界面缝引发延伸向次介质并贯穿次介质中的孔缝，与邻近次中心质界面缝连通，组成另一部分的负中心质网络。

负中心质的网络分布表明了混凝土中所存在的缺陷，随着负中心质的变化和网络分布的发展，混凝土的强度等性能逐渐降低。但是，在一定程度内，混凝土的强度等性能不受负中心质变化的影响或影响甚微。其原因主要是：①各级中心质网络结构的骨架作用、各级介质在骨架中的填充作用以及中心质效应的增强作用，是混凝土强度及其他性能的主要保证。②在一定尺度以下的负中心质对混凝土的某些性能不起或很少起负作用。③某些负中心质对混凝土某些性能起有益的作用。如在混凝土中引入大量均匀分布的 $50 \sim 200 \mu m$ 的气泡，可改善混凝土的抗冻性、新拌混凝土的和易性，并可减少用水量以补偿由于气泡的存在所造成的强度损失。

在负中心质的变化中，还包括孔缝减少的变化，如：①在中心质效应发挥得充分时，可使其周围的水膜消除。②新生成的水化产物能堵塞部分孔缝，尤其是混凝土中含有膨胀组分时程中新生成的钙矾石结晶可通过膨胀而填充部分孔缝。

减少负中心质的数量及其尺寸是提高混凝土强度及几项主要性能的有效措施，用聚合物浸渍，填充了孔缝，可显著改善混凝土的一些主要性能。此外，由于大中心质界面缝既削弱了大中心质效应，又成为引发次生裂缝的起源，因此，减少大中心质的水膜层及其界面缝的来源是减少负中心质的主要方法，使用高效减水剂不失为一项重要措施。再则，提高次中心质的分散程度和水化程度也是减少负中心质的重要方法之一。在混凝土中由于多余水分所留下的孔缝，部分将会被水泥水化产物所填充，孔隙率也会随着水化程度的提高而逐渐降低，这就是所谓的裂缝自越现象。若在混凝土中掺有膨胀剂或配制膨胀混凝土，则减少负中心质的效果，更显著。

根据中心质假说的理论，混凝土最终结构的形成将是组分变化与中心质效应的结果，表现为网络化的各级中心质分布在各级介质之中。在中心质与介质接触部位存在着过渡层的不均匀结构。中心质网络构成了整个结构的骨架，而过渡层则使结构形成整体。因此，研究中心质网络与过渡层，是改进混凝土最终结构和提高混凝土主要性能的关键。

中心质假说，不仅适用于混凝土，也同样适用于高强、特高强水泥基材料与纤维增强水泥材料，通过改进其结构组成，从而提高其性能。该论述已为钢纤维增强水泥基材料、聚合物水泥混凝土以及高强、特高强混凝土的配制工艺提供了理论基础。

5.4.2 硬化混凝土的四个结构层次

黄蕴元教授根据材料的结构特征把硬化混凝土结构特征分为原子-分子、细观、粗观和宏观四个层次。通过混凝土不同层次上的结构与力学行为关系的研究，掌握其规律，从而在设计混凝土工艺过程中，可在混凝土不同的结构层次上按指定要求，分别从组分、结构及界面对混凝土进行综合设计，并可对混凝土进行改性或预测混凝土在特定条件下的使用寿命。

四个结构层次是按照在光学显微镜下能见到的结构单元尺度来划分的。原子-分子尺度在物理、化学上的概念已很清楚，不需评述。细观层次的尺度为 $10nm \sim 1mm$。在此层次上研究的内容为：硬化水泥浆体的孔隙率、晶体与胶体的比例（晶胶比）和不同相之间的界面诸因素。粗观层次的尺度为 $1mm$ 到几厘米。以粗集料与水泥砂浆基材的界面作为主要结构参数。而砂浆中的大孔、砂-水泥浆体的界面和裂缝，反映了细观 – 粗观层次上的结构特征，而宏观层次则是工程结构单元尺度。

对硬化混凝土的结构进行多层次的研究，以弹性模量、抗压强度、断裂能和脆性作为研究的主要力学行为的参数，可得出如下一些基本概念：

（1）在混凝土的原子-分子、细观和粗观诸层次上，组分、结构和界面在不同方面和不同程度上影响其宏观力学性质。其综合影响，则决定了整体混凝土的宏观力学行为。所谓力学行为就是材料发生变形和断裂的全部特征和过程。

（2）所谓"结构"，实际上是不同的键和结构元的集合，主要是不同键和界面的集合，而界面实际上是离子、分子或微晶体等组成的过渡区。从混凝土的结构形成到结构破损的整个过程中，始终贯穿界面的形成、转移和消失，而且还会发生双电层的形成、转移和消失。

（3）能量是贯通所有结构层次的共同物理量，它也是确定组分-结构-界面-性能关系的主要媒介。混凝土的抗拉强度是其单位体积内界面能的函数。

（4）键和结构元的集合总是统计性的，因而其一般性质也应是统计性的。

（5）如果在应力作用下，应变能不能转变而及时消散，或者不在变形时的晶形转变中被消耗，又不发生其他能耗，裂缝就会产生并使该应变能转变为表面能、棱边能和棱角能。其中表面能是主要的，并会储存在整个材料体系中，影响其力学行为。

（6）如果混凝土在所受的应力下，不同层次的组分、结构和界面，能自动转变至对抗力更为合适的状态，则其抗变形性及强度就能提高。

（7）孔隙不仅在粗观层次也在细观层次影响混凝土的力学行为。孔的尺寸和形状在这种影响中起重要的作用。孔不能被认为仅是混凝土中的一个无质量的空洞。在小孔所成的细缝中，两孔壁间的范德华力及其他长程力将影响混凝土的力学行为。

黄蕴元教授关于硬化混凝土的结构划分为四个层次的理论，促进了按使用要求与使用寿命来进行混凝土材料力学行为的综合设计，并把混凝土工艺理论在结构层次上和混凝土强度理论相适应。在 20 世纪的 80 年代，就已建立起包括不同结构层次的组分、结构等多参数的混凝土强度理论。水泥石的强度与孔结构的关系可用下式表示：

$$\sigma_c = \left[K_1 K_2^{(K_3 + K_4) \approx 3} \right] \cdot \left[K_2^{K_3(W-1)} (1-P)^{K_2 W + K_4} \right] \cdot \left(\frac{1-P}{1+2P} \right) \tag{5-3}$$

| 水泥石的潜在强度，决定于原子-分子层次的组分结构 | 微观-细观层次的孔结构对强度的影响 | 有软包体的多相分散体系中，在细观-粗观层次上的应力集中对强度的影响 |

式中　σ_c——水泥石强度；

　　　　P——总孔隙率；

　　　　W——孔隙的相对比表面积；

　$K_1 \sim K_4$——材料常数，由试验确定。

以水灰比为控制参数的宏观强度理论，长期以来是以孔隙率对强度的影响来理解的。而式（5-3）所揭示的，不但是孔隙在各个层次对强度所起的作用，而且除了总孔隙率 P 以外，还有孔径分布（式中以 W 来体现）以及在分子层次里的潜力起作用。

由于把硬化混凝土四个结构层次的研究作为混凝土工艺理论的科学基础，因此，就具有较大的实用意义。通过改变各个不同结构层次上的组分、结构与界面，已经得到了一系列具有特殊物理力学性能的混凝土。

（1）通过增加硬化水泥浆体中硅酸盐阴离子团的聚合度、即在原子-分子层次上改变其组分-结构-界面，能制备出增聚硅酸盐水泥材料，其抗压强度可达344.0MPa，而其脆性指数较低，仅为0.63。

（2）通过改变界面间键的性质来改变原子-分子层次上的组分-结构-界面，在普通水泥浆体中加入适量的有机外加剂，能改变集料和胶粘剂之间键的性质，因而明显地影响所制备的混凝土的强度和脆性。选用适当的外加剂及掺量，已得到具有高折/压比（抗折强度与抗压强度的比值）的混凝土，其折/压比为1/4。

（3）为了改变细观层次上的组分-结构-界面，在20.3MPa压力下，将聚合物浸渍到干燥的水泥砂浆的微裂缝和微孔中进行聚合，所制备的聚合物浸渍混凝土（PIC）具有204.0MPa的超高强抗压强度，在破坏时带有爆裂性质的高脆性。

（4）由部分干燥工艺制成的聚合物浸渍混凝土，是在细观层次上改变组分-结构-界面的又一种情况。此时，微裂缝部分被水充填，而后又被浸渍的聚合物封口，两层填充网络同时存在于材料中，因此使混凝土具有高度的气密性。已用该材料制成φ300mm、工作压力为1.52MPa的混凝土输气管。

（5）通过同时改变原子-分子及细观层次上的组分-结构-界面，制备的聚合物浸渍聚合物水泥混凝土（PIPCC）材料，其中原子-分子层次上的变化是由键的性质改变所致。而在细观层次上的变化则是由聚合物浸渍所致。此种材料的抗压强度可达100.0MPa，而其脆性仅相当于抗压强度为30.0~40.0MPa的普通混凝土及砂浆。

（6）保持硬化水泥浆体中的总孔隙率不变，通过孔的比表面积的变化，可以改变细观层次上的组分-结构-界面。经研究，不仅已明确了孔的尺寸和形状在细观层次上的作用，以及在粗观层次上对浆体强度的影响，还得到了临界比表面积。超过该临界比表面积值时，总孔隙率对强度即不产生影响。

（7）为了在粗观层次上改变普通水泥混凝土的组分-结构-界面，改变粗集料的表面性质，随之也就改变了水泥浆体-集料界面的性质。所获得材料具有中等抗压强度和低脆性。

为提高或改善混凝土的性能，就必须对硬化混凝土的结构有充分的了解，在此基础上，才能寻求并获得对混凝土进行改性的技术途径，并进一步做到按指定性能进行混凝土材料结构设计。

思考题

1. 试按硬化混凝土组分来阐明和讨论硬化混凝土的结构。

2. 混凝土界面过渡区是如何形成的？过渡区的强度主要受哪些因素的影响？

3. 研究界面特征时有哪些实验技术手段？

4. 混凝土界面过渡区对混凝土整体性能有哪些影响？如何对其进行改性研究？

5. 再生混凝土的界面过渡区与普通混凝土相比，有什么特点？改善再生混凝土界面过渡区有哪些措施？

6. 到目前为止，有哪些关于硬化混凝土结构的经典论述？

第6章　混凝土的力学性能

如同其他工程材料一样，强度和变形是混凝土的两项主要力学性能。混凝土强度是工程设计和质量控制的重要依据，而且混凝土的其他一些重要性能，如弹性模量、致密性等都与强度有密切的关系。混凝土由于各种因素所产生的变形，会导致混凝土产生复杂的应力和内应力而引起混凝土结构开裂甚至破坏。

6.1　抗压强度及其主要影响因素

普通混凝土作为一种广泛应用的建筑结构材料，强度是混凝土最主要的技术性质。混凝土的强度包括抗压、抗拉、抗弯和抗剪等，其中抗压强度最大，故混凝土主要用来承受压力。混凝土的抗压强度与各种强度及其他性能之间有一定相关性，因此混凝土的抗压强度是结构设计的主要参数，也是混凝土质量评定的指标。

6.1.1　混凝土的抗压强度

混凝土的抗压强度是指标准试件在压力作用下直至破坏时单位面积所能承受的最大应力。

采用标准试件方法测定其强度是为了能使混凝土强度有可比性，依据《混凝土物理力学性能试验方法标准》（GB/T 50081—2019）的规定，将混凝土拌合物制作成边长为150mm的立方体试件，在标准条件（温度20℃±2℃，相对湿度95%以上）下，养护到28d龄期，测得的抗压强度值为混凝土立方体试件抗压强度（简称立方体抗压强度），以f_{cu}表示，单位是N/mm²即MPa。

混凝土标准试件为边长150mm的立方体，也可按粗集料最大粒径选用非标准尺寸的试件，如边长分别为200mm和100mm的两种非标准立方体试块，非标准立方体试块的抗压强度为读数值乘以尺寸换算系数，见表6-1。

表6-1　混凝土立方体尺寸选用及换算系数

集料最大粒径（mm）	试件尺寸（mm×mm×mm）	尺寸换算系数
31.5及以下	100×100×100	0.95
40	150×150×150	1.00
60	200×200×200	1.05

确定混凝土抗压强度通常采用立方体试件。但是，在实际结构中，混凝土的受压形式是棱柱体或圆柱形。所以，为了符合工程实际，在结构设计中混凝土受压构件的计算采用混凝土的轴心抗压强度f_{cp}。

轴心抗压强度的测定采用150mm×150mm×300mm棱柱体作为标准试件。试验表明，

轴心抗压强度 f_{cp} 比同截面的立方体强度 f_{cu} 值小。棱柱体试件的高（h）和宽（a）的比值——高宽比（h/a）越大，轴心抗压强度越小，但当 h/a 达到一定值后，强度就不再降低。但是过高的试件在破坏前由于失稳产生较大的附加偏心，又会降低其抗压的试验强度值。试验表明：在立方抗压强度 $f_{cu} = 10 \sim 55\text{MPa}$ 的范围内，轴心抗压强度 f_{cp} 与立方抗压强度 f_{cu} 之比为 $0.70 \sim 0.80$。

6.1.2 混凝土的强度等级

1. 立方体抗压强度标准值

立方体抗压强度只是一组混凝土试件抗压强度的算术平均值，并未涉及数理统计和保证率的概念。而立方体抗压强度标准值（$f_{cu,k}$）是按数理统计方法确定，具有不低于 95% 保证率的立方体抗压强度。

2. 混凝土强度等级

混凝土的"强度等级"是根据"立方体抗压强度标准值"来确定的。例如，C30 表示混凝土立方体抗压强度标准值，$f_{cu,k} = 30\text{MPa}$。

按照国家标准《混凝土结构设计规范（2015 年版）》（GB 50010—2010），混凝土强度等级应按立方体抗压强度标准值确定。立方体抗压强度标准值是指按标准方法制作和养护的边长为 150mm 的立方体试件，在 28d 龄期用标准试验方法测得的具有 95% 保证率的抗压强度，以 $f_{cu,k}$ 表示。普通混凝土划分为十四个强度等级：C15、C20、C25、C30、C35、C40、C45、C50、C55、C60、C65、C70、C75 和 C80。混凝土强度等级是混凝土结构设计、施工质量控制和工程验收的重要依据。不同的土木工程及部位需采用不同强度等级的混凝土，一般有一定的选用范围。

3. 混凝土强度等级选用范围

土木建设领域根据结构与功能设计要求，常采用不同强度等级的混凝土，在我国混凝土工程目前水平情况下，一般选用范围如下：

（1）C10 ~ C15——用于垫层、基础、地坪及受力不大的结构；

（2）C20 ~ C25——用于梁、板、柱、楼梯、屋架等普通钢筋混凝土结构；

（3）C25 ~ C30——用于大跨度结构、要求耐久性高的结构、预制构件等；

（4）C40 ~ C45——用于预应力钢筋混凝土构件、吊车梁及特种结构等，用于 25 ~ 30 层；

（5）C50 ~ C60——用于 30 ~ 60 层以上高层建筑；

（6）C60 ~ C80——用于高层建筑，采用高性能混凝土；

（7）C80 ~ C120——采用超高强混凝土于高层建筑。

6.1.3 影响混凝土抗压强度的因素

影响混凝土抗压强度的因素很多，可从原材料因素、生产工艺因素及试验因素三方面讨论。

1. 原材料因素

（1）水泥强度

水泥强度的大小直接影响混凝土强度的高低。在配合比相同的条件下，所用的水泥强度等级越高，制成的混凝土强度也越高。试验证明，混凝土的强度与水泥的强度呈正比关系。

（2）水灰比

当用同一种水泥（品种及强度相同）时，混凝土的强度主要决定于水灰比。因为水泥水化时所需的结合水，一般只占水泥质量的 23% 左右，但在拌制混凝土拌合物时，为了获得必要的流动性，试验加水量为水泥质量的 40%~70%，即采用较大的水灰比。当混凝土硬化后，多余的水分或残留在混凝土中形成水泡，或蒸发后形成气孔，使得混凝土内部形成各种不同尺寸的孔隙，这些孔隙削弱了混凝土抵抗外力的能力。因此，满足和易性要求的混凝土，在水泥强度等级相同的情况下，水灰比越小，水泥石的强度越高，与集料粘结力也越大，混凝土的强度就越高。如果加水太少（水灰比太小），拌合物过于干硬，在一定的捣实成型条件下，无法保证浇灌质量，混凝土中将出现较多的蜂窝、孔洞，强度也将下降。

大量试验表明，混凝土强度与水灰比、水泥强度等级等因素之间保持近似恒定的关系。一般而言，混凝土强度，随水灰比的增大而降低，呈曲线关系；而混凝土强度和灰水比呈直线关系。

一般采用下面直线型的经验公式来表示：

$$f_{cu} = \alpha_a f_{ce}\left(\frac{C}{W} - \alpha_b\right) \tag{6-1}$$

式中　C/W——灰水比（水泥与水质量比）；

　　　f_{cu}——混凝土 28d 抗压强度，MPa；

　　　f_{ce}——水泥 28d 抗压强度实测值，MPa；

　　　α_a、α_b——回归系数，与集料的品种、水泥品种等因素有关。

回归系数 α_a、α_b 应根据工程所使用的水泥、集料，通过试验由建立的水灰比与混凝土强度关系式确定；当不具备上述试验统计资料时，其回归系数可按表 6-2 选用。

表 6-2　回归系数选用表

系数	碎石	卵石
α_a	0.46	0.48
α_b	0.07	0.33

对于 C60 以上等级的混凝土，水灰比（水胶比）与抗压强度之间的线性关系不够明显，不宜简单套用混凝土强度计算公式。

（3）集料的种类、质量和数量

水泥石与集料的粘结力除了受水泥石强度的影响外，还与集料（尤其是粗集料）的表面状况有关。碎石表面粗糙，粘结力比较大，卵石表面光滑，粘结力比较小。因而在水泥强度等级和水灰比相同的条件下，碎石混凝土的强度往往高于卵石混凝土。

当粗集料级配良好，用量及砂率适当，能组成密集的骨架使水泥浆数量相对减小，集料的骨架作用充分，也会使混凝土强度有所提高。

（4）外加剂和掺合料

混凝土中加入外加剂可按要求改变混凝土的强度及强度发展规律，如掺入减水剂可减少拌和用水量，提高混凝土强度；如掺入早强剂可提高混凝土早期强度，但对其后期强度发展无明显影响。超细的掺合料可配制高性能、超高性能的混凝土。

2. 生产工艺因素

这里所指的生产工艺因素包括混凝土生产过程中涉及的施工（搅拌、捣实）、养护条件、养护时间等因素。如果这些因素控制不当，会对混凝土强度产生严重影响。

（1）施工条件——搅拌与振捣

在施工过程中，必须将混凝土拌合物搅拌均匀，浇筑后必须捣固密实，才能使混凝土有达到预期强度的可能。机械搅拌和捣实的力度比人力强，因而，采用机械搅拌比人工搅拌的拌合物更均匀，采用机械捣实比人工捣实的混凝土更密实。强力的机械捣实可适用于更低水灰比的混凝土拌合物，获得更高的强度。

改进施工工艺可提高混凝土强度，如采用分次投料搅拌工艺、采用高速搅拌工艺、采用高频或多频振捣器、采用二次振捣工艺等都会有效地提高混凝土强度。

（2）养护条件

混凝土的养护条件主要指所处的环境温度和湿度，它们是通过影响水泥水化过程而影响混凝土强度。混凝土一般的养护方式有以下四种：

① 标准养护——是指将混凝土制品在温度为（20±5）℃，相对湿度大于95%的标准条件下进行的养护。评定强度等级时需采用该养护条件。

② 自然养护——是指对在自然条件（或气候条件）下的混凝土制品适当的采取一定的保温、保湿措施，并定时定量向混凝土浇水，保证混凝土材料强度能正常发展的一种养护方式。

③ 蒸气养护——是将混凝土材料在小于100℃的高温水蒸气中进行的一种养护。蒸气养护可提高混凝土的早期强度，缩短养护时间。

④压蒸养护——是将混凝土材料在8~16个大气压下，175~203℃的水蒸气中进行的一种养护。压蒸养护可大大提高混凝土材料的早期强度。但压蒸养护需要的蒸压釜设备比较庞大，养护能耗高。

养护温度较低，早期强度较低；反之，温度较高，早期强度较高，但对后期强度有不利影响。另外，潮湿的环境有利于水泥水化，促进强度增长，故混凝土需潮湿环境养护。

养护环境温度高，水泥水化速度加快，混凝土早期强度高；反之亦然。若温度在冰点以下，不但水泥水化停止，而且有可能因冰冻导致混凝土结构疏松，强度严重降低，尤其是早期混凝土应特别加强防冻措施。为加快水泥的水化速度，可采用湿热养护的方法，即蒸气养护或蒸压养护。

湿度通常指的是空气相对湿度。相对湿度低，混凝土中的水分挥发快，混凝土因缺水而停止水化，强度发展受阻。另一方面，混凝土在强度较低时失水过快，极易引起干缩，影响混凝土耐久性。一般在混凝土浇筑完毕后12h内应开始对混凝土加以覆盖或浇水。对硅酸盐水泥、普通水泥和矿渣水泥配制的混凝土浇水养护不得少于7d；使用粉煤灰水泥和火山灰水泥，或掺有缓凝剂、膨胀剂或有防水抗渗要求的混凝土浇水养护不得少于14d。

（3）龄期

龄期是指混凝土在正常养护条件下所经历的时间。在正常养护条件下，混凝土强度将随着龄期的增长而增长。最初7~14d内，强度增长较快，以后逐渐缓慢。但在有水的情况下，龄期延续很久其强度仍有所增长。

混凝土的强度随龄期而增长的情况与水泥相似。

在标准养护条件下，混凝土强度与龄期的对数间有较好相关性，可采用下面的关系式：

$$R_t = A\lg t + B \tag{6-2}$$

式中　A，B——为试验常数；

　　　R_t——表示龄期为 t 天时的强度。

为推算不同龄期的混凝土强度，有各种经验公式，常用如下：

对数公式：
$$R_n = R_{28} \cdot \frac{\lg n}{\lg 28} \tag{6-3}$$

斯拉特公式：
$$R_{28} = R_7 + kR_7^{\frac{1}{2}} \tag{6-4}$$

式中　R_n——n 天龄期混凝土的抗压强度，MPa；

　　　R_{28}——28d 龄期混凝土的抗压强度，MPa；

　　　R_7——7d 龄期混凝土的抗压强度，MPa；

　　　n——龄期天数，$n \nless 3$；

　　　k——系数，1.9 ~ 2.4，可由平时积累的资料确定。

普通水泥制成的混凝土，在标准条件养护下，龄期不小于 3d 的混凝土强度发展大致与其龄期的对数呈正比关系。因而在一定条件下养护的混凝土，可按下式根据某一龄期的强度推算另一龄期的强度。

$$\frac{f_n}{\lg n} = \frac{f_a}{\lg a} \tag{6-5}$$

式中　f_n、f_a——龄期分别为 n 天和 a 天的混凝土抗压强度；

　　　n、a——养护龄期，d，$a > 3$，$n > 3$。

3. 试验因素

在进行混凝土强度试验时，试件尺寸、形状、表面状态、含水率以及加荷速度等试验因素都会影响混凝土强度试验的测试结果。

（1）试件形状尺寸

测定混凝土立方体试件抗压强度，也可以按粗集料最大粒径的尺寸而选用不同试件的尺寸。但是试件尺寸不同、形状不同，会影响试件的抗压强度测定结果。因为混凝土试件在压力机上受压时，在沿加荷方向发生纵向变形的同时，也按泊松比效应产生横向膨胀。而钢制压板的横向膨胀较混凝土小，因而在压板与混凝土试件受压面形成摩擦力，对试件的横向膨胀起着约束作用，这种约束作用称为"环箍效应"。"环箍效应"可视为将混凝土单轴受压破坏转为多轴受压，进而对混凝土抗压强度有提高作用。离压板越远，"环箍效应"越小，在距离试件受压面约 0.866α（α 为试件边长）范围外这种效应消失，这种破坏后的试件形状如图 6-1 所示。

在进行强度试验时，试件尺寸越大，测得的强度值越低。这包括两方面的原因：一是"环箍效应"；二是由于大试件内存在的孔隙、裂缝和局部较差等缺陷的概率大，从而降低了材料的强度。

（2）表面状态

当混凝土受压面非常光滑时（如有油脂），由于压板与试件表面的摩擦力减小，使"环箍效应"减小，试件将出现垂直裂纹而破

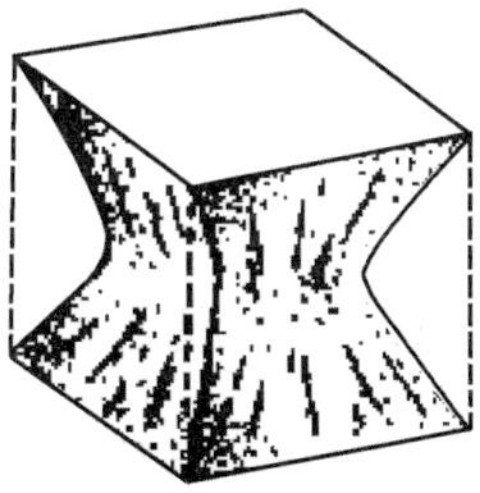

图 6-1　混凝土受压破坏

坏，测得的混凝土强度值较低。

（3）含水程度

混凝土试件含水率越高，其强度越低。

（4）加荷速度

在进行混凝土试件抗压试验时，加荷速度过快，材料裂纹扩展的速度慢于荷载增加速度，故测得的强度值偏高。在进行混凝土立方体抗压强度试验时，应按规定的加荷速度进行。

综上所述，通过对混凝土强度影响因素的分析，提高混凝土强度的措施有：采用高强度等级水泥；降低水灰比；采用有害杂质少、级配良好、颗粒适当的集料和调整砂率；采用合理的机械搅拌、振捣工艺；保持合理的养护温度和一定的湿度，可能的情况下采用湿热养护；掺入合适的混凝土外加剂和掺合料。

6.1.4 提高混凝土抗压强度的措施

1. 选用高强度水泥和低水灰比

水泥是混凝土起胶凝作用的主要组分，在相同的配合比情况下，所用水泥的强度等级越高，混凝土的强度越高。水灰比是影响混凝土程度另一重要因素，试验证明，水灰比增加1%，则混凝土强度将下降5%，在满足施工和易性及混凝土耐久性要求条件下，尽可能降低水灰比和提高水泥强度，这对提高混凝土的强度是十分有效的。

2. 掺用混凝土外加剂

在混凝土中掺入减水剂，可减少用水量，提高混凝土强度；掺入早强剂，可提高混凝土的早期强度。在混凝土中掺入矿物外加剂（如磨细矿渣、粉煤灰、硅灰、沸石粉等），可以节约水泥，降低成本；减少环境污染，改善混凝土诸多性能。

3. 采用机械搅拌和机械振捣成型

采用机械搅拌、机械振捣成型的混合料，可使混凝土混合料的颗粒产生振动，降低水泥浆的黏度和集料的摩擦力，使混凝土拌合物转入液体状态，在满足施工和易性要求条件下，可减少拌和用水量，降低水灰比。同时，混凝土混合物被振捣后，它的颗粒互相靠近，并把空气排出，使混凝土内部孔隙大大减少，从而使混凝土的密实度和强度大大提高。

4. 采用湿热处理

湿热处理可分为蒸气养护和蒸压养护两类。混凝土经 16~20h 的蒸气养护后，其强度即可达到标准养护条件下 28d 强度的 70%~80%。

蒸压养护混凝土在 175℃ 温度和 8 个大气压的蒸压釜中进行养护。主要适用于硅酸盐混凝土拌合物及其制品。

6.2 混凝土的其他强度

6.2.1 混凝土的劈裂抗拉强度

混凝土是一种脆性材料，在受拉时很小的变形就要开裂，它在断裂前没有残余变形。

混凝土的抗拉强度只有抗压强度的 1/10~1/20，且随着混凝土强度等级的提高，比值降低。混凝土在工作时一般不依靠其抗拉强度。但抗拉强度对于抗开裂性有重要意义，在结构设计中抗拉强度是确定混凝土抗裂能力的重要指标，有时也用它来间接衡量混凝土与钢筋的粘结强度等。

混凝土抗拉强度采用立方体劈裂抗拉试验来测定，称为劈裂抗拉强度 f_{ts}。该方法的原理是在试件的两个相对表面的中线上，作用着均匀分布的压力，这样就能够在外力作用的竖向平面内产生均布拉伸应力（图6-2），混凝土劈裂抗拉强度应按下式计算：

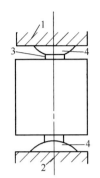

$$f_{ts} = \frac{2P}{A\pi} = 0.637\frac{P}{A} \tag{6-6}$$

式中　f_{ts}——混凝土劈裂抗拉强度，MPa；

　　　P——破坏荷载，N；

　　　A——试件劈裂面面积，mm^2。

图 6-2　混凝土劈裂抗拉试验示意图

1—上压板；2—下压板；3—垫层；4—垫条

6.2.2　混凝土的弯拉强度

混凝土的弯曲抗拉强度试验采用 150mm × 150mm × 600mm 或 150mm ×150mm ×550mm 的梁形试件，按三分点加荷方式加载。由于混凝土是一种非线性材料，因此，混凝土的弯曲抗拉强度大于轴心抗拉强度。

依据《公路水泥混凝土路面设计规范》（JTG D40—2011）的规定：混凝土的设计强度以龄期为 28d 的弯拉强度为标准。各交通等级混凝土路面要求的混凝土设计弯拉强度不得低于表 6-3 中的规定。当混凝土浇筑后 90d 内不开放交通时，可采用 90d 龄期强度。其值一般可按 28d 龄期强度的 1.1 倍计。

表 6-3　混凝土设计弯拉强度

交通等级	特重	重	中等	轻
设计弯拉强度 f_{cm}（MPa）	5.0	5.0	4.5	4.0

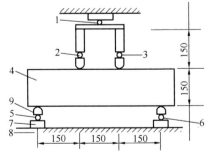

图 6-3　抗折强度试验装置图
（单位：mm）

1，2，6—一个钢球；3、5—二个钢球；
4—试件；7—活动支架；8—机台；
9—活动船形垫块

混凝土弯拉（抗折）强度试验试件为 150mm × 150mm ×550mm 直角棱柱体小梁，采用三分点处双点加荷（图6-3）。

混凝土弯曲抗拉强度可按下式计算：

$$f_c = \frac{PL}{bh^2} \tag{6-7}$$

式中　f_c——混凝土弯曲抗拉强度，MPa；

　　　P——破坏荷载，N；

　　　L——支座间距，mm；

　　　b——试件截面宽度，mm；

　　　h——试件截面高度，mm。

6.3　混凝土的变形

混凝土在硬化和使用过程中，由于受物理、化学等因素的作用，会产生各种变形，这些变形是导致混凝土产生裂纹的主要原因之一，从而进一步影响混凝土的强度和耐久性。按照是否承受荷载，混凝土的变形性可分为以下两大类：混凝土在非荷载作用下的变形和混凝土在荷载作用下的变形。混凝土在非荷载作用下的变形主要包括塑性收缩、化学收缩、干燥收缩、自收缩、碳化收缩和温度变形等；而混凝土在荷载作用下的变形主要包括混凝土受压变形以及混凝土在长期荷载作用下的变形等。

Serge Lepage 等研究表明，水胶比为 0.25 及 0.30 的高性能混凝土在龄期不超过 1d 时就出现网状裂纹。当水灰比为 0.3，水泥用量为 450kg/m³ 时混凝土在成型后前 24h 内的自收缩占 28d 龄期时自收缩总量的 63% 左右。根据宫泽伸君等的试验结果也可得出，水灰比为 0.4 时自收缩占总收缩的 40%；水灰比为 0.3 时自收缩占 50%；水灰比为 0.17 时自收缩占 100%。即水胶比越低，自收缩所占的比例就越大。这说明 HPC 比普通混凝土在早期更容易发生塑性收缩裂缝和自收缩裂缝。如果仍按常规试验方法测算，测得的收缩量并不是真实值。

早期的混凝土，其凝结硬化程度低，抗压强度小，抗拉强度更小，较大的变形在受到约束时很容易引起开裂。因此，早期开裂主要是混凝土早期收缩所致。早期收缩又包括了多种形式，如水泥浆体的早期化学收缩，混凝土的早期自收缩、表面塑性收缩、温度收缩、干燥收缩等。这些均对混凝土的体积稳定性以及抗裂性能构成了直接影响，也是影响混凝土使用寿命的关键问题。

6.3.1　塑性收缩

混凝土在浇筑后 4～15h，水泥水化快速消耗、泌水和水分急剧蒸发等，引起失水收缩变形，是在混凝土初凝过程中发生的收缩。此时集料与砂浆、净浆之间也产生不均匀的沉缩变形，都发生在混凝土终凝前，即混凝土仍处于塑性阶段，故称为塑性收缩。混凝土塑性收缩导致集料受压、水泥胶结体受拉，故其即可使水泥石与集料结合紧密，又可使水泥石产生裂缝。塑性收缩的大小约为水泥绝对体积的 1%。

混凝土表面发生塑性收缩受凝结时间、环境温度、相对湿度、混凝土温度及水灰比等因素影响。

塑性收缩可用排液法、排液称重法或者机械仪表测量。前两种方法适用于观测水泥浆体和砂浆的塑性收缩，而混凝土拌合物的塑性收缩则可用第三种方法测量。对于塑性收缩测试方法，各国研究者都根据具体研究情况进行设计，主要侧重于在模拟环境条件下测试砂浆及混凝土的水分损失，第一条裂缝的出现时间，裂缝宽度及长度、条数、面积，即采用现象描述的方法。

Almussalam 的研究采用 450mm × 450mm × 20mm 模具对掺不同火山灰质材料（粉煤灰、硅灰、高炉矿渣）的混凝土早期塑性收缩变形进行了系统的试验研究。结果表明：尽管掺了火山灰质材料的混凝土早期塑性裂缝的产生要迟于基准混凝土，但其开裂面积要大于基准混凝土；另外掺火山灰质材料的混凝土的泌水要明显小于基准混凝土。

Dale P. Bentz 以及 Paul J Monteiro 等对矿物掺合料的掺入混凝土，对混凝土早期塑性收缩开裂的影响进行了试验研究，其结论认为粉煤灰等矿物掺合料的掺入会导致塑性收缩增大。而对此问题，国内研究者认为粉煤灰并不一定会导致塑性收缩的增大，当水胶比在 0.36 以下时，粉煤灰的掺入可以减小混凝土的塑性收缩变形，其减缩机理在于粉煤灰的中心质效应圈的影响。

6.3.2　化学收缩

水泥水化后，固相体积增加，但水化前水泥和水的绝对体积之和却有所减少的现象，即为化学收缩（或水化收缩）。所有的胶凝材料水化以后都有这种减缩作用，这是由于水化反应前后胶凝材料的平均密度不同造成的。表 6-4 列出了水泥中不同矿物及矿物掺合料发生水化或二次水化作用前后的体积变化情况。可见，当使用不同品种的水泥及不同矿物掺合料时，所组成胶凝材料体系的化学减缩是不一样的。有研究表明，无论就绝对值或相对速度而言，硅酸盐水泥中四种矿物产生化学收缩的顺序均为：$C_3A > C_4AF > C_3S > C_2S$，根据一般硅酸盐水泥的矿物组成计算，每 100g 水泥完成水化时产生的减缩总量为 $7 \sim 9cm^3$。

表 6-4　每 100g 不同矿物水化反应前后的体积变化

种类	体系绝对体积（cm^3）		体积变化率（%）	
	反应前	反应后	体系	固相
硅灰	128.39	116.79	-9.04	-9.04
粉煤灰	137.72	114.26	-16.98	-3.68
矿渣	72.66	62.97	-13.34	+29.8
$C_3A \rightarrow AFt$	282.0	264.66	-6.15	+129.6
C_3S	55.53	52.57	-5.33	+65.06
$C_3A \rightarrow C_3AH_6$	72.90	55.56	-23.79	+68.90
C_2S	51.41	50.39	-1.98	+65.27

水泥的化学收缩可通过计算估出。假定水泥中各组分都完全反应，根据水泥矿物组分和水化产物的分子量与密度分别计算 C_3S、C_2S、C_4AF、C_3A、MgO 各矿物的化学收缩结果见表 6-5。

表 6-5　水泥中各矿物组分完全水化的化学收缩

矿物组分	C_3S	C_2S	C_4AF	MgO	$C_3A \rightarrow AFt$	$C_3A \rightarrow AFm$	$C_3A \rightarrow C_3AH_6$
化学收缩	0.0532	0.04	0.1113	0.1114	0.2842	0.1118	0.1785

由此可得，100g 水泥完全水化所产生的化学收缩为：

$$CS = (0.0532[C_3S] + 0.04[C_2S] + 0.1113[C_4AF] + 0.1114[MgO] +$$
$$0.2482[C_3A]AFt + 0.118[C_3A]AFm + 0.1785[C_3A]水石榴石) \times 100$$

式中，$[C_3S]$，$[C_2S]$，$[C_4AF]$，$[MgO]$ 分别表示水泥中 C_3S，C_2S，C_4AF，MgO 的含量；$[C_3A]AFt$，$[C_3A]AFm$，$[C_3A]$水石榴石分别表示反应生成 AFt、AFm、水石榴石的

C_3A 占水泥中的比例。

化学收缩与水泥的组成有关。硅酸盐水泥中各矿物的化学收缩按大小顺序依次为 $C_3A > C_4AF > C_3S > C_2S$。其中，$C_3A$ 的收缩约为 C_3S 和 C_2S 的 3 倍，约为 C_4AF 的 4.5 倍。C_3A 含量越大，水泥的收缩越大。此外，水泥中的石膏含量，即 SO_3 含量也影响其体积变化。

Tawaza. E. Miyazawa. S 等人利用自行设计的试验装置，对纯水泥浆体因水化引起的化学收缩进行了试验研究，结合水化方程式计算进一步定量分析了水泥中各单矿物的化学收缩值，并以 C_2S 的反应过程为例，计算了 C_2S 在充分水化条件下所产生的体积收缩变形率，得出其最终化学收缩率为 10.87%；同时对其所采用的化学收缩测试方法进行了有效性分析，并指出其测试方法存在的不足。Pierre Mounanga 将水泥石中的 $Ca(OH)_2$ 含量以及早期的化学收缩变形结合起来考虑，建立了相应的半经验模型，可以用来预测纯水泥浆体中的 $Ca(OH)_2$ 含量和化学收缩变形，并通过试验来验证了此经验模型的有效性。Dale. P. Bentz 也从水泥浆体的水化模型方面研究了水泥基材料的化学收缩，并将水泥石强度、化学收缩大小以及水化热等因素结合起来进行了系统的分析。但这些研究资料都是对于纯水泥浆体的早期化学收缩变形进行的较系统的研究，对于掺入不同掺合料及相应的化学收缩模型还有待进一步深入研究。

化学收缩测试方法有重量法、排液法、加胶囊或透气膜的改进型排液法等。

混凝土的化学收缩是不可恢复的，收缩量随混凝土硬化龄期的延长而增加，一般在 40d 内逐渐趋向稳定。混凝土的化学收缩值很小（小于 1%），对混凝土结构物没有破坏作用，但在混凝土内部可能产生微细裂缝。化学收缩是不能恢复的。

6.3.3　自收缩

在恒温绝湿条件下，混凝土初凝后因胶凝材料的继续水化引起自干燥而造成的混凝土宏观体积的减少，称为自收缩，它是由于化学作用而引起的收缩。无论水灰比的大小，只要在外界水无法满足胶凝材料继续水化时，自收缩就可产生于任何混凝土中。自收缩随着混凝土水灰比的降低以及硅灰的掺入而增大。对于高性能混凝土，随着其水灰比的降低，自收缩所占的比例增大。混凝土自收缩的大小与水灰比、掺合料的活性、水泥细度等因素有关。

一般情况下，水泥继续水化会引起两种收缩，一种是化学收缩；另一种是自收缩。产生自收缩必然产生化学收缩，但反之则未必。自收缩不包含温度变化、湿度变化、外力或外部约束及介质的侵入等引起体积变化，在早期包括化学收缩、凝缩和自干燥收缩。化学减缩并不引起混凝土宏观体积的变化，仅仅增加了孔隙的体积，体积变化可以通过水化反应方程式根据反应物和生成物的质量和比重计算获得。自收缩虽然也是由于水泥的水化反应引起的，但与化学收缩存在概念上的本质区别。可以认为，混凝土的自收缩与化学减缩存在相互联系，但绝不是同一概念，且两者之间也不存在简单对应关系。

有研究表明，自收缩与硬化水泥浆体内孔的相对湿度存在一定的关系。在水泥浆呈流态时，不能支撑由化学收缩产生的浆体内部的孔隙，从而表现为外部体积的收缩。当硬化浆体中形成第一个固态产物时，强度开始增加，气泡开始成核并长成大的孔隙（图 6-4），从而在空气与水之间形成弯液面（图 6-5）。

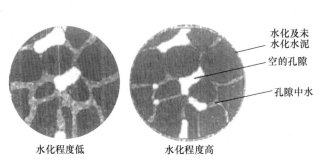

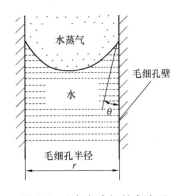

图 6-4　气泡在水泥浆体中形成的孔隙　　　　图 6-5　空气与水间的弯液面

关于自收缩的测量方法有很多，大致可分为两种：一种是测试试件的体积变化率；另一种是测试试件的长度变化率。对于体积变化率测试法，通常是将水泥浆体注入一个有韧性的容器中，并将其浸入水中，通过测试沉浸试件质量的变化来计算试件体积的变化率。Morin 等就用该法测试混凝土自收缩，该法可以在浇筑后立即开始测量，但是所测得的数据偏大。国内也有研究人员提出使用密封试样细管排液法直接读出水泥浆体的体积变化数值，该法可实时准确地测出水泥石及混凝土的变形，但水泥石泌水对试验结果影响显著，因此该法仍然测不出水泥石 1d 之内的自收缩值。对于长度变化率测试法，可以分为应变计法和千分表法，但它们由于不能同步变形以及试件密封困难等不能精确测量试件的早期自收缩。为综合体积变化率法和长度变化率法的优点，Jensen 和 Hansen 建议采用一种褶皱形的模具，在凝结之前该模具事实上将体积变形转变成线性变形，同时，它也可以在硬化之前开始测量试件的线性长度。该法能保证试件的密封性良好。但是褶皱的硬度对所测得的数据有直接影响。施惠生等采用波纹管法测定了硬化水泥浆体的早期程度变化率，该法可以在水泥石成型后就开始测定包括自收缩在内的体积变形。

6.3.4　碳化收缩

碳化收缩指大气中的二氧化碳在潮湿条件下与水泥的水化物发生化学反应生成 $CaCO_3$、硅胶和游离水而引起的收缩变形。碳化收缩在湿度约 50% 的情况下会加速发展，且随着二氧化碳浓度的增加而加快，碳化收缩与干燥收缩共同作用导致表面开裂和面层碳化。碳化速度取决混凝土的含水量、周围介质相对湿度以及二氧化碳的浓度。密实度高的混凝土的碳化收缩一般局限于表层，然而矿物掺合料的大量掺入，尤其是粉煤灰的掺入使得碳化的问题不容忽视。干缩和碳化的叠加有可能引起混凝土严重开裂。

6.3.5　温度变形

混凝土与其他材料一样，也具有热胀冷缩的性质。混凝土随温度下降而发生的收缩变形即为温度收缩。温度收缩的大小与混凝土的热膨胀系数、混凝土内部最高温度和降温速率等因素有关。高强混凝土早期的水化速度快，水化放热量大，温降收缩应力大，与普通混凝土相比更容易发生温度收缩开裂。混凝土的热膨胀系数与混凝土的组成材料及用量有关，但影响不大。混凝土的热膨胀系数一般为 $(0.6 \sim 1.3) \times 10^{-5}/℃$。

温度变形对大体积混凝土及大面积混凝土工程极为不利。在混凝土硬化初期，水泥水化放出较多热量，混凝土又是热的不良导体，散热较慢，因此大体积混凝土内部的温度较外部高，有时内外温差可达 40～50℃，这将使内部混凝土的体积产生较大膨胀，而外部混凝土随气温降低而收缩，在外部混凝土中将产生拉应力，严重时使混凝土产生裂缝。因此，对大体积混凝土工程，必须尽量设法减少混凝土发热，如采用低热水泥，减少水泥用量，采用人工降温等措施。一般纵长的钢筋混凝土结构物，应采取每隔一段长度设置伸缩缝以及在结构物中设置温度钢筋等措施。

温度收缩与材料的热膨胀系数密切相关，要测量水泥石的热膨胀系数，关键是解决精确测量微小应变的问题。当前国内外测量水泥石热膨胀系数的方法主要有内置光纤传感器法、表面应变计法、浮力法等。

内置光纤传感器法：Glisic 和 Simon 通过在混凝土试件中埋置特制 SOFO 光纤传感器来测量混凝土的体积变化。用 SOFO 光纤传感器可以测量混凝土的微小应变，该方法不仅可以测量混凝土，还可以测量未硬化混凝土体积随时间的变化情况。但对仪器设备的要求比较高，引起误差的因素比较多，一般条件下很难满足。

表面应变计法：指在水泥试件表面贴应变计，用应变计来测量试件的热变形。温控装置可以是温控烘箱、温室或其他可控温设备。这种方法对操作和试验环境要求都比较高，测量结果也比较精确。与内置光纤传感器法不同的是表面应变计法用于测量硬化试件。

浮力法：Ahmed Loukili 和 David Chopin 等通过测量试件在水中的浮力变化来推算试件体积变化。他们用特殊的薄膜包裹未硬化试件表面，当试件质量一定时，如果试件体积发生变化，必然反映在浮力变化上。所以，只要精确测量试件的浮力变化，便可以推算出试件的应变。由于密封硬化后的试件比较困难，因此该方法多用来测量未硬化试件的热膨胀系数。

直接测长法：这是最常用最简便的方法，即直接测出试件在不同温度下的长度，然后根据线性热膨胀系数的计算公式计算出结果。其原理是用电加热控制试验温度，用已知材料做成的导杆把试验样品的热变形导出，然后用千分表测量热变形。该法简单易行，但千分表的使用限制了测试的精度。直接测长法多用于测量硬化水泥浆体等体积较小的样品。

光测法：其温控仪器一般与直接测长法相同，区别在于测长工具不使用千分表，而运用光的反射或干涉原理放大材料的热变形，以得到更加精确的测量结果。光测长法测量精度比直接测长法高，测量仪器的要求也较高。由于加热设备的限制，一般也只用来测量体积较小的样品。

振弦式应变计法：该法综合分析了以上几种方法各自的优缺点，设计了振弦式应变计来测量温度应变。可成型试件尺寸为 $\phi150\text{mm} \times 300\text{mm}$。该法采用了可程序控制的加热与控温装置。

目前，对于混凝土的温度收缩研究是相对较完善的。但是，随着高强高性能混凝土的发展，尤其是各种外加剂、掺合料的掺入，对混凝土温度收缩变形都将产生不同的影响，因而有必要开展进一步的研究。

6.3.6　混凝土的干缩湿胀

混凝土因周围环境的湿度变化，会产生干缩湿胀变形，这种变形是由于混凝土中水分的变化所致。混凝土中的孔隙水、毛细管水及凝胶粒子表面的吸附水等三种，当后两种水发生变化时，混凝土就会产生干湿变形。

当混凝土在水中硬化时，由于凝胶体中胶体粒子表面的吸附水膜增厚，胶体粒子间距离增大，这时混凝土会产生微小的膨胀，这种湿胀对混凝土无危害影响。

当混凝土在空气中硬化时，首先失去自由水，继续干燥时则毛细管水蒸发，这时将使毛细孔中负压增大而产生收缩力。再继续干燥则吸附水蒸发，从而引起胶体失水而紧缩。以上这些作用的结果就致使混凝土产生干缩变形。干缩后的混凝土若再吸水变湿时，其干缩变形大部分可恢复，但有 30% ~ 50% 是不可逆的。混凝土的干缩变形对混凝土危害较大，它可使混凝土表面产生较大的拉应力而引起许多裂纹，从而降低混凝土的抗渗、抗冻、抗侵蚀等耐久性能。

混凝土的干缩变形是用 $100mm \times 100mm \times 515mm$ 的标准试件，在规定试验条件下测得的干缩率来表示的，其值可达 $(3 \sim 5) \times 10^{-4}$。用这种小试件测得的混凝土干缩率，只能反映混凝土的相对干缩性，而实际构件的尺寸要比试件大得多，加之构件内部的干燥过程较缓慢，故实际混凝土构件的干缩率远较试验值小。结构设计中混凝土干缩率取值为 $(1.5 \sim 2.0) \times 10^{-4}$，即混凝土收缩 $0.15 \sim 0.20mm/m$。

影响混凝土干缩变形的因素主要有以下几个方面：

（1）水泥用量、细度、品种。水泥用量越多，水泥石含量越多，干燥收缩越大。水泥的细度越大，混凝土的用水量越多，干燥收缩越大。高抗压强度等级水泥的细度往往较大，故使用高抗压强度等级水泥的混凝土干燥收缩较大。使用火山灰质硅酸盐水泥时，混凝土的干燥收缩较大；而使用粉煤灰硅酸盐水泥时，混凝土的干燥收缩较小。

（2）水灰比。水灰比越大，混凝土内的毛细孔隙数量越多，混凝土的干燥收缩越大。一般用水量每增加 1%，混凝土的干缩率增加 2% ~ 3%。

（3）集料的规格与质量。集料的粒径越大，级配越好，则水与水泥用量越少，混凝土的干燥收缩越小。集料的含泥量及泥块含量越少，水与水泥用量越少，混凝土的干燥收缩越小。针、片状集料含量越少，混凝土的干燥收缩越小。

（4）养护条件。养护湿度高，养护的时间长，则有利于推迟混凝土干燥收缩的产生与发展，可避免混凝土在早期产生较多的干缩裂纹，但对混凝土的最终干缩率没有显著的影响。采用湿热养护时可降低混凝土的干缩率。

混凝土在不饱和空气中因失去内部毛细孔和凝胶孔的吸附水而引起的不可逆收缩，即为干燥收缩。严格意义上讲，干燥收缩应为混凝土在干燥条件下实测的变形扣除相同温度下密封试件的自收缩。因为自收缩与干缩现象存在着明显的差异，主要表现为：自收缩是在与外界无水分交换的条件下出现的，且是在混凝土体内均匀发生，而不是仅发生在表面。但由于普通混凝土自收缩非常小，其干缩较大，为自收缩的 10 倍左右。因此，干缩试验基本上反映了混凝土的干缩大小。但这对于高性能混凝土则完全不同，其早期自收缩超过干缩。

净浆的干燥收缩可达 $4.0mm/m$，一般混凝土的干燥收缩在 $0.3 \sim 0.6mm/m$。这说明，与水泥净浆的干缩相比，混凝土的干缩要小得多，因为其收缩要受集料制约，且随着环境中相对湿度的降低，水泥浆体的干缩增大。影响干缩值的主要因素是混凝土水灰比，水泥用量和养护制度。

6.3.7 荷载作用下的变形

6.3.7.1 短期荷载作用下的变形

1. 混凝土的受压变形与破坏特征

混凝土内部结构中含有砂石集料、水泥石（水泥石中又存在着凝胶、晶体和未水化的水泥颗粒）、游离水分和气泡，混凝土本身的不均质性决定了它在受力时，既会产生弹性变形，又会产生塑性变形，其应力与应变之间的关系不是直线而是曲线。

硬化后的混凝土在未受外力作用之前，由于水泥水化造成的化学收缩和物理收缩，在粗集料与砂浆界面上产生了分布极不均匀的拉应力，形成许多分布很乱的界面裂缝。另外，混凝土振捣成型过程中，某些上升的水分为粗集料颗粒所阻止，因而聚积于粗集料的下缘，混凝土硬化后也成为界面裂缝。混凝土受外力作用时很容易在具有几何形状为楔形的微裂缝顶部形成应力集中，随着外力的逐渐增大，导致微裂缝进一步延伸、会合、扩大，最后形成几条可见的裂缝，试件就随着这些裂缝扩展而破坏。以混凝土单独受压为例，绘出的静力受压时的荷载-变形曲线的典型形式如图 6-6 所示，可分为 4 个阶段。

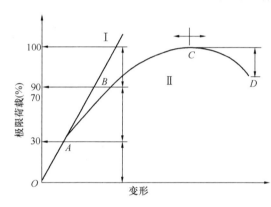

图 6-6　混凝土受压变形曲线

Ⅰ—界面裂缝无明显变化；Ⅱ—界面裂缝增长

（1）当荷载达到"比例极限"（约为极限荷载的 30%）以前，界面裂缝状态无明显变化。此时，荷载与变形比较接近直线关系（图 6-6 中曲线 OA 段）。

（2）荷载超过"比例极限"以后，界面裂缝的数量、长度和宽度都不断增大。界面摩擦阻力继续承担荷载，但尚无明显的砂浆裂缝。此时，变形增大的速度超过荷载增大的速度，荷载与变形之间不再接近直线关系（图 6-6 中曲线 AB 段）。这时发生的变形，既有弹性变形又有塑性变形。

（3）荷载超过"临界荷载"（为极限荷载的 70%～90%）以后，在界面裂缝继续发展的同时，开始出现砂浆裂缝，并将邻近的界面裂缝连接起来成为连续裂缝。此时，变形增大的速度进一步加快，荷载-变形曲线明显的弯向变形轴方向（图 6-6 中曲线 BC 段），混凝土表面出现可见裂缝。

（4）超过极限荷载之后，连续裂缝急速的扩展，混凝土的承载能力下降，荷载减小而变形迅速增大，以至完全破坏；荷载-变形曲线逐渐下降而最后结束（图 6-6 中曲线 CD 段）。

由此可见，荷载与变形的关系，是内部微裂缝扩展规律的体现；混凝土在外力作用下的变形和破坏过程，也就是内部裂缝的发生和发展过程，它是一个从量变发展到质变的过程：只有当混凝土内部的微观破坏发展到一定量级时才使混凝土的整体遭到破坏。

在重复荷载作用下的应力-应变曲线（图 6-7），因作用力的大小不同而有不同的形式。当应力 $\delta < (0.3 \sim 0.5) f_{cp}$ 时，每次卸荷都残留一部分塑性变形（$\varepsilon_{塑}$），但随着重复次数的增加，$\varepsilon_{塑}$ 的增量逐渐减小，最后曲线稳定于 $A'C'$ 线，它与初始切线大致平行。若所加应力 σ 在 $(0.5 \sim 0.7) f_{cp}$ 以上重复时，随着重复次数的增大，塑性应变逐渐增加，将导致混凝土疲

劳破坏。

2. 混凝土的变形模量

在应力-应变曲线上任一点的应力与其应变的比值，称为混凝土在该应力下的变形模量，它反映混凝土所受应力与所产生应变之间的关系。在计算钢筋混凝土的变形、裂缝开展及大体积混凝土的温度应力时，均需知道该时混凝土的变形模量。在混凝土结构或钢筋混凝土结构设计中，常采用按标准方法测得的静力受压弹性模量 E_c。

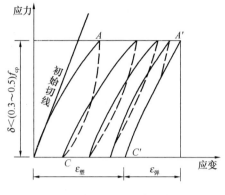

图 6-7 低应力下重复荷载的
应力-应变曲线

静力弹性模量试验的试验方法如下：采用 $150\text{mm} \times 150\text{mm} \times 300\text{mm}$ 的棱柱体试件，每组成型 6 个试件，其中三个用于测定轴心抗压强度，三个用于测定变形值。以轴心抗压强度值的 40% 作为试验的控制荷载值，以该控制荷载值为上限。对试件进行三次加荷与卸荷预压，在此基础上第 4 次加压，测定试件在标距内的变形量，则混凝土的弹性变形模量等于应力除以试件的应变值。

混凝土的弹性模量与其强度有关。当混凝土的强度等级由 C10 增至 C60 时，其弹性模量大致由 $1.75 \times 10^4\text{MPa}$ 增至 $3.60 \times 10^4\text{MPa}$。

混凝土的弹性模量随集料与水泥石的弹性模量而异。由于水泥石的弹性模量一般低于集料的弹性模量，因此混凝土的弹性模量一般略低于其集料的弹性模量。在材料质量不变的条件下，混凝土的集料含量较多、水灰比较小、养护较好及龄期较长时，混凝土的弹性模量就较大；蒸汽养护的弹性模量比标准养护的低。

混凝土的弹性模量与钢筋混凝土构件的刚度有关，一般建筑物须有足够的刚度，在受力下产生较小的变形，才能发挥其正常使用功能。因此，混凝土须有足够高的弹性模量。

6.3.7.2 长期荷载作用下的变形

混凝土在长期荷载作用下，沿着作用力方向的变形会随时间不断增长，即荷载不变而变

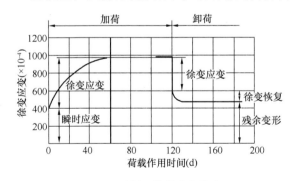

图 6-8 混凝土的徐变与恢复

形仍随时间增大，一般要延续 2 ~ 3 年才逐渐趋于稳定；这种在长期荷载作用下产生的变形，通常称为徐变，如图 6-8 所示。混凝土在长期荷载作用下，一方面在开始加荷时发生瞬间变形（又称瞬变，即混凝土受力后立刻产生的变形，以弹性变形为主）；另一方面发生缓慢增长的徐变。在荷载作用初期，徐变变形增长较快，以后逐渐变慢且稳定下来。混凝土的徐变应变可达 $(3 \sim 15) \times 10^{-4}$，即 $0.3 \sim 1.5\text{mm/m}$。当变形稳定以后，卸掉荷载，部分变形瞬时恢复，少部分变形逐渐恢复，称为徐回。此外，还会保留部分残余变形，不能恢复。

1. 混凝土徐变的机理

曾有不少学者提出各种理论和假设来说明徐变的机理，但迄今为止还没有一种理论能完

全解释混凝土的徐变现象。

美国混凝土学会第 209 委员会（ACI209）1972 年的报告将徐变的主要机理分为：①在应力作用下、在吸附水层的润滑作用下，水泥胶凝体的滑动或剪切所产生的水泥石黏稠变形；②在应力作用下，由于吸附水的渗流或层间水转移而导致的紧缩；③由于水泥胶凝体对骨架（由集料和胶体结晶组成）弹性变形的约束作用所引起的滞后弹性变形；④由于局部破裂（在应力作用下发生微裂及结晶破坏）以及重新结晶与新的连接而产生的永久变形。

黏弹性理论是把水泥浆体看成弹性的水泥凝胶骨架，其空隙中充满着黏弹性液体构成的复合体。水泥浆在加载的初期，一部分被固体空隙中的水所承受，这样推迟了固体的瞬时弹性变形。当水从压力高处向低处流动时，固体承受的荷载就逐渐加大，增大了弹性变形。荷载卸除后，水就流向相反方向，引起徐变恢复。与这过程有关的水仅是毛细管空隙和凝胶空隙中的水，而不是凝胶微粒表面的吸附水。黏弹性理论解释了混凝土的徐变恢复现象。

黏性流动理论由托马斯（F. G. Thomas）于 1937 年首先提出。他认为，混凝土可分为两部分，一部分是在荷载作用下产生黏性流动的水泥浆体（水泥石）；另一部分是在荷载作用下不产生黏性流动的惰性集料。当混凝土受荷时，水泥浆体的流动受集料的阻碍，结果使集料承受较高的应力，而水泥浆体承受的应力随时间而减小。由于水泥浆体的徐变与加荷应力呈正比，因此，随着加荷应力逐渐从水泥浆体转移到集料来承受，从而徐变速率将逐渐减小。苏联学者谢依金认为：由结晶的连生接触点连接起来的结晶水化物，组成了结晶连生体，它是完全弹性的，并具有很高的塑性抗剪强度。

塑性流动理论认为，混凝土徐变类似于金属材料晶格滑动的塑性变形。当加荷应力超过金属材料的屈服点后，塑性变形就会发生。F. Vogt 观测到混凝土变形在某些方面类似于铸铁和其他易碎金属。金属材料塑性变形是晶格沿最大剪切面移动的结果，是没有体积变形的；而混凝土的抗剪切能力比拉伸能力强。因此，混凝土因剪切发生前的拉伸而破坏。混凝土徐变导致体积的减小，这与金属的塑性变形是不同的。实用的晶格滑动理论是 W. H. Glanville 等人于 1939 年建立的。他们认为，在低应力作用下混凝土徐变是黏性流动，而在高应力作用下，混凝土徐变则是塑性流动（晶格滑动）。但是混凝土材料在高应力下的塑性并不是真的塑性。由混凝土应力-应变关系这种非线性所表现的塑性实际上是由其组成材料界面上粘结微裂缝扩展而引起的。

内力平衡理论认为，水泥浆体的徐变是由于荷载破坏了开始存在于水泥浆体中的内力平衡状态，并达到新的平衡状态的过程。这时，内力包括凝胶微粒产生收缩的表面张力，凝胶微粒之间的力，还有吸附水在胶粒切点分离作用的压力，以及静水压力等，其中吸附水的分离压力的作用最重要。根据这个理论，内力平衡将由于荷载、温度、湿度变化的任一原因而破坏，从而产生干燥收缩和徐变，两者原因不同而现象却相同。

2. 混凝土徐变的特性

混凝土的徐变呈现以下几点特性：

（1）混凝土徐变在加载初期发展很快，而后逐渐减慢，其延续时间可以在几年。一般在加载 1 个月内完成全部徐变量的 40%；3 个月完成 60%；1～1.5 年内完成 80%；3～5 年内基本完成。

（2）在卸载时，一部分徐变能够立即恢复，另一部分在相当长的时间内才能逐渐恢复。恢复变形总数超过加载时的急变部分，说明徐变中存在一部分可以恢复的变形。

（3）混凝土的徐变与应力大小有密切的关系。当应力小于 $0.5f_c$（f_c 为标准加载速率下单轴棱柱体抗压强度）时，徐变变形与应力呈正比，应力与徐变量接近线性关系；当混凝土应力大于 $0.5f_c$ 时，徐变变形与应力不呈正比，徐变比应力增长更快，即应力与徐变量为非线性关系。在非线性徐变范围内，当加载应力过高时，徐变变形急剧增加，不再收敛，呈现非稳定徐变，因此在高应力作用下可能造成混凝土的破坏。

3. 影响混凝土徐变的主要因素

混凝土徐变与许多因素有关。影响混凝土徐变的因素分为内部因素和外部因素。内部因素主要包括水泥的品种、集料的品种、水灰比的大小。外部因素包括加荷龄期、加荷应力、持荷时间、湿度、温度等。

（1）内部因素。

① 水泥品种。水泥品种对混凝土徐变的影响在于混凝土加载时的强度。在加载龄期，应力及其他条件相同时，使混凝土强度发展较快的水泥会产生较低的徐变。火山灰水泥由于早期强度较低，所以徐变值较高。对于同样的作用应力，用火山灰水泥代替普通硅酸盐水泥会增加徐变。在现代的建筑工程中，用以代替普通硅酸盐水泥的最常用的火山灰质材料是飞灰，或磨细的粉煤灰。有研究报告显示：当 30% 的水泥用 37.5% 的飞灰替换时，徐变有所降低。

② 集料。混凝土的集料一般不参与徐变过程，然而其对水泥石的变形有约束作用，约束的程度取决于集料的刚度及其所占混凝土体积的百分数。随着集料的弹性模量增加，混凝土的徐变减小，试验表明当集料的弹性模量值大于 7.0×10^4 MPa 时，徐变值相对地趋于稳定。集料越坚硬混凝土徐变越小，如以圆石英集料在混凝土的徐变为 1，河卵石为集料的混凝土的徐变差不多是石英集料混凝土徐变的 2 倍，砂岩为集料的混凝土的徐变则达到石英集料混凝土徐变的 4 倍。国内有学者把以石灰岩为集料拌制的混凝土和以砂岩或卵石为集料的混凝土进行比较，发现前者徐变小于后者。在同样的条件下，级配好的集料空隙减小或者集料的最大粒径增加都会减小混凝土的徐变。

③ 水灰比。在水灰比大的混凝土中，水泥颗粒的间距大、孔隙多，毛细管孔径大，混凝土的内部结构较松散，强度低，徐变值偏大。

④ 外加剂。掺用外加剂时，混凝土的徐变应经试验确定，一般认为掺减水剂或高效减水剂基本上不会对混凝土的徐变产生影响，掺高效减水剂增加混凝土的流动性其徐变略有增大，掺高效减水剂保持强度相近减少水泥用量时其徐变保持相近或略有减少，掺高效减水剂提高强度其徐变减少。

（2）外部因素。

① 加荷龄期。试验研究表明，3d 龄期加荷的徐变为 7d 的 1.14 倍，是 28d 的 1.7 倍，90d 的 2.4 倍，365d 的 4.3 倍。由此可以看出，混凝土的徐变随着加荷龄期的增长而减小。在水泥水化的过程中，早期水化不充分，强度较低，徐变较大。然而随着水化的进行，强度的提高，徐变也相应的减小了。

② 持荷时间。持荷时间和混凝土的徐变呈正比例关系，但与徐变速率呈反比。

③ 加荷应力。国内外学者对混凝土的徐变和应力比的关系问题展开了很长时间的研究和讨论，焦点集中在混凝土的内部应力和强度之间处于一个什么比例范围时，才会使得徐变与应力呈正比例关系。在一般情况下，当应力不超过强度的 40% 时，都认为徐变与应力呈

正比。但是，在通过国内一些学者的试验分析指出：当应力比大于 0.38 时，徐变的增长已经与应力不呈正比例关系，而且随着应力比的继续提高而急剧变大。

④ 试件的尺寸。一般认为，在小尺寸的试件中，由于单位体积内较大粒径的集料含量较少，水泥石含量较多，加之构件的尺寸越小，使得混凝土中水分的散失越快，干燥条件下，徐变的增长迅速。

⑤ 工作环境的湿度和温度。工作环境的相对湿度是影响混凝土徐变的最重要因素之一。一般来说，相对湿度较低时混凝土徐变较大，与相对湿度 100% 相比较，周围环境相对湿度 50% 时的混凝土徐变要增加 1 ~ 2 倍。在湿度稳定的条件下，混凝土的徐变将因温度升高而有显著的增加。在某一特定温度下的徐变值的大小视处于稳定状态的相对湿度而定。

⑥ 振捣。在正常情况下混凝土总是充分捣实而没有离析的，否则残存的空隙将使徐变加大。任何振捣不足都将反映出强度的下降。空隙率高还将增加干燥速度，从而导致徐变增加。

⑦ 养护条件。这里的养护条件主要是指养护环境的温度、湿度及养护时间。温度与湿度都影响水泥的水化速度和水化程度。水化程度越高，混凝土的强度和弹性模量也越高，徐变则越低。

思考题

1. 混凝土的强度等级是如何确定的？试举例说明，如何根据实际工程选用混凝土的等级范围。
2. 影响混凝土强度等级的因素有哪些？如何提高混凝土的抗压强度？
3. 非荷载作用下的混凝土变形主要有哪些？各有什么特点？
4. 混凝土的收缩可以分为哪几类？试述其相应的收缩机制。
5. 混凝土短期受压变形破坏有哪些特征？何谓混凝土的变形模量？
6. 何谓混凝土的徐变？试述混凝土的徐变机理。
7. 混凝土的徐变有哪些特性？影响混凝土徐变的因素主要有哪些？

第7章 混凝土的耐久性

7.1 概　述

自19世纪20年代硅酸盐水泥问世以来，混凝土材料以其广泛的适用性和低廉的造价而成为建筑工程中不可缺少的材料，全世界每年消耗的混凝土量已达到了100亿t左右，相当于年人均消耗约1t。混凝土除应具有设计要求的强度，以保证其能安全地承受设计荷载外，还应具有抗渗性、抗冻性、抗侵蚀性等各种特殊性能。混凝土抵抗环境介质作用并长期保持其良好的使用性能和外观完整性，从而维持混凝土结构安全和正常使用的能力称为耐久性。提高混凝土的耐久性，对于延长结构寿命、减少修复工作量以及提高经济效益具有重要意义。

混凝土的耐久性主要包括抗渗性、抗冻性、抗侵蚀能力、碳化、碱-集料反应（AAR）以及混凝土中的钢筋锈蚀等内容。

7.2 破坏类型与破坏机制

7.2.1 破坏类型

在不太严酷的使用环境条件下，质量好的混凝土有足够的强度和密实度，因此是很耐久的，然而暴露在大气、土壤、水和海水中的混凝土会经受温度、湿度、水位的变化和化学介质的侵蚀。混凝土本身是一种多孔材料，孔隙率一般在10%～15%。水和各种离子在孔隙中迁移，水在混凝土孔隙内不断地吸附、冻结和融化，水中的化学物与水泥及其水化物起反应，盐类在孔隙中结晶和溶解，这些都导致混凝土性能的变化以至破坏。

混凝土破坏的形式是多种多样的，包括表面剥蚀、开裂、混凝土中钢筋的锈蚀以及强度的降低等。混凝土破坏的含义包括结构物的承载能力和安全度的降低，同时也包括使用性能的劣化，如路面混凝土磨损影响汽车的行驶，地下混凝土渗水影响使用等。造成这些破坏的原因很多，有的是单个因素的作用，如寒冷地区某些混凝土结构遭受冻融交替而表面层剥落，而大多数情况下往往是多种因素的综合，如海水对混凝土的作用既有冻融和干湿交替，又有化学侵蚀和钢筋锈蚀。然而为了研究混凝土的耐久性和分析防止破坏的措施，又不得不把各个单种破坏原因进行分类。

混凝土耐久性的破坏可分为磨损、物理作用、化学作用和钢筋锈蚀等四大类。

（1）磨损包括道路路面混凝土的摩擦损耗、水工结构遭受砂、石、泥的冲刷磨损以及水工结构的局部在高速水流下的气蚀。

（2）物理作用包括干湿交替、冻融交替、水的渗透和混凝土内盐的结晶。干湿交替导致因收缩内应力引起的裂纹，同时它又能促进其他各种形式的破坏。水对混凝土的渗透是除

151

了机械磨损外众多破坏因素起作用的先决条件。冻融交替破坏是寒冷地区混凝土的常见病害。盐类在混凝土孔隙内结晶可能产生很大的结晶压力，在海水介质中的混凝土和掺过量盐类的混凝土可能受到这种结晶压力而破坏。除冰盐和海水冻融破坏比一般冻融破坏更严重，它会受到冻融和盐结晶压力的综合作用。

（3）化学作用包括化学介质的锈蚀作用和混凝土材料自身的原因，前者是由于化学置换反应产生的破坏作用，如酸和镁盐的作用，以及由于化学介质与水泥反应生成膨胀性产物而引起的开裂，如硫酸盐侵蚀。混凝土自身的破坏原因有碱-集料反应和水泥含有过量 CaO 和 MgO 而产生的水化反应，这两种反应都能使混凝土膨胀开裂。

（4）Mehta 等把磨损归为物理作用，钢筋锈蚀归为化学作用。钢筋锈蚀本身确实是化学问题，但从研究混凝土材料的角度，混凝土中钢筋锈蚀问题更重要的是混凝土保护层的护筋性（即混凝土保护钢筋不受锈蚀的性能）问题。这就更多地涉及物理作用：CO_2 和 Cl^- 通过混凝土的扩散。因此既有物理作用又有化学作用。

图 7-1 显示了混凝土耐久性的破坏类型。

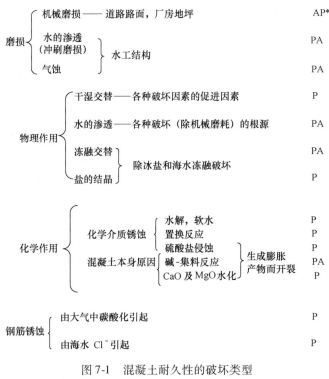

图 7-1　混凝土耐久性的破坏类型

注：＊影响最大的混凝土组分；P—硬化水泥浆料；A—集料

很多实际的破坏是多种破坏因素的综合或者是多种因素的相互促进作用，如干湿交替产生的裂纹增大了渗水性，而水的渗透又促进了各种物理和化学作用，因此，严格地讲，以上把混凝土耐久性破坏因素进行分类是很不科学的，然而为了找到导致混凝土耐久性破坏的主要因素，解决实际工程的服役寿命问题，此种分类是研究混凝土耐久性和解决实际工程耐久性问题所必需的。

从以上分析可看出，耐久性并不是混凝土的一种单独性能，研究混凝土耐久性必须针对具体使用环境的破坏因素，找出各种因素中的主要矛盾，才能采取相应有效的防治措施。

本章将重点从表面磨损、冻融破坏、环境化学作用、碱-集料反应（AAR）、钢筋锈蚀、碳化以及火灾破坏等方面讨论混凝土的耐久性。

7.2.2　表面磨损

表面磨损通常包括以下三种形式：

（1）机械磨损

指路面和厂房地坪混凝土被反复摩擦、研磨和冲击而损坏。

（2）冲刷磨损

指混凝土受高速水流中的悬浮砂石颗粒冲刷磨耗而破坏，一般发生在水工结构的泄水建筑物和输水管道。冲刷磨损是机械磨损的一个特例。

（3）气蚀（空蚀）

指当高速水流在速度和方向突然改变时产生压力的急剧降低，形成气孔穴，从而使混凝土破坏。通常发生在大坝的溢洪道、冲淤道。

7.2.2.1　机械磨损

路面混凝土的耐磨性决定其强度和硬度，特别是面层混凝土的强度和硬度。路面受反复摩擦时，首先被磨损的是表面的硬化水泥浆体薄层或者说是水泥砂浆面层，接着粗集料就成了抵抗磨损的主要组分（相对来说，硬化水泥浆体或水泥砂浆是耐磨损的薄弱环节）。因此，粗集料的强度和硬度成为影响耐磨性的重要因素。用不同集料配制相同强度等级的混凝土，其耐磨性有很大的差别，从图 7-2 中可见，集料品种甚至比水灰比对耐磨性的影响更大。

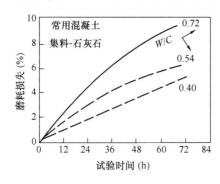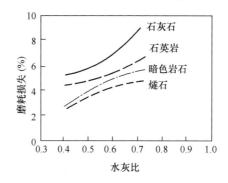

图 7-2　水灰比和集料品种对混凝土耐磨性的影响

人们试图用提高硬化水泥浆体耐磨性的办法来提高整体混凝土的耐磨性，如用含氧化铁较高的道路水泥，但事实证明这个办法的效果并不显著。

除选择集料外，其他一切提高混凝土强度和密实度的措施对提高耐磨性都是有利的，如降低水灰比，掺加高效减水剂、硅灰等。

路面混凝土施工要特别注意表面质量。由于混凝土的泌水性和离析性，水泥浆和细颗粒浮在表面，形成一软弱薄层，这对耐磨性特别不利。为减少浮浆层，在施工时要等到泌水停止后再除去浮浆，抹平和抹光表面。真空脱水的施工方法对提高面层混凝土的密实度和耐磨性非常有效。路面工程更要注意养护工序，适当增加养护时间，保证面层有足够的强度。

此外，掺加矿物外加剂如粉煤灰也能降低混凝土的泌水性。粉煤灰混凝土用作道路路面时，更应注意施工质量。粉煤灰混凝土后期强度的提高是耐磨性得以提高的一个重要原因。在要求高耐磨性的机场地坪、工业地板的面层混凝土中可以加入钢纤维、铁屑、金刚砂等组分。

有多种评价混凝土耐磨性的试验方法，美国 ASTM C99 列出三种可供选择的试验方法：钢球法、磨轮法和旋转圆盘法。

钢球法是施加荷重于有钢球的转头上，磨掉的材料被循环水带走，不断暴露出新的表面。

磨轮法是施加荷重于旋转的钢磨轮上，其磨损主要是磨削损失。

旋转圆盘试验中旋转的钢盘与碳化硅磨料共同作用。

各种方法都以一定试验时间后质量损失来表征耐磨性，然而所有这些方法都不能令人满意，因为它们不能精确地模拟实际磨损条件。混凝土实际磨损包括磨削、冲击和摩擦损耗，而各种试验方法模拟的都是单一磨损条件。这些方法不能提供给定混凝土表面使用年限的定量值，但可用以评价或比较混凝土的耐磨性。另外还要指出，实际混凝土的耐磨性与施工质量和表面泌水、抹平和抹光、养护精心程度等有很大关系，而实验室按实际配比成型的混凝土试件难以模拟施工实际情况。国内还有一种试验方法，在实验室按要求配方拌制混凝土，然后筛去粗集料，用砂浆成型试件，经养护后测砂浆的耐磨性。这种试验方法剔除了集料的影响，只能对比水泥浆体的耐磨性，与真实情况有较大的差别。

7.2.2.2 冲刷磨损和气蚀

冲刷磨损和气蚀是水工泄水结构物两种常见的破坏形式。我国一些河流含泥砂量比国外的多砂河流还大得多，当水流速度较高时，这两种破坏较严重。

冲刷磨损指的是高速水流中带的砂石对混凝土表面的摩擦、切削和冲击作用所造成的破坏。气蚀是高速水流在方向和速度发生急剧变化时造成压力的急剧降低，形成气孔穴（空腔），从而在混凝土表面产生一个局部的高能量冲击。此冲击由水气空腔形成的压力可高达数百兆帕，足以破坏高强度的混凝土。

混凝土的抗冲刷磨损和抗气蚀性能主要取决于混凝土的强度和集料的强度、硬度和韧性。遭受冲磨和气蚀的泄水建筑物表面混凝土需用高强度混凝土。一般用低流动性的拌合料，掺加非引气型的高效减水剂。配制混凝土时，宜采用强度等级较高的普通硅酸盐水泥。试验证明，水泥中 C_3S 抗冲磨强度最高，C_3A 和 C_4AF 次之，C_2S 最低，因此宜采用 C_3S 含量高的水泥。

此外，集料的品种和质量对抗冲磨性有较大的影响。强度相等但集料品种和质量不同的混凝土，抗冲磨性有很大的差别。只有在用相同集料的条件下，强度才与冲磨强度有正相关性。级配良好的粗中砂配制的混凝土，抗冲磨强度明显高于细砂配制的混凝土。粗集料在混凝土中所占体积最大，粗集料的品种和性能对抗冲磨性影响极大，比前面所讨论的耐磨性影响还要大得多。一般来说，花岗岩、闪长岩、辉绿岩等岩浆岩比石灰岩、白云岩等沉积岩的硬度和韧性高得多，所以配制的混凝土的抗冲磨强度也高很多。砂岩的力学性能因其胶结物不同而有很大差别，致密的硅质砂岩比铁质、黏土质砂岩硬度大。

7.2.3 冻融破坏

冻融交替作用是我国北方地区，特别是东北、西北严寒地区混凝土耐久性破坏最常见的一个因素。冻融破坏大多发生在水工结构物、道路、水池、发电站冷却塔和建筑物与水接触的部位如阳台、勒脚等处。

7.2.3.1　水的冻结

混凝土是一种多孔材料，含有不同尺寸的孔，包括大至毫米级的粗孔，小至纳米级的凝胶孔。由于毛细孔张力的作用，不同孔径毛细孔水的饱和蒸汽压有所差异，孔径越小，其中水的饱和蒸汽压也越小，冰点也越低。冰点与孔径的关系可以由式（7-1）表示：

$$\frac{T_0 - T}{T_0} = \frac{2V_f \sigma}{rQ} \tag{7-1}$$

式中　T_0——自由水的冰点，以绝对温度（K）表示，即 273K；

　　　T——毛细孔水的冰点，K；

　　　V_f——冰的克分子比容；

　　　σ——表面张力；

　　　r——毛细孔半径；

　　　Q——溶解热。

由式（7-1）可知，冰点的降低与毛细孔径呈反比，孔径越小，冰点越低。水泥浆体中溶有一些如钾、钠、钙等离子的盐，溶液的饱和蒸汽压比纯水低，在不外掺盐类的水泥浆体中自由水冰点为 −1 ~ −1.5℃，当温度降低到 −1 ~ −1.5℃时，大孔中的水首先开始结冰。由于冰的蒸汽压小于水的蒸汽压，周围较细孔中的未冻结水自然地向大孔方向渗透。冻结是一个渐进的过程，冻结从最大孔中开始，逐渐扩展到较细的孔。一般认为温度在 −12℃时，毛细孔中的水都能结冰。至于凝胶孔中的水，它与水化物固相有牢固的结合力，加之孔径极小，冰点更低。根据 Powers 的研究，硬化水泥浆体中的可蒸发水要在 −78℃才能全部冻结。因此实际上，凝胶孔水是不可能结冰的。

由此可见，硬化水泥浆体中的结冰量决定温度和毛细孔水的含量，而毛细孔水的含量又决定原始水灰比和水化程度。图 7-3 显示了各龄期的浆体结冰量与温度的关系。

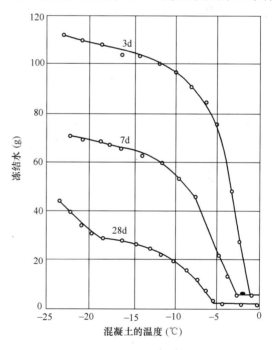

图 7-3　温度和龄期与硬化水泥
浆体中水的结冰量的关系

7.2.3.2　破坏机理

T. C. Powers 和 R. A. Helmuth 等人的研究工作为冻融破坏机理奠定了理论基础。通常用静水压假说和渗透压假说来解释冻融破坏的机制。

混凝土中除了有凝胶孔和孔径大小不等的毛细孔外，还有在搅拌和成型过程中引入的气泡，以及掺加引气剂或引气型减水剂人为引入的气孔。前者占混凝土体积的 1% ~ 2%，后者则根据外加剂掺量而不等（2% ~ 6%）。由于毛细孔力的作用，孔径小的毛细孔容易吸满水，孔径较大的气泡则由于空气的压力，常压下不容易吸水饱和。在某个负温下，部分毛细孔水结成冰。众所周知，水转变为冰体积膨胀 9%，这个增加的体积会产生一个静水压力把

155

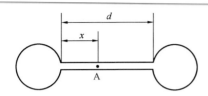

图7-4 说明静水压力的模型

水推向空气泡方向。

G. Fagerlund 为了更加形象地说明这个静水压力的影响因素，假定下面一个模型(图7-4)，并对静水压力的大小进行了一些数学推演。

如图7-4所示，设混凝土中某两个空气泡之间的距离为 d，两个空气泡之间的毛细孔吸水饱和并部分结冰。在空气泡之间的某点 A，距空气泡为 x。由于结冰生成的水压力为 P，有下式

$$\frac{dv}{dt} = k\frac{dP}{dx} \tag{7-2}$$

式中 $\dfrac{dv}{dt}$ —— 冰水混合物的流量，$m^3/m^2 \cdot s$；

$\qquad \dfrac{dP}{dx}$ —— 水压力梯度，N/m^3；

$\qquad k$ —— 冰水混合物通过部分结冰材料的渗透系数，$m^3 \cdot s/kg$。

冰水混合物的流量即厚度为 x 薄片混凝土中单位时间内由于结冰产生的体积增量由式(7-3)决定：

$$\frac{dv}{dt} = 0.09\frac{dw_f}{dt} \cdot x = 0.09\frac{dw_f}{d\theta} \cdot \frac{d\theta}{dt} \cdot x \tag{7-3}$$

式中 $\dfrac{dw_f}{dt}$ —— 单位时间内单位体积的结冰量，$m^3/(m^3 \cdot s)$；

$\qquad \dfrac{dw_f}{d\theta}$ —— 温度每降低 1℃，冻结水的增量，$m^3/(m^3 \cdot K)$；

$\qquad \dfrac{d\theta}{dt}$ —— 降温速度，K/s。

将式(7-3)代入(7-2)中，积分，得到 A 点的水压力 P_A：

$$P_A = \frac{0.09}{2k} \cdot \frac{dw_f}{d\theta} \cdot \frac{d\theta}{dt} \cdot x^2 \tag{7-4}$$

在厚度 d 范围内，最大水压力在 $x = \dfrac{d}{2}$ 处，该处的水压力如下：

$$P_{max} = p \bigg|_{x=\frac{d}{2}} = \frac{0.09}{8k} \cdot \frac{dw_f}{d\theta} \cdot \frac{d\theta}{dt} \cdot d^2 \tag{7-5}$$

以上推导过程很好地说明了静水压力与哪些因素有关。从式(7-5)可知：毛细孔水饱和时，结冰产生的最大静水压力与材料渗透系数呈反比，即水越易通过材料，则所产生的静水压力越小；与结冰量增加速率和空气泡间距的平方呈正比，而结冰量增加速率又与毛细孔水的含量（与水灰比、水化程度有关）和降温速度呈正比。当静水压力大到一定程度以至混凝土强度不能承受时，混凝土膨胀开裂以至破坏。

同时，从式(7-5)也可以看到空气泡间距对静水压力的显著影响，水压力随空气泡间距的平方呈比例地增大。

静水压力假说已能说明冻融破坏的原因，但后来发现冻坏现象并不一定与水结冰的体积膨胀有关。多孔材料不仅会被水的冻结所破坏，也会因有机液体如苯、三氯甲烷的冻结所破坏。因此静水压是冻坏原因之一，但并非全部。因而又产生了渗透压假说。

渗透压是由孔内冰和未冻水两相的自由能之差引起的。如前所述，冰的蒸汽压小于水的蒸汽压，这个压差使附近尚未冻结的水向冻结区迁移，并在该冻结区转变为冰。此外，混凝土中的水含有各种盐类（环境中的盐、水泥水化产生的可溶盐和外加剂带入的盐），冻结区水结冰后，未冻溶液中盐的浓度增大，与周围液相中盐浓度的差别也将产生一个渗透压。因此导致混凝土破坏的渗透压是冰水蒸汽压差以及盐浓度差两者共同引起的。

同时，毛细孔的弧形界面即毛细孔壁受到的压力可以抵消一部分渗透压。此外，更为重要的是，毛细孔水尚未吸满水的空气泡迁移，失水的毛细孔壁受到的压力也能抵消一部分渗透压。这个毛细孔压力不仅不使水泥浆体膨胀，还能使其收缩。实验也证明，当混凝土含水量小时，冻结能引起混凝土收缩（这个收缩已把混凝土温度收缩排除在外）。这一部分毛细孔壁所受的压力又与空气泡间距有关，间距越小，失水收缩越大，也就是说起到的抵消渗透压的作用越大。

综上所述，冻结对混凝土的破坏力是水结冰体积膨胀造成的静水压力和冰水蒸汽压差和溶液中盐浓度差造成的渗透压两者共同作用的结果。多次冻融交替循环不断积累这种破坏效应，犹如疲劳作用，从而使冻结生成的微裂纹不断扩大。

通常认为，对水灰比较大、强度较低以及龄期较短的混凝土，静水压力破坏肯定是主要的；至于对水灰比较小、强度较高以及在含盐量大的环境水下冻结的混凝土，渗透压的作用则更大一些。降温速度快，则静水压更大，缓慢降温则渗透压的作用大些。

空气泡间距是混凝土材料抗冻性的一个重要参数，混凝土中空气泡的存在对静水压力和渗透压都是一个卸压因素，特别对静水压力。因此下面部分将进一步讨论气泡间距问题。

7.2.3.3　平均气泡间距

假设混凝土中的空气泡都是等直径的球体，且在水泥浆中有规则的几何排列，则如果已知混凝土中硬化水泥浆体和空气泡的体积百分含量以及空气泡的平均半径，就可按一定的几何排列模型计算得到平均气泡间距。

水泥浆体的体积百分含量可由混凝土配比中的水泥用量和水灰比计算而得。硬化混凝土中的空气体积百分含量（即含气量）和气泡平均半径则可用混凝土气孔分析显微镜，采用直线导线法按《水工混凝土试验规程（附条文说明）》（SL 352—2006）的规定测试并计算得到。

平均气泡间距的计算公式见式（7-6）及式（7-7）。两者的不同是由于假定气泡排列的模型不同。式（7-6）是假定气泡按六角形排列，各气泡之间的距离是相等的。式（7-7）是假定气泡按正立方体排列。

$$\overline{d_0} = \frac{6}{\alpha}\left[0.09\left(\frac{P}{A_r}+1\right)^{\frac{1}{3}}-1\right](\text{mm}) \tag{7-6}$$

$$\overline{d_0} = \frac{6}{\alpha}\left[1.40\left(\frac{P}{A_r}+1\right)^{\frac{1}{3}}-1\right] \tag{7-7}$$

式中　P——混凝土中水泥浆体（不包括空气泡）的体积百分数；

　　　A_r——混凝土中的含气量（体积百分数）；

　　　α——气泡的比表面，mm^2/mm^3。

$$\alpha = \frac{1}{4}\pi \overline{r}^2 \Big/ \left(\frac{4}{3}\pi \overline{r}^3\right) = \frac{3}{16\overline{r}} \tag{7-8}$$

式中　$\overline{r}$——气泡的平均半径。

当然，无论用什么样的排列模型，或用哪一个公式，平均气泡间距都是平均气泡半径 $\bar{r}$、水泥净浆含量（P）和含气量（A_r）的函数。平均气泡半径越大，含气量越小，水泥浆含量越大，则平均气泡间距就越大。由式（7-5）可知，平均气泡间距越大，则静水压力越大，对抗冻性是不利的。Powers 提出，高抗冻性混凝土的平均气泡间距应小于 0.25mm。

7.2.3.4 极限饱水程度

多孔材料受冻融破坏的程度与材料的含水量有很大关系，干燥的混凝土是不会被冻坏的。混凝土与水接触，首先在毛细孔内吸满水，然后小气泡中吸水，大气泡的孔壁吸附水，但总有一部分孔隙是没有被水充满的。把吸水体积与全部孔隙体积之比称为饱水程度 S_0

$$S = \frac{P_0 - a}{P_0} = \frac{w_e}{P_0} \tag{7-9}$$

式中　P_0 —— 材料的总孔隙率；

　　　a —— 未充水的孔隙与材料总体积之比；

　　　w_e —— 可蒸发水与材料总体积之比，即材料的体积含水量。

$$P_0 = \frac{C}{1000}\left(\frac{W}{C} - 0.2\theta\right) + A \tag{7-10}$$

式中　C —— 水泥用量，kg/m^3；

　　　$\dfrac{W}{C}$ —— 水灰比；

　　　0.2 —— 假定完全水化结合水是水泥用量的 20%；

　　　θ —— 水化程度；

　　　A —— 混凝土的含气量。

在实验室中，P_0 可用真空吸水饱和的方法测得。真空吸水饱和的吸水量是试件真空吸水后的质量与试件在 105℃ 下干燥到恒重质量之差。

Fagerlund 曾设计了一组混凝土抗冻性与饱水程度关系的试验，方法如下：准备一定数量的混凝土试件，50℃ 下烘干至恒重，然后真空吸水饱和，称重，再待试件烘干至各种不同的含水量，即不同的饱水程度，测定试件的动弹模量 E_0，然后将试件用塑料袋密封，在 −20℃ 下经受 6 次冻融循环，测经冻融后的动弹模量 E_6，以 E_6/E_0 表征混凝土的破坏程度。结果显示，某一定配比的混凝土有一个极限饱水程度 S_{CR}，当实际饱水程度达到或超过该极限饱水程度值，即使经少量几次冻融循环也将破坏；反之，如混凝土在实际使用环境下含水量永远小于极限保水程度，则该混凝土是不会被冻坏的。

极限饱水程度这一单个参数并不能表征混凝土的抗冻性。为了更清楚地说明混凝土的吸水和冻结状态，把混凝土中的水（孔）按冻结情况粗略分类，如图 7-5 所示。

混凝土浸水后，由于毛细孔张力的作用，首先在毛细孔中吸满水，饱和程度很快达到 S_0，而空气泡中吸水是一个缓慢的过程，空

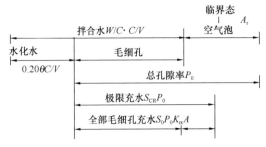

图 7-5　混凝土中的孔分类（按冻结状态）

W—拌合水；C—水泥用量；V—混凝土体积；A_r—含气量；θ—水化程度；P_0—总孔隙率；S_{CR}—极限饱水程度；S_0—全部毛细孔吸水的饱和程度；$K_\alpha A$—极限饱水时空气泡内的充水程度

气泡内总有一部分空间是不能吸水充满的。混凝土中空气泡含量越多，空气泡中充水程度越难以达到极限值 $K_\alpha A$，或者说要达到 $K_\alpha A$ 的时间越长。因此，混凝土抗冻性好坏不是仅取决 S_{CR} 值，还取决 $K_\alpha A$ 值。Fagerlund 提出了一个概念，用吸水达到 $K_\alpha A$ 所需的时间来预测冻融破坏的服务年限，这个概念对更好地理解混凝土受冻融破坏是非常有价值的，即 S_{CR}/S_0 也即 $K_\alpha A/P_0$ 是表征混凝土受冻破坏的一个重要参数。不加引气剂的混凝土 S_0 为 $0.80 \sim 0.90$，S_{CR}/S_0 为 $0 \sim 0.10$，而引气混凝土根据其引气量的多少，S_0 为 $0.60 \sim 0.70$，S_{CR}/S_0 为 $0.10 \sim 0.25$ 范围内。

通过上述方法评价实际与水接触的混凝土会不会受冻融破坏或者预测混凝土受冻融破坏的服务年限时，以某一配比的实际混凝土可在实验室测得其吸水动力曲线（图 7-6），并知道该混凝土在实际使用条件下的吸水饱和情况。实际的饱水程度为 S_{act}，它把 $S_{CR} - S_{act}$ 定义为该混凝土的耐冻融破坏的参数 F，F 随时间的变化如图 7-7 所示。当 F 值极小，该混凝土必将受冻融破坏；F 值越大，混凝土受冻融破坏的可能性越小。如果知道了该混凝土在实际使用条件下最不利的 $(S_{act})_{max}$ 就能根据 $F = S_{CR} - (S_{act})_{max}$ 来评价混凝土的冻融耐久性。

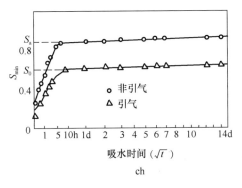

○—非引气混凝土　△—引气混凝土

图 7-6　混凝土的吸水过程

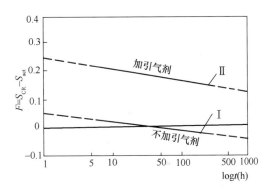

Ⅰ—非引气混凝土　Ⅱ—引气混凝土

图 7-7　Fagerlund 评价混凝土抗冻性的模型

7.2.3.5　影响因素

从以上分析可知，混凝土受冻融破坏的程度由冻结温度和速度、可冻水的含量、水饱和的程度、材料的渗透性（冰水迁移的难易程度）、冰水混合物流入卸压空气泡的距离（以气泡平均间距表示）以及抵抗破坏能力（强度）等因素决定。这些因素中有些因素是由环境决定的，如环境温度、降温速度、与暴露环境水的接触和水的渗透情况等，有些是材料自身的因素，如冻结水的含量（取决水灰比）、材料的渗透性、气泡平均间距和材料强度等。从材料设计的角度，必须对影响抗冻性的材料本身的诸因素进行分析，并分清影响的主次，以此作为设计抗冻混凝土的依据。以下就影响抗冻性的集料、水泥品种、强度、水灰比、气泡间距及含气量等因素进行讨论。

1. 集料

岩石的孔隙率较小，为 $0\% \sim 5\%$，又有足够高强度承受冻结的破坏力；同时集料被硬化水泥浆体包围，水分首先将水泥浆体饱和。所以混凝土受冻融的薄弱环节应该是硬化浆体，集料对抗冻性的影响相对说是次要因素，但确实也存在由集料引起的冻融破坏的情况。

如用已被水饱和的集料拌制混凝土，由于周围硬化浆体的渗透性较低，集料的水分不易排出，被浆体包围的集料成为一个封闭容器，若集料的饱水程度超过91.7%，冻结时会使集料本身和周围浆体破坏。因此拌制高抗冻的混凝土时，集料应预先部分干燥，尽量不使用含水量高的集料。

此外，集料的尺寸对抗冻性也有影响。集料颗粒大的容易破坏，这是因为一旦集料吸水饱和，颗粒大的集料孔隙中的水分不易排出。有资料表明，用 12～25mm 的燧石作粗集料，冻融 180 次，动弹模量降低 50%，而用 5～12mm 的燧石，则需 440 次。

在引气混凝土中集料对抗冻性的影响相对小于非引气混凝土，这是因为如果集料孔隙被水饱和并冻结，冰水容易向硬化浆体中的气泡排出。

轻集料混凝土的抗冻性则与集料的性质有很大关系，集料可能成为冻融破坏的薄弱环节。集料的影响须做专门的试验研究，这并不意味着轻集料混凝土的抗冻性一定是不好的，轻集料混凝土也能配制成高抗冻性混凝土。

2. 水泥品种

试验表明，水泥品种、组成影响水泥早期的水化程度，从而影响可冻结水的量和早期强度，因此水泥的化学组成、细度和品种对混凝土的抗冻融破坏无显著影响，除非混凝土早期受冻，因此冬期施工混凝土应该用早强型的硅酸盐水泥。

由于我国生产的水泥大部分都掺有混合材，且掺量较大，加之在制备混凝土时有时又掺加矿物外加剂如粉煤灰，所以结合我国的特点，矿物外加剂对混凝土抗冻性的影响不能不引起重视。掺加粉煤灰的混凝土抗冻性比等强度的空白混凝土差一些，特别是不引气的混凝土。这可能是由于掺粉煤灰的水泥浆体渗透性小、冻结静水压力大的缘故。为了达到与不掺粉煤灰混凝土相同的抗冻性，粉煤灰混凝土的引气量相应地比不掺的混凝土稍大（如大1%），另外由于粉煤灰表面吸附引气剂的性能强，为达到相同引气量而需增大引气剂的掺量。

3. 强度

一般认为，混凝土强度越高，则抵抗环境破坏的能力越强，因而耐久性也越高。但是在受冻融破坏情况下，强度与耐久性并不一定呈正比的关系。例如，低强度（如 20MPa）的引气混凝土可能比高强度（如 40MPa）的非引气混凝土抗冻性高很多。强度是抵抗破坏的能力，当然是抗冻性的有利因素。在相同含气量或者相同平均气泡间距的情况下，强度越高，抗冻性也越高。但是另一方面混凝土的气泡结构对混凝土抗冻性的影响远远大于强度的影响，强度就不是主要因素了。有人认为强度高的混凝土抗冻性就一定好，这个观点是不全面的。

4. 水灰比

一方面水灰比影响可冻结水的含量，同时水灰比又决定了强度，从而影响抗冻性。在含气量一定时，水灰比对混凝土抗冻性的影响规律见图 7-8。由图可见，水灰比是影响混凝土抗冻性的主要因素之一。因此对有冻融破坏可能的混凝土，应该对其允许最大的水灰比按暴露环境的严酷程度做出规定。一般与水接触或在水中并受冰冻的混凝土水灰比不能大于0.60，受较严重冻融的不大于 0.55，在海水中受冻的应不大于 0.50。水灰比小于 0.25，水化完全的混凝土，即使不引气，也有较高的抗冻性，因为除去水化结合水和凝胶孔不冻水外，可冻结水量已经很少了。

160

5. 气泡间距

如前所述，平均气泡间距是影响抗冻性的最主要因素。一般都认为对高抗冻性混凝土，平均气泡间距应小于 0.25mm，大于 0.25~0.30mm 时，抗冻性将急剧下降。也有观点认为，混凝土抗冻性是平均气泡间距和水灰比两个参数的函数，两者对抗冻性影响的大致规律如图 7-9 所示。

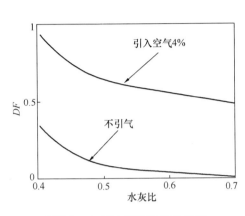
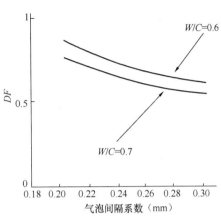

图 7-8 水灰比对抗冻性的影响　　　　图 7-9 抗冻性与平均气泡间距
（DF 为混凝土耐久性系数）　　　　　　　　和水灰比的关系

平均气泡间距是由含气量和平均气泡半径计算而得的，而测量硬化混凝土的含气量和平均气泡半径较麻烦和费时。在实际工程中混凝土设计时，除了重大工程，一般不会测量硬化混凝土的含气量和平均气泡半径，而拌合料的含气量是很容易测试的。拌合物的含气量稍大于硬化混凝土的含气量。

拌合物的含气量是搅拌施工过程中夹杂进去的大气泡和引气剂引入的小气泡之和。前者约为 1%，其孔径大，所以对抗冻性的贡献不大。增加搅拌时间和振捣密实能减少其数量。引气剂引入的空气泡的孔径大小决定引气剂的技术性能。

为了达到一定的抗冻性所需的总含气量与水泥用量和水灰比也有关。水泥用量和水灰比大，水泥浆体体积就大，则要求含气量大一些。试验表明，当总含气量大于 3.5%~4% 时，平均气泡间距都能小于 0.25mm。

水工部门的研究表明，在混凝土中掺加硅灰能明显改善气泡结构；气泡平均半径减小，平均气泡间距也就相应减少。资料表明：不加硅灰的平均气泡间距为 0.36mm，抗冻标号为 100 次，加入 10% 硅灰后，平均气泡间距减为 0.28mm，抗冻标号提高到 300 次以上。

根据环境严酷程度和混凝土水泥用量和水灰比，有抗冻要求的混凝土含气量应控制在 3%~6%。

实际工程中，提高混凝土抗冻性的主要措施如下：

（1）合理选择集料。选用密实度大一些的集料，不要用疏松风化的集料。集料粒径小些为好。

（2）尽量用普通硅酸盐水泥，如掺粉煤灰等混合材料，要适当增大含气量和引气剂剂量。

（3）在选定原材料后最关键的控制参数是含气量和水灰比。根据环境条件，水灰比不应超过允许的最大值。

（4）水灰比确定后，根据抗冻性要求，确定要求的含气量（3% ~6%）。根据含气量确定引气剂掺量。为得到相同含气量，引气剂掺量因引气剂不同品种而不同。

（5）因引入气泡造成混凝土强度下降，需调整混凝土配比（水灰比），以弥补强度损失。

7.2.4 环境化学作用

若混凝土暴露在有化学物质的环境和介质中，有可能遭受化学侵蚀而破坏，如化工生产废水、硫酸盐浓度较高的地下水、海水、生活污水和压力下流动的淡水等。环境化学侵蚀的类型可分为水泥浆体组分的浸出、酸性水侵蚀以及硫酸盐侵蚀等。

7.2.4.1 水泥浆体组分的浸出

混凝土是耐水的材料，在一般河水、湖水、地下水，由于环境中钙、镁含量较高，水泥浆体中的钙化合物不会溶出，因此不存在化学侵蚀问题；但如受到纯水及由雨水或冰雪融化的含钙少的软水浸析时，水泥水化生成的 $Ca(OH)_2$ 首先溶于水中，因为水化生成物中 $Ca(OH)_2$ 的溶解度最高（20℃时约为 1.2gCaO/L）。当水中 $Ca(OH)_2$ 浓度很快达到饱和，溶出作用就停止。只有在压力流动水中，且混凝土密实性较差，渗透压较大时，流动水不断将 $Ca(OH)_2$ 溶出并带走。水泥浆体中的 $Ca(OH)_2$ 被溶出，在混凝土中形成空隙，混凝土强度不断降低。水泥水化生成的水化硅酸钙、铝酸盐都需在一定浓度 CaO 的液相中才能稳定，在 $Ca(OH)_2$ 不断溶出后，其他水化生成物也会被水分解并溶出。

淡水溶出水泥水化生成物的破坏过程是很慢的，只要混凝土的密实性和抗渗性好，一般都可以避免这类侵蚀。

7.2.4.2 酸性水侵蚀

硬化水泥浆体本身是一种碱性材料，其孔隙中的液体 pH 值为 12.5 ~13.5，因此碱性介质一般不会对混凝土造成破坏；在酸性介质中则完全不同，各种酸性溶液都能对混凝土造成一定程度的破坏。实践表明，环境水的 pH 值小于 6.5 即可能产生侵蚀。

酸性水在天然水中是不多见的。有机物严重分解的沼泽地的地下水中含 CO_2 浓度较高，燃料燃烧产生的废气中 SO_2 含量很高，造成城市空气的污染，以至某些大城市产生酸雨。酸性水主要来自肥料工业、食品工业等的工业废水。

酸性水与混凝土中的 $Ca(OH)_2$ 起置换反应生成可溶的钙盐，这些钙盐通过滤析被带走。如肥料工业废水 NH_4Cl 与 $Ca(OH)_2$ 反应：

$$2NH_4Cl + Ca(OH)_2 \longrightarrow CaCl_2 + 2NH_4OH$$

生成物 $CaCl_2$ 和 NH_4OH 都是可溶的，因此对混凝土的侵蚀很厉害。

含 CO_2 较高的水（碳酸）与 $Ca(OH)_2$ 发生如下的反应，生成可溶性的重碳酸钙：

$$Ca(OH)_2 + 2CO_2 + 2H_2O \longrightarrow Ca(HCO_3)_2 + 2H_2O$$

这个反应是可逆反应，当 CO_2 浓度超过平衡浓度，反应向右进行而侵蚀水泥浆体。CO_2 的平衡浓度取决水的硬度。

酸性水对混凝土侵蚀程度按其 pH 值或 CO_2 浓度分级，见表7-1。

表 7-1 酸性水侵蚀程度

侵蚀程度	pH 值	CO_2 浓度（ppm）
轻微	5.5 ~ 6.5	15 ~ 30
严重	4.5 ~ 5.5	30 ~ 50
非常严重	< 4.5	> 60

在相同强度的条件下，掺矿渣和火山灰混合材料的水泥对混凝土的抗酸性是有利的，因为掺混合材料的水泥浆体中 $Ca(OH)_2$ 含量较少。但对抗酸性而言，混凝土的密实度（强度）比水泥品种的影响更大。

7.2.4.3 硫酸盐侵蚀

硫酸盐溶液能与水泥水化生成物产生化学反应而使混凝土受到侵蚀，甚至破坏。土壤中含有硫酸镁及碱等，土壤中的地下水实际上是硫酸盐溶液，若其浓度高于一定值时，将对混凝土产生侵蚀作用，硫酸盐侵蚀是一种比较常见的化学侵蚀形式。

1. 硫酸盐侵蚀的机制

溶液中的硫酸钾、硫酸钠、硫酸镁等化合物会与水泥水化生成的 $Ca(OH)_2$ 发生反应生成硫酸钙：

$$Ca(OH)_2 + Na_2SO_4 + 2H_2O \longrightarrow CaSO_4 \cdot 2H_2O + 2NaOH$$

在流动的水中，反应可不断进行。在不流动的水中，达到化学平衡，一部分 SO_3 以石膏析出。

硫酸钙与水泥熟料矿物 C_3A 水化生成的水化铝酸钙 C_4AH_{19}，与水化单硫铝酸钙 $3CaO \cdot Al_2O_3 \cdot CaSO_4 \cdot 18H_2O$ 都能反应生成水化三硫铝酸钙（又称钙矾石）：

$$3CaO \cdot Al_2O_3 \cdot CaSO_4 \cdot 18H_2O + 2\,CaSO_4 + 14H_2O \longrightarrow 3CaO \cdot Al_2O_3 \cdot 3CaSO_4 \cdot 32H_2O$$

$$4CaO \cdot Al_2O_3 \cdot 19H_2O + 3CaSO_4 + 14H_2O \longrightarrow 3CaO \cdot Al_2O_3 \cdot 3CaSO_4 \cdot 32H_2O + Ca(OH)_2$$

钙矾石的溶解度极低，沉淀结晶出来，钙矾石晶体长大造成的结晶压会使混凝土膨胀而开裂。因此，硫酸盐侵蚀的根源是硫酸盐溶液与水泥中 C_3A 矿物的水化生成物与 $CaSO_4$ 反应形成钙矾石的膨胀。

若水中镁的含量较大，则硫酸镁的侵蚀比硫酸钾、硫酸钠、硫酸钙更严重。因为硫酸镁除了上述钙矾石膨胀外，还能与水泥中硅酸盐矿物水化生成的水化硅酸钙凝胶反应，使其分解。硫酸镁首先与 $Ca(OH)_2$ 反应生成硫酸钙和氢氧化镁：

$$Ca(OH)_2 + MgSO_4 + 2H_2O \longrightarrow CaSO_4 \cdot 2H_2O + Mg(OH)_2$$

氢氧化镁的溶解度很低，容易沉淀出来，因此这个反应可以不断地进行。由于反应消耗了 $Ca(OH)_2$，从而使水化硅酸钙不断分解释放出 $Ca(OH)_2$，供上述反应继续进行：

$$3CaO \cdot SiO_2 \cdot nH_2O + 3MgSO_4 + mH_2O \longrightarrow 3(CaSO_4 \cdot 2H_2O) + 3Mg(OH)_2 +$$
$$2SiO_2 \cdot (m+n-3)H_2O$$

由此可见，硫酸镁还能使水泥中硅酸盐矿物水化生成的 C-S-H 凝胶处于不稳定状态，分解出 $Ca(OH)_2$，从而破坏了 C-S-H 的胶凝性。

2. 工程上硫酸盐侵蚀的控制

在实际工程中如遇到地下水硫酸盐侵蚀问题时，首先应知道地下水的硫酸盐离子浓度（或土壤中硫酸盐含量）和金属离子的含量，地下水的流动情况以及结构工程的形式。

美国 ACI 建筑法规按硫酸盐浓度把侵蚀程度分为 4 级，见表 7-2。

表 7-2　美国 ACI 标准对硫酸盐侵蚀程度的分级

侵蚀程度分级	硫酸盐浓度		技术要求	
	土壤中总 SO_3（％）	地下中（ppm）	水泥品种	水灰比
忽略不计	<0.1	<150		—
中等	0.1～0.2	150～1500	SSTM II 型硅酸盐 或火山灰硅酸盐 或矿渣硅酸盐	<0.5
严重	0.2～2.0	1500～10000	ASTMV 型	<0.46
较严重	>2.0	>10000	ASTMV 型加 火山灰混合材	<0.5

英国 BS-8110 混凝土结构规范的分级见表 7-3。

表 7-3　英国 BS-8110 混凝土结构规范对硫酸盐侵蚀程度的分级

等级要求	硫酸盐浓度		水泥品种	技术要求	
	土中 SO_2 总量	地下水中（ppm）		最小水泥用量（kg/m^3）	水灰比
1	<0.2	<300			—
2	0.2～0.5	300～1200	硅酸盐水泥、粉煤灰或矿渣	330	0.05
			抗硫酸盐水泥	280	0.55
3	0.5～1.0	1200～2500	硅酸盐水泥 25％～40％ 粉煤灰	380	0.45
			硅酸盐水泥 70％～90％ 矿渣	380	0.45
			抗硫酸盐水泥	330	0.50
4	1.0～2.0	2500～5000	抗硫酸盐水泥	370	0.45
5	>2.0	>5000	抗硫酸盐水泥并带沥青保护层	370	0.45

硫酸盐侵蚀速度除受浓度控制外，还与地下水流动情况有关。当混凝土结构的一面处于含硫酸盐水的压力作用下，而另一面可以蒸发失水，受硫酸盐侵蚀的速率远较混凝土结构各面都浸于含硫酸盐水中的侵蚀速率大。因此，地下室混凝土墙、挡土墙、涵洞等比基础更易受侵蚀。

提高混凝土密实度，降低其渗透性是提高抗硫酸盐性能的有效措施。因此，在有硫酸盐侵蚀的条件下，应适当提高混凝土结构的厚度，适当增加水泥用量和降低水灰比，并保证振捣密实和良好的养护。

正确选择水泥品种是工程上控制硫酸盐侵蚀的重要技术措施。从破坏机制可见，水泥中的 C_3A 和水化生成的 $Ca(OH)_2$ 是受硫酸盐侵蚀的根源。因此应该选用熟料中 C_3A 含量低的水泥，一般 C_3A 含量低于 7％ 的水泥具有较好的抗硫酸盐侵蚀性能。相对于 C_3A 来说，C_4AF 受硫酸盐侵蚀威胁较小。

掺加粉煤灰、矿渣作混合材或掺合料等都有利于提高抗硫酸盐侵蚀性，这是由于它们都能与水泥水化生成的 $Ca(OH)_2$ 反应生成 C-S-H 凝胶，因此减少水化物中的 $Ca(OH)_2$ 含量，掺加粉煤灰的效果优于矿渣。但应注意，这个反应进行较缓慢，后期反应量才较多。因此，应采取一定技术措施，使混凝土养护足够龄期后再暴露于硫酸盐侵蚀环境中，可以有效改善混凝土抗硫酸盐侵蚀能力。

在比较严重的侵蚀条件下，可采用抗硫酸盐水泥和掺矿物外加剂双重措施。

王燕谋等开发的硫铝酸盐水泥，具有非常好的抗硫酸盐性能。这是因为它的主要矿物组成是 $\beta\text{-}C_2S$ 和硫铝酸钙，水化生成物中富含钙矾石，水化铝酸钙和单硫型水化硫铝酸钙含量低，且 $Ca(OH)_2$ 含量也很少，使得硫铝酸盐水泥的抗硫酸盐侵蚀性能也好。

7.2.5　碱-集料反应（AAR）

某些集料中的无定形二氧化硅与水泥中的碱反应是造成某些混凝土结构物破坏的一个重要原因，此外，某些碳酸盐集料也能与碱反应而膨胀。因此，把碱（$Na_2O + K_2O$）与混凝土集料间产生引起膨胀的反应统称为碱-集料反应（AAR）。

碱-集料反应通常有以下三种类型：

（1）碱-硅反应（ASR）：指混凝土中的碱与不定形二氧化硅的反应。

（2）碱-硅酸盐反应（ASR）：指混凝土中的碱与某些硅酸盐矿物的反应。

（3）碱-碳酸盐反应（ACR）：指混凝土中的碱与某些碳酸盐矿物的反应。

当代学者把第一、二种反应都归类为碱-硅反应（ASR）。

碱-集料反应是固相和液相之间的反应，其发生的必要条件如下：

（1）混凝土中含碱（$Na_2O + K_2O$）量超标；

（2）集料中存在活性二氧化硅；

（3）混凝土暴露在水中或在潮湿环境中。

其中，前两个条件是由混凝土自身的组成材料——水泥、外加剂、掺合料及集料决定的。第三个是外部条件。从工程应用的角度看，避其必要条件之一，即可避免碱-集料反应。

7.2.5.1　混凝土中的碱

混凝土中的碱主要来源于制备混凝土的组成材料——水泥和外加剂。水泥中的碱主要是由生产水泥的原料黏土和燃料煤引入的，它们以硫酸盐和水泥矿物的固溶体形式存在。水泥中钾钠含量折合成 Na_2O（$Na_2O + 0.658K_2O$）（0.66 是 Na_2O 与 K_2O 分子量之比）小于 0.6% 称为低碱水泥。国际公认，用低碱水泥一般不会发生 AAR 破坏。水泥中含碱量折合成 Na_2O 含量一般在 0.6%～1.0%，但我国的水泥也有超过 1.0% 的。

外加剂的使用是现代混凝土技术发展的一个重要动力，但同时也会带来某些外加剂引入碱的问题。最常用萘系高效减水剂中含 Na_2SO_4 量可达 10% 左右，如掺量为水泥用量的 1%，则由萘系外加剂引入的 Na_2SO_4 约为水泥的 0.1%，折合 Na_2O 约为 0.045%。如果说高效减水剂引入的 Na_2O 量还不算太大，Na_2SO_4 早强剂引入碱的含量就不容忽视了。如掺量以水泥用量的 2.0% 计，则引入的 Na_2O 约为水泥用量的 0.9%，即等于甚至大于水泥自身的含碱量。至于冬期施工防冻剂的碱含量就更大了。因此，在有碱-集料反应潜在危险的工程中，即暴露在水中或潮湿环境下，并用碱活性集料时，不应使用 Na_2SO_4、$NaNO_2$ 等钠盐外加剂。

混凝土中含碱量又与水泥用量有关，过去混凝土设计等级强度大多是 20～30MPa，水泥用量在 $300kg/m^3$ 左右。现在高强度混凝土用的较多，水泥用量高达 $400kg/m^3$ 以上。因此，从碱-集料反应角度，控制混凝土中总的含碱量比控制水泥中含碱量更科学。

含碱量控制在多少可认为是安全的目前还有不同看法，多数意见是控制在 $1m^3$ 混凝土折合 Na_2O 含量为 $1.8 \sim 3.0kg$，$1.8kg$ 是非常安全的限量，但即使用低碱水泥也难以达到。研究成果表明，如混凝土中含碱量低于 $3.0kg/m^3$，一般不会造成危害。

7.2.5.2　集料

碱-氧化硅反应是碱与微晶或无定形的氧化硅之间的反应。石英是结晶良好的有序排列的硅氧四面体，因此是惰性的，不易起反应，不会引起严重的 AAR。活性氧化硅由随机排列的、不规则分子间距的四面体网络所组成，易与碱反应。

美国混凝土协会（ACI）201 委员会汇编了一个集料中可能存在有破坏行为的硅质组分表。其包括无定形二氧化硅（如蛋白石）、微晶和弱结晶二氧化硅（如玉髓）、破碎性石英和玻璃质二氧化硅（如安山岩、流纹岩中的玻璃体），是其中最常见的碱活性二氧化硅。硬化硅酸盐水泥中液相 pH 值与水泥碱含量、水灰比有关，一般可达 13 以上。含无序结构二氧化硅的矿物在如此强碱性的溶液中，不能保持稳定，SiO_2 结构将逐步解聚（如 O-Si-O 键的溶解），过程则取决其无序程度、孔隙率、颗粒尺寸和温度。随后，碱金属离子吸附在新形成的反应物表面。当与水接触时，碱硅酸凝胶通过渗透吸水膨胀。如此发展的水压力被认为是反应集料膨胀开裂的原因，从而使周围的水泥浆体也发生膨胀开裂。集料中含 5% 活性氧化硅便足以产生严重的膨胀开裂。

一般碳酸盐集料是无害的，$CaCO_3$ 晶体与碱不起反应。碱-碳酸盐反应是碱与白云石质石灰石（$MgCO_3 \cdot CaCO_3$）产生膨胀反应，导致混凝土破坏。含介稳态白云岩的黏土、白云质石灰岩及石灰质白云岩以及有隐晶的石灰岩易与碱反应。

7.2.5.3　外部环境

碱-集料反应必须在有水的条件下才能进行。在相对湿度较小的干燥环境中，混凝土的平衡含水量较小，即使含碱量大和采用碱活性集料，AAR 进行也很缓慢，不易产生破坏性膨胀开裂；长期与水接触的和在潮湿环境中的混凝土则要注意防止 AAR 破坏，如水工结构物、地下结构物、给水排水结构、道路、桥梁、轨枕等。目前我国水工结构的 AAR 问题及其防治已得到重视，其他潮湿条件下的混凝土结构仍需引起足够的重视。

7.2.5.4　膨胀机理

1. 碱-氧化硅反应（ASR）

Diamond 总结了碱-氧化硅反应的机制，提出了反应的 4 个阶段：①氧化硅结构被碱溶液解聚并溶解；②形成碱金属硅酸盐凝胶；③凝胶吸水膨胀；④进一步反应形成液态溶胶。混凝土中孔溶液的碱度（pH 值）对二氧化硅的溶解度和溶解速率影响很大（表 7-4）。孔中的氢氧化钠（钾）与被解聚的二氧化硅就地反应生成硅酸钠（钾）凝胶：

$$2NaOH + nSiO_2 \longrightarrow Na_2O \cdot nSiO_2 \cdot H_2O$$

上述反应可能在集料颗粒的表面进行，也可能贯穿颗粒，这取决集料的缺陷。硅酸钠（钾）凝胶能吸收相当多的水分，并伴有体积膨胀。这个膨胀有可能引起集料颗粒的崩坏和周围水泥浆的开裂。这个机制认为膨胀是由于胶体吸水引起的，即所谓膨胀理论。

Hansen 提出另外一种渗透压理论，该理论认为碱与氧化硅反应引起的膨胀破坏是由于渗透压的作用。在这个理论中，碱活性集料颗粒周围的水泥水化生成物起半渗透膜作用，它允许氢氧化钠和氢氧化钾及水扩散至集料而阻止碱-氧化硅生成的硅酸离子向外扩散，因而产生渗透压，当渗透压足够大时引起破坏。

表 7-4　pH 值对 SiO₂ 溶解度的影响

介质	pH 值	SiO_2的近似溶解度（$\times 10^{-6}$）
天然水	7 ~ 8	100 ~ 150
中等碱性的水	10	< 500
Ca(OH)₂饱和溶液	12	90000
低碱水泥浆	~ 12.5	~ 500000
高碱水泥浆	> 13.0	没有限量

从热力学的角度，系统中胶体吸附水与孔溶液中水的自由能差别，或者说两种水蒸汽压的差别是推动水向颗粒流动的动力，也是造成膨胀破坏的根源。

用含蛋白石的砂配制砂浆棱柱体的膨胀显示了碱-氧化硅这一典型反应，见图 7-10。

高碱水泥拌制的砂浆膨胀明显地大于低碱水泥，但碱含量增加到一定量时，砂浆及混凝土的膨胀可能不再增大，这可能是由于过量碱反应生成的胶体转变为溶胶，溶胶渗入水泥浆体的孔隙中，引起的膨胀较小。

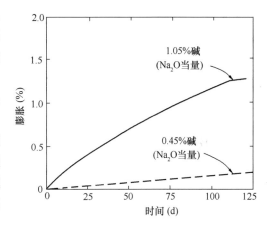

图 7-10　含蛋白石砂制备的砂浆膨胀

碱-集料反应膨胀与温度有关，在温度低于 38℃时，温度越高，膨胀越大，因而在炎热地区碱-集料反应比寒冷地区严重，但并不能由此推断寒冷地区没有碱-集料反应破坏的问题。

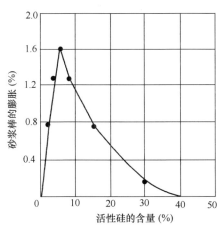

图 7-11　碱-氧化硅反应的膨胀与集料中活性 SiO₂ 含量的关系（224d 的膨胀值）

碱-氧化硅反应膨胀还与集料中碱活性 SiO_2 有关（图 7-11）。对活性集料有一个"最不利"的活性 SiO_2 含量，而这个最不利的活性 SiO_2 又与岩种、矿物有关，也与混凝土中含碱量有关。对蛋白石，引起最大膨胀的活性 SiO_2 含量为 3% ~ 5%，对活性差的矿物，可能为 10% ~ 20%。为什么活性 SiO_2 含量增加，膨胀值不再增大，甚至还减小呢？这主要是当活性 SiO_2 含量很高时，分配到每个反应点的碱量相应就少了，因此反应生成物是高钙低碱的硅酸盐凝胶，这种凝胶吸水膨胀值小于高碱低钙的硅酸盐凝胶，甚至不膨胀。很久之前 Power 就提出了 $Ca(OH)_2$ 与 NaOH 竞争反应假设。$Ca(OH)_2$ 也能与活性 SiO_2 反应生成 C-S-H 凝胶，与 NaOH "竞争"与 SiO_2 反应。

膨胀值与集料颗粒大小有关，活性集料粉碎得很细（< 75μm）时，虽有明显的碱-氧化硅反应，但不会发生任何明显的膨胀。有研究表明，砂粒大小为 1 ~ 5mm 的活性集料对膨胀开裂最有害。

2. 碱-碳酸盐反应（ACR）

碱-碳酸盐反应的机制与碱-氧化硅反应完全不同。

碱与白云石作用，发生如下的白云石化反应：

$$CaCO_3 \cdot MgCO_3 + 2NaOH \longrightarrow Mg(OH)_2 + CaCO_3 + Na_2CO_3$$

这个反应生成物能与水泥水化生成的 $Ca(OH)_2$ 继续反应生成 NaOH，这样，NaOH 还能继续与白云石进行反白云石化反应，因此在反应过程中不消耗碱。

$$Na_2CO_3 + Ca(OH)_2 \longrightarrow 2NaOH + CaCO_3$$

反白云石化反应本身并不能说明膨胀，因为反应生成物的体积小于反应物的体积，所以反应本身并不引起膨胀。只有含黏土的白云石才可能引起膨胀，因为白云石晶体中包裹着黏土，白云石晶体被碱的反应破坏后，基体中的黏土暴露出来，能够吸水。众所周知，黏土吸水体积膨胀。碱-碳酸盐反应产生的膨胀本质上是黏土的吸水膨胀，而化学反应仅提供了黏土吸水的条件。

刘峥、韩苏芬等提出了碱-碳酸盐反应的膨胀的结晶压机理。刘峥等认为：活性碳酸盐岩石的显微结构特征是白云石菱形晶体彼此孤立地分布在黏土和微晶方解石所构成的基质中，黏土呈网络状分布，这个网络状黏土构成了 Na^+、K^+、OH^- 和水分子进入内部的通道。NaOH 与白云石晶体反应，离子进入紧密的受限制的空间，反白云石化反应引起晶体重排列产生的结晶压引起膨胀。他们认为反白云石化反应的自由能变化小于 0，这是该反应的热力学推动力。在他们的机制中，膨胀的本质是反白云石化反应，而黏土的存在提供了离子和水进入岩石的通道。

7.2.5.5 检验方法

碱-集料反应具有很长的潜伏期，甚至可以达到 30～50 年。因此，尽早确定某种岩石是否具有碱活性有非常重要的意义。为此，发展了多种检验集料碱活性的方法，按照判断依据大致分为三类：一是通过岩相鉴定检验集料中是否含有活性组分的岩相法；二是以集料与碱作用后所产生膨胀率的大小作为判据的测长法；三是依集料在碱液中的反应程度作为判据的化学法。

1. ASTM 标准方法

美国 ASTM 标准有多种方法鉴定集料的碱活性，包括岩相法（ASTM C295）、化学法（ASTM C289）、混凝土棱柱体法（ASTM C1293）、砂浆棒法（ASTM C227）等。我国《水工混凝土试验规程》（SL 352—2006）也规定了集料碱活性检验标准：岩相法、化学法、砂浆长度法。我国的标准基本上都参照美国 ASTM 标准。加拿大发展了混凝土棱柱体测长法（CSAA 23-2-14A）。这些方法的应用经验证明，没有一种方法能单独地得到满意的结论，通常都需要几种方法的结合使用。

（1）岩相法（ASTM C295）

该方法主要是借助扫描电镜、X 射线衍射、差热分析、红外光谱分析等技术，鉴定集料的岩石种类、矿物组成及各组分的含量，并依此判断集料的碱活性。该方法的优点是速度快，可直接观察到集料中的活性组分；其缺点是得不到活性组分含量与膨胀率的定量关系，并且此法需要有相当熟练的技术。

（2）化学法（ASTM C289）

该方法的原理是取一定量规定粒度范围的集料和一定浓度的 NaOH 溶液反应，在规定条件下，测定溶出的 SiO_2 浓度以及溶液的碱度降低值，依此判断集料是否具有碱活性。化学法是在 AAR 研究最早提出的，主要是和砂浆棒法（ASTM C227）配合使用，是国际上公认的传统方法。此法能够成功鉴定高碱条件下快速膨胀的集料，但是不能鉴定由于微晶石英或变形石英所导致的众多慢膨胀集料。此外，该法的另一个缺点是存在非 SiO_2 物质，如碳酸盐、石膏、黏土等干扰，这些干扰常常会导致结论发生根本性错误。因此，化学法的使用受到一定的限制。

（3）砂浆棒法（ASTM C227）

该法以破碎到一定尺寸范围要求的集料与高碱水泥（美国规定 $Na_2O > 0.6\%$，我国规定 $> 0.8\%$）拌和，制成尺寸为 25mm × 25mm × 385mm 的砂浆试件，成型后 1d 脱模，测初始长度，然后放在 100% 相对湿度、37.8℃ 的环境中养护，并测定不同龄期试件长度的变化。若 3 个月膨胀率小于 0.05%，6 个月小于 0.1%，则认为是非活性集料。该法是比较经典的方法，后来发展的方法多以此为基础，但它也存在一些问题。多年研究表明，此法仅适用于一些高活性的快膨胀的岩石和矿物，对慢膨胀的集料则不适用。另外，此法所需时间过长。

（4）快速砂浆棒法（ASTM C1260）

该方法是基于 ASTM C227，又称南非法（NBRI 法）。由于 ASTM C227 方法试验周期长，时间上不能满足大多数情况下的工程需要，而且存在漏判错判事例，尤其是不能鉴定出许多慢膨胀集料的碱活性，各国研究者围绕快速、可靠、方便、可重复性好等目标对 ASTM C227 方法进行研究改进，以高温高碱条件下的 AAR 为基础发展了许多快速方法，其中以 NBRI 法最有影响，并于 1994 年同时被定为美国和加拿大标准，标准号分别为 ASTM C1260 和 CSA A23.2-25A。

（5）混凝土棱柱体法（ASTM C1293）

该法实质上与 ASTM C227 类似，不同之处在于试件的尺寸、集料的尺寸及级配、水灰比。试件尺寸为 7.5cm × 7.5cm × 35cm，粗细集料按一定比例配合使用，水灰比 0.42 ~ 0.45。试件成型后用塑料膜覆盖，置于（23 ±2）℃、100% 相对湿度条件下养护 24h，脱模测初长。然后 38℃ 养护，测定 1、2、4、8、13、26、39、52 周各龄期的膨胀率。若半年超过 0.03% 或 3 个月膨胀率超过 0.02%，1 年膨胀率超过 0.04%，则集料为活性。

ASTM C1293 方法既能用于硅质集料，又可鉴定碳酸盐集料。另外，由于它可以使用粗集料，因此更接近混凝土实际情况。但膨胀结果受水泥细度、水灰比和养护条件（温度、湿度）及配合比影响。

高碱水泥制的混凝土膨胀与通过最初 200 ~ 500d 内膨胀曲线画出的回归线斜率有相关性（图 7-12）。同时也观察到，大多数混凝土试件在 200 ~ 300d 后出现裂纹，这个时间与

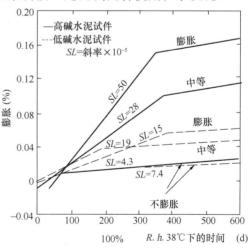

图 7-12　用不同碱活性集料，混凝土
棱柱体测长试验

膨胀曲线的斜率突变点相符合。他们认为 20×10^{-3} 的斜率是有害与无害的分界线。此法对评价白云质石灰岩集料也适用。看来这个混凝土试件测长法是在各种方法中比较接近实际的，也是比较可靠的，值得借鉴。这方法的缺点是所需试验时间太长，需 1 年以上时间。

2. 蒸压快速法

唐明述提出了一种不同于 ASTM 的新检验方法——蒸压快速法。通常认为高于 38℃ 的快速养护获得的试验结果是不太可靠的。他们认为只要试验参数选择得当，用蒸压快速法得到的结论与 ASTM 砂浆棱柱体测长和岩相分析的结果是相符的。基于对试验参数对砂浆试件膨胀的影响研究，他们选定了快速法的试验条件参数，规定如下：

用硅酸盐水泥，其含碱量调整到 $Na_2O = 1.5\%$ （以加 KOH 调整），水泥：集料 = 10:1，集料粒径为 $0.15 \sim 0.75mm$，$W/C = 0.30$，试件尺寸为 $1cm \times 1cm \times 4cm$，在室温养护 24h 后脱模，接着在蒸汽下养护 4h，然后浸泡在 10% KOH 溶液中，并在正 150℃ 下蒸压 6h，然后冷却至室温。若在此条件下膨胀值大于 0.1%，则集料被认为是碱活性的，若小于 0.05%，则判为无害的。

蒸压快速法在我国得到较广泛的承认并使用，此法解决了砂浆或混凝土试件测长法试验时间过长的困难，因此对实际工程较实用。

总之，快速法不失为比较实用的判别碱-氧化硅反应的好方法，如果确实偏于严格，可适当调整判别有害无害的膨胀值来解决。但对碱-碳酸盐反应是否适用，尚需进一步验证。

7.2.5.6 防治措施

碱-集料反应的膨胀破坏起源于混凝土内部的裂纹，发展到表面，呈地图形和花纹形裂纹。当配筋约束力强时，也可能出现顺筋裂纹。裂纹中有白色分泌物或表面有白点（$Na_2O \cdot SiO_2$）。裂纹开展时间迟至 $10 \sim 20$ 年，也可能早到 1 年。细集料反应快，粗集料慢一些。常见的干缩、冻融开裂则是由表及里，冻融破坏表现为表面逐层剥落，而内部混凝土还能保存完好。

碱-集料反应常与其他因素的破坏作用如冻融、盐蚀相互促进，从而加速了结构的破坏。因其他环境因素的破坏作用致使混凝土开裂，水分由裂纹进入混凝土内部，也会加速碱-集料反应。

混凝土及其制品在施工和生产过程中产生的微裂纹也会促进碱-集料反应。如经高温蒸汽养护的混凝土制品和构件在出厂时已有肉眼可见或不可见的裂纹。常用 $70 \sim 80℃$ 蒸汽养护的预应力混凝土轨枕经使用若干年后出现明显的裂纹和破坏，其主要原因是碱-集料反应还是生产工艺上的问题或两者都是，目前在国内外都有争议。

正是由于各种破坏因素与碱-集料反应常共同起作用而又互相促进，判断引起破坏的主因或导因常常不容易下结论，必须经过试验研究和科学论证。只有正确诊断，分清主导因素，才能解决实际工程问题。

在潮湿环境下使用的重要混凝土结构工程以及结构的地下部位，在设计时就应考虑碱-集料反应的预防措施。首先要检验所用集料的碱活性，但砂石用量很大，必须就地就近供应。其次尽量选用低碱水泥，但我国北方水泥厂生产的水泥一般含碱量都较高。此外，可供考虑的其他措施如下：

（1）选用掺加混合材料的水泥，如矿渣硅酸盐水泥。

（2）在拌制混凝土时掺加质量较好的粉煤灰或其他矿物外加剂，这是比较现实、效果也较好的措施。掺粉煤灰能较大幅度降低碱-氧化硅反应膨胀值。其原因是粉煤灰本身含大量的 SiO_2，其颗粒细，能吸收较多的碱，降低了每个反应点上碱的浓度，也就减少了反应产物中的碱与硅酸之比。高钙低碱硅酸盐凝胶较稳定，不容易引起严重的膨胀。

（3）限制或禁止钠盐外加剂的使用。

（4）掺加引气剂有助于减轻碱-集料反应的膨胀，引入的空气泡提供了硅酸钠凝胶吸水膨胀释放能量的空间。如砂浆含气量为 4%，按砂浆测长检验集料碱活性方法，引气的砂浆棱柱体膨胀值比不引气的砂浆膨胀值减小约 25%。

（5）适当降低水灰比对防止或减轻碱-集料膨胀有利。

7.2.6 钢筋锈蚀

混凝土是碱性材料，可以起到保护钢筋不受锈蚀的作用。如果根据暴露环境正确设计和施工，使混凝土保护层有足够的密实性和厚度，防止裂纹的产生和扩展，应该说混凝土中的钢筋锈蚀是可以防止的，因而钢筋混凝土结构是耐久的。

然而事实上，钢筋锈蚀已成为混凝土结构物过早破坏的主要原因，特别是在撒除冰盐的路桥和海洋环境下的混凝土结构。

如果对钢筋锈蚀的机理、影响因素有清晰的认识，在结构设计和混凝土材料设计中采取必要的技术措施，并对施工质量进行严格的管理和监督，许多破坏事例是可以和应该避免的，混凝土结构的使用寿命得以延长，修复的经济负担能减少到最低程度。

混凝土中钢筋的锈蚀实际上是在特殊环境条件下的一种电化学反应过程，然而实际环境中不同混凝土表现出的保护钢筋能力差异明显。究其原因，是因为混凝土是一种多孔质材料，当采用硅酸盐水泥作胶凝材料时，孔隙中充满了碱度很高的 $Ca(OH)_2$ 饱和溶液，其 pH 值在 12.4 以上，溶液中还有氧化钾、钠，所以 pH 值可超过 13.2。在这样强的碱性环境下，钢筋表面氧化，生成一层厚度为 $(2\sim6)\times10^{-3}\mu m$ 的水化氧化膜 $\gamma\text{-}Fe_2O_3\cdot nH_2O$，这层膜很致密，牢固地吸附于阳极区表面，使钢筋难以再继续进行电化学反应，钢筋处于钝化态，不发生锈蚀，这层膜称为钝化膜。如果这层膜能够长期保持，即使它周围的电解质具有溶解氧和水分，电化学锈蚀也难以进行，这就是混凝土保护钢筋不至于锈蚀的主要原因。

然而，钢筋表面的这层钝化膜，可以由于混凝土与大气中的 CO_2 作用（碳化）或与酸类的反应而使孔溶液 pH 值的降低或者氯离子的进入而遭破坏，钢筋由钝化态转为失钝态，就会导致锈蚀。因此，钢筋钝化膜的破坏（或称去钝化）是混凝土中钢筋锈蚀的先决条件，而诱导钝化膜破坏的原因主要是保护层的碳化和氯离子通过混凝土保护层扩散到钢筋表面，而后者更普遍和严重。

钝化膜一旦破坏，钢筋表面形成锈蚀电池，其起因有两种情况：①有不同金属的存在，如钢筋与铝导线管，或钢筋表面的不均匀性（不同的钢筋、焊缝、钢筋表面的活性中心）；②紧贴钢筋环境的不均匀性，如浓度差，这两个不均匀性产生电位差，在电介质溶液中形成锈蚀电池，在钢筋表面或在不同金属表面形成阳极区和阴极区。

在有水和氧存在的条件下，钢筋某一局部为阳极，被钝化膜包裹的钢筋为阴极，在阳极产生如下反应，释放出电子：

阳极反应：

$$Fe \longrightarrow Fe^{2+} + 2e^-$$

电子通过钢筋流向阴极。

在阴极水与氧气反应：

阴极反应：

$$O_2 + 2H_2O + 4e^- \longrightarrow 4(OH)^-$$

锈蚀的全反应就是这两个反应的不断进行，并在钢材表面析出氢氧化亚铁：

$$2Fe + O_2 + 2H_2O \longrightarrow 2Fe^{2+} + 4OH^- \longrightarrow 2Fe(OH)_2$$

生成的氢氧化亚铁在水和氧气的存在下继续氧化，生成氢氧化铁：

$$4Fe(OH)_2 + O_2 + 2H_2O \longrightarrow 4Fe(OH)_3$$

若继续失水就形成水化氧化物 $FeO(OH)$ 即红锈，一部分氧化不完全的变成 Fe_2O_3 即黑锈，在钢材表面形成锈层。

整个反应过程如图 7-13 所示。

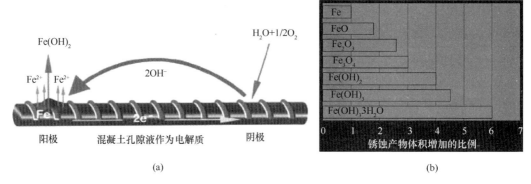

图 7-13　钢筋锈蚀电化学原理示意图

（a）电化学反应；（b）铁锈的体积增大

由于铁锈呈多孔状，即使锈层较厚，其阻挡进一步锈蚀的效果也不大，因此锈蚀将不断向内部发展。此外，生成的铁锈体积增大约为原先体积的 2.5 倍。因此，钢筋生锈的同时，混凝土保护层开裂，钢筋粘结力降低，钢筋断面面积发生缺损，混凝土结构造成重大损伤，耐久性严重下降。

从混凝土材料设计和工程的角度，防止钢筋锈蚀首先考虑的是如何充分发挥保护层的保护钢筋的作用，也就是要使钢筋在更长时期内处于钝化状态。

7.2.7　碳化

7.2.7.1　机理

混凝土碳化是指水泥石中的水化物与环境中的二氧化碳作用，生成碳酸化合物与其他物质，使碱性降低的过程，这也称为混凝土的中性化。当 pH 值降到 11.5 时，钢筋的钝化膜开始破坏；降到 10 时，钝化膜完全失钝。

因此，混凝土碳化过程是一个物理和化学作用同时进行的复杂过程。混凝土中气态、液态和固态三相共存，当 CO_2 进入混凝土后，一方面在气孔和毛细孔中扩散，即在气相和液相中扩散；另一方面又同时被水泥水化物吸收。混凝土碳化的主要化学反应式如下：

$$CO_2 + H_2O \longrightarrow H_2CO_3$$

$$Ca(OH)_2 + H_2CO_3 \longrightarrow CaCO_3 + 2H_2O$$
$$3CaO \cdot 2SiO_2 \cdot 3H_2O + 3H_2CO_3 \longrightarrow 3CaCO_3 + 2SiO_2 + 6H_2O$$
$$2CaO \cdot SiO_2 \cdot 4H_2O + 2H_2CO_3 \longrightarrow 2CaCO_3 + SiO_2 + 6H_2O$$

由此可见，水泥中的水化物，通过碳化反应，都能生成 $CaCO_3$。碳化过程可分为三个步骤：第一步是 CO_2 气体溶于混凝土孔隙中的水形成碳酸；第二步是碳酸与混凝土的水化物质反应生成碳酸钙；第三步是氢氧化钙溶出以补充混凝土孔隙液相中的氢氧化钙浓度，具体过程见图 7-14。

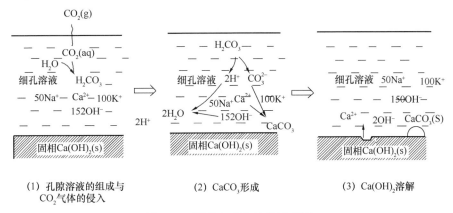

图 7-14　混凝土碳化过程示意图

混凝土碳化是环境中的 CO_2 向混凝土内部扩散，并与混凝土中的可碳化物质发生化学反应的过程，在下述假设条件下，遵循 Fick 第一扩散定律：①混凝土中 CO_2 的浓度分布呈直线下降；②混凝土表面的 CO_2 浓度为 C_{CO_2}，而未碳化区则为 0；③单位体积混凝土吸收 CO_2 起化学反应的量为恒定值（图 7-15）。

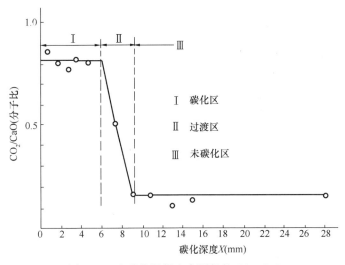

图 7-15　在碳化混凝土中测得的 CO_2/CaO

由此得到理论上计算混凝土碳化深度的公式：

$$X = \left[(2D_{CO_2} C_{CO_2} / M_{CO_2}) \cdot t \right]^{1/2} \tag{7-11}$$

式中 X——碳化深度；

　　D_{CO_2}——CO_2 在混凝土中的有效扩散系数；

　　C_{CO_2}——混凝土表面的 CO_2 浓度；

　　M_{CO_2}——单位体积混凝土吸收 CO_2 的量；

　　t—— 碳化时间。

国内外的大量碳化试验与碳化调查结果均表明，混凝土碳化深度与碳化时间的平方根呈正比，这与式（7-11）的关系是一致的。式（7-11）也可改写成：

$$X = kt^{1/2} \tag{7-12}$$

式中 k——碳化系数，反映碳化速度快慢的综合参数。

已有大量试验证实，碳化深度 X 确实大致与 $t^{1/2}$ 呈正比。试验数据经回归后得到的 t 的指数一般略小于 $1/2$，因此该关系式无论从理论上还是从试验结果都是可靠和可信的，因而已得到普遍公认。混凝土的 CO_2 有效扩散系数在试验室测试较复杂和费时，因此式（7.11）仅有理论意义而目前尚无实用价值。但从式（7.11）可以看到，混凝土的碳化速度主要取决于二氧化碳的扩散速度和二氧化碳与混凝土中可碳化物质的反应性。而二氧化碳气体的扩散速度则与混凝土本身的密实性、二氧化碳气体的浓度、环境温度及混凝土的含湿状态等因素有关，碳化反应则与混凝土中氧化钙的含量、水化产物的形态及环境的温湿度等因素有关，这些影响因素可以归结为与环境有关的外部因素和混凝土本身有关的内部因素。

7.2.7.2　影响因素

总体来讲，影响混凝土碳化速度的因素包括材料因素、外部环境因素以及施工质量因素。材料因素包括水泥品种、水泥用量、水灰比、掺合料以及外加剂等，外部环境因素包括温度和湿度以及大气中 CO_2 浓度等，施工质量因素包括混凝土的养护方式、搅拌方式以及振捣方式等。

1. 水泥品种的影响

混凝土中胶凝材料体系中所含能与 CO_2 反应的 CaO 总量越高，则能吸收 CO_2 的量也越大，碳化到钢筋失钝所需的时间也就越长，或者说碳化速度越慢。

水泥中 CaO 主要来自熟料。水泥生产时和混凝土制备时掺入的混合材料或矿物外加剂中的 CaO 含量都较低，因此胶凝材料体系中混合材料或矿物外加剂含量越多，碳化也就越快。混合材料或矿物外加剂品种对碳化速率的影响：矿渣 < 火山灰质混合材料 < 粉煤灰，因为矿渣的 CaO 含量相对较高。如混凝土的 28d 强度相同，所用水泥品种对碳化速度（$X/t^{1/2}$）的影响见表 7-5。表中以普通硅酸盐水泥为基准，其碳化速率为 1，其他品种水泥与它作比较。应该指出的是，掺矿渣、粉煤灰等的混凝土，如养护得当，其后期强度在不断增长，也即扩散系数减小，这是减慢碳化有利的一面。所以把长期因素考虑在内。掺混合材料水泥的碳化速率影响应小于表 7-5 中的数据。

表 7-5　水泥品种对混凝土碳化速率（以 $X/t^{1/2}$ 计）的影响

水泥品种	对碳化速率的影响系数
硅酸盐水泥	0.6
普通硅酸盐水泥	1.0
矿渣硅酸盐水泥（矿渣掺量 30% ~40%）	1.4

续表

水泥品种	对碳化速率的影响系数
矿渣硅酸盐水泥（矿渣掺量60%）	2.2
火山灰质硅酸盐水泥及掺矿渣及粉煤灰的水泥	1.7
粉煤灰水泥	1.8

2. 混凝土的水灰比和强度的影响

混凝土的孔隙率（密实度）和孔径分布是影响 CO_2 有效扩散系数的主要因素，孔隙率越小、孔径越细，则扩散系数越小，碳化也越慢。

许多研究资料表明，水灰比 0.5 ~ 0.6 是一个转折点。水灰比大于 0.6 时，碳化速率增加较大。强度大于 50MPa 的混凝土碳化非常慢，可不考虑由于碳化引起的钢筋锈蚀。

3. 外部环境因素

环境湿度对混凝土碳化速度有很大影响。相对湿度的变化决定混凝土孔隙水饱和度的大小，湿度较小时，混凝土处于较干燥或含水率较低的状态，虽然 CO_2 气体的扩散速度较快，但由于碳化反应所需水分不足，缺少足够的液相进行碳化反应，故碳化速度较慢；湿度较高时，混凝土的含水率较高，阻碍了 CO_2 气体在混凝土中的扩散，碳化不易进行。相对湿度在50% ~ 70% 时，混凝土碳化速度最快，钢筋锈蚀的过程也进展较快。

对实际混凝土建筑物，环境湿度、环境温度及环境 CO_2 浓度存在复杂的相互作用，因此，常常是将环境分为室内环境与室外环境、室外淋雨与不淋雨环境等。通常，室内 CO_2 浓度比室外高，其碳化速率比室外快。室外不淋雨环境的碳化深度比室外淋雨环境大，并且对室外淋雨环境，试件所处位置对碳化速度也有一定影响。

4. 施工质量及养护对碳化的影响

施工质量对混凝土的品质有很大影响，混凝土浇筑、振捣不仅影响混凝土的强度，而且直接影响混凝土的密实性，因此，施工质量对混凝土碳化有很大影响。调查结果表明，在其他条件相同时，施工质量好，混凝土强度高，密实性好，其抗碳化性能强；施工质量差，混凝土表面不平整，内部有裂缝、蜂窝、孔洞等，增加了 CO_2 在混凝土中可扩散路径，加快了碳化速度。

混凝土养护状况对碳化也有一定影响。混凝土早期养护不良，水泥水化不充分，使表层混凝土渗透性增大，碳化加快。另外，混凝土养护方法对碳化速度也有一定影响，混凝土表面的覆盖层对混凝土碳化有一定的延缓作用，蒸汽养护的构件比自然养护的碳化速率大得多，因为蒸养混凝土孔径分布粗化，且有微裂纹。

7.2.7.3　碳化深度的估算

在工程设计和对老建筑物耐久性评估时，常常提出保护层混凝土碳化时间或在一定时期内碳化深度的估算问题，因此中外学者在大量实测和试验室工作的基础上，提出了不少碳化深度的估算模型，下面列举几个有典型性的公式。

中国建筑科学研究院龚洛书提出的多系数碳化方程如下：

$$X = K_w K_c K_g K_{FA} K_b K_r a \sqrt{t} \tag{7-13}$$

式中　X——碳化深度，mm；

　　　K_w——水灰比影响系数；

K_c——水泥用量影响系数；

K_g——集料品种影响系数；

K_{FA}——粉煤灰取代量影响系数；

K_b——养护方法影响系数；

K_r——水泥品种影响系数；

a——碳化系数；

t——碳化时间，a。

在大量试验的基础上，各个影响系数列于表 7-6 中。

表 7-6　混凝土碳化影响系数

系数名称	符号	条件	效应指标				
水泥用量	K_c	水泥用量（kg/m³）	250	300	350	400	500
		K_c	1.40	1	0.90	0.80	0.70
水灰比	K_w	水灰比	0.40	0.50	0.60	0.70	
		K_w	0.70	1.0	1.40	1.9	
粉煤灰取代量	K_{FA}	粉煤灰取代量（%）	0	10	20	30	
		K_{FA}	1.0	1.3	1.5	2.0	
水泥品种	K_r	水泥品种	普硅 42.5			矿渣 42.5	
		K_r	1.0			1.35	
养护方法	K_b	养护方法	标准养护			蒸汽养护	
		K_b	1.0			1.87	
碳化系数	a		2.32				

李立和黄士元提出的碳化方程如下：

$$X = \begin{cases} 104.27 K_c^{0.53} K_w^{0.47} K_r t^{0.5} & (W/C > 0.6) \\ 73.53 K_c^{0.83} K_w^{0.13} K_r t^{0.5} & (W/C \leqslant 0.6) \end{cases} \tag{7-14}$$

$$K_c = (9.311 - 0.191C) \times 10^{-3} \tag{7-15}$$

$$K_w = (9.844 \cdot W/C - 2.982) \times 10^{-3} \tag{7-16}$$

式中　X——碳化深度，cm；

K_c——水泥用量影响系数；

K_w——水灰比影响系数；

K_r——水泥品种影响系数：普硅水泥为 1.0，矿渣硅酸盐水泥为 1.43，粉煤灰硅酸盐水泥为 1.56；

C——水泥用量，kg/m³；

t——碳化时间，a。

Nishi 提出的碳化计算公式已作为日本建筑学会制定的《钢筋混凝土结构设计规范》中保护层厚度规定的依据之一。

$$X = (g/K_w^{0.5}) t^{0.5} \tag{7-17}$$

式中　X、t、K_w 与式（7-14）中的含义相同；

g——考虑集料品种、水泥品种和外加剂的综合系数。

$$K_w = \begin{cases} [0.3 \times (1.15 + 3 \times W/C)]/(W/C - 0.25)^2 & (W/C \geqslant 0.6) \\ 7.2/[(4.6 \times W/C) - 1.76]^2 & (W/C < 0.6) \end{cases} \quad (7\text{-}18)$$

Smolczyk 提出用混凝土强度来估测碳化深度的关系式，这个公式只考虑强度对碳化的影响，虽然比较粗略，但有实用价值。

$$X = 250(R_c^{-0.5} - R_g^{0.5}) \cdot t^{0.5} \quad (7\text{-}19)$$

式中　X、t 与式 (7-14) 中的含义相同；

　　　R_g——假定碳化极其缓慢的混凝土的极限强度，R_g 取 $6125Pa/m^2$，当强度大于此值时，可不考虑碳化；

　　　R_c——混凝土强度，$9.8Pa/cm^2$。

7.2.8 火灾破坏

建筑物发生火灾时，结构表面温度在一二十分钟内便可上升至 900℃ 甚至更高，火焰将直接烧到混凝土结构。可见，在实际结构中，混凝土将遇到一定程度的高温火灾破坏危害。按照国家标准《建筑材料及制品燃烧性能分级》（GB 8624—2012）的规定，混凝土属于不燃建筑材料。在火灾中入燃烧、不发烟也不会产生有毒气体。但是，如果建筑物发生火灾，混凝土的性能将会大大削弱，从而危及建筑结构的安全性，甚至酿成严重事故，使人民的生命和财产蒙受重大损失。

与其他现象一样，混凝土对火灾的反应受到许多因素的控制。由于水泥浆体及集料含有受热分解的组分，因此在高温下，混凝土的组成成分随温度上升，会发生一系列物理化学变化，这些变化将导致混凝土性能的改变，引起混凝土耐久性的降低。以下将分别对混凝土组分受火灾的影响以及高温下混凝土的力学特性进行分析讨论。

7.2.8.1 火灾对混凝土组分的影响

1. 水泥浆体

水化程度和相对湿度决定了高温对水化水泥浆体的影响程度。水泥石受高温时，首先处于干燥状态，以自由水、凝胶水为首的各种水化物中结合水依次脱去，使水泥石产生很大的收缩。

水泥石在 100～300℃ 的温度下，主要是自由水和凝胶水脱水，导致水化物分解。在 300～800℃ 时水化物的分解导致混凝土崩裂破坏。

一般来说，水泥石加热至 105℃ 时毛细管脱水，凝胶水也脱水，但通过这种脱水，水泥石的强度并不会下降，反而会上升。进一步加热，在 250～350℃，含 Al_2O_3 和 Fe_2O_3 的水化物脱水，硅酸钙水化物中的水有 20% 左右被脱除；进一步加热，到达温度 400～700℃ 时，硅酸钙水化物中大部分水分被脱除；进一步升温 $Ca(OH)_2$ 变成 CaO，CaO 在潮湿的大气中吸水膨胀，具有崩裂破坏的潜在威胁。

由于 Al_2O_3、Fe_2O_3 及硅酸钙水化物脱水而产生大约 2% 的收缩，产生微观裂缝。

2. 集料

集料的孔隙率和矿物组成在很大程度上对混凝土在火灾中的表现有着重要的影响。不管是哪一种集料，在高温受热时都会发生膨胀。多孔集料根据其升温速率、集料尺寸、渗透性及潮湿状态等的不同，多孔集料本身容易与遭遇冻害一样遭受破坏性膨胀而导致突然爆裂，但是低孔隙率集料应该没有与水分迁移有关的问题。

含石英的硅质集料（如花岗岩和砂岩），在温度为560~570℃时会发生明显地膨胀，从而引起混凝土爆裂破坏。这是因为在此温度下，石英由α型转变为β型，并伴有0.85%的突然膨胀。而对于碳酸盐岩石，温度在达到700℃左右时，$CaCO_3$开始分解，放出CO_2，引起混凝土发生类似的破坏。集料除可能的相变和热分解以外，混凝土对火灾的反应还受集料矿物组成的影响。例如，集料的矿物组成决定着集料和水泥浆体之间热膨胀的差异和界面过渡区的最终强度。

3. 混凝土

将混凝土看成是水泥石和集料组成的复合材料，混凝土受火灾的影响将变得容易理解。图7-16中试验结果给出了870℃的高温、短时间灼烧对原平均抗压强度为27MPa混凝土试件的影响。可变因素包括集料品种（碳酸盐、硅质或轻质膨胀页岩）以及试验条件（加热而不加荷测试；受热并以原始强度40%的加载测试；以及冷却至环境温度后的不加荷测试）。

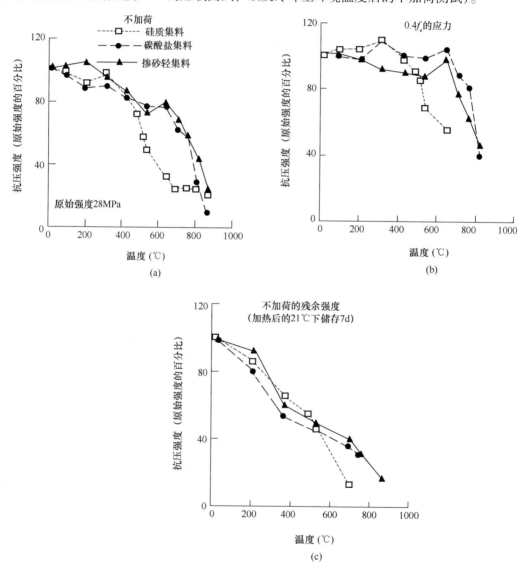

图7-16　集料品种和试验条件对抗火性的影响

当加热而不加荷并在受热条件下测试时 [图 7-16（a）]，用碳酸盐集料和轻集料掺砂（60% 细集料由天然砂替代）制成的试件，加热至 650℃ 时能够保持 75% 以上的强度；在此温度下，含硅质集料的混凝土试件则只能保持原始强度的 25%，在 427℃ 左右保持 75% 的原始强度。含碳酸盐或轻质集料混凝土暴露在更高的温度下仍能表现出优异的性能，这也许是由于界面过渡区的强度比较高，以及基体砂浆与粗集料间热膨胀系数差别较小的缘故造成的。

无论何种品种集料的试件，当以原始强度 40% 加荷并受热时 [图 7-16（b）]，试件强度均比不加荷的试件高出 25%。但是，当试件在冷却至 21℃ 后再开始试验时，集料矿物组成对混凝土强度的影响明显降低 [图 7-16（c）]，即无论集料的品种，所有混凝土的强度在冷却时都明显地损失，这可能是由热收缩有关的界面过渡区中的微裂缝的开展造成的。

Abrams 发现在 23~45MPa 范围内，混凝土的原始强度对高温暴露后的剩余抗压强度百分数几乎没有影响。在随后的研究中观察到，与受热后试件的抗压强度相比，上述三种类型集料分别配制的混凝土，当温度上升时其弹性模量下降较快。例如，在 304℃ 和 427℃ 时，其弹性模量分别为原始值的 70%~80% 和 40%~50%。这是由界面过渡区微裂缝的开展引起的，它对混凝土抗折强度和弹性模量的破坏大于对抗压强度的破坏。

7.2.8.2 高温下混凝土的力学特性

众多的试验研究和火灾现场调查表明，高温下混凝土力学性能的衰减是不可避免的，表现为力学强度衰减、爆裂与开裂。此外，高温还将导致混凝土内硬化水泥浆的孔结构发生变化，即"孔结构粗化"，这意味着与渗透有关的混凝土耐久性的劣化。

1. 强度

（1）高温下混凝土试块的表面特征

徐志胜等人的研究将混凝土试件由常温加热至 1000℃，得到不同温度下混凝土试件的表面特征（表 7-7）。从表 7-7 中可见，起始强度颇高的混凝土，在经受 1000℃ 高温并冷却后，用手指即可捻碎。

表 7-7 不同温度下混凝土表面的特征

温度（℃）	颜色	裂缝	掉皮	缺角	疏松状况	有无爆裂
200	同常温	无	无	无	无	无
400	淡红	细微，少量	无	无	无	无
600	略白	细微，较多	少量	无	轻度	有
700	浅灰白	较宽，多	少量	个别角，少量	较明显	有
800	灰白	宽而多	轻敲即掉皮	各角都有	明显	有
1000	浅黄	宽而多，无方向性	冷却后手指可捻碎	各角都有，程度不等	严重	有

（2）高温下混凝土试块的抗压强度

高温后混凝土的抗压强度是其力学性能中最重要、最基本的一项，常作为基本参量确定混凝土的等级，并决定其他诸如抗拉强度、弹性模量和峰值应变等力学性能。贾锋等人通过对混凝土试件进行针对性的自然冷却抗压试验研究，得到了高温后混凝土强度折减系数（K_t）（表 7-8）。

表 7-8　混凝土自然冷却平均抗压强度折减系数（K_t）

强度等级	受火温度（℃）				
	常温	200	400	600	800
C25	1.00	1.07	0.77	0.63	0.30
C35	1.00	0.83	1.02	0.75	0.33
C50	1.00	0.91	0.69	0.48	0.28
平均 K_t	1.00	0.91	0.77	0.62	0.30
沪建科院 C20 K_t	1.00	0.94	0.76	0.60	0.30

孙伟等人对混凝土试件进行了800℃、1100℃的高温试验，并将混凝土经过高温后的剩余抗压强度与未经过高温处理的混凝土试件的抗压强度作比较，发现当最高暴露温度为800℃时，试件剩余强度为室温下抗压强度的25.6%～34.1%；当最高暴露温度为1100℃时，则为8.1%～12.4%。

研究表明，当温度低于300℃以下时，混凝土的抗压强度降低不明显，约为10%；当温度高于300℃以上时，由于混凝土试件受压时上、下端面的裂缝和边角缺损情况随着温度的升高而渐趋减小；而超过800℃的混凝土试件，在受压破坏时已破碎得不能定形。由此可看出，混凝土抗压性能的衰减主要发生在800℃以前。由于混凝土复杂的收缩、膨胀及水泥石凝胶体、结晶体的破坏，使得混凝土在300℃以后强度迅速下降。在300～400℃，强度降低20%，水化硅酸钙和水化铝酸钙开始脱水；超过400℃，混凝土中的水泥石与粗集料胶结面因变形差异而开裂，混凝土表面出现细网状裂缝，混凝土宏观破坏开始，强度下降幅度较大；到600℃时，形成水泥石"骨架结构"的 $Ca(OH)_2$ 晶体受热分解，裂缝增多、增大、增宽，混凝土宏观破坏形成，抗压强度下降到50%左右；到700～800℃时，集料发生相变和热分解，混凝土体积发生膨胀，界面裂缝快速发展，粘结力几乎完全丧失，混凝土发生完全破坏，抗压强度降低70%，失去承载力。

（3）抗拉强度

在普通钢筋混凝土结构设计中一般主要考虑的是压应力而忽略拉应力，但拉应力是混凝土开裂的关键。混凝土在常温下直接受拉就很容易开裂，当火灾发生后，在高温作用下，混凝土因受热而膨胀，在混凝土内部产生温度应力，并引起局部微裂缝，此时受拉使混凝土更易开裂。因此，混凝土抗拉强度在构件受力中的重要性增大。

研究发现，随着温度的升高，混凝土抗拉强度持续性降低。特别在300℃内，抗拉强度下降剧烈；在300～500℃出现缓和段；超过500℃后，抗拉强度逐渐下降至零。这主要是因为在300℃内温度作用后，混凝土内自由水和 C-S-H 层间水析出，造成混凝土内部物理性结构破坏导致强度损失；在300～500℃时，物理性结构破坏损失基本稳定，抗拉强度下降趋势减缓；温度超过500℃后，混凝土的化学组分在高温作用下分解变化，C-S-H 凝胶网状结构破碎，大量氢氧化钙分解，强度急剧下降，最终丧失承载能力，并且随着温度的提高，混凝土抗压强度和抗拉强度降低的规律不同，拉压强度比不再是常数了。因此，在防火设计中要特别注意混凝土抗拉强度较低这个因素的影响。

2. 应力-应变关系

高温下混凝土的应力-应变关系与常温下的不同。图7-17给出了不同温度下混凝土应力-

应变关系曲线。从图中可以看出，随着温度的升高，混凝土弹性直线段的斜率逐渐趋于平缓，曲线的峰值应力逐渐趋于降低；当温度超过700℃后，曲线几乎看不到有明显的峰点。出现这种变化趋势的原因可能是，高温使试件表面和内部裂缝不断扩大，混凝土不再发生突发性破碎，下降段相应地变得平缓。

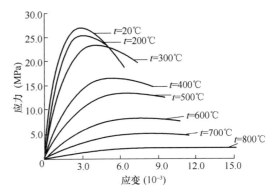

图 7-17　不同温度下混凝土的应力-应变关系

3. 弹性模量

弹性模量是结构计算中的一个极其重要的物理参数，其数值的大小对结构的变形、内力分布乃至稳定性有着极大地影响。由图7-17各曲线起始直线段的斜率变化趋势可知，随着温度的升高，混凝土的弹性模量逐渐降低；当达到800℃时，混凝土的弹性模量将只有常温时的5%左右。而火灾温度常常高于800℃，这时因混凝土结构变形的急剧增大，可能会导致结构丧失整体稳定性而出现垮塌。

思考题

1. 何谓混凝土的耐久性？混凝土耐久性主要包括哪些方面？
2. 混凝土耐久性的破坏类型分为哪几类？各自的含义是什么？
3. 影响混凝土抗冻性的主要因素包括哪些？其冻融破坏的机理是什么？
4. 环境对混凝土耐久性的侵蚀可分为几方面？各自的机理是什么？
5. 什么是混凝土的碱-集料反应？其预防措施包括哪些？
6. 钢筋锈蚀的基本原理是什么？
7. 什么因素影响了混凝土的碳化？简要描述碳化的过程。
8. 火灾破坏影响了混凝土的哪些性能？

第8章 生态水泥基材料的结构与性能

8.1 生态水泥基材料

8.1.1 水泥基材料与生态环境

8.1.1.1 水泥基材料对生态环境的影响

绿水青山就是金山银山，对待生态环境要像对待生命一样，实行最严格的生态环境保护制度，形成绿色发展方式，建设美丽中国，创造良好生产、生活环境。坚持人与自然和谐共生，坚持节约资源和保护环境已是我国的基本国策。水泥基材料是应用最广、用量最大的材料，主要包括水泥、混凝土等。水泥基材料与经济建设、人民生活水平密切相关。长期以来，水泥基材料主要依据建筑物及其应用部位提出了力学性能与功能方面的要求。传统水泥基材料在生产过程中不仅消耗大量的天然资源和能源，还向大气中排放大量的有害气体（CO_2、SO_2、NO_x 等），向地域排放大量固体废弃物，向水域排放大量污水。废旧的建筑物与构筑物被拆除后，被废弃的水泥基材料通常不再被利用，而又成为环境污染源。

就生产水泥基材料而言，目前每年生产各种水泥基材料要消耗的资源达 50 亿 t 以上，消耗的能源达 2.3 亿多吨标准煤，破坏农田 0.7 万 hm^2。以水泥基材料中最常见的普通水泥、石灰等为例，目前每生产 1t 水泥熟料要排放 1t CO_2、0.74kg SO_2、1.5kg NO_x、130kg 粉尘，每生产 1t 石灰要排放 1.18t CO_2。在黏土砖瓦和立窑水泥生产中产生的含氟气体，其毒性较 SO_2 更严重。2019 年世界水泥产量为 40.78 亿 t，水泥工业为地球大气层增加了巨大的 CO_2 排放量和积存量，消耗石灰石和黏土分别约为 37 亿 t 和 7 亿 t。2000 年我国水泥的年产量已经超过了世界总产量的 1/3，2019 年占比达 58%，全国水泥工业平均粉尘、烟尘排放量达 23.2kg/t，年排放量达 1300 万 t，产生了严重的生态环境问题。

随着经济建设的发展，水泥基材料的需求量仍在日益增加，如不加以解决其生产带来的环境问题，必将威胁生态可持续发展。因此，充分考虑与地球环境的协调性是今后开发水泥基材料所必须研究的重要问题，水泥工业低碳转型刻不容缓。

20 世纪 90 年代初，世界各主要水泥生产国都加强了向环境友好型的转变，如日本、德国、丹麦、美国等开始对水泥生产协同处理城市垃圾与废弃物进行研究，利用水泥窑设备消纳工业废渣、有毒有害废弃物、城市垃圾等。我国水泥行业从 20 世纪 90 年代后期开始了水泥窑系统协同处置工业危险废物、生活垃圾及污泥的应用研究工作，在实用技术方面取得了很大进展，污泥处置技术及有毒有害工业废弃物的处置技术也已成熟，生活垃圾的多种处置方式也取得了一定进展。目前水泥产业已逐渐演变成环境保护产业的一员。

8.1.1.2 水泥基材料对人居环境的影响

一方面，水泥基材料的使用不当、性能或功能限制、设计建筑物时缺乏对生态环境的考虑，这些均可能对人类居住环境产生不良影响。在城市内大量混凝土建筑集中的地方，因空调设备排放出来的热量会产生热岛效应。此外，由于设计建筑物时没有充分考虑与周围环境的协调性，还可能产生影响动植物的生存、破坏自然景观等环境问题。

另一方面，水泥基材料通常是高碱性材料，具有显著吸收二氧化碳的潜能，特别是水泥中的 $Ca(OH)_2$ 碳化形成 $CaCO_3$ 后其机械力学性能还能得到提高，因此，水泥基材料成为矿化存储 CO_2 的重要选择。研究表明，在常压条件下，每 1t 干燥硬化水泥浆体可捕集约 110kg CO_2。同时，大量高碱工业废渣，如钢渣、矿渣等，也具有吸收 CO_2 的潜能，可在对固废进行无害化处置的同时研制生态建材。矿物固碳技术在欧洲发展较早，而我国在固废固碳研制高附加值和环境友好型生态建筑材料方面也有自身特色，加之我国相关工业废渣排放量巨大，为生态胶凝材料的研发提供了重要前提。

8.1.1.3　环境对水泥基材料的影响

目前地球大气的环境问题主要有大气中 CO_2 浓度的增长，氟利昂气体引起的臭氧层破坏以及大气污染引起的酸雨等。其中，大气中 CO_2 浓度增大会造成气温上升，加速混凝土的碳化过程，从而影响混凝土构件的耐久性，缩短建筑物的使用寿命。因此，在深入认识破坏机理的基础上，对水泥基材料及其构件制定新的寿命预测法和切实的防护措施是很重要的。

8.1.2　生态水泥基材料基本概念

8.1.2.1　生态水泥基材料的定义

所谓生态水泥基材料，一般指有利于保护生态环境，提高居住质量，且性能优异、多功能的一类水泥基材料，是对人体及周边环境无害的健康型、环保型、安全型的水泥基材料，是相对于传统水泥基材料而言的一类新型水泥基材料，是环境材料在水泥基材料领域的延伸。从广义上讲，生态水泥基材料不是一种单独的水泥基材料品种，而是对水泥基材料"健康、环保、安全"等属性的一种要求，要求对原料、生产施工、使用及废弃物处理等环节贯彻环保意识并实施环保技术，从而保证社会经济的可持续发展，如图 8-1 所示。

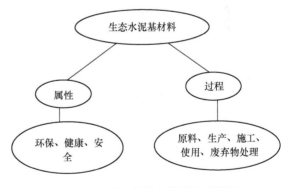

图 8-1　生态水泥基材料概念示意图

8.1.2.2　生态水泥基材料的特征

与传统水泥基材料相比，生态水泥基材料具有如下基本特征：

（1）其生产尽可能少用天然资源，可使用废渣、垃圾、废液等废弃物；

（2）采用低能耗制造工艺和无污染环境的生产技术；

（3）在产品配制或生产过程中，不得使用甲醛、卤化物溶剂或芳香族碳氢化合物，产品中不得含有汞及其化合物的原料和添加剂；

（4）产品的设计是以改善生产环境、提高生活质量为宗旨，即产品不仅不损害人体健康，而应有益于人体健康，产品多功能化，如抗菌、灭菌、防霉、除臭、隔热、阻燃、调温、调湿、消磁、防射线、抗静电等；

（5）产品可循环或回收利用，无污染环境的废弃物，在可能的情况下选用废弃的水泥基材料及拆卸下来的木材、五金等，减轻建筑垃圾填埋的压力；

（6）避免使用能够产生破坏臭氧层的化学物质的机械设备和绝缘材料；

（7）购买本地生产的水泥基材料，体现建筑的乡土观念；

（8）避免使用释放污染物的材料；

（9）最大限度地减少加压处理木材的使用，在可能的情况下，采用天然木材的替代物——塑料木材，当工人对加压处理木材进行锯切等操作时，应采取一定的保护措施；

（10）将包装减到最少。

8.1.2.3　生态水泥基材料评价指标体系

环境意识是一个抽象的哲学概念，要真正地将环境意识引入到水泥基材料的生产中，其关键在于能够满足环境要求的具体化、定量化的指标体系；生态水泥基材料的环境协调性与使用性能之间并不是总能协调发展、相互促进的。因此，生态水泥基材料的发展不能以过分牺牲其使用性能为代价。性能低的水泥基材料势必影响耐久性和使用性能。因此，如何在水泥基材料的使用性能和环境协调性上寻找最佳的平衡点，也需要一个定量化的测评体系。生态水泥基材料与传统水泥基材料的最大区别在于：它不仅注重水泥基材料自身的技术性能的改进，而且以环境保护为目的，将水泥基材料对资源、能源、生态以及健康舒适等要求纳入到可持续发展的整体脉络中考虑。由此可见，真正意义上的生态水泥基材料，其评价指标体系是庞大的、复杂的，涉及建筑、水泥基材料、环保、化工、能源等领域，用定量方法建立评价体系非常重要。有人试图用生命周期评价法（LCA）作为生态水泥基材料的量化工具，表 8-1 为一种使用 LCA 法对生态水泥基材料指标体系进行评价的定性化描述方法。

表 8-1　生态水泥基材料评价指标体系

指标	评价内容	评价方法
资源利用指标	所用原材料的属性	自然资源；再生循环资源；不可再生循环资源利用比率
能源利用指标	生产过程对能源的消耗程度，CO_2、SO_2、粉尘、废渣排放	单位产品能耗量（包括煤、电、气、油）；能否清洁生产；再生能源的开发利用
环境污染指标	固体废弃物处理	排放量和处理率比值；噪声源的控制
有害物质含量	室内装饰材料有害物质含量、石材、废渣放射性	有机挥发物、甲醛、苯等是否超标；放射性比活度值是否超标
质量性能指标	根据材料使用部位、功能要求等	是否达到应具备的物理力学性能、热工性能、耐久性能
经济指标	整个过程中的成本费用	以产品性能价格比为依据评价

8.1.3　生态水泥基材料研究开发现状

8.1.3.1　生态水泥

1. 低环境负荷水泥添加料

用矿渣、火山灰等作原材料烧制水泥熟料，或者以粉煤灰、石灰石微粉、矿渣作混合料磨制混合水泥，并扩大用量。这样可以减少普通硅酸盐水泥的用量，减少石灰石等天然资源的用量，节省烧制水泥所消耗的能量，降低 CO_2 的排放量。

2. 生态水泥生产技术

生态水泥主要指在生产和使用过程中尽量减少对环境影响的水泥。除对成分进行友好改性外，在水泥生产过程中也尽量减少能源消耗，降低水泥烧成温度等。比较成功的有两个实例，一是日本秩文-小野田水泥公司用城市生活垃圾的焚烧灰和下水道污泥的脱水干粉作为主要原料生产水泥的新技术。这项技术的特点是，将城市垃圾焚烧灰中含 5% ~10% 的氯化物不加处理就直接利用，通过不同的烧制方法就可以生产出与普通水泥不同的特种水泥。这种水泥的强度大大高于普通水泥，且重金属含量不超标，是生产块状预制板、地砖等水泥基材料的好原料。这项技术的成功推广对城市垃圾的资源化循环利用及环境保护发挥了作用。

第二个实例是我国同济大学研制成功的一种新型矿渣水泥，它的特点是矿渣掺量大，强度等级高，发热量低。生产工艺的主要特点是矿渣和熟料分别磨细，然后均匀混合。它的技术关键是矿渣的高级利用和熟料、矿渣的最佳匹配。采用新型矿渣水泥粉磨技术后，增大了矿渣粉体的比表面积，使矿渣本身的胶凝性和火山灰性得到了充分发挥，提高了它对水泥强度的贡献。

3. 降低能耗的新工艺

在烧成工艺方面，日本水泥协会和煤炭综合利用中心共同开展沸腾炉煅烧水泥熟料新技术的研究，并获得成功。这种新技术将以前的回转窑和熟料冷却机改成沸腾炉，目前在日产 200t 的实验厂运行。据介绍，采用这种新技术后可节能 10% ~15%，显著降低 NO_x 的排放量，取得明显的节能和环境保护效果。

4. 废弃物再生利用技术

水泥厂是不需要投资的废弃物处理工厂。其他行业排放的矿渣、钢渣、粉煤灰、尾矿、煤矸石、硅锰渣、化学副产物石膏、拆除水泥基材料等均可用作水泥的代用原料，废机油、废轮胎、废橡胶、废纸、废木材、城市垃圾等都可以用作代用燃料。

欧洲国家有 1/3 的水泥厂采用代用燃料，取代率 10% ~30%，每年节省 250 万 t 煤，减少的 CO_2 排放量相当于 250 万辆轿车的年 CO_2 排放量；美国有些水泥厂 100% 使用废机油作燃料；美国和加拿大年报废 2.75 亿只轮胎，其中 15% 被用作水泥厂燃料。在水泥窑的高温条件下，有机物被完全分解，有毒气体离子如 Cl^- 等与窑中的碱性气体进行中和，微量重金属元素进入水泥矿物晶格。水泥工业在生产过程中几乎不产生废弃物，是一种零排放工业、环境净化工业。当然，水泥代用燃料的使用有十分严格的规章。欧洲和北美对由代用燃料和代用原料生产的水泥进行了独立的科学检测，结果表明，从此类水泥混凝土中浸出的重金属含量大大低于饮用水的容许量。

8.1.3.2　生态混凝土

目前生态混凝土可分为环境友好型生态混凝土和生物相容型生态混凝土两大类。

1. 环境友好型生态混凝土

环境友好型生态混凝土是指可降低环境负担的混凝土。目前，降低混凝土生产和使用过程中环境负担性的技术途径主要有以下三条：

（1）降低生产过程中的环境负担性

这种技术途径主要通过固体废弃物的再生利用来实现，如采用城市垃圾焚烧灰，下水道污泥和工业废弃物作原料生产的水泥来制备混凝土。这种混凝土有利于解决废弃物处理、石灰石资源保护和有效利用能源等问题。也可以通过火山灰、高炉矿渣等工业副产物进行混合等途径来生产混凝土，这种混合材生产的混凝土有利于节省资源、处理固体废弃物和减少 CO_2 排放量。另外，还可以将用过的废弃混凝土粉碎作为集料再生使用，这种再生混凝土可有效地解决建筑废弃物、集料资源、石灰石资源、CO_2 排放等资源和环境问题。

（2）降低使用过程中的环境负荷性

这种途径主要通过使用技术和方法降低混凝土的环境负担性，如提高混凝土的耐久性或者通过加强设计、搞好管理来提高建筑物的寿命。延长了混凝土建筑物的使用寿命，就相当于节省了资源和能源，减少了 CO_2 排放量。

（3）通过提高性能来改善混凝土的环境影响性

这种技术途径是通过改善混凝土的性能来降低其环境负担性。目前研究较多的是多孔混凝土，并已经运用到实际生产中。这种混凝土内部有大量连续的孔隙，孔隙特性不同，混凝土的特性就有很大差别。通过控制不同的孔隙特性和不同的孔隙量，可赋予混凝土不同的性能，如良好的透水性、吸声性、蓄热性、吸附气体等性能。利用混凝土的这些新特性，已开发了许多新产品，如具有排水性铺装制品，具有吸声性、能够吸收有害气体、具有调湿功能以及能储蓄热量的混凝土。

2. 生物相容型生态混凝土

生物相容型混凝土是指能与动物、植物等生物和谐共存的混凝土。根据用途，这类混凝土可分为植物相容型生态混凝土、海洋生物相容型生态混凝土、淡水生物相容型生态混凝土以及净化水质用混凝土等。

植物相容型生态混凝土利用多孔混凝土孔隙部位的透气、透水等性能，渗透植物所需营养、生长植物根系这一特点来种植小草、低的灌木等植物，用于河川护堤的绿化、美化环境。海洋生物、淡水生物相容型混凝土是将多孔混凝土设置在河川、湖泊和海滨等水域，让陆生和水生小动物附着栖息在其凹凸不平的表面或连续孔隙内，通过相互作用或共生作用，形成食物链，为海洋生物和淡水生物提供良好条件，保护生态环境。

净化水质用混凝土是利用多孔混凝土外表面对各种微生物的吸附，通过生物层的作用产生间接净化功能，将其制成浮体结构或浮岛，设置在富营养化的湖沼内以净化水质，使草类、藻类生长更加繁茂，通过定期采割，利用生物循环过程消耗污水的富营养成分，从而保护生态环境。

8.1.3.3　功能性生态水泥基材料

高品质、新特性和多功能的生态水泥基材料一直受到世界材料制造业的关注。近年来，水泥与混凝土的功能开发取得了较快进展，其研究内容打破了无机硅酸盐界限，开始向高性能、复合型和多功能推进。水泥与混凝土的关系更加密切，逐渐形成了系列"绿色、环保、功能性水泥基材料"（表8-2），主要包括功能性水泥、复合型水泥、智能化胶凝材料、高性能混凝土、复合型混凝土等，与此同时也出现了新型产品的新制造工艺的研发，一些新型胶凝材料已应用到特殊建筑工程中。

表8-2　几种典型功能性水泥基材料及其性能特点

序号	名称	性能或特点
1	可编程水泥	美国莱斯大学突破性地将水泥颗粒"编程"成特定形状的硅酸钙水合物（C-S-H）颗粒聚集体，具有较少多孔性，更密实坚固，更耐水和耐化学侵蚀，对环境危害小。通过对最终颗粒的数量、大小和形状的控制，设计具有特定期望属性的混凝土

序号	名称	性能或特点
2	电磁屏蔽水泥	可作为屏蔽层，防止建筑物内部电子信息的外泄，减少外部电磁辐射源对建筑物内的环境污染，保障电子信息的安全和人员的身体健康。这种水泥目前已具备商业化生产的条件
3	抗震水泥	由加拿大研制，由聚合物纤维、水泥、飞灰以及其他工业添加剂制成。可以抵挡 9.0 ～ 9.1 级的大地震。抗震水泥使用粉煤灰替代 70% 的普通水泥，大大降低了二氧化碳排放量
4	艺术水泥	艺术水泥是一种新型的墙面或地面装饰材料，它起源于德国，以其新颖的装饰风格和不同寻常的装饰效果，备受人们的欢迎和推崇，越来越多的家庭选用装饰水泥做背景墙
5	透光水泥	它是由光纤和细磨水泥组成的化合物，可用来制作建筑预制板。阳光能够透过墙壁直接射进屋子里，以致建筑物的墙面看上去就像巨型的玻璃窗，这种透光水泥是一种智能型水泥
6	微生物水泥	通过生物菌类在颗粒间生物碳化形成碳酸钙固结颗粒物料而成低碳胶凝材料。该类水泥主要包括生物碳酸盐水泥、生物磷酸盐水泥、微生物复合水泥、微生物激发钢渣胶凝材料等，该材料在重金属钝化、扬尘抑制、铺装材料制备等方面有工程应用前景
7	聚合物水泥	聚合物水泥是由水泥、集料和可以分散在水中的有机聚合物搅拌而成的胶凝材料，聚合物水泥的特点是防水抗渗效果好，抗冻性好，耐高湿，耐老化
8	纤维水泥基复合材料	使用增强纤维的超高强混凝土可以不用钢筋，比一般的混凝土结构强度要高好几倍，是一种致密度高、耐久性强的水泥基复合材料，可用于设计 100 年耐久结构的建筑物，减少了生命周期成本，减少了环境负荷
9	低碳混凝土制品	日本进行的一项研究是利用工业副产品中的 γ-C_2S 与 CO_2 反应，掺入粉煤灰并用火力发电排放的废气养护，低水灰比，使混凝土 CO_2 排放量大为减少，甚至成为负值。这种混凝土致密度高、耐久性强，其产品已用于拼装砌块装饰路面
10	抛光混凝土	这是一种装饰混凝土（艺术混凝土），由于抛光混凝土是一种密封固化剂，能显著提升和持久保持高光泽度，可用于地面或墙壁的美化或装修，所以混凝土艺术作品将会得到促进发展
11	"水泥毯"功能混凝土	"水泥毯"混凝土是一种复合型功能混凝土，它平时看起来就像是普通的"毯子"，但是浇上水之后，就会迅速变成坚硬的混凝土层，这种独特的材料可以方便地安装，具有纺织品的韧性和防水、防潮、防火等特点，美国、加拿大等国家已实际应用

8.2　低碳水泥

当前，大气中 CO_2 浓度升高带来的全球气候变化对人类社会生存发展的影响日益显著，成为 21 世纪人类最大的挑战之一。除了煤电和钢铁业，水泥工业是生产过程中 CO_2 排放量最大的产业。2018 年，国际能源署（IEA）、水泥可持续发展倡议行动组织（CSI）和世界可持续发展工商理事会（WBCSD）三家非营利性咨询机构发布了《2050 水泥工业低碳转型技术路线图》，其重点内容是水泥工业应对全球气候变化需要如何向低碳转型。预计到 2030 年和 2050 年，世界水泥总产量将分别为 42.5 亿 t 和 46.9 亿 t，而世界水泥工业中 CO_2 排放量将分别为 0.471t 和 0.348t。我国是水泥生产大国，水泥产量从 1985 年稳居世界首位，到 2019 年占世界水泥总产量的 58%。如何控制和减少水泥工业中 CO_2 的排放已成为全球尤其是我国面临的紧迫任务。

水泥工业向低碳转型的技术途径主要包括：提高水泥生产效率，降低水泥单位能耗；发展协同处置技术，将各种可燃废弃物用作水泥窑的替代燃料；降低水泥的熟料系数，研发混合材深加工技术；应用碳捕集技术；研发低碳水泥熟料、研发无熟料/少熟料水泥等方法。

8.2.1　水泥碳足迹与减排潜力

水泥工业是能源、资源消耗密集型工业，是 CO_2 排放的重点行业之一。根据世界可持续发展工商理事会水泥可持续发展倡议（WBCSD CSI）中 CO_2 统计方法，水泥生产中 CO_2 的排

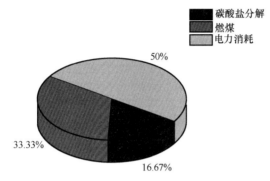

图 8-2　水泥生产过程中 CO_2 排放的比例

放分为直接排放和间接排放。直接排放是指企业拥有或控制的排放源，主要为水泥生产过程中原料碳酸盐的分解，即工艺排放；间接排放是企业生产活动造成的排放，其直接排放源实际上是其他企业拥有或控制的排放源，主要为水泥生产过程消耗的外部电力以及第三方原材料、成品运输造成的 CO_2 排放。统计结果表明，我国新型干法水泥工艺单位产品 CO_2 排放所占比例为碳酸盐分解∶燃煤∶电力消耗 = 62%∶34%∶4%（图 8-2）。

水泥生产过程中的 CO_2 排放主要来源于原料碳酸盐分解、煤的燃烧和生产中电力的消耗三个方面。因此，碳减排的主要途径必然是采用非碳酸盐原料、采用非化石燃料或提高热利用效率等。目前采用较多的主要是水泥窑纯低温余热发电、电石渣替代石灰石等。

8.2.1.1　碳酸盐分解及减排潜力

石灰石在硅酸盐水泥原料中的配比占 80%～85%，在水泥中约占 70%（图 8-3），所以生产水泥需要大量的石灰质材料，水泥生产工艺过程中排放的 CO_2 也最多，石灰石中的固定碳越多，分解出的 CO_2 也越多。普通硅酸盐水泥熟料生产过程中工艺排碳量（碳酸钙分解）是相对固定的，约 536.0 kg CO_2/t。

图 8-3　水泥制造业矿产资源消耗结构图

硅酸盐水泥熟料的低碳生产，即采用新型制备技术和原料来降低水泥生产中的 CO_2 排放是低碳水泥发展的重要方向之一。

电石渣是在乙炔气、聚氯乙烯、聚乙烯醇等工业产品生产过程中电石（CaC_2）水解后

产生的工业废渣，主要成分为 $Ca(OH)_2$。利用电石渣配料生产水泥熟料，不仅减少了电石渣对环境的污染，而且水泥熟料生产中减少了石灰石矿山资源的消耗，从而减少了 CO_2 的排放，具有较好的经济效益、社会效益和环境效益。假设电石渣的替代比例为 60%，那么生产 1t 水泥熟料，可减少 CO_2 排放量约 300kg。也有学者以 0 ~ 10% 的高钙粉煤灰、电石渣等无碳石灰质原料制备水泥，实验室实测 CO_2 减排效应值与理论计算值吻合良好；且在 5000t/d 的现代水泥窑上进行了验证试验，向生料中加入 3%、4% 和 5% 的高钙粉煤灰后，减排量分别为 10.2kg、12.8kg 和 16kg CO_2/t 熟料，而使用了 2% 和 3% 的电石渣则分别减排 11.1kg 和 23.5kg CO_2/t 熟料。此外，在水泥粉磨时掺加较多的混合材也可替代相当一部分的水泥熟料，从而减少石灰石用量，进一步降低 CO_2 排放量。

8.2.1.2 燃料燃烧及减排潜力

熟料煅烧是水泥工业的核心工艺，由生料煅烧成熟料需要大量的热量。此外，水泥粉磨需要大量的电能。水泥工业消费煤炭约占全国总消费量的 6%。进入 21 世纪以来，我国新型干法水泥生产技术飞速发展。随着生产方式的改变，水泥熟料烧成标准煤耗大幅降低。据统计，2001 年水泥熟料烧成标准煤耗为 150kg/t，2007 年下降至 126kg/t，降低比例为 16%；2008 年淘汰了 1.2 亿 t 落后产能，节省标煤 369 万 t，减排 CO_2 959 万 t。采用新技术降低熟料煅烧的热耗是水泥生产中实现低 CO_2 排放的一个重要方向。徐德龙院士发明的新型 XDL 水泥熟料煅烧技术成功地将单位耗热量从约 3350kJ/kg 降至 2839kJ/kg。目前我国熟料的单位热耗量平均为 3600kJ/kg，预计 2050 年将降至 3100kJ/kg，降低比例 13% 左右。

因煤炭的燃烧反应会产生 CO_2，因此煤炭中的固定碳含量与 CO_2 排放量有很大关系，在完全燃烧的情况下，煤质越好、固定碳含量越多，排放的 CO_2 就越多。水泥熟料煅烧效率不好，熟料煅烧的热耗越大，则排放的 CO_2 就越多。因此，应采用先进的煅烧工艺以提高熟料烧成的热效率。随着水泥生产工艺新型干法窑的普及，熟料烧成的整体热效率已达到最高理论热效率的 80%。考虑熟料生产本身所需要的能耗，现代水泥生产工艺的能耗已接近理论上限。替代燃料是目前水泥低碳生产最具潜力、也相对行之有效的方向。

燃料包括煤炭、各种燃油和各种燃气等。石油和天然气单位热量消耗的碳排放量较煤炭低 10% ~ 30%。但由于价格与来源问题，我国水泥生产所用燃料几乎均以煤炭为主、燃油为辅（图 8-4）。我国煤炭资源虽然丰富，但探明可采资源量只有 1300 亿 t，并且分布不均，低挥发分煤和含硫量大的煤较多，能够用于水泥工业的煤质越来越差。水泥工业是能源资源消耗较大的产业，能源问题是循环经济的核心问题，能否实现循环经济并使其持续下去，最终还是取决能源。

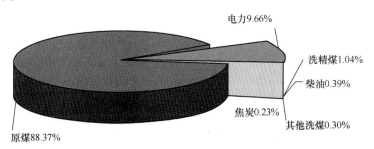

电力9.66%

洗精煤1.04%

柴油0.39%

焦炭0.23%

其他洗煤0.30%

原煤88.37%

图 8-4 我国水泥工业能源消耗结构

水泥熟料生产中与燃料相关的 CO_2 排放占 1/3，因此使用替代燃料减少 CO_2 排放的潜力很大。减少使用传统化石燃料（主要是煤或焦炭），更多地使用替代燃料和生物质燃料，替代燃料包括那些可能在焚烧炉中被焚烧、填埋或处置不当的废弃物。使用替代燃料能够在熟料生产能耗基本不变的情况下节约一次能源的使用。水泥窑特别适合使用替代燃料，其原因是替代燃料的能源组成与化石燃料相近，且其无机部分可与熟料相结合。从技术层面上讲，水泥生产中使用替代燃料是可行的，但在实际操作中总会存在一些限制。实际生产中替代燃料的使用主要面临的问题是燃料中含有水分和其成分的不均匀性，目前工业上主要是优化燃料和预处理来提高其均匀性。大多数替代燃料的物理和化学性质与传统燃料明显不同。许多替代燃料使用起来仍存在技术困难，如低热值、高水分、高含氯或含其他微量元素物质，还有一些挥发性金属（如汞、镉、铊）等。这意味着替代燃料需要预处理，以确保均一的化学成分和最佳燃烧效果。此外，替代燃料的利用还受政策和法规多种因素的影响。

替代燃料的利用水平在不同国家、地区和企业差别很大。发达国家从 20 世纪 70 年代以来开始使用替代燃料，其数量和种类不断扩大，水泥工业成为这些国家利用废物的首选行业。欧洲国家 18% 的可燃废物被工业领域利用，其中 1/2 用于水泥行业。欧洲水泥行业平均燃料替代率超过 50%，其中荷兰高达 98%，但西班牙基本为零。水泥行业中替代燃料的使用技术和经验经过 30 多年的探索，人们已经认识到其对节能减排的重要作用，都在积极推动替代燃料的普及。现已有 2/3 的水泥厂使用替代燃料，替代比例最高达 83%，平均达 20%。预计到 2030 年，发展中国家传统燃料替代率可达 10%~20%，而发达国家替代率可达 50%~60%，平均值约为 30%；到 2050 年发展中国家传统燃料替代率可达 20%~30%，发达国家替代率仍为 50%~60%，平均值可达 35%。当然这些目标只有在法律、技术、经济各方面的障碍均得以解决的前提下才能实现。我国水泥工业的燃料替代尚处于初期，仅有个别企业正在开展示范项目工作，预计未来将有相当的减排潜力。

8.2.1.3 电能消耗及减排潜力

水泥生产是耗电大户，一条 5000t/d 水泥生产线按年产 180 万 t 水泥计算，年用电总量达到 1.7~1.8 亿 kW·h。一般水泥生产中电费约占水泥生产成本的 30%。水泥生产工艺过程的电力消耗会间接产生 CO_2 排放，因此水泥生产节电也是减排。通常，单纯依靠降低电能消耗减少 CO_2 排放潜力不大，而依靠余热发电可以有效减少外部电能消耗。

水泥熟料锻烧过程中由窑尾预热器、窑头篦冷机等排掉的 300℃ 以下低温废气余热，其热量约占水泥熟料烧成总耗热量的 33%。余热发电是利用水泥煅烧过程排出的烟气中的热焓进行发电，从 1998 年开始利用预热器和冷却机废气从补燃的中低温发电到不补燃的纯低温发电，余热发电技术已有了巨大进步。据统计，1t 熟料余热发电量为 35~38kW·h/t，余热发电的供电量可满足水泥生产用电的 1/4~1/3，1t 水泥成本可降低 12~15 元，1t 水泥熟料余热发电减排 CO_2 的量约为 30kg。

水泥生产企业是电力行业的终端用户。据相关资料介绍，通过用电量计算 CO_2 排放量时的排放因子为 0.302kg/（kW·h）。如果按新型干法水泥已安装纯低温余热发电的水泥产能计算，减排 CO_2 量已达 6141~6667×10^4t。水泥生产通过纯低温余热发电相当于降低了生产电耗，CO_2 的减排效果十分显著，目前我国新型干法水泥余热发电仍有较大发展空间。

8.2.1.4 基于 LCA 的碳减排技术评价方法

生命周期评价（Life Cycle Assessment，LCA）是对一个产品系统的输入、输出及其潜在环境影响的汇编和评价。在低碳水泥技术的开发过程中，通常在降低水泥碳排放的同时，会引发其他环境问题。生命周期分析表明：①电石渣替代石灰石虽然可以减少水泥生产的温室气体排放，但是需要付出能源消耗代价对其进行压滤与干化等处理，这种情况需要权衡替代原料减少的碳排放与能耗增加引起的碳排放。②如果替代燃料作为废弃物被焚烧，那么还需要用额外的化石燃料来焚烧它们，实则又增加了 CO_2 排放量。③使用替代燃料防止了不必要的垃圾填埋，此项意义尤其重要。因为垃圾填埋产生的排放中大约含有 60% 的甲烷，其相对气候变化影响指数是 CO_2 的 21 倍。

因此，需要综合评判低碳水泥技术生命周期不同阶段的环境负荷，避免造成环境问题的转移，全面、客观地量化评判碳减排技术的实际效果。

8.2.2　水泥工业中的碳捕集

8.2.2.1　碳捕集技术

碳捕获与碳储存（CCS）是一项面向未来的减少碳排放的最新技术，即在 CO_2 排放到大气中之前即将其捕获，然后压缩成液体，通过管道运输到地下深层永久储存。CCS 的工作原理如图 8-5 所示。

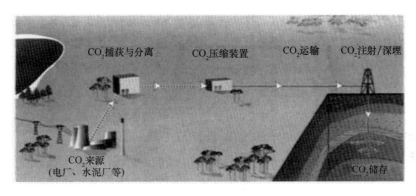

图 8-5　CCS 工作原理示意图

CCS 最初主要在电力行业试行，每吨 CO_2 减少的成本在 20～70 欧元以上。根据国际能源署的预测，水泥行业中 CCS 将在 2020—2030 年开始工业规模的应用示范。针对水泥行业中 CO_2 由石灰石煅烧和窑内燃料燃烧两种排放源产生的特点，需要低成本且有效的工业捕获技术。目前全球范围内正在开发适合 CO_2 捕集的多种技术，举例如下。

1. 气化合成气提取氢气为水泥窑燃料（适合 CO_2 捕集的预燃烧技术）

预燃烧技术在烧成系统应用需要新的燃烧技术，工艺流程见图 8-6。氢气为非碳质火焰成分，其燃烧和辐射特性均与水泥窑用燃煤、燃油不同，需要提高热交换的新型设备。另外，氢气有爆炸性，因此熟料烧成工艺需要较大改动，至今尚未有水泥厂采用预燃烧技术。

图 8-6　预燃烧技术工艺流程图

但由于在水泥生产中 CO_2 排放的主要来源是石灰石煅烧，即使采用预燃烧技术，碳排放依然未减少，该技术前景不容乐观。

2. 富氧燃烧技术（与碳捕集结合）

在水泥窑中使用富氧气体替代空气，会产生一个相对纯的 CO_2 气流。富氧燃烧技术已在国外现代玻璃生产和电力行业中应用，但仍需要大量的研究以促进在水泥行业中的应用，其工艺流程见图 8-7，可能对熟料煅烧工艺在以下方面存在潜在影响：

（1）燃烧技术包括新型燃烧器、废气再循环系统（除尘、冷却）等；

（2）窑的尺寸、冷却机、预热器等适当调整；

（3）关注对碳酸盐分解以及熟料质量的影响。

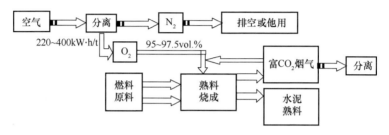

图 8-7　富氧燃烧技术工艺流程示意图

3. 用于捕集 CO_2 的后燃烧技术

后燃烧技术属于末端处理方案，工艺流程见图 8-8。熟料烧成工艺不需要大的改变，因此该技术适合于新窑，特别适合于窑的改造。后燃烧技术关键是 CO_2 分离技术，目前正在开发采用物理化学吸收、薄膜和固体进行吸附分离。其中化学吸附是最有希望的，其他行业已经使用胺、钾和其他化学溶液获得 85% 的高 CO_2 捕获率。如果开发出合适的材料和清洁技术，膜技术可作为长期方案在水泥窑中使用。碳酸盐循环吸收工艺是让氧化钙与含 CO_2 的燃烧气体发生作用生成碳酸钙。目前国际水泥行业正在评估该项技术，以作为现有窑潜在的改造方案。此外，还可与发电厂产生协同效应（发电厂失去活性的吸收剂可以作为水泥窑二次原料重复使用）。

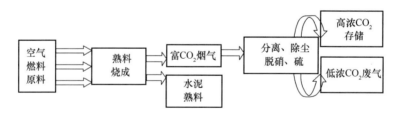

图 8-8　后燃烧技术工艺流程示意图

8.2.2.2　碳捕集在水泥行业中的发展

根据国际能源署的数据，CCS 在水泥行业应用小规模示范于 2015 年启动，并将在 2020—2030 年开始工业规模的应用示范。世界水泥工业已经形成了对 CCS 技术争相研发、你追我赶的局面，以期进一步提高效率、降低成本，早日达到可以投入商业运行的程度。

2018 年，全球水泥行业首个水泥窑碳捕集纯化示范项目（图 8-9）在安徽芜湖海螺集团白马山水泥厂建成投运，首车纯度为 99.9% 的工业级二氧化碳产品销售出厂，当日销量为

(a)　　　　　　　　　　　　　　　　　(b)

图 8-9　水泥厂二氧化碳捕捉收集纯化示范项目
(a) 二氧化碳捕集球罐；(b) 二氧化碳吸附塔

87.62t。该示范项目采用当今环保领域最新技术，其核心技术为化学吸收法。通过工艺加工和精馏后，得到纯度为 99.9% 以上的工业级和纯度为 99.99% 以上的食品级二氧化碳液体。其技术原理主要：从水泥窑中采集气体，气体进入脱硫水洗塔、吸收塔、解析塔、精硫床，完成去杂质、提纯等各项工序，最后以液体状态存储于罐内。

预计到 2030 年和 2050 年世界水泥工业二氧化碳捕集总量分别为 3 亿 t 和 7 亿 t，中国则分别为 0.5 亿 t 和 1.5 亿 t[图 8-10(a)]；2030 年和 2050 年世界水泥工业 CO_2 捕集量占总排放量的比例分别为 13% 和 30%，中国分别为 7% 和 43%[图 8-10(b)]。

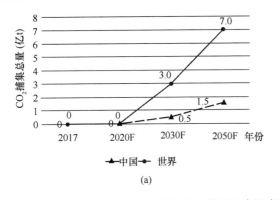
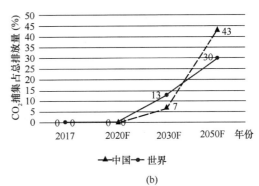

(a)　　　　　　　　　　　　　　　　　(b)

图 8-10　世界和中国水泥工业的 CO_2 捕集情况
(a) CO_2 捕集总量的变化；(b) CO_2 捕集占总排放量的变化

8.2.3　低碳水泥熟料和新型低碳水泥

近年来，有专家提出开发低碳水泥熟料/低钙水泥熟料以达到减排的目的。通过水泥熟料矿物的低碳设计，开发新型节能、低排放、低钙熟料水泥，如高贝利特水泥（HBC）、硫铝酸盐水泥（CSA）、贝利特-硫铝酸盐水泥（BCSA）、Celitement 水泥和 Ca-Si-Bi 水泥、可碳化的硅酸钙水泥、石灰石煅烧黏土水泥（LC^3）、碱激发水泥、镁基胶凝材料和铝酸盐水泥等，从而显著降低水泥制备能耗和 CO_2 排放量。

8.2.3.1 高贝利特低碳水泥熟料

在满足水泥强度等性能指标的情况下，低碳水泥应选择组成熟料的矿物是低 CO_2 释放的熟料矿物。众所周知，硅酸盐水泥（PC）熟料中阿利特矿物（C_3S）形成的最低温度约为 1400℃，而贝利特矿物（C_2S）在 1200℃ 以上形成速度很快，故能在较低的窑炉温度下形成。贝利特所含 CaO 的量为 65.1%（质量百分比），低于阿利特中 73.7% 的 CaO 含量。因此，形成贝利特所产生 CO_2 的量无论从制备所需的能量还是从其组成中的含钙量分析都比阿利特少（表 8-3 和表 8-4）。

表 8-3 水泥熟料矿物烧成的基础数据

矿物	生成焓 （kJ/kg）	生成温度 （℃）	CaO （%）	单位质量 CO_2 排放 （kg/kg）
C_3S	1848	1400	73.7	0.578
C_2S	1336	1200	65.1	0.511
$C_4A_3\bar{S}$	~800	1300	36.8	0.216
$C_2(A, F)$	—	1200 ~ 1300	46.1	0.362

表 8-4 几种水泥的典型熟料矿物组成

熟料矿物	PC（%）	HBC（%）	BCSA（%）	Aether 低碳水泥（%）
C_3S	45 ~ 65	20 ~ 30	—	—
C_2S	15 ~ 30	40 ~ 60	40 ~ 60	55
C_3A	5 ~ 10	3 ~ 7	—	—
C_4AF	8 ~ 15	10 ~ 15	10 ~ 20	—
$C_4A_3\bar{S}$	—	—	20 ~ 40	25
$C_2(A, F)$	—	—	—	20

与硅酸盐水泥相比，高贝利特水泥是低碳水泥的代表之一。以低碳矿物贝利特为主的低碳水泥熟料，即贝利特型水泥熟料，其烧成温度较普通水泥低，仅需 1250 ~ 1300℃。高活性贝利特的合成与稳定是这类水泥性能提升的关键。有学者提出 $[AlO_4]^{4-}$ 可以替代 $[SiO_4]^{5-}$ 稳定 β-C_2S；P_2O_5 也可以进入 C_2S 中稳定其高温晶型，且磷在熟料生成过程中形成的羟基磷灰石能够消耗 CaO，但高温下羟基磷灰石分解，会与 C_2S 形成固溶体。与普通硅酸盐水泥相比，以贝利特为主要矿物的低钙硅酸盐水泥的生料易烧性好，煅烧温度低 50 ~ 100℃。研究表明，低钙硅酸盐水泥熟料形成活化能为 152kJ/mol，较普通硅酸盐水泥熟料少 32kJ/mol，其熟料制备过程中 CO_2 排放量较普通硅酸盐水泥熟料低 29kg/t 熟料。

8.2.3.2 含 $C_4A_3\bar{S}$ 低碳水泥熟料

无水硫铝酸钙（$C_4A_3\bar{S}$）形成温度低（1300℃）、组成中 CaO 含量低（36.8%）、易磨性好且水化活性高，故与贝利特矿物一样具有节能和低 CO_2 排放的特点。根据组成不同，硫铝酸盐水泥较硅酸盐水泥 CO_2 排放量可减少 25% ~ 35%（表 8-3 和表 8-4）。这些低钙熟料体系使水泥的单位熟料理论能源需求及 CO_2 排放量大大低于硅酸盐水泥，同时消耗较少燃煤和石灰石资源，所配制的混凝土性能优越。目前，高贝利特水泥、硫铝酸盐水泥均已实现规模化工业生产和应用，并成为在低碳经济时代引领水泥行业的重要技术途径。施惠生等利用垃圾焚烧飞灰等废弃物研制的硫铝酸盐水泥可较硅酸盐水泥大大降低烧成温度和二氧化碳排放量。

关于硫铝酸盐水泥的研究中，研究人员还通过组成矿物的匹配优化获得相应性能。采用三种方案研究了低碳水泥的制备技术：①将石灰石饱和系数（LSF）增至 $82 \sim 83$，煅烧温度为 $1200℃$；②LSF 增至 86，同时增加铝和硫的含量，煅烧温度设为 $1250℃$；③在第二种方案的基础上将煅烧温度增加至 $1300℃$。研究表明，在 $1250℃$ 的煅烧温度下制备基于 β 型贝利特和含 $C_4A_3\bar{S}$ 的低碳水泥，碳排放可以降低 20%。这种水泥易烧性良好，煅烧温度可较传统水泥降低 $200℃$，水泥 28d 抗压强度可以达到硅酸盐水泥的 94%，但早期强度还需提高。

高成本是硫铝酸盐水泥的一个现实问题，BCSA 水泥可以降低体系的铝含量，但 BCSA 水泥的一个重要问题是贝利特活性和无水硫铝酸钙活性的巨大差异。弥补这种差距的方法之一是将贝利特稳定至更高活性的晶型如 α′ 型和 α 型。新近学者研究了一种贝利特-硫铝酸钙-硫硅钙石（BCT）水泥，这种水泥体系中除了贝利特外，还含有硫硅钙石作为主要组分。这种组分以前认为是惰性的，但是最近发现在活性铝存在的情况下其具有较高的活性。该体系中，硫硅钙石很好地填补了无水硫铝酸钙和贝利特之间的活性差距。研究表明，这种水泥的 CO_2 排放较传统的硅酸盐水泥熟料降低 30%，且半工业化生产的 BCT 水泥表现出了良好的性能和技术发展潜力，下一步将进行更大规模的生产和生产工艺优化。

也有学者在硫铝酸盐水泥体系中引入阿利特，但这类水泥面临的最大挑战是阿利特和无水硫铝酸钙的共存问题。因为阿利特在 $1400℃$ 下形成，而无水硫铝酸钙在 $1350℃$ 分解。为保证两者共存，通常加入矿化剂如萤石、MgO、CuO 或者加入稳定无水硫铝酸钙的物质。此外，由拉法基和豪瑞合并而成的拉豪公司研发了 Aether 低碳水泥。Aether 熟料主要矿物组成为 C_2S、$C_2(A，F)$ 和 $C_4A_3\bar{S}$（表8-4）。该熟料能够低温生产（$1225 \sim 1300℃$），从而使能耗降低约 15%。

硫铝酸盐水泥的原料为低品位铝矾土、石灰石和石膏，由于石灰石的配合量低，所以烧成温度低，CO_2 排放量也低。推广硫铝酸盐水泥可减少 CaO 含量和降低水泥烧成温度，对于 CO_2 减排会有一定作用。但就中国目前情况而言，普通硅酸盐水泥是水泥品种的主流，上述措施由于受原料条件、市场等因素会有很大局限性。尽管非硅酸盐水泥体系的水泥还不能大量生产和使用，但在某些特殊场合可以代替普通水泥发挥很大的作用。

8.2.3.3　新型低碳水泥

1. Celitement 水泥和 Ca-Si-Bi 水泥

除了高贝利特水泥熟料和含 $C_4A_3\bar{S}$ 的低碳水泥熟料，还出现了基于水化硅酸钙（C-S-H）的胶凝材料，这类水泥是基于合成的非活性 C-S-H（如 $α-C_2SH$）。这类水泥主要有 Celitement 水泥和 Ca-Si-Bi 水泥。

Celitement 水泥的制备过程是首先将石英与石灰（或者含有 SiO_2 和 CaO 的材料）混合均匀，然后在 $150 \sim 210℃$ 和 5Bar（0.5MPa）的压力下进行蒸养，形成非水硬性的水化硅酸钙，再通过活化粉磨将非水硬性的材料转化为水硬性。在活化粉磨过程中，蒸养过程中形成的氢氧键被破坏，新形成的水泥主要由活性的水和硅酸钙以及石英类物质所构成。这些组分中有非晶态的，有活性组分，也有含水相，它们在与拌合水反应后进行水化反应，由 C-S-H 前驱体转变成与普通水泥水化产物一样的 C-S-H 凝胶。在 Celitement 水泥的制备过程中，CO_2 排放较普通水泥降低 50%。

Ca-Si-Bi 水泥则是将蒸养得到的 α-C_2SH 在 $400 \sim 500℃$ 下进行低温煅烧，得到高活性的贝利特和非晶质的贝利特。Ca-Si-Bi 水泥水化后的主要产物与硅酸盐水泥一样，均是 C-S-H 凝胶。但与 Celitement 水泥不同的是，Ca-Si-Bi 水泥水化产物中有羟钙石。

2. 可碳化的硅酸钙水泥

可碳化的硅酸钙水泥的主要组成矿物是假硅灰石（CS）和硅钙石（C_3S_2）。通过将石灰石和石英砂作为原材料在带四级预热器的回转窑中煅烧（烧成带温度为 $1260℃$）得到水泥熟料，后将熟料破碎并用带选粉机的闭路球磨机粉磨至勃氏比表面积为 $490m^2/kg$ 得到水泥。可碳化的硅酸钙水泥主要依靠熟料矿物的碳化反应来产生强度。碳化后的产物主要是方解石，也生成了少量的霰石和球霰石。碳酸钙产物晶型主要是由水泥中的杂质组分和反应条件所决定的。这种可碳化的硅酸钙水泥在生产上与硅酸盐水泥相比，可以减排 30% 的 CO_2，降低 30% 的能耗。采用这种水泥制备的混凝土较传统硅酸盐水泥混凝土碳排放可以降低 70% 左右。

3. 石灰石煅烧黏土水泥（LC^3）

采用煅烧黏土和石灰石耦合添加替代混合水泥中的部分熟料，被称为石灰石煅烧黏土水泥（LC^3）。该水泥是一种基于煅烧黏土和石灰石混合物的新型三元水泥，它利用煅烧黏土和石灰石的协同作用，以达到与普通硅酸盐水泥（OPC）相似的强度发展，即使是在熟料系数低至 $40\% \sim 50\%$ 的情况下也是如此，LC^3 可以减少高达 30% 的 CO_2 排放量。

LC^3 水泥正在由瑞士、古巴和印度的成员进行国际合作项目的研究和开发，其目标是使 LC^3 成为全球水泥市场的标准和主流通用水泥。古巴和印度建立了 LC^3 技术资源中心，为全球采用 LC^3 技术提供测试和咨询服务。范围从"用于 LC^3 的高岭土的测试"到水泥生产中的"生命周期评估"，以及在混凝土和混凝土基础应用中使用 LC^3 的测试设施。可以从全球研究机构网络如瑞士洛桑联邦理工学院（EPFL）、古巴拉斯维亚斯中央大学（UCLV）、印度理工学院（IIT）和印度农村发展技术和行动协会（TARA）获得有关 LC^3 相关产品的最新知识。

4. 其他低碳水泥

（1）碱激发水泥。近年来，国内外出现大量碱激发胶凝材料的研究与报道，称为碱激发水泥。该水泥主要原料是工业排放的废渣、尾矿、黏土类物料和含碱物质等，碱的作用是激发原料，使之具有胶凝性，并且形成含碱水化物，因为大部分原料中都含有一定量的钙，所以不用专门的含钙物质也可以形成胶凝性。采用粉磨、混合等操作加工制造，不需要高温煅烧，因此这样的碱激发胶凝材料具有节能、节约资源、减排 CO_2 的优点。

（2）铝酸盐水泥。铝酸盐水泥在建筑行业的使用已超过 100 多年，近年来作为低碳水泥品种备受关注。铝酸盐水泥按照其铁含量分为富铁型、低铁型和无铁型。低铁型的铝酸盐水泥主要用于耐火材料。铝酸盐水泥的制备方法分为烧结法和熔融法，烧成温度一般在 $1250 \sim 1350℃$。铝酸盐水泥具有突出的快硬早强特性，在结构修补、材料固化、干混砂浆等各方面具有突出的应用前景。铝酸盐矿物的稳定性是制约铝酸盐水泥材料应用的关键。

（3）镁基胶凝材料。相比于氧化钙基胶凝材料，氧化镁基胶凝材料具有低煅烧温度，进而大幅降低材料制备时所需的能耗，有望显著降低 CO_2 排放。工业生产表明，生产该水泥节能 $10\% \sim 20\%$，CO_2 排放量降低 10%。因此，近年来该种胶凝材料受到国内外众多研究者的关注。关于镁基胶凝材料研究主要着重于磷酸镁和硅酸镁两大镁系材料。与钙基胶凝材料相比，镁基胶凝材料的来源是影响其规模化应用的重要问题。我国在镁基胶凝材料研究与应用上处于世界领先地位，特别是我国是全世界唯一规模化应用 MgO 基胶凝材料的国家，

MgO 微膨胀中热水泥技术成功应用于国家重点水利工程三峡大坝建设，工程应用经验较丰富，为世界各国研究者所看重。

关于碱激发水泥地聚合物、铝酸盐水泥、硫铝酸盐水泥和镁基胶凝材料的结构与性能将在后续章节中系统阐述和详细介绍。

8.3　地聚合物水泥

8.3.1　地聚合物概述

20 世纪 70 年代末，法国 Davidovits 教授研发了一类新型的碱激发无机高聚合胶凝材料——地聚合物（Geopolymer），因在其反应产物中含有大量与一些构成地壳物质相似的化合物含硅铝链的无机聚合物而得名，也被称为"矿物聚合物""地质聚合物"和"土聚水泥"等。

地聚合物是一种不同于普通硅酸盐水泥和其他传统水泥的新型高性能胶凝材料，它是以硅氧四面体和铝氧四面体以角顶相连而形成的具有非晶体态和半晶体特征的三维网络状固体材料。地聚合物兼具有机高聚物、陶瓷和水泥的优良性能，又具有原材料来源广、工艺简单、节约能源和环境协调性好等优点，因此近几年其研发进展很快。

地聚合物属于碱激发材料范畴，其生产工艺完全不同于硅酸盐水泥，反应产物主要为无定形地聚合物凝胶。地聚合物的原材料主要包括：

（1）高活性偏高岭土、粉煤灰、矿渣微粉等火山灰化合物或硅铝质原材料；

（2）碱性激发剂（苛性钾、苛性钠、水玻璃、硅酸钾等）；

（3）促硬剂（低钙硅比的无定形硅酸钙及硅灰等）；

（4）外加剂（主要有缓凝剂等）。

其中，硅铝质原材料和碱性激发剂是地聚合物的最主要原材料。以含硅铝酸盐玻璃体或晶体的工业固体废弃物、尾矿和天然矿物（如黏土类、长石类等）为主要原料，其用量不少于85%，而不用天然资源；激发剂包括各种含碱的化学试剂或工业副产品或产品，其用量不超过 10% ~ 15%。

8.3.2　地聚合反应机理

8.3.2.1　地聚合反应过程

Glukhovsky 提出了含活性硅铝相材料受碱激发的反应机理模型——Glukhovsky 模型（图 8-11）。根据 Glukhovsky 模型，地聚合反应可分为三个阶段：解构-重构阶段；重构-凝聚阶段；凝聚-结晶阶段。从图 8-11 中可以看出，地聚合反应模型属于线型模式，然而在时间上各部分几乎是同时进行的。整个地聚合反应主要包括以下五个层次：

溶出：固态的硅铝相加碱水解，使硅铝相分离，并从固体表面溶解释放出类离子态硅铝单体。

物相平衡：硅铝相在碱性条件下溶解后，便逐渐形成由硅酸盐、铝酸盐及硅铝酸盐组成的复杂体系。

凝胶化：在高碱性条件下，无定形的硅铝相溶解速率加快导致混合溶液中硅铝酸盐处于

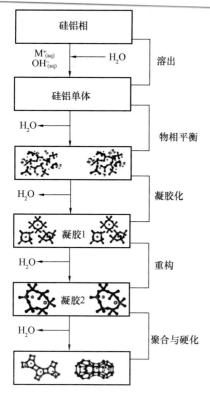

饱和状态，此时体系开始出现凝胶化反应，形成低聚态的凝胶（凝胶1），并随着凝聚作用逐渐形成网络状结构（Si-O-T 结构）。

重构：凝胶化阶段后，在体系中开始出现结构的重新排列，低聚态的胶体之间通过相互交联，逐渐形成地聚合物的三维网络状结构。

聚合与硬化：在此阶段，体系进一步脱水聚合形成地聚合物硬化体。

施惠生等利用低场核磁共振技术对早期地聚合反应中水的纵向弛豫时间（T_1）和横向弛豫时间（T_2）的变化情况进行了测定，从水组分的角度动态观测了地聚合物早期反应过程。根据水的纵向弛豫时间的变化情况（图 8-12），证实了偏高岭土基地聚合物的早期（15min ~ 24h）地聚合反应过程可以分为三个阶段：加速期（0 ~ 150min），此时浆体中形成了大量的地聚合物凝胶（N-A-S-H），比表面积迅速增大，随着地聚合反应时间的增长，T_1 的加权平均值迅速下降；减速期（150 ~ 350min），此阶段 T_1 的加权平均值变化逐渐趋于平缓，这意味着地聚合反应在一定程度上已经完成，但仍有一部分偏高

图 8-11 Glukhovsky 模型

岭土颗粒被周围的凝胶产物所包围，使得硅、铝溶解速率下降；稳定期(350min ~)，此时浆体中 Si-O-Al 的网络基本固定，各种基团的可动性已经很小，体系中的水除了化学结合水外，其余则以物理结合的形式存在于浆体中而成为毛细水或凝胶水。

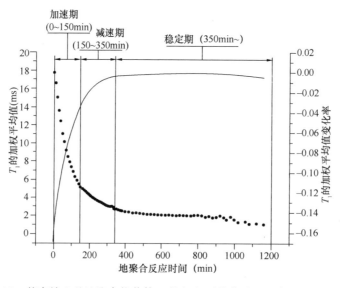

图 8-12 偏高岭土基地聚合物浆体 T_1 的加权平均值随地聚合反应时间变化

8.3.2.2　地聚合物体系各组分作用

1. 碱的作用

碱在地聚合反应过程中的作用在于碱激发剂溶液提供了高浓度氢氧根离子，使得硅铝质原材料中的硅铝相结构解体。碱可以让原材料中不存在具有胶凝性能的矿物经过碱激发反应之后，转化为具有胶凝性质的材料。例如，粉煤灰中的玻璃相在水中基本为惰性，如要使之呈现胶凝性能，必须加以激发。碱金属阳离子的种类、碱激发剂的种类等均对地聚合反应有影响。

2. 硅铝组分的作用

地聚合反应首先是从碱性激发剂促使硅铝源中硅铝相结构解体，从而溶解出 SiO_2 和 Al_2O_3 开始的。因此，地聚合物的性能与硅铝相的溶出、硅氧四面体和铝氧四面体的聚合及网络结构的形成紧密相关。

硅铝相的溶出是由于液相中高浓度的 OH^- 作用于硅铝源中的硅氧四面体和铝氧八面体，降低了多面体之间的键合力，进而导致结构的解体；同时其中的铝氧八面体在高 pH 值的液相条件下转变成四面体结构，这些四面体解体后就溶解于液相中。硅铝相的溶出主要受激发剂浓度、碱金属离子种类、搅拌速率及硅铝原料性能等因素的影响。其中，硅铝原料的性能和激发剂的浓度是最主要因素。

3. 水的作用

地聚合物在成型、反应过程中必须有水作为传递介质及反应媒介。浆体凝固后，部分自由水作为结构水存于反应物当中。有学者表明，水在硅铝相的溶解、离子转移、硅铝化合物的水解及硅铝单体的聚合等过程中起到了媒介的作用。

施惠生等利用灼烧失重法与热重分析法对高钙粉煤灰基地聚合物中的可蒸发水与不可蒸发水的含量进行了测定，研究表明：7d 龄期的地聚合物中自由结合水约占总水量的75.35%，物理结合水约占总水量的17.00%，化学结合水含量约占总水量的7.66%；化学结合水主要以 OH^- 的形式存在于凝胶产物中。同时利用低场核磁共振技术测定了偏高岭土基地聚合物体系早期反应中凝胶水与毛细水的相对含量的变化（图 8-13）。结果表明：随着

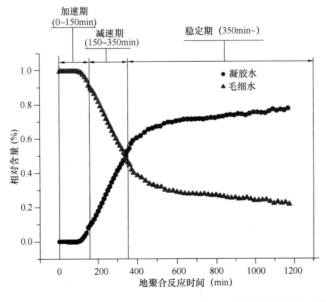

图 8-13　偏高岭土基地聚合物浆体中凝胶水与毛细水相对含量随地聚合反应时间的变化

地聚合反应的进行，浆体中毛细水相对含量呈下降趋势，凝胶水相对含量则相反。在加速期前期，浆体中全部是毛细水；而在加速期后期，毛细水开始减少，凝胶水开始增多。减速期阶段，毛细水相对含量呈现出快速下降的趋势，凝胶水含量呈快速上升的趋势；减速期结束时两类水的相对含量相等。在稳定期阶段，毛细水和凝胶水的变化趋势逐渐趋缓。

4. 钙组分的作用

当采用工业废弃物（如粉煤灰、矿渣等）作为地聚合物的先驱物时，钙组分被引入地聚合物体系，这使得地聚合物体系由原来的 $Na_2O-Al_2O_3-SiO_2-H_2O$ 四元体系转变成了 $Na_2O-Al_2O_3-SiO_2-CaO-H_2O$ 五元体系。目前普遍认为钙组分对地聚合物的强度有积极作用，但地聚合物体系中的钙含量应该控制在合适的范围内。郭晓潞等提出了钙对地聚合反应的影响机制（图 8-14）。

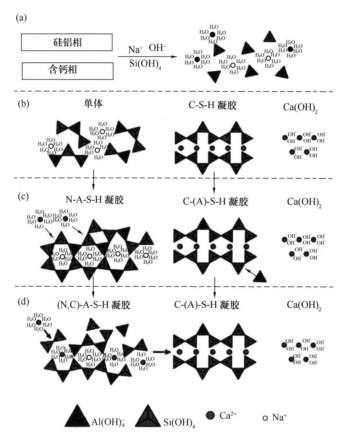

图 8-14　钙对地聚合反应的影响机制

（1）原材料中的硅铝相与含钙相在碱性激发剂的作用下发生溶解，但由于 Si—O 键、Al—O 键和 Ca—O 键具有不同的稳定性，因键能较低，Ca—O 键会首先断裂从而释放出 Ca^{2+}，随后是 $Al(OH)_4^-$ 单体，最后溶出的是 $Si(OH)_4$ 单体。

（2）部分 Ca^{2+} 会吸附液相中的 OH^- 形成低溶解度的 $Ca(OH)_2$，液相中的另一部分 Ca^{2+} 会与液相中的 $Si(OH)_4$ 反应生成 C-S-H 凝胶。同时在碱的作用下，液相中 $Si(OH)_4$ 单体、$Al(OH)_4^-$ 单体浓度迅速上升，Na^+ 分别与 $Al(OH)_4^-$ 形成 $NaAl(OH)_4$ 单聚体，与 $^-OSi(OH)_3$、$^-OSi(OH)_2O^-$ 形成硅的单聚体、双聚体和三聚体。

（3）随着反应的继续进行，这些硅氧四面体和铝氧四面体之间发生聚合反应，N-A-S-H 凝胶的网状结构形成。在已达初凝状态的地聚合物中，主要有 N-A-S-H 凝胶相、C-(A)-S-H 凝胶相和 Ca(OH)$_2$ 三种反应产物。此时，体系中剩余的 Ca^{2+} 会继续作用于 N-A-S-H 凝胶，Ca^{2+} 通过离子交换作用置换掉 N-A-S-H 凝胶体系中的部分 Na$^+$，N-A-S-H 凝胶转变为（N，C)-A-S-H 凝胶。体系中剩余的 Al(OH)$_4^-$ 单体会与 C-S-H 凝胶发生相互作用，取代 C-S-H 凝胶中部分桥硅氧四面体，形成 C-(A)-S-H 凝胶。

（4）最后，若在地聚合反应的初期溶出了相当多的 Ca^{2+}，此时 Ca^{2+} 的强极化作用使得（N,C)-A-S-H 凝胶中的 Si-O-Al 键断裂，释放出 Al(OH)$_4^-$ 单体，这使得（N,C)-A-S-H 的聚合度降低，转变为较低聚合度的 C-A-S-H 凝胶。同时，这些 Al(OH)$_4^-$ 单体还会继续作用于 C-(A)-S-H 凝胶将其转化为 C-A-S-H 凝胶。

8.3.3　地聚合物的结构

8.3.3.1　地聚合反应产物的结构

地聚合物具有有机高聚物的链接结构，但其基本结构为无机的 $[SiO_4]^{4-}$ 和 $[AlO_4]^{5-}$ 四面体。地聚合物的长链结构分为三种类型（图 8-15）：硅铝长链，即 PS 型（Si∶Al = 1∶1）；双硅铝长链，即 PSS 型（Si∶Al = 2∶1）；三硅铝长链，即 PSDS 型（Si∶Al = 3∶1）。分子式为 $M_n\{-(SiO_2)_z AlO_2\}_n \cdot wH_2O$；其中，M 指碱金属和碱土金属阳离子等，$n$ 代表聚合度数，z 为 1、2、3 等整数。

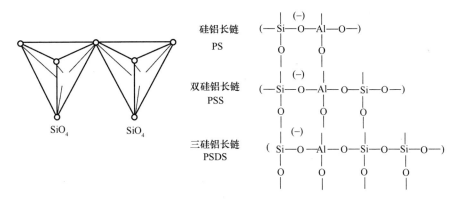

图 8-15　地聚合物长链结构示意图

一般条件下，地聚合反应后的生成物是一种无定形的硅铝酸盐化合物。无定形半结晶硅铝结构单体通过侧链上不饱和氧与其他硅、铝四面体结合，架构向三维方向伸展，可生成类沸石型微晶体结构（图 8-16），Na、K、Ca 和其他金属阳离子填充于其中用以保持电价和结构平衡。如方钠石：Na$_n$（Si-O-Al-O-)$_n$；方沸石：（Na，Ca，Mg)$_n$（Si-O-Si-O-)$_n$ 等。

施惠生等基于蒙特卡罗方法，以 Na、H$_2$O 及 Si$_2$AlO$_{10}$ 基团［图 8-17（a）、（b）、（c）］作为基本单元，利用分子模拟软件 Materials Studio 构建了 PSS 型地聚合物 N-A-S-H 凝胶结构模型。采用分子动力学模拟的方法得到最终构型［图 8-17(d)］，并将其与实验数据进行了对比，结果表明：模拟计算得 N-A-S-H 凝胶各原子对的径向函数分布值（RDF）和 N-A-S-H 凝胶的弹性模量值均与实验值吻合较好。

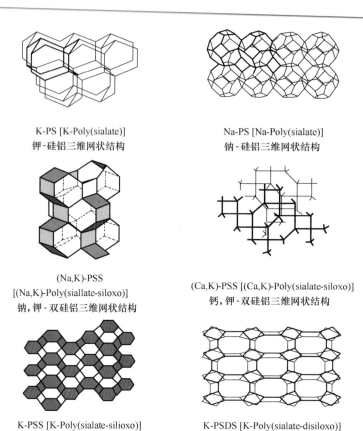

K-PS [K-Poly(sialate)]
钾-硅铝三维网状结构

Na-PS [Na-Poly(sialate)]
钠-硅铝三维网状结构

(Na,K)-PSS
[(Na,K)-Poly(siallate-siloxo)]
钠,钾-双硅铝三维网状结构

(Ca,K)-PSS [(Ca,K)-Poly(sialate-siloxo)]
钙,钾-双硅铝三维网状结构

K-PSS [K-Poly(sialate-siloxo)]
钾-双硅铝三维网状结构

K-PSDS [K-Poly(sialate-disiloxo)]
钾-三硅铝三维网状结构

图 8-16 类沸石三维网状结构示意图

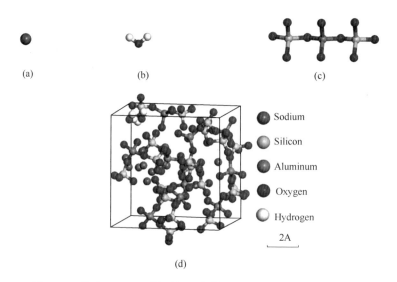

(a)   (b)   (c)

Sodium
Silicon
Aluminum
Oxygen
Hydrogen

2A

(d)

图 8-17 构建 N-A-S-H 模型的基本单元及 N-A-S-H 凝胶结构模型
（a）Na；（b）H_2O；（c）Si_2AlO_{10}；（d）N-A-S-H 凝胶结构模型

也有学者以 Tobermorite $[Ca_4Si_6O_{14}(OH)_4 \cdot 2H_2O]$ 结构为基础，以 Al 原子取代硅链上的部分 Si 原子而构建，以 Ca、H_2O、OH 及 Si_2AlO_{10} 基团作为基本单元，构建了 C-A-S-H 凝胶结构模型（图 8-18）。C-A-S-H 凝胶结构模型的能量温度变化曲线能够迅速达到平衡，模拟结构稳定性好；且动力学轨迹、微观表征及弹性模量的模拟值与实验值或文献值吻合较好，证明了所建模型的有效性。

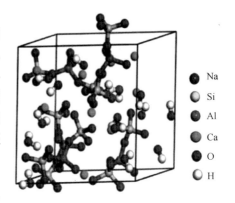

图 8-18　C-A-S-H 凝胶结构模型

8.3.3.2　粉煤灰基地聚合物的结构

粉煤灰基地聚合物是地聚合物中的重要种类，以粉煤灰基地聚合物为例，介绍粉煤灰基地聚合物反应进程中的微结构变化及这方面的研究进展，重点阐述其反应过程中的微观结构和纳米结构的变化过程和作用机制。

1. 微观结构

有学者通过扫描电镜（SEM）、透射电镜（TEM）等手段研究了粉煤灰基地聚合物在各龄期微观结构的变化，提出了粉煤灰受碱激发的描述性机理模型，如图 8-19 所示。该模型主要包括四个阶段：硅铝相溶解、碱液扩散、硅铝胶体的生成、硅铝胶体的沉积，如图 8-19A 中（a）、（b）、（c）、（d）和（e）部分所示。（a）表示碱从粉煤灰中的玻璃体某点开始溶解可溶性的硅和铝（图 8-19B）；（b）表示在玻璃体表面开始形成硅铝胶体，同时碱液扩散进入玻璃体内部继续溶解（图 8-19C）；（c）表示生成的硅铝胶体沉积在玻璃体的外部和内部，将玻璃体未反应的部分包裹起来，阻碍其继续反应；（d）表示硅铝胶体和玻璃体结合的情况；（e）表示大玻璃体内部小玻璃体被硅铝胶体所包裹的情况（图 8-19D）。但以上各阶段反应不是按线型模式进行的。在反应的初始阶段，溶解作用控制反应的进行；而当碱液进入大玻璃体内部时，扩散作用控制反应的进行。

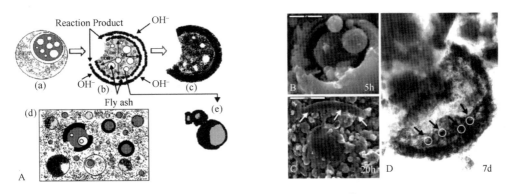

图 8-19　粉煤灰受碱激发的描述性机理模型

2. 纳米结构

有学者通过 X 射线衍射、SEM、带魔角自旋的固体核磁共振等手段比较研究了不同养护条件下粉煤灰受碱激发反应产物的纳米结构特点，提出了粉煤灰基地聚合物纳米结构模型（图 8-20）。该纳米结构模型将硅铝胶体结构和成分的变化与养护条件联系起来。从该模型中可看出：高湿度条件下，硅铝单体之间迅速反应，形成富铝胶体［Gel 1，主要含 Q^4（4Al）和 Q^3（3Al）单元］；随着反应的进行，富铝胶体中的硅元素含量升高，逐渐转变为 Gel 2。在低湿度条件下，由于碳化、失水及溶液 pH 值降低等因素，粉煤灰中的玻璃体溶解缓慢，所形成的富铝胶体聚合度较低，60d 后其化学组成和结构几乎没有变化。

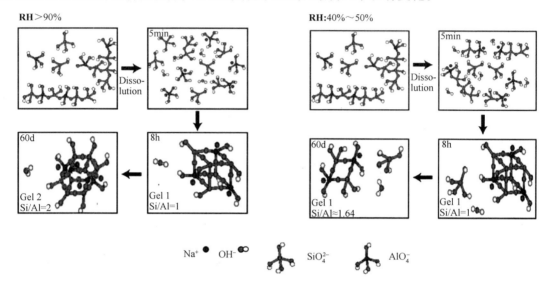

图 8-20　粉煤灰基地聚合物纳米结构模型

8.3.4　地聚合物的性能

地聚合物与普通硅酸盐水泥的不同之处在于前者存在离子键、共价键和范德华键并且以前两类为主；后者则以范德华键和氢键为主，这就是两者性能相差较大的原因。地聚合物的重要特点在于其抗介质腐蚀的性能高，基体的致密性高、抗渗水性也好。但地聚合物也因所采用的原料种类、激发剂种类及用量不同而产生不同的性能表现。下面主要从力学性能、耐久性和环境协调性三方面介绍地聚合物的性能。

8.3.4.1　力学性能

地聚合物主要力学性能指标优于玻璃和水泥，可与陶瓷、铝、钢等金属材料相媲美（表 8-5）。地聚合物早期强度较高，20℃下其凝结后 4h 的抗压强度可达 15～20MPa，为其最终强度的 70% 左右。

表 8-5　地聚合物与其他材料力学性能对比

性能	地聚合物	普通硅酸盐水泥	玻璃	陶瓷	铝合金	钢	聚甲基丙烯醛甲酯
密度（g/cm³）	2.2～2.7	2.3	2.5	3.0	2.7	7.9	1.2
弹性模量（GPa）	50	20	70	200	70	210	3
抗拉强度（MPa）	30～190	1.6～3.3	60	100	30	300	49～77
抗弯强度（MPa）	40～210	5～10	70	150～200	150～400	500～1000	91～120
断裂能（J/m²）	50～1500	20	10	300	10000	10000	1000

8.3.4.2　耐久性

1. 耐腐蚀性

地聚合物反应时不会形成钙矾石等硫铝酸盐矿物，因而能耐硫酸盐侵蚀，而且在酸性溶液和各种有机溶剂中都表现出良好的稳定性。表 8-6 给出了地聚合物和其他类型水泥在浓度为 5% 的酸性条件下质量损失率的比较。工程界通常认为硅酸盐水泥混凝土的使用寿命为 50 ~ 150 年，有文献指出地聚合物聚合反应后形成的耐久型矿物，几乎不受侵蚀性环境的影响，其使用寿命可达千年以上。

表 8-6　酸性条件下质量损失率（%）的比较

水泥类别	H_2SO_4	HCl
硅酸盐水泥	95	78
矿渣硅酸盐水泥	96	15
铝酸盐水泥	30	50
地聚合物	7	6

2. 耐热性

传统硅酸盐水泥硬化浆体在受到高温作用时，水化产物分解脱水，其晶格和结构遭受破坏，从而使硅酸盐水泥硬化浆体的强度下降。而地聚合物在高温作用下具有极其优良的热稳定性，耐热温度可达 1000℃ 以上，在高温下仍能保持较高的结构性能。研究表明，当传统硅酸盐水泥混凝土处于 400℃、650℃ 和 800 ~ 1000℃ 时，其残余强度分别为初始强度的 90%、65% 和 11% ~ 16%；而与之相对应的地聚合物混凝土的残余强度分别为初始强度的 91%、82% 以及 21% ~ 29%。地聚合物的耐火耐热性能优于传统硅酸盐水泥，其导热系数为 0.24 ~ 0.38W/(m·K)，可与轻质耐火黏土砖［导热系数 0.3 ~ 0.4W/(m·K)］相媲美。

郭晓潞等研究了不同纤维增韧粉煤灰-钢渣基地聚合物［聚丙烯纤维（PP）、玄武岩纤维（BF）、钢纤维（SF）］在不同温度下的耐热性能（图 8-21）。结果表明，当温度低于 300℃ 时，地聚合反应随温度升高而加快，温度的提高有利于改善其力学性能；但当温度继续升高后，地聚合物中的 C-S-H/C-A-S-H 凝胶受热分解导致其力学性能下降；当温度达 900℃ 时，由于矿物晶型转变和未反应粉煤灰颗粒之间的粘结力的共同作用，试样（除钢纤

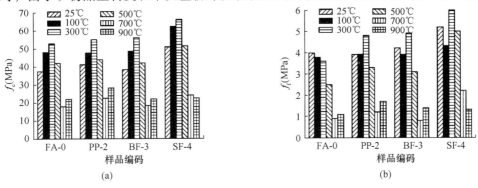

图 8-21　不同温度下地聚合物的力学性能
（a）抗压强度；（b）抗折强度

维增韧地聚合物试样外）的力学性能有轻微回升。同时，纤维在地聚合物裂纹扩展中能起到强化增韧的作用，从而提高了材料的第二热应力断裂抵抗因子 R′，改善了材料的热稳定性。

与普通硅酸盐水泥及其制备的混凝土相比，地聚合物制备温度较低，其"过剩"的能量少，因此水化放热较低，用于大体积混凝土工程时不会造成急剧温升，可有效避免破坏性温度应力的产生。地聚合物和集料界面结合紧密，不会出现富含 $Ca(OH)_2$ 及钙矾石等粗大结晶的过渡区，很适宜作混凝土结构修补材料。此外，地聚合物混凝土不仅早期强度高，渗透率低，还具有较低的收缩值。

8.3.4.3　环境协调性

地聚合物的生产不使用石灰石作原料，制备地聚合物材料所用的原材料可直接使用或只需低温（350~750℃）处理，不需要高温煅烧；并且 Si—O、Al—O 键的断裂-重组反应温度在室温或150℃以下就可以进行，因此地聚合物材料的制备过程能耗比较低。研究表明，地聚合物的生产能耗只有陶瓷的1/20，钢的1/70，塑料的1/150。因制备地聚合物材料的原料只有部分需要低温煅烧，因此燃料消耗较少，所以 NO_x、SO_x、CO 和 CO_2 等废气的排放量也非常低。研究表明，制造1t地聚合物材料其排放量仅为硅酸盐水泥的1/10~1/5，并且基本没有毒性气体产生。同时，地聚合物的生产可以消耗大量工业废弃物（粉煤灰、污泥等）和农业废弃物（稻壳灰等），这些固体废弃物堆积占用土地，对环境造成污染，以这些固体废弃物作为制备地聚合物的主要原材料则可以有效解决此类材料所造成的水质污染、土壤污染、大气污染等一系列环境问题。另外，地聚合反应后形成了三维网状硅铝酸盐结构，可以有效地固封键合各种有毒有害离子，这对于处置利用各种固体废弃物极为有利。

从环保的角度考虑，地聚合物材料在生产工艺方面不仅低能耗、低碳排放并且不会产生有害气体，还可以在大量处置固体废弃物的同时处理毒害物质，这对保护生态体系，维护环境协调有重要意义。

综上所述，地聚合物力学性能、耐腐蚀、耐高温等性能优良，而且其生产过程能耗低、废气排放量低，是环境友好型胶凝材料。当然，地聚合物也存在一些局限性。例如，因原材料的广泛性和波动性引起的性能不稳定性、某些地聚合物体系存在的"泛碱"现象，如何使得地聚合物凝结时间和强度发展等性能具有可控性，如何促进地聚合物的高性能化和功能化的发展等问题，均值得深入探索研究。

8.3.5　地聚合物的应用与发展前景

8.3.5.1　地聚合物的应用

地聚合物的三维网状结构决定了其具有优良的物理化学性能，使其在水利市政、道路桥梁、海洋工程、军事领域等方面有极广阔的应用前景。由于地聚合物无需高温烧结，其内部类沸石相经适当处理后具有良好的吸附性与离子交换性，是极有前途的废水处理用膜材料，也可用于消除放射性物质、重金属离子；还可用于海水综合利用，包括海水提钾、海水淡化等。同时，地聚合物因具备优良的耐水热性能，在核废料的水热作用下能长期保持优良的结构性能，因而能长期地固封核废料。利用地聚合物较好的力学性能及制备工艺比较简单的特点，可部分替代金属与陶瓷作为结构部件、模具材料使用；利用其快凝早强性能可用于机场跑道、通信设施、道路桥梁、军事设施的快速建造与修复；利用其轻质、隔热、阻燃、耐高温等特性可用作新型建筑装饰材料、耐火保温材料,以及开发其他领域的用途如发动机排气管外包隔热套管等。以下是几个已实现工程应用的典型实例。

1. 路面修补材料

水泥混凝土路面是我国公路路面的主要类型之一。早期修建的水泥混凝土路面由于设计、施工、后期养护及超重载交通等原因,发生了不同程度的结构性和非结构性损坏。其主要破坏类型包括裂缝、板角断裂、错台、表面裂纹与层状剥落等,大量路面需要维修。除了用于水泥混凝土路面的各类无机类和有机类修补材料以外,地聚合物类修补材料也应运而生。

重庆市智翔铺道技术工程有限公司利用地聚合物混凝土进行桂柳高速(桂林—柳州)公路 K1151 ~ K1153 段修补。修补工程主要选取一些出现板角断裂的混凝土板,修补面积共约 $200m^2$,修补厚度 21 ~ 23cm。修补时先将需要修补的混凝土板角破碎,并将基坑清理干净,然后将拌制好的地聚合物混凝土倒入修补基坑,用振动棒稍加振动,最后抹平收光表面即可。修补 1d 后开放交通,通车状况良好。利用地聚合物混凝土作为路面修补材料,施工快捷简便,无需专门养护,修补路面表面平整,新旧混凝土无明显色差。

2. 注浆加固材料

对城市道路进行大修养护往往采用铣刨加罩、翻挖新建和压密注浆的形式,而对于不具备进行路基、路面翻建条件的道路,只能采用注浆形式进行路基、基层加固以消除路基、基层自身隐患造成的各种路面病害,提高车辆行驶的安全性与舒适性。

上海城投(集团)有限公司针对上海郊环高架道路路面沉陷、裂缝,路基及基层的沉降、承载力下降等道路病害,兼顾道路维修的快速性,利用地聚合物注浆技术进行快速有效加固路基、基层。在工艺质量方面,从根本上解决了高速公路软弱地基带来的路面病害;在成本方面,较"大开挖"维修方案更经济;在工期方面,更能满足高速公路快速施工的特殊要求;同时对提高路基承载力作用非常明显,值得在道路大修、高速抢修及日常养护等领域推广。

3. 室内功能涂料

近年来,关于装修污染的新闻不绝于耳,据统计,精装修的房间有 90% 以上存在室内甲醛、苯等污染物超标的问题。室内装修污染主要来自装饰使用的各种板材和家具、墙布、贴墙纸、化纤地毯、油漆和涂料等,且墙面装修是室内装修面积最大的区域。

为了解决室内空气污染的问题,河南省建筑科学研究院有限公司启动了"建科·氧溢家无机功能涂料研发项目",期望研发一种本身不仅不产生空气污染,而且可以消除室内空气污染的新型功能涂料,最终,基于地聚合物的新型室内涂料成功面市。地聚合物独特的三维结构及其吸附特性可以消除室内空气污染物,同时地聚合物的优良耐久性和耐热性使其作为一种新型功能涂料不会存在老化、霉变、剥落掉皮等现象,从而实现了耐水和防火等功能。

4. 危险废物的固封材料

随着环境污染和可持续发展被广泛关注,重金属污染问题也越来越引起人们的重视。目前,固化/稳定化技术是国际上处置重金属危险废弃物的重要手段。早期的固化体多为水泥基材料,然而水泥固化体存在渗透率高、重金属浸出浓度高、耐久性差等局限性。相比较而言,由于地聚合物的固化/稳定化过程是硅铝质材料与重金属之间的物理化学反应过程,碱性激发剂除了激发硅铝质相溶解以外，还会与某些重金属发生反应，因此，地聚合物具有取代硅酸盐水泥处理重金属污染问题的潜在优势。

地聚合物主要是通过物理和化学作用实现重金属固化/稳定化。重金属离子可通过低聚态凝胶的包胶作用被固封在地聚合物内部；Cr^{3+}、Cd^{2+} 和 Pb^{2+} 除了以离子形式被包裹外，还可以形成沉淀被地聚合物固封。由于地聚合物的表面多孔特性，可将小于孔径的分子吸附于孔中。同时，重金属可以某种形式进入地聚合物的聚合骨架中，且不会影响硅氧四面体和铝氧四面体原有的结构。除了通过物理包裹、物理吸附和离子置换等主要物理化学作用，还可以通过钝化、表面配位（络合）、化学吸收等次要作用，这些作用相辅相成，共同实现了地聚合物对重金属的固化/稳定化。因此，地聚合物在重金属离子处理方面具有潜在应用前景，有望用于固体废物及废水处理。国外已有基于地聚合物处理重金属的应用实例。例如，法国"Geopolymer Institute"公司通过在地聚合物中添加非晶态金属纤维制造核废料容器；等等。目前国内对于利用地聚合物处理重金属的方法也正逐渐由理论研究转向实际应用。

8.3.5.2 地聚合物的发展前景

地聚合物一直是国际新型胶凝材料的研究热点，地聚合物的相关理论和应用得到了快速发展，但基础理论、产业化应用及应用领域拓展仍是目前及将来的主要方向。

1. 原料、工艺的扩展

原料与激发剂的选择范围已大大拓宽，硅铝原料来源已扩展到火山浮石、粉煤灰、矿物废渣、烧黏土四大类，集料从天然资源扩展到废弃物资源（如，再生集料）；激活剂由单一碱金属、碱土金属、氢氧化物扩展到氧化物、卤化物、有机基组分等。

工艺过程由传统的"两步法"扩展到"一步法"（"只加水"）。由于液体碱激发剂存在不便运输和使用安全性的问题，因此传统"两步法"更适于预制产品。"一步法"是指将固体碱激发剂与固体硅铝原料混合制成干混料，加水即可制得具有胶凝性质的地聚合物材料的方法。相较于"两步法"，"一步法"更适于现场应用。但是，目前几乎没有利用"一步法"的应用实例，主要是目前"一步法"相关的研究相对较少，相关基础理论还需进一步完善。例如，"一步法"存在凝结时间过快的问题。水和粉料大面积接触，水化热加速了其凝结过程，而相关地聚合物缓凝剂的研究相对较少。因此利用"一步法"成型地聚合物材料从理论到应用仍有许多问题尚待解决。

成型方式由传统的浇筑法扩展到压制法、3D打印。相较于浇筑法，压制法制得的地聚合物材料通常可以获得更高的抗压强度。例如，美国的"Waterways Experiment Station"机构采用超细粉密实工艺，通过添加体积百分比20%~30%硅灰，制得抗压强度为500MPa的模具材料；D. M. Roy采用热压工艺，制成孔隙率为2%、抗压强度为650MPa的类岩石硬化体。3D打印技术是一种直接从数字模型制造三维结构的新兴智能建造技术，可增加建筑自由度，将会成为未来建造方式的研究热点和发展方向。3D打印地聚合物的研究从地聚合物可打印性能、可建造性能的探索，到通过配比设计优化地聚合物的3D打印性能，再到地聚合物打印体的力学性能、耐久性的提升，一直都是目前以及将来的研究方向。

2. 改性地聚合物材料

研究地聚合物复合、增强和增韧等改性措施，以便于改善材料本身的弱点，扩展其应用领域。由于无机聚合反应在较低温度下进行，避免了高温可能导致的添加物变质，以及添加物与基体的热失配与化学不相容，使增韧、增强添加物选择范围加大，从而可采用多种添加剂进行增强、增韧，提高材料性能。常用的外掺纤维有多种，包括金属纤维、合成纤维和天然纤维，主要有聚丙烯纤维、碳纤维、玄武岩纤维、聚乙烯醇纤维和钢纤维等。目前，纤维增韧地聚合物已有一些研究成果。例如，法国 Davidovits 教授采用玻璃纤维、碳纤维和碳化纤维增强地聚合物，抗弯强度已分别达到 140MPa、175MPa、210MPa；意大利研究者通过掺加纤化聚丙烯网制造轻质顶板；日本镜美公司通过添加有机物聚乙烯醇（PVA）、聚芳炔（PAA）制作人造大理石等。

除了纤维增韧地聚合物，各种有机高分子改性地聚合物材料（如 PVC/偏高岭土基地聚合物复合材料）及其一些特殊的改性方式（如酸/碱改性地聚合物）也是地聚合物材料的热门研究方向。另外，对于一些有特殊性能要求的建筑结构（防爆结构等），超高性能地聚合物混凝土是其结构性能的最基本保障，也是将来的研究方向之一。

3. 地聚合物基月球混凝土

地聚合物材料除了在地球上有广阔的应用前景外，也可将地聚合反应机理延伸至月球，期望利用月壤合成月球混凝土，实现月球基地原位建造。月球资源原位利用是月球基地得以建立、应用和运行的基本技术保障。"阿波罗计划"所得月壤的化学组分中硅铝氧化物含量占 60% 以上。在地聚合物基月球混凝土体系中，集料占比 70%～80%，也可以来源于月壤，且具有特定的粒径分布。若月壤可以作为地聚合物的硅铝源原料，那么地聚合物基月球混凝土所需原材料，除了碱需要从地球搭载以外，其余 90% 以上均可从月球获得，保证了较大的原位资源利用率。而且地聚合物在月球环境下具有良好耐极端环境性能，这些均为地聚合物用于月球基地建造提供了优势与潜能，拓宽了月球基地建筑材料的选择范围。同时，3D 打印地聚合物研究的发展使原位建造地聚合物建筑结构成为可能。

含有较高含量硅铝氧化物的月壤可以作为地聚合反应的先驱物来源，因此设想利用月壤制备地聚合物基月球混凝土，其所需原材料 90% 以上可来源于月球资源，同时还可结合 3D 打印技术，期望实现月球基地原位建造，加快月球基地建设设想的实现。

如前所述，地聚合物新型胶凝材料可以作为硅酸盐水泥的补充，并弥补了硅酸盐水泥在某些性能上的不足，能更好地满足工程所需。由于地聚合物所具有的特殊性能，加之其在原料来源、生产能耗等方面的诸多优点，越来越受到人们的重视。全球已有 30 多个国家设有地聚合物研究的专门机构或研究所。随着地聚合物复合材料的开发，其性能控制必将大大提升，应用领域也将进一步扩展，地聚合物有望发展成为 21 世纪具有工程应用前景的新型胶凝材料。

8.4　铝酸盐水泥

继 1824 年英国学者 J. Aspdin 发明硅酸盐水泥后，水泥便成为人类社会发展过程中必不可少的建筑材料。目前，我国习惯上将硅酸盐水泥、普通硅酸盐水泥、矿渣硅酸盐水泥、火山灰质硅酸盐水泥、粉煤灰硅酸盐水泥和复合硅酸盐水泥六大品种称为通用硅酸盐水泥；此外，品种都归于特种水泥的范畴。常见的特种水泥主要包括铝酸盐水泥、硫铝酸盐水泥和铁铝酸盐水泥等。本节主要论述铝酸盐水泥（又称高铝水泥）的生产、化学成分与矿物组成、水化硬化过程以及性能与应用等。

8.4.1　铝酸盐水泥的基本特性

1908 年，法国学者 J. Beid 获得铝酸盐水泥发明专利。铝酸盐水泥（Calcium Aluminate Cement，CAC）的问世是继硅酸盐水泥的又一次重大发明，开启了水泥发展的新篇章。铝酸盐水泥发明初期，主要用于抢修工程、抗硫酸盐侵蚀水下工程等一些特殊建筑工程领域；随着对铝酸盐水泥逐渐深入的认识，开发出耐火用铝酸盐水泥系列产品，将其应用领域拓展到耐火、耐热工程，如工厂高温窑炉内衬、烟囱等。但随后发现铝酸盐水泥存在后期强度倒缩的缺陷，甚至导致铝酸盐水泥建筑结构严重破坏的实例。鉴于此，铝酸盐水泥被禁止用于建筑结构部件，至今未能推广应用。

总体来讲，铝酸盐水泥是一种快硬、早强的水硬性胶凝材料，其优点在于能够提高混凝土的早期强度、耐火性能、抗硫酸盐和弱酸侵蚀的能力等；其缺点在于价格昂贵（通常比硅酸盐水泥的价格高 4 ~ 5 倍），且配制而成的混凝土后期强度倒缩，不利于结构耐久性。此外，铝酸盐水泥因其优异的耐火性能常被称为"耐火水泥"。

8.4.1.1　铝酸盐水泥的生产

1. 原材料

铝酸盐水泥是以优质的石灰石和铝矾土（或生石灰与煅烧铝矾土；生石灰与氧化铝）为原材料进行高温烧结或熔融，再经球磨机粉磨而成，生产过程中无需添加任何调节水泥成分和性能的校正材料。根据石灰石和铝矾土的配比，可以生产不同等级的铝酸盐水泥；而根据所用原材料的品质和成分，可得到不同颜色的铝酸盐水泥。

（1）石灰石

石灰石作为铝酸盐水泥生产的主要原材料，占生料的 40% 左右。通常采用化学级石灰石生产铝酸盐水泥，并严格控制石灰石中 MgO、$Na_2O + K_2O$（R_2O）、Fe_2O_3 和 SiO_2 等杂质成分的含量。根据行业标准《冶金用石灰石》YB/T 5279—2016 中的技术要求，普通石灰石可分为四个品级，具体成分指标要求如表 8-7 所示。

表 8-7　YB/T 5279—2016 标准中规定的石灰石成分指标

类别	牌号	化学成分（%）				
		CaO	MgO	SiO_2	P	S
		不低于	不高于			
普通石灰石	PS540	54.0	3.0	1.5	0.005	0.025
	PS530	53.0		1.5	0.010	0.035
	PS520	52.0		2.2	0.015	0.060
	PS510	51.0		3.0	0.030	0.100

按照上述成分指标，用于生产铝酸盐水泥的优质石灰石必须达到 CaO 含量不低于 53.0% 的品质要求。此外，通常应将石灰石矿中 Fe_2O_3 的含量控制在 0.5% 以下。

（2）铝矾土

铝矾土（矾土或铝土矿）的主要成分为氧化铝。含有少量高岭石、钛铁矿物等杂质的水铝石矿是一种土状矿物，通常呈白色或灰白色，也因含铁而呈褐黄或浅红色。其中 Al_2O_3 的含量决定了其品质，同时也影响着水泥的品位。我国矾土矿的化学特征总体表现为高铝、高硅、低铁，其中 Al_2O_3 含量为 56% ~ 62%、SiO_2 含量为 7% ~ 12%、Fe_2O_3 含量为 3%

~19%。

（3）其他

煅烧法生产铝酸盐水泥时煤灰也会参与熟料形成，一般采用烟煤。某铝酸盐水泥厂生产过程中常用的石灰石、铝矾土以及煤灰的化学成分见表 8-8。由表可见，石灰石主要提供 CaO，另含有少量的 SiO_2、MgO 和 R_2O 等；铝矾土主要提供大量的 Al_2O_3，但也含有一定量的 SiO_2、TiO_2、Fe_2O_3 等；煤灰作为烟煤燃烧的产物，主要含 SiO_2、Al_2O_3 以及 Fe_2O_3 等。

表 8-8　某铝酸盐水泥厂原材料的化学成分（%）

原材料	烧失量	SiO_2	Al_2O_3	Fe_2O_3	TiO_2	CaO	MgO	R_2O
石灰石	43.60	0.20	0.07	0.05	—	55.50	0.30	0.19
铝矾土（1）	13.05	10.30	71.14	0.85	3.14	0.20	0.03	1.24
铝矾土（2）	13.63	8.25	74.18	0.60	2.61	—	0.26	
煤灰	—	53.94	31.46	8.86	—	2.23	0.57	—

2. 生产工艺

1913 年，法国的 Lafarge 公司采用熔融法生产工艺首次实现了铝酸盐水泥的商业化生产。1921 年，美国学者 P. H. Bates 发布了采用回转窑烧结法生产铝酸盐水泥的研究报告。此后，熔融法和烧结法成为全球铝酸盐水泥生产的两大主要方法。目前以法国为代表的许多欧洲国家大多采用熔融法生产铝酸盐水泥。熔融法是将生料在电炉或高炉中熔融，待熔体冷却后再进行研磨（图 8-22）。这对原料要求较低，但热耗高，熟料较难粉磨，故成本较高。中国建筑材料科学研究总院成立后不久便开始研究铝酸盐水泥，首先采用倒焰窑烧结法，后成功研发回转窑烧结法，实现了我国铝酸盐水泥的批量连续生产。因此，目前我国主要采用回转窑烧结法生产铝酸盐水泥，其煅烧工艺与硅酸盐水泥基本相同（图 8-23）。相比熔融法，回转窑烧结法具有热耗低、产量高等优势。

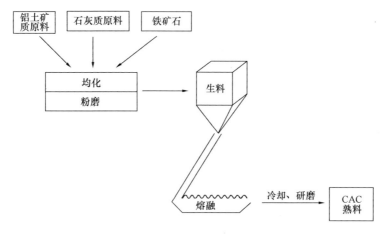

图 8-22　熔融法生产铝酸盐水泥

3. 熟料形成过程

铝酸盐水泥熟料矿物相均可通过固相反应生成，这为采用烧结法生产铝酸盐水泥奠定了

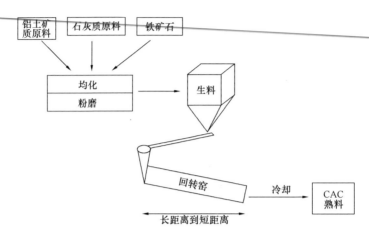

图 8-23　回转窑烧结法生产铝酸盐水泥

理论基础。表 8-9 列出了不同温度范围内铝酸盐水泥生料的化学变化。由表可见，铝酸盐水泥熟料的烧成温度应高于 1300℃。

表 8-9　不同温度范围内铝酸盐水泥生料的化学变化

温度范围	生料的化学变化
室温～300℃	原材料脱水
400～600℃	铝矾土中的水铝石分解出 $\alpha\text{-}Al_2O_3$，高岭石分解出 $\alpha\text{-}Al_2O_3$ 和 SiO_2；铁矿石分解出 Fe_2O_3
600～800℃	$\alpha\text{-}Al_2O_3$、SiO_2 和 Fe_2O_3 逐渐增多
800～900℃	石灰石分解出 CaO
900～1000℃	出现 CA、C_2AS
1000～1100℃	CA 大量生成；出现 C_2F；当 CaO 量过多时会出现 $C_{12}A_7$
1000～1200℃	出现 CA_2；当 SiO_2 量过多时会出现 C_2S
1200～1300℃	CA_2 增多
1300℃以上	出现液相

生料中 SiO_2 的存在会消耗 CaO 和 Al_2O_3，从而使得有效矿物 CA、CA_2 的生成量降低。为了提高铝酸盐水泥熟料的质量，应将原材料中 SiO_2 含量控制在最低程度。此外，Fe_2O_3 在加热过程中会形成 C_2F，该矿物相的熔融温度远低于 CA 和 CA_2，易形成液相。液相出现的过早或过多，均会给铝酸盐水泥的烧结造成困难。故烧结前，必须将原料中的 Fe_2O_3 含量控制在较低的范围内。熟料中各矿物相的形成过程大致如下：

$$CaO + Al_2O_3 \longrightarrow CaO \cdot Al_2O_3 \tag{8-1}$$

$$2CaO + Al_2O_3 + SiO_2 \longrightarrow 2CaO \cdot Al_2O_3 \cdot SiO_2 \tag{8-2}$$

$$2CaO + Fe_2O_3 \longrightarrow 2CaO \cdot Fe_2O_3 \tag{8-3}$$

$$CaO + 2Al_2O_3 \longrightarrow CaO \cdot 2Al_2O_3 \tag{8-4}$$

CaO 过多时，

$$12CaO + 7Al_2O_3 \longrightarrow 12CaO \cdot 7Al_2O_3 \tag{8-5}$$

SiO_2 过多时，

$$2CaO + SiO_2 \longrightarrow 2CaO \cdot SiO_2 \tag{8-6}$$

8.4.1.2　铝酸盐水泥的组成

铝酸盐水泥的主要化学组成为 CaO、Al_2O_3 和 SiO_2，还存在少量的 Fe_2O_3、MgO 及 TiO_2 等。目前国际上一般根据熟料中 Al_2O_3 的含量（质量分数）将铝酸盐水泥划分为不同等级，如低纯铝酸盐水泥（$Al_2O_3 < 50\%$）、中纯铝酸盐水泥（$50\% \leqslant Al_2O_3 \leqslant 60\%$）、高纯铝酸盐水泥（$Al_2O_3 > 60\%$），而我国则按照表 8-10 中方法划分。但无论铝酸盐水泥的品种或等级如何，其主要矿物组成均包括 CA、CA_2、$C_{12}A_7$ 以及 C_2AS。

表 8-10　不同等级铝酸盐水泥的主要化学组成（质量分数 . %）

品种	Al_2O_3 含量	SiO_2 含量	Fe_2O_3 含量	碱含量 $[w(Na_2O) + 0.658w(K_2O)]$	全硫 含量	Cl^- 含量
CA50	≥50 且 <60	≤9.0	≤3.0	≤0.50	≤0.2	
CA60	≥60 且 <68	≤5.0	≤2.0	≤0.40		≤0.06
CA70	≥68 且 <77	≤1.0	≤0.7	≤0.40	≤0.1	
CA80	≥77	≤0.5	≤0.5			

注：根据强度高低，CA50 可进一步划分为 CA50-Ⅰ、CA50-Ⅱ、CA50-Ⅲ 和 CA50-Ⅳ（强度区别详见下文表 8-14）；CA60 根据主要矿物组成可进一步划分为 CA60-Ⅰ（矿物组成以 CA 为主）以及 CA60-Ⅱ（矿物组成以 CA_2 为主）。

铝酸盐水泥中主要矿物相的基本特性如下：

1. 铝酸一钙（CA）

CA 是铝酸盐水泥中最主要的水硬性组分，具有很高的水化活性；其水化硬化速度很快，是铝酸盐水泥早期强度的主要贡献相。CA 属于单斜晶系，晶格常数 $a = 0.8837nm$、$b = 0.8055nm$、$c = 1.5250nm$，晶胞含 12 个分子，空间群为 P2/c。在物理特性方面，CA 的密度为 $2982kg/m^3$，硬度为 6.5，光学指数 $n_g = 1.663$、$n_p = 1.643$；但 CA 又常与铁酸一钙、氧化铁、铬和锰的氧化物等形成固溶体，从而致使物相的折光率发生较大变化。CA 的结晶形状受煅烧方法、冷却条件等多种因素的影响。采

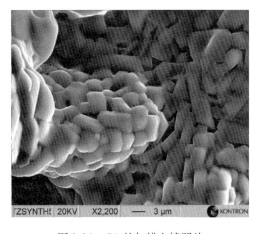

图 8-24　CA 的扫描电镜照片

用回转窑烧结法、慢冷制备的铝酸盐水泥熟料中，CA 多呈长方体或不规则的板状，尺寸为 $5 \sim 10\mu m$；而采用熔融法制备得到的 CA 多为棱柱状。CA 的微观形貌如图 8-24 所示。

2. 二铝酸一钙（CA_2）

CA_2 在 CaO 含量较低的铝酸盐水泥中存在较多，其具有很强的结晶生长能力，属于单斜晶系，晶格常数 $a = 1.2840nm$、$b = 0.8862nm$、$c = 0.5431nm$，空间群为 C2/c。CA_2 晶体通常呈粒状，尺寸为 $10 \sim 20\mu m$。图 8-25 给出了 CA_2 的扫描电镜照片。CA_2 的水化活性很弱，反应速率比 CA 及 $C_{12}A_7$ 的水化慢很多。因此，CA_2 对铝酸盐水泥早期强度的发展贡献较小，但有利于后期强度的发展。品质优良的铝酸盐水泥一般以 CA 和 CA_2 为主，其他矿物相所占比率较小；提高熟料中 CA_2 的含量可以提高铝酸盐水泥的耐热性，但不利于其快硬性。

3. 七铝酸十二钙（$C_{12}A_7$）

$C_{12}A_7$在铝酸盐水泥中的含量远小于CA，属于立方晶系，晶格常数$c = 1.195nm$。在物理特性方面：$C_{12}A_7$的密度为$2700kg/m^3$，硬度为5.0，熔点达到$1415 \sim 1495℃$，光学指数$n_g = 1.608$。实际上，$C_{12}A_7$并不是真正的$CaO\text{-}Al_2O_3$二元体系物相，其晶体结构中钙、铝原子的配位很不规则，晶格存在大量的空洞、游离O^{2-}，这使得其活性很高，易与其他离子结合。因此，$C_{12}A_7$常被用作催化剂或存储发射电子等，其真实分子式应写为$C_{11}A_7 \cdot CaX_2$（X $= OH$、F、Cl、Br、S^{2-}等），结构模型如图8-26所示。$C_{12}A_7$的水化和凝结硬化十分迅速，但并不像C_3A一样容易假凝。但$C_{12}A_7$水化硬化后的强度发展远不如CA，28d抗压强度仅为15.0MPa，且后期强度容易倒缩。少量$C_{12}A_7$能够促进CA的水化；但含量较高时，水泥硬化浆体后期强度普遍较低，且含量超过10%还会引起快凝，使得铝酸盐水泥浆体施工性变差，所以必须严格控制$C_{12}A_7$的含量。

图8-25　CA_2的扫描电镜照片

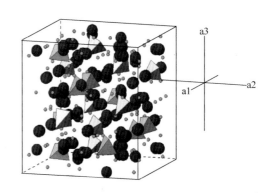

图8-26　$C_{11}A_7 \cdot CaX_2$的结构模型

4. 钙铝黄长石（C_2AS）

C_2AS属于四方晶系，光学指数$n_g = 1.669$、$n_p = 1.658$，一轴晶、负光性；X射线衍射主要特征线d值为0.285、0.172、0.243nm。C_2AS的晶体结构中离子配位具有高对称性，十分稳定，所以C_2AS的水化活性很弱，几乎呈惰性。但其可因杂质离子的熔入得到活化，对水泥硬化浆体后期强度发展起到一定的正面作用。通常情况下，C_2AS可以与C_2MS_2等其他黄长石类矿物相形成固溶体，微观形貌表现为四方体、板状或不规则形状（图8-27），且分布均匀，具

图8-27　C_2AS的扫描电镜照片

有多色性。引入C_2AS能够降低铝酸盐水泥的烧成温度并促进熟料液相生成，但不宜过量，否则不利于铝酸盐水泥硬化浆体的强度发展。

8.4.1.3　铝酸盐水泥的物理特性

1. 颜色

铝酸盐水泥的颜色与其化学成分有着密切的相关性。一般而言，铝酸盐水泥中Al_2O_3含量越高、Fe_2O_3含量越低，水泥的颜色越白；反之颜色越暗。铝酸盐水泥的白度高于38%，

便可用于化学建材。不同品种的铝酸盐水泥，其颜色也明显不同。CA40 级铝酸盐水泥呈现出明显的棕色，CA50 级铝酸盐水泥多为淡黄色，CA60 级铝酸盐水泥呈现浅淡黄色，而 Al_2O_3 含量很高、Fe_2O_3 含量很低的 CA70 和 CA80 级铝酸盐水泥为白色。

2. 细度

一般要求铝酸盐水泥比表面积不小于 $300m^2/kg$ 或 $45\mu m$，筛余不大于 20%。我国工厂生产中实际控制铝酸盐水泥的 $45\mu m$ 筛余量通常在 10% 左右。铝酸盐水泥的细度和 Al_2O_3 的含量紧密相关，Al_2O_3 的含量越高，水泥的比表面积往往越大。例如，Al_2O_3 含量为 50% 的铝酸盐水泥，其比表面积为 $400m^2/kg$ 左右；而 Al_2O_3 含量为 70% 的铝酸盐水泥比表面积约为 $420m^2/kg$；当 Al_2O_3 含量达到 80%，铝酸盐水泥比表面积可达到 $800m^2/kg$ 以上。但即便是相同筛余或相同比表面积的水泥，其性能也会出现很大差异。因此，应全面控制磨制水泥的细度状态，包括细度（比表面积和筛余）、粒径分布、颗粒形状和堆积密度。

3. 密度

铝酸盐水泥的相对密度为 $2.93 \sim 3.25$，容积密度为 $1000 \sim 1300kg/m^3$。而各种类型铝酸盐水泥的相对密度和容积密度也存在一定的差异，见表 8-11。

表 8-11　不同品种铝酸盐水泥的比重和容积密度（美国）

水泥品种	相对密度	容积密度（kg/m^3）
CA40	3.24	$1160 \sim 1370$
CA50	3.01	$1070 \sim 1260$
CA70	2.93	$1040 \sim 1230$
CA80	3.20	$890 \sim 1070$

各种类型铝酸盐水泥的相对密度同样受到其化学组成的影响，一般含铁量越多，相对密度越大。此外，水泥矿物相及其水化产物的密度是研究水化时体积变化的基本依据。表 8-12 列出了铝酸盐水泥中各矿物相及其水化产物的相对密度值。作为参考，硅酸盐水泥的相对密度在 $2.95 \sim 3.20$ 的范围内。

表 8-12　铝酸盐水泥主矿物及其水化产物的相对密度

未水化相	相对密度	水化相	相对密度
CA	2.98	CAH_{10}	1.72
CA_2	2.91	$\alpha\text{-}C_2AH_8$	1.95
C_4AF	3.77	$\beta\text{-}C_2AH_8$	1.97
$\beta\text{-}C_2S$	3.28	C_3AH_6	2.52
C_2AS	3.04	AH_3	2.44
玻璃相	3.0	C_4AH_{13}	2.02
		$C_3S_2H_3$	2.44

4. 凝结时间

铝酸盐水泥的凝结速度基本上与硅酸盐水泥相当，且在生产时无需加入石膏作为缓凝剂。不同国家测定铝酸盐水泥凝结时间的方法有所差异，我国国家标准《铝酸盐水泥》（GB/T 201—2015）中规定，铝酸盐水泥胶砂的凝结时间应符合表 8-13 的要求。

表 8-13　铝酸盐水泥胶砂的凝结时间

水泥品种	初凝时间（min）	终凝时间（min）
CA50	≥30	≤360
CA60-Ⅰ	≥30	≤360
CA60-Ⅱ	≥60	≤1080
CA70	≥30	≤360
CA80	≥30	≤360

一般而言，提高液相 pH 值便可加速水泥的凝结，反之则延缓水泥的凝结。例如，NaOH、Ca(OH)$_2$、Na$_2$CO$_3$、Na$_2$SO$_4$ 等会缩短铝酸盐水泥的凝结时间；而 NaCl、KCl、NaNO$_3$、酒石酸、柠檬酸、糖蜜、甘油等均可延长凝结时间。此外，掺入 15% ~60% 的硅酸盐水泥，铝酸盐水泥会发生闪凝。这是由于硅酸盐水泥水化生成的 Ca(OH)$_2$ 与铝酸盐水泥水化析出的低碱性水化铝酸钙、铝胶等迅速反应生成 C$_3$AH$_6$，从而破坏了起缓凝作用的铝胶，致使浆体发生闪凝。铝酸盐水泥的凝结时间仅为施工性能的一方面，用作建筑材料时类似于硅酸盐水泥，但用作耐火材料时还需检测所配混凝土的可施工性。

5. 力学强度

铝酸盐水泥的强度发展迅速，水化 1d 几乎可达到最高强度，且往往可以超过硅酸盐水泥的 28d 强度值。国家标准《铝酸盐水泥》（GB/T 201—2015）中规定，各类型铝酸盐水泥的强度指标应符合表 8-14 的要求。此外，铝酸盐水泥的强度变化受温度影响较大，其在低温下（5℃ ~10℃）也能很好地硬化，但高温（30℃以上）养护时强度倒缩，这与硅酸盐水泥的特性截然相反。鉴于铝酸盐水泥高温下强度倒缩的特性，其使用温度一般不宜超过30℃，更不宜采用蒸气养护。

表 8-14　各龄期铝酸盐水泥胶砂强度

水泥品种		抗压强度（MPa）				抗折强度（MPa）			
		6h	1d	3d	28d	6h	1d	3d	28d
CA50	CA50-Ⅰ	≥20	≥40	≥50	—	≥3	≥5.5	≥6.5	—
	CA50-Ⅱ		≥50	≥60	—		≥6.5	≥7.5	—
	CA50-Ⅲ		≥60	≥70	—		≥7.5	≥8.5	—
	CA50-Ⅳ		≥70	≥80	—		≥8.5	≥9.5	—
CA60	CA60-Ⅰ	—	≥65	≥85	—	—	≥7.0	≥10.0	—
	CA60-Ⅱ	—	≥20	≥45	≥85	—	≥2.5	≥5.0	≥10.0
CA70		—	≥30	≥40	—	—	≥5.0	≥6.0	—
CA80		—	≥25	≥30	—	—	≥4.0	≥5.0	—

针对铝酸盐水泥相转变导致的强度倒缩问题，一方面，减小水灰比可以有效缓解铝酸盐水泥强度随龄期延长的下降问题。例如，当一组铝酸盐水泥混凝土的水灰比为0.48时，其30年的抗压强度为7d强度值的50% ~60%；而当水灰比减小至0.30，铝酸盐水泥混凝土的30年抗压强度仍保持在7d强度值的80% ~90%。另一方面，掺加适量的石灰石或粉煤灰等掺合料可延缓铝酸盐水泥的相转变，从而使铝酸盐水泥的长期强度下降幅度减小。

8.4.2　铝酸盐水泥的水化硬化

8.4.2.1　铝酸盐水泥的水化机理

铝酸盐水泥的总水化放热为 $450 \sim 500 \mathrm{J/g}$，与硅酸盐水泥相近。但铝酸盐水泥水化放热更集中，24h 内即可放出总热量的 $70\% \sim 90\%$，这表明铝酸盐水泥的水化硬化过程相比于硅酸盐水泥更快。此外，铝酸盐水泥的水化对温度十分敏感，不同温度下的水化产物种类也有差别。基于 CA 是铝酸盐水泥中最主要的矿物相，首先考虑其水化行为。CA_2、$C_{12}A_7$ 的水化反应与 CA 基本相似；C_2AS 水化十分缓慢，最终生成水化钙铝黄长石（C_2ASH_8）；而 $\beta\text{-}C_2S$ 缓慢水化则生成 C-S-H 凝胶或 $C_3S_2H_3$（C-S-H 的近似组成）和过渡态氢氧化钙。

当温度低于 23℃时，CA 水化生成的水化产物主要为 CAH_{10}：

$$CA + 10H \longrightarrow CAH_{10} \tag{8-7}$$

当温度在 $23 \sim 25$℃时，CA 的主要水化产物为 C_2AH_8 和 AH_3：

$$2CA + 11H \longrightarrow C_2AH_8 + AH_3 \tag{8-8}$$

该反应中，铝胶（AH_x）与 C_2AH_8 一起生成，并随时间推移逐渐演变为三水铝石（AH_3）六方晶体，反应式如下：

$$AH_x + (3 - x)H \longrightarrow AH_3 \tag{8-9}$$

当温度高于 35℃时，主要水化产物演变为 C_3AH_6 和 AH_3：

$$3CA + 12H \longrightarrow C_3AH_6 + 2AH_3 \tag{8-10}$$

该反应中，CA 水化生成大量的水榴子石（C_3AH_6）和 AH_3。AH_3 同样是由无定形逐渐转变为六方晶型三水铝石。此外，CA 的水化反应过程中还会生成少量的 C_4AH_{13}，但一般较少观测到 C_4AH_{13} 晶体。C_4AH_{13} 对铝酸盐水泥的物理力学性能发展无重要作用，所以现有文献对其讨论很少。CAH_{10}、C_2AH_8 和 C_4AH_{13} 都是介稳态的六方板状水化产物，即便在恒定温度下也会随时间推移逐渐发生相转变，最终成为更加稳定、致密的立方晶型水榴子石 C_3AH_6。转变反应如下：

$$3CAH_{10} \longrightarrow C_3AH_6 + 2AH_3 + 18H \tag{8-11}$$

$$3C_2AH_8 \longrightarrow 2C_3AH_6 + AH_3 + 9H \tag{8-12}$$

$$C_4AH_{13} \longrightarrow C_3AH_6 + [CH] + 6H \tag{8-13}$$

CAH_{10} 和 C_2AH_8 是常温下铝酸盐水泥石最主要的强度贡献相，但当两者转变为 C_3AH_6 时，晶体相对密度增高，体积分数会分别降低至原来的 47% 和 75% 左右。这意味着上述相转变的发生会导致铝酸盐水泥石孔隙率增大。根据铝酸盐水泥混凝土孔隙率与抗压强度的关系（表 8-15）可知，相同水灰比下，孔隙率随养护温度提高而增大；相同养护温度下，混凝土孔隙率随水灰比增加而增大。铝酸盐水泥水化产物间的物相转变即为后期强度倒缩的根本原因，且该转变是热力学不可逆的，温度升高会加速转变，水泥石性能也受影响。

表 8-15 铝酸盐水泥混凝土孔隙率与抗压强度的关系

水灰比	养护温度（养护2d）					
	20℃		50℃		90℃	
	孔隙率（%）	抗压强度（MPa）	孔隙率（%）	抗压强度（MPa）	孔隙率（%）	抗压强度（MPa）
1.00	19.0	23	20.0	5.5	22.9	2.0
0.67	13.8	55	15.7	24	18.0	7.0
0.50	11.7	72	12.4	32	15.3	29.5
0.40	9.8	77	12.0	56	14.0	34.5
0.33	8.8	90	11.4	68	12.5	55.5

关于 CAH_{10} 和 C_2AH_8 的相转变，有研究认为 CAH_{10} 是通过溶解-沉淀机理直接转变为 C_3AH_6；但也有研究运用同步辐射能量色散衍射法观测到 C_2AH_8 表现为过渡相，具体的物相转变进程如下：

$$CAH_{10} \longrightarrow \alpha\text{-}C_2AH_8 \longrightarrow \beta\text{-}C_2AH_8 \longrightarrow C_3AH_6 \tag{8-14}$$

该转变进程中，C_2AH_8 为 CAH_{10} 向 C_3AH_6 转变的中间过渡相，且 $\beta\text{-}C_2AH_8$ 充当了 C_3AH_6 生长的成核物，仅在物相转变过程中短暂存在。现将两种反应机理简单介绍如下。

1. 溶解-沉淀反应机制

依据溶解-沉淀反应机制，铝酸盐水泥的水化过程可大致分为三个阶段：溶解、成核以及沉淀。铝酸盐水泥颗粒一旦遇水，首先会在水泥颗粒表面发生羟基化，然后水泥颗粒发生溶解，并在溶液中形成 Ca^{2+} 和 $Al(OH)_4^-$，随着水泥中铝酸钙物相持续溶解，Ca^{2+} 和 $Al(OH)_4^-$ 离子浓度越来越高，过饱和后形成晶核并沉淀析出水化产物。在水化反应开始的第二阶段，水化产物晶核持续析出，开始时晶核尺寸很小或是无定形态，尚无法通过 XRD 或 SEM 检测。但当晶核长大到某一尺寸时，水化产物开始大量沉积并释放出大量热量。随着水化产物的进一步沉积，Ca^{2+} 和 $Al(OH)_4^-$ 浓度下降到低于饱和浓度，水泥中的铝酸钙相便继续溶解并沉积，如此形成溶解—成核—沉积的循环，直到水泥中矿物相全部水化或者水分全部耗尽。依据该机理，铝酸盐水泥的水化反应速率可表示为：

$$t = K_1 + K_2\alpha^{1/3} + K_3[1 - (1 - \alpha^{1/3})] \tag{8-15}$$

式中 t——反应时间；

α——转化率（$0 < \alpha < 1$）；

K_1——诱导期时间，h；

K_2——晶粒生长速率常数比例项，h；

K_3——溶解速率常数比例项，h。

由于水泥颗粒表面的非均匀成核更易发生，一旦水泥颗粒表面形成的水化产物层达到一定的厚度，扩散就成为水化过程的控制步骤，水化进入减速期与稳定期。上述的三个阶段也可划分为表 8-16 中五个阶段。

表 8-16　铝酸盐水泥水化反应阶段

反应阶段	控制步骤	化学过程	对浇筑料的影响
水化初期	化学反应控制：快	离子溶解	
诱导期	成核控制：慢	离子继续溶解，成核	影响初凝时间
加速期	化学反应控制：快	水化产物开始形成	决定终凝时间
稳定期	化学与扩散控制：慢	水化产物继续形成	决定早期强度
减速期	扩散控制：慢	水化产物缓慢形成	决定后期强度

2. 固相反应机理

固相反应机理认为上述溶解-沉淀反应机制受限于静止状态，并未考虑水泥浆体系统内部此时发生的快速相变，因此改用三维扩散控制模型（杨德尔方程）来描述 CA 的水化反应机制：

$$\left[1-\left(1-\alpha^{1/3}\right)\right]^2 = kt \tag{8-16}$$

式中　α——转化率；

　　　k——水化反应控制系数；

　　　t——水化反应时间，min。

8.4.2.2　铝酸盐水泥水化的影响因素

影响铝酸盐水泥水化的主要因素包括铝酸盐水泥的自身特性（化学成分和矿物组成）、温度、养护时间、水灰比及外加剂等。其中，铝酸盐水泥自身特性起决定性作用。

1. 矿物组成

CA 通常是铝酸盐水泥中含量最高、水化速率也较快的矿物相，水化强度最高。而 CA_2 水化缓慢，且强度较低。$C_{12}A_7$ 的水化速率非常快，但含量过多易引起快凝；C_2AS 在室温下的反应活性非常低，在水化早期可以认为其没有明显的反应活性。总体而言，CA 与 CA_2 的相对比例决定了铝酸盐水泥早期的水化速率及强度发展。CA 含量越高，铝酸盐水泥的早期水化速率越快，早强更明显；反之则早期水化速率较慢，但后期强度发展更好。

2. 水灰比

高水灰比意味着水泥颗粒与水接触的概率大，有利于早期水化的进行；但超过某一临界值后，增加用水量以促进水泥水化的效果有限甚至起相反作用。此外，对于铝酸盐水泥而言，水灰比过大会进一步加剧后期强度倒缩。因此，宜将水灰比控制在 0.4 以下。

3. 温度和龄期

铝酸盐水泥水化过程中，温度会影响羟基化作用（溶解）、成核和沉淀传质过程，从而对铝酸盐水泥的凝结时间、硬化浆体的微观结构和宏观性能等产生很大影响。低温下铝酸盐水泥硬化浆体的结构致密性往往优于高温下的情况。这主要是因为低温下铝酸盐水泥水化产物以 CAH_{10} 和 C_2AH_8 为主，浆体结构较致密，抗渗性好；随着温度的提高，介稳态水化产物 CAH_{10} 和 C_2AH_8 转变为密度更高的 C_3AH_6，这使得硬化浆体的孔结构劣化，致密性变差。即便是在相同温度下，介稳态水化产物 CAH_{10} 和 C_2AH_8 也会随龄期延长逐渐转变为 C_3AH_6，不利于铝酸盐水泥石的长期结构与性能发展。

也有研究表明，温度同样对铝酸盐水泥水化产物的微观形貌产生影响：5℃ 下，水化产物 CAH_{10} 大多呈针棒状、棱柱状；而 20℃ 下生成的 CAH_{10} 主要呈板片状。

4. 外加剂

一些无机外加剂对铝酸盐水泥早期水化的影响十分显著。例如，Li_2CO_3 很早便被用作促凝剂以缩短水泥的凝结时间。这主要是因为 Li^+ 能与 $Al(OH)_4^-$ 结合形成锂铝结合物，并以此结合物为异质成核基质，从而促使水化产物结晶成核，缩短水泥水化潜伏期和硬化时间。按照外来离子对铝酸盐水泥水化的促进效果，从强到弱可排列如下：

（1）阳离子：$Li^+ > Na^+ > H_2O$（无外加剂）$> K^+ > Ca^{2+} > Mg^{2+} > Sr^{2+} > NH_4^+$。

（2）阴离子：$OH^- > H_2O$（无外加剂）$> Cl^- > NO_3^- > Br^- > CH_3COO^-$。

值得注意的是，氯盐也可作为一种外加剂，且对铝酸盐水泥早期水化起延缓作用。而 Cl^- 作为一种侵蚀离子，在铝酸盐水泥耐蚀性领域也受到广泛关注：NaCl 经常作为外来氯源被掺入铝酸盐水泥中，以研究铝酸盐水泥对 Cl^- 的结合效应。有学者指出，Cl^- 对铝酸盐水泥水化进程的延缓作用主要源自 Friedel's 盐。

8.4.3 铝酸盐水泥的性能与应用

8.4.3.1 铝酸盐水泥的性能

1. 耐高温性能

铝酸盐水泥具有较好的耐高温性，在高温条件下仍能保持较高的强度。例如，采用 CA50 级铝酸盐水泥配制的耐火混凝土干燥后在 900℃ 下仍保持原始强度的 70% 左右，在 1300℃ 下尚保留原始强度的 53%。这主要是由于固相烧结反应逐步替代了水化结合反应。具体来讲，当铝酸盐水泥作为耐火材料的胶结剂时，其水化产物在低于 800℃ 的受热环境中会自行脱水，脱水过程用下式表示：

$$CAH_{10} \longrightarrow CA + 10H\uparrow \tag{8-17}$$

$$C_2AH_8 \longrightarrow CA + CaO + 8H\uparrow \tag{8-18}$$

$$AH_3 \longrightarrow \alpha\text{-}Al_2O_3 + 3H\uparrow \tag{8-19}$$

随着水化产物的脱水，铝酸盐水泥硬化体强度会逐渐降低。但当温度升高至 800℃ 以上后，脱水后的产物之间、产物和添加料之间，以及产物与集料之间会发生固相烧结反应，进而产生瓷性胶结作用及高温强度。其反应式如下：

$$\alpha\text{-}Al_2O_3 + CaO \longrightarrow CA \tag{8-20}$$

$$CA + \alpha\text{-}Al_2O_3 \longrightarrow CA_2 \tag{8-21}$$

$$CA_2 + 4\alpha\text{-}Al_2O_3 \longrightarrow CA_6 \tag{8-22}$$

随着受热温度的升高，高温强度逐渐提升，耐火性进一步增强；且铝酸盐水泥中的 Al_2O_3 含量越高，耐火性能越好。值得注意的是，CA_6（熔融温度为 1860℃，高于 CA 和 CA_2）在水泥熟料烧成过程中无法生成，但在铝酸盐水泥用作耐火材料的受热过程中出现，进一步提高了水泥石的耐高温性能。

不同品种或不同细度的铝酸盐水泥在温度为 800～1200℃ 均会发生强度下降，该温度范围通常被称为中温强度下降区。该区主要是由铝酸盐水泥水化产物胶结结构向瓷化结构过渡时发生体积变化所致。铝酸盐水泥中 Al_2O_3 含量越高，该温度区间内强度下降的幅度越低。CA50 级铝酸盐水泥的中温强度下降幅度在 40%～60%，而 CA70 级铝酸盐水泥的强度下降范围为 30%～35%。但这种中温强度下降的问题并不影响其作为耐火材料的推广使用，掺加适量的 $\alpha\text{-}Al_2O_3$ 微粉可缓解甚至基本解决该问题，选择适宜的集料也可以进一步提高铝酸盐水泥耐火制品的高温强度。

2. 耐腐蚀性能

铝酸盐水泥具有良好的抗弱酸腐蚀性能，即便是在稀酸（pH≥4）环境中，也能保持较好的稳定性。但铝酸盐水泥对浓酸和碱的耐蚀性较差，碱金属的碳酸盐可以与水泥水化产物 CAH_{10}、C_2AH_8 等发生化学反应，如下

$$K_2CO_3 + CAH_{10} \longrightarrow CaCO_3 + K_2O \cdot Al_2O_3 + 10H_2O \tag{8-23}$$

$$2K_2CO_3 + C_2AH_8 \longrightarrow 2CaCO_3 + K_2O \cdot Al_2O_3 + 2KOH + 7H_2O \tag{8-24}$$

$$K_2O \cdot Al_2O_3 + CO_2(空气中) \longrightarrow K_2CO_3 + Al_2O_3 \tag{8-25}$$

进一步，式（8-25）中生成的 K_2CO_3 又可以与水化铝酸钙反应，如此循环反复，从而破坏铝酸盐水泥石的结构。

此外，铝酸盐水泥同样具有良好的抗硫酸盐腐蚀、抗海水腐蚀性能。铝酸盐水泥的抗硫酸盐腐蚀性甚至优于硅酸盐水泥。这主要是因为铝酸盐水泥水化无 $Ca(OH)_2$ 生成，水泥浆体的液相碱度低，从而使得水泥中铝酸钙相与硫酸盐介质反应生成的水化硫铝酸钙或硫酸钙晶体分布较均匀，不会产生应力集中。此外，铝酸盐水泥水化生成铝胶，使得水泥石结构更加致密，抗渗性较好。一组铝酸盐水泥与硅酸盐水泥抗硫酸盐试验的对比结果见表8-17。

表 8-17　浸泡在硫酸盐溶液中水泥胶砂试件的线性膨胀率（%）

硫酸盐溶液	硅酸盐水泥				铝酸盐水泥
	4 周	12 周	24 周	1 年	1 年
5% 硫酸钠	0.018	0.070	0.144	0.320	不膨胀
5% 硫酸镁	0.018	0.054	0.025	0.910	不膨胀
5% 硫酸铵	0.100	3.800	破坏	破坏	不膨胀

8.4.3.2　铝酸盐水泥的应用

1. 耐火材料领域

铝酸盐水泥的耐高温性能优异，可用于制作不定形耐火材料，且不同品种的铝酸盐水泥耐火浇筑料均具有较宽的温度适用范围，见表8-18。其在耐火材料领域的地位目前是无法取代的，具有良好的发展前景。CA50 级铝酸盐水泥制作的耐火浇筑料主要用于工作温度低于 1400℃ 的中温设备，如水泥预分解窑的分解炉和预热器的内衬、回转窑内配套用耐火砌块等。CA60 级铝酸盐水泥结合使用集料的性能可配制适用于 1400～1600℃ 的耐火浇筑料，用于建造航天火箭发射台的导流槽等。CA70 级和 CA80 级铝酸盐水泥配以适宜集料，能够制作用于 1600℃ 以上的耐火浇筑料；这两种铝酸盐水泥杂质成分含量低，抵抗 CO、H_2、CH_4 等还原性介质的侵蚀能力强，适用于配制冶金和化工等行业中高温、高压和还原条件下使用的不定形耐火材料，也可应用于水泥生产使用的回转窑窑口、喷煤管和冷却机热端等部位，以确保设备的长期运转。

表 8-18　铝酸盐水泥耐火浇筑料的温度适用范围

铝酸盐水泥品种	适用温度（℃）
CA50	<1400
CA60	1400～1600
CA70、CA80	>1600

2. 化学建材领域

铝酸盐水泥已有上百年的应用发展史，其快硬早强的特点备受化学建材界的青睐。过去，人们主要根据单一水泥的特点进行利用。例如，根据优异的抗海水侵蚀性将其应用于海港工程；根据硬化迅速的特点将其应用于紧急抢修工程等。此外，可以配制自流平砂浆、快硬修补砂浆、粘结砂浆、浇筑砂浆等；还可以制作各种建筑装饰造型、用作瓷砖胶粘剂和瓷砖薄胶泥等；利用铝酸盐水泥 Al_2O_3 含量高的特点，可用于管道防腐蚀、防辐射混凝土工程等。

利用铝酸盐水泥在石膏作用下水化形成钙矾石的特点，调整铝酸盐水泥的化学组成，从而能够衍生出许多不同品种及用途的水泥。例如，掺入适量石膏可制成石膏膨胀铝酸盐水泥和铝酸钙膨胀剂，用作密封堵漏材料、混凝土补偿剂等；还可制成自应力铝酸盐水泥，用于制作混凝土自应力压力管以代替铸钢压力管；另外可制成快硬或早强铝酸盐水泥，将其用作高水速凝固结充填材料，用于矿山填充和煤矿巷旁支护、密闭、封堵等。但铝酸盐水泥强度倒缩问题严重限制了其在建筑结构领域的应用，迄今单独用作结构工程案例仍非常有限。

3. 冶金工业领域

冶金工业中，随着炉外精炼和高质量低硫钢冶炼技术的不断进步，造渣技术也逐渐由钙氟渣（CaO-CaF_2）转变为钙铝渣（CaO-Al_2O_3）。钙氟渣（含萤石渣）对炼钢炉内衬具有较强的腐蚀性，且高温作用下产生的氟化物气体也不利于环境保护。而高碱性钙铝渣具有很好的脱硫作用，可以为精炼洁净钢提供更好的条件。因此在冶金工业中，许多国家已经在炼钢过程中限制萤石作为精炼剂的使用量，反之推广使用铝酸盐水泥熟料作为精炼剂。铝酸盐水泥熟料具有熔点低、形成的熔渣黏度低、流动度高、脱硫能力强、腐蚀性弱、无污染等特点，且可用于制造炼钢挡渣球，具有十分广阔的发展前景。

用于炼钢造渣剂的铝酸盐水泥熟料是由精选的钙质、铝质原材料按适当比例配合，经高温烧至部分熔融或全部熔融制备而成（或将原材料磨细并均化后直接烧结，或成型后烧结）。其矿物组成为 CA、CA_2、C_3A、$C_{12}A_7$，也可根据不同要求掺入少量铁质、镁质原材料，从而生成 C_4AF、镁铝尖晶石等。

4. 水处理领域

随着我国社会经济的迅速发展，城市和工业用水量不断增长，水资源的二次利用已成为工业社会发展的必然趋势。在水处理行业，高效净水剂是城市废水、工业废水深度处理过程中必不可少的外加剂。高效净水剂不仅能够去除水中的藻类等各种悬浮杂质，而且可以有效去除油分、磷等污染物，降低水体色度等。近年来，水处理行业积极采用低成本、高效率的铝酸盐产品制作高效净水剂，从而为铝酸盐水泥的应用开拓了新的发展空间。

将铝酸盐水泥（水处理行业通常称为铝酸钙粉或钙粉）粉磨至一定细度后，加入适量工业用酸（盐酸、硫酸等），两者反应生成以氯化铝或硫酸铝为主的铝盐，同时加入适量的生活用水，最终形成具有高分子结构的聚合氯化铝 $\{[Al_2(OH)_mCl_{6-m}]_n\}$ 或聚合硫酸铝 $\{[Al_2(SO_4)_3 \cdot nH_2O]\}$。这种铝盐净水剂被广泛应用于城市饮用水、工业用水和各种废水处理与净化。但由于硫酸铝对水处理设备具有一定的腐蚀性，不利于设备的长期使用，因此工业上大多以盐酸作为铝酸盐水泥的溶解质，从而生产聚合氯化铝类净水剂。聚合氯化铝作为一种具有立体网状结构的无机高分子核络合物，是水溶性多价聚合电解混凝剂，在水解过程中伴随发生电化学、凝聚、吸附和沉淀等物理化学变化，从而达到净化水的目的。

8.5　硫铝酸盐水泥

硫铝酸盐水泥由中国建筑材料科学研究院于 1975 年研制成功，它是以适当成分的石灰石、铝矾土、石膏为原料，经 $1250 \sim 1350℃$ 煅烧后再掺适量石灰石等混合材以及石膏共同粉磨而成。其熟料主要组成为无水硫铝酸钙（$C_4A_3\bar{S}$）和硅酸二钙。经过了 40 多年的工程实践，现广泛用于抢修抢建抗渗堵漏工程、玻纤增强混凝土制品、冬期施工工程、自应力水泥压力管、刚性防水材料配制和混凝土膨胀剂等方面。早在 20 世纪 80 年代，我国开始较广泛地使用硫铝酸盐水泥材料对道路、桥梁等大型基础设施进行修补和加固。例如，采用硫铝酸盐水泥混凝土对洪水冲毁的桥墩进行维修，所用硫铝酸盐水泥砂浆的 12h 抗压强度达到 30MPa 以上。随着施工技术的发展，硫铝酸盐水泥的应用得到进一步推广。与其他水泥相比，硫铝酸盐水泥不但具有出众的环境效益，其使用性能也毫不逊色。根据粉磨时掺入石膏和石灰石混合材数量的不同，硫铝酸盐水泥可分为快硬、膨胀、自应力、高强和低碱度 5 个品种，具有低温水化、水化热集中、快硬早强、高强、膨胀、耐蚀、抗渗、抗冻融以及液相碱度低等优良特性，是一种新型的低碳水泥。

8.5.1　硫铝酸盐水泥的生产

在我国的水泥分类体系中，硫铝酸盐水泥被定义为第三系列水泥，其与硅酸盐水泥和铝酸盐水泥的主要区别见表 8-19。

表 8-19　三大系列水泥的主要区别

区分内容	硅酸盐水泥 （第一系列水泥）	铝酸盐水泥 （第二系列水泥）	硫铝酸盐水泥 （第三系列水泥）
主要原材料	石灰石、黏土	石灰石、铝矾土	石灰石、铝矾土、石膏
矿物组成	C_3S、C_2S、C_3A、C_4AF	CA、CA_2	$C_4A_3\bar{S}$、C_2S
水化产物	C-S-H、CH、AFt、AFm	CAH_{10}、CAH_8、C_3AH_6	AFt、AFm、AH_3
应用	一般通用	耐火材料、快硬早强	快硬早强、堵漏

8.5.1.1　原材料

1. 铝矾土

硫铝酸盐水泥生产对矾土的 Al_2O_3 含量要求低，还允许有较大量 Fe_2O_3 存在。而且生料中要求含一定数量的硫，所以可以使用 Al_2O_3 生产所不能使用的高硫型矾土。因此，硫铝酸盐水泥生产很大程度上拓宽了矾土矿的使用范围，使一些低品位矾土矿被充分利用。用于生产不同类型硫铝酸盐水泥的铝矾土质量指标要求见表 8-20。另外，生产电解铝后剩下的工业废料——铝渣（其氧化铝含量较高），也可作为原料来生产硫铝酸盐水泥，但应注意其中碱含量的问题。矾土中的碱成分对硫铝酸盐水泥熟料性能有较大影响，其中钾、钠（K_2O、Na_2O，统称为 R_2O）的影响是十分严重的。当熟料中 R_2O 的含量超过 0.5%，会使熟料的凝结时间急剧加快，造成水泥石的初始结构缺陷，进而导致后期强度降低；当 R_2O 含量超过 1.0%，甚至会造成水化产物急剧膨胀，致使水泥石开裂。因此，必须严格控制熟料中的

R_2O 在 0.5% 以内。

表 8-20　生产硫铝酸盐水泥的铝矾土质量指标

水泥品种	铝矾土		
	Al_2O_3（%）	SiO_2（%）	R_2O（%）
出口熟料	>68	<10	
快硬硫铝酸盐水泥 42.5	>65	<12	
复合硫铝酸盐水泥 32.5	>60	<15	<0.7
膨胀硫铝酸盐水泥	>65	<12	
自应力硫铝酸盐水泥	≥60	<15	
低碱硫铝酸盐水泥	>65	<15	

2. 石灰石

相比于硅酸盐水泥和铝酸盐水泥，硫铝酸盐水泥生产对石灰石中 MgO 含量的要求并不十分严格（表 8-21）。在保证 CaO 含量的前提下，可采用硅酸盐水泥生产中由于 MgO 含量过高而无法使用的石灰石作为硫铝酸盐水泥的原材料。另外，配制生料时要引入大量石膏，所以对石灰石中 SO_3 含量也不作限制，从而能大大拓宽石灰石资源的利用范围。石灰石不仅是配制生料的原材料，还是磨制水泥时的混合材。一般可加入 10%～30% 的石灰石，但要求不能夹杂黏土，否则会影响硫铝酸盐水泥的质量。

表 8-21　不同种类水泥生产对石灰石质量的要求　　　　　　　%

水泥品种	石灰石化学成分					
	CaO	MgO	SiO_2	$K_2O + Na_2O$	f-SiO_2	SO_3
硅酸盐水泥	>48	<3	—	<1	<4	<1
铝酸盐水泥	>55	<1	<1	<1	—	—
硫铝酸盐水泥出口熟料	>53	—	<1.5	—	—	—
快硬硫铝酸盐水泥 42.5	>51	—	<2.5	—	—	—
复合硫铝酸盐水泥 32.5	>50	—	<3	—	—	—
自应力硫铝酸盐水泥	>51	—	<3	—	—	—

3. 石膏

硫铝酸盐水泥在生产过程中，不仅在配制生料时要掺入 20% 左右的石膏，而且在磨制水泥时根据品种不同要掺加 15%～40% 的石膏。生料配制中则可用硬石膏完全取代二水石膏，这为我国硬石膏资源利用开辟了新的途径。

8.5.1.2　生产工艺

1. 生料制备

首先，将石膏、矾土和石灰石用颚式破碎机进行一级破碎。然后，石膏和矾土用细碎颚式破碎机进行二级破碎，石灰石用立轴式锤式破碎机进行二级破碎。经破碎后的石灰石和矾土分别进入小型断面切取预均化库，预均化后再进入原料储存库；破碎后的石膏直接进入原料储存库。各种原料在库底采用微机质量配料，然后进入粉磨兼烘干的闭路粉磨系统进行粉磨，所得生料进入间隙式低压搅拌库进行生料均化，均化后的生料进入生料库储存。窑尾电收尘和增湿塔收下来的窑灰与生料同时进入搅拌库一起均化。工艺流程如图 8-28 所示。

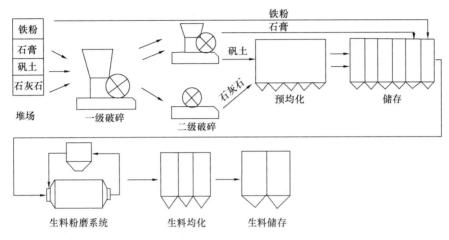

图 8-28　生料制备工艺流程示意图

2. 熟料烧成

将均化好的生料用气力提升泵打入立筒预热窑，烧成的熟料进入冷却机冷却。随后，经颚式破碎机破碎后用输送机运到熟料储存库库顶，同时对熟料进行计量。采用多库放料的办法使熟料达到一定程度的均化，不正常煅烧所得熟料进入欠烧库。混合材和石膏经过破碎后分别送入储存库。工艺流程如图 8-29 所示。

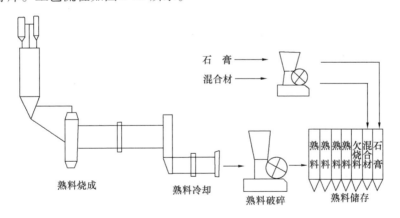

图 8-29　熟料烧成工艺流程示意图

3. 水泥制成

采用水泥磨微机自动控制配料系统在库底进行配料，配好的物料输送进闭路水泥粉磨系统。所得水泥进入间歇式均化库进行均化，然后送入水泥库储存，最后分批包装。工艺流程如图 8-30 所示。

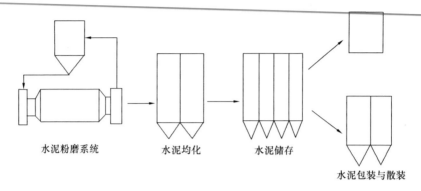

图 8-30　水泥制成工艺流程示意图

8.5.2　硫铝酸盐水泥熟料的形成化学

8.5.2.1　硫铝酸盐水泥熟料的成分

1. 化学组成

硫铝酸盐水泥熟料（CSA）的主要化学成分为 SiO_2、Al_2O_3、CaO、SO_3，另外还含少量的 Fe_2O_3、TiO_2、MgO 等。铁铝酸盐水泥熟料（FCA）的主要化学成分为 SiO_2、Al_2O_3、CaO、Fe_2O_3、SO_3，另外还含少量的 TiO_2、MgO 等。各主要氧化物在熟料中的含量见表 8-22。受矾土原料的影响，硫铝酸盐水泥熟料和铁铝酸盐水泥熟料中还可能含有微量的碱（R_2O）。

表 8-22　硫铝酸盐水泥熟料的化学组成（%）

熟料品种	SiO_2	Al_2O_3	CaO	SO_3	Fe_2O_3
CSA	3～10	28～40	36～43	8～15	1～3
FCA	6～12	25～35	43～46	5～18	5～10

2. 矿物组成

硫铝酸盐水泥熟料和铁铝酸盐水泥熟料主要矿物组成的种类基本一致，只是各矿物含量不同，它们的主要矿物组成见表 8-23。此外，还存在少量的钙钛矿、方镁石、游离石膏等其他矿物；在煅烧不正常情况下还可能存在 $C_{12}A_7$、CA、C_2AS 和 $2C_2S \cdot CaSO_4$ 等。

表 8-23　硫铝酸盐水泥和铁铝酸盐水泥熟料的主要矿物组成（%）

品种	$C_4A_3\bar{S}$	C_2S	C_4AF
CSA	55～75	15～30	3～6
FCA	45～65	15～35	10～25

8.5.2.2　硫铝酸盐水泥熟料的形成过程

硫铝酸盐水泥熟料和铁铝酸盐水泥熟料的形成过程与机理在 850℃ 以下是一致的；只是在 850℃ 以上有所不同。

（1）硫铝酸盐水泥熟料的形成过程见表 8-24。

226

表 8-24　硫铝酸盐水泥熟料的形成过程

温度范围	生料的变化过程
300℃以下	原料脱水干燥
300 ~ 450℃	Ⅲ型无水石膏转变为Ⅱ型无水石膏
450 ~ 600℃	矾土的水铝石分解，形成 α-Al_2O_3，物料中同时出现 α-SiO_2 及 Fe_2O_3
850 ~ 900℃	碳酸钙分解，产生 CaO，随温度升高分解反应加快
950℃以上	$C_4A_3\bar{S}$ 和 C_2AS 开始形成
1050℃	$C_4A_3\bar{S}$ 和 C_2AS 增加，石灰吸收率达到 1/2 左右。 生料中的 α-Al_2O_3、α-SiO_2、$CaSO_4$ 和 CaO 的含量迅速减少
1150℃	$C_4A_3\bar{S}$ 和 C_2AS 继续增加，出现 β-C_2S，石灰吸收率达到 2/3
1250℃	$C_4A_3\bar{S}$ 继续增加，C_2AS 消失，同时出现 $2C_2S \cdot CaSO_4$。除 $2C_2S \cdot CaSO_4$ 外，其他生料组分消失。 物料主要矿物组成为 $C_4A_3\bar{S}$、C_2S、$2C_2S \cdot CaSO_4$、f-$CaSO_4$ 和少量铁相（C_6AF_2）
1300℃	$2C_2S \cdot CaSO_4$ 消失，熟料主要矿物为 $C_4A_3\bar{S}$、β-C_2S、α'-C_2S、铁相及 $CaSO_4$
1300 ~ 1400℃	矿物无明显变化
1400℃以上	$C_4A_3\bar{S}$ 和 $CaSO_4$ 开始分解，熟料出现熔块

由上述反应历程可知，硫铝酸盐水泥熟料的烧成温度为（1350 ± 50）℃，此时熟料生产反应已经完成且烧结情况较好。观察和分析普通硫铝酸盐水泥生料在升温过程中发生的物理、化学变化，可以得出如下几点结论：

① 采用工业原料生产的普通硫铝酸盐水泥熟料，在其形成过程中主要发生下列反应：

$$2CaO + Al_2O_3 + SiO_2 \xrightarrow{900 ~ 950℃} 2CaO \cdot Al_2O_3 \cdot SiO_2$$

$$3CaO + 3Al_2O_3 + CaSO_4 \xrightarrow{950 ~ 1000℃} 3CaO \cdot 3Al_2O_3 \cdot CaSO_4$$

$$3CaO + 3(2CaO \cdot Al_2O_3 \cdot SiO_2) + CaSO_4 \xrightarrow{1050 ~ 1150°C} 3CaO \cdot 3Al_2O_3 \cdot CaSO_4 + 3(2CaO \cdot SiO_2)$$

$$2CaO + SiO_2 \xrightarrow{1050 ~ 1150℃} 2CaO \cdot SiO_2$$

$$2(2CaO \cdot SiO_2) + CaSO_4 \xrightarrow{1150 ~ 1250℃} 4CaO \cdot 2SiO_2 \cdot CaSO_4$$

$$4CaO \cdot 2SiO_2 \cdot CaSO_4 \xrightarrow{1250 ~ 1300℃} 2(2CaO \cdot SiO_2) + CaSO_4$$

② 正常条件下生产的普通硫铝酸盐水泥熟料，其最终矿物组分主要是 $3CaO \cdot 3Al_2O_3 \cdot CaSO_4$ 和 $2CaO \cdot SiO_2$，还有少量 $CaSO_4$ 和铁相（$4CaO \cdot Al_2O_3 \cdot Fe_2O_3$），有时还存在一些方镁石（MgO）和钙钛矿（$CaO \cdot TiO_2$）。

③ 普通硫铝酸盐水泥熟料中各矿物的形成都是固相反应的结果。在加热过程中虽有极少量液相出现，但并未见到只有通过液相才能形成的矿物。

④ 普通硫铝酸盐水泥熟料烧成温度范围应该是 1300 ~ 1400℃，烧成温度范围与硅酸盐水泥熟料一样为 100℃，但烧成温度更低；而与回烧窑烧成铝酸盐水泥熟料相比，硫铝酸盐水泥的烧成温度范围宽 50℃。

（2）铁铝酸盐水泥熟料的形成过程见表 8-25。

表 8-25　铁铝酸盐水泥熟料的形成过程

温度范围	生料变化过程
850℃以下	铁铝配料的煅烧历程及物料中各组分的变化与硫铝配料基本相同
850℃	CaO 与 Al_2O_3、Fe_2O_3 等开始反应，生成 C_2AS 和 CF 等矿物
850～1000℃	C_2AS 逐渐增加达到最大值，开始形成 $C_4A_3\bar{S}$，生料成分减少
1000～1150℃	$C_4A_3\bar{S}$ 明显增加，出现了 C_2S 和 C_2F
1200℃	此温度为生料和熟料的分界线；此温度下生料组分完全消失，C_2AS 也消失，f-$CaSO_4$ 达到最少，$C_4A_3\bar{S}$ 接近最大值，铁相多数以 C_6AF_2 固溶体存在，出现 $2C_2S\cdot CaSO_4$
1250℃	$C_4A_3\bar{S}$、β-C_2S、α'-C_2S 及铁相达到最大值，过渡矿物 $2C_2S\cdot CaSO_4$ 消失。由于 $2C_2S\cdot CaSO_4$ 的分解使游离石膏量略有增加
1250～1350℃	熟料矿物基本没有变化，仅出现少量液相
1400℃以上	熟料液相量增加，f-$CaSO_4$ 和 $C_4A_3\bar{S}$ 开始分解，出现急凝矿物 $C_{12}A_7$

从以上反应过程来看，铁铝酸盐水泥熟料的烧成温度范围为 1250～1350℃。观察和分析铁铝酸盐水泥生料的加热变化过程，可以得出如下几点结论：

① 采用工业原料制造的铁铝酸盐水泥熟料，在其形成过程中主要发生下列化学反应：

$$CaO + Al_2O_3 + SiO_2 \xrightarrow{850～900℃} 2CaO\cdot Al_2O_3\cdot SiO_2$$

$$3CaO + 3Al_2O_3 + CaSO_4 \xrightarrow{900～950℃} 3CaO\cdot 3Al_2O_3\cdot CaSO_4$$

$$3CaO + 3(2CaO\cdot Al_2O_3\cdot SiO_2) + CaSO_4 \xrightarrow{1000～1100℃} 3CaO\cdot 3Al_2O_3\cdot CaSO_4 + 3(2CaO\cdot SiO_2)$$

$$2CaO + SiO_2 \xrightarrow{1000～1100℃} 2CaO\cdot SiO_2$$

$$2CaO + Fe_2O_3 \xrightarrow{1000～1100℃} 2CaO\cdot Fe_2O_3$$

$$2(2CaO\cdot SiO_2) + CaSO_4 \xrightarrow{1150～1200℃} 4CaO\cdot 2SiO_2\cdot CaSO_4$$

$$2(2CaO\cdot Fe_2O_3) + 2CaO + Al_2O_3 \xrightarrow{1150～1200℃} 6CaO\cdot Al_2O_3\cdot 2Fe_2O_3$$

$$4CaO\cdot 2SiO_2\cdot CaSO_4 \xrightarrow{1200～1250℃} 2(2CaO\cdot SiO_2) + CaSO_4$$

② 正常条件下生产的铁铝酸盐水泥熟料，其最终矿物组分主要是 $3CaO\cdot 3Al_2O_3\cdot CaSO_4$、$6CaO\cdot Al_2O_3\cdot 2Fe_2O_3$ 和 $2CaO\cdot SiO_2$，还有少量 $CaSO_4$，有时还有一些 MgO 和 $CaO\cdot TiO_2$。

③ 铁铝酸盐水泥熟料中各矿物的形成与普通硫铝酸盐水泥熟料的各矿物一样，也都是固相反应的结果，即使是铁相也是通过固相反应产生的。在生料加热过程中出现的少量液相，对铁相形成有一定加速作用，但大量铁相矿物都是由固相直接接触反应而成。

④ 铁铝酸盐水泥熟料的烧成温度范围是 1250～1350℃，即（1300±50）℃。烧成范围与普通硫铝酸盐水泥熟料一样，都是100℃，但烧成温度比普通硫铝酸盐水泥熟料低50℃，比硅酸盐水泥熟料低150℃。

8.5.2.3　硫铝酸盐水泥熟料形成的影响因素

1. 原材料及生料成分对烧成熟料的影响

生料的化学成分及其均匀性是保证烧出合格熟料的基础。生料不均匀将会直接引起熟料化学成分、矿物组成的变化，给熟料的烧成带来困难。因此，要根据生产窑的设备状况和热工制度，将碱度系数 C_m 和 SO_3 含量等控制在合适的指标范围内。

2. 碱度系数（C_m）对熟料形成的影响

C_m 值表示配料的不同碱度。当 $C_m \approx 1$ 时熟料形成正常，温度低于 1250℃ 时不同 C_m 值配料生料的矿物形成基本相同。煅烧温度 1250℃ 时，当 $C_m > 1$ 时将出现 f-CaO；随着温度的升高，f-CaO 被吸收，此时高钙铝酸盐矿物将形成，并随温度升高而增加。1300℃ 时可以明显观察到 $C_{12}A_7$，这种熟料矿物会使水泥产生急凝或在水化早期产生过大的膨胀。当 $C_m < 1$ 时将会出现 C_2AS，它的含量随碱度的下降而增加。此时 β-C_2S、α'-C_2S 的含量将随碱度的下降而减少。碱度过低的熟料所得水泥凝结缓慢，甚至 2～3h 不初凝，早强性能也受影响。

3. 铝硫比（$A/\overline{S}$）对熟料形成的影响

不同的石膏配入量称为不同的 $A/\overline{S}$ 配料：当 $A/\overline{S} > 3.82$ 时，由于配入的 SO_3 不能满足完全形成 $C_4A_3\overline{S}$ 的要求，此时将会出现 $C_4A_3\overline{S}$、$C_{12}A_7$、CA 等不利矿物。若石膏的配入量过高并且在高温下分解，将会引起熟料碱度和 $A/\overline{S}$ 值的增加；即使不挥发，在冷却过程中也可能形成 $2C_2S \cdot CaSO_4$，这对水泥性能都是不利的。

4. 铝硅比（A/S）对熟料形成的影响

只要配料满足 $C_m \approx 1$、$A/\overline{S} < 3.82$ 两个条件，所采用原料 A/S 值不影响熟料的形成规律和矿物组成，而仅决定熟料中 $C_4A_3\overline{S}$ 和 β-C_2S、α'-C_2S 含量的比值。A/S 值增加，$C_4A_3\overline{S}$ 和 β-C_2S、α'-C_2S 含量的比值也增加，水泥早期强度和膨胀性能也增加。但 A/S 值太高，β-C_2S 和 α'-C_2S 含量太少也不一定有利，这是因为硫铝酸盐水泥水化时也需要一定的碱度。

5. 生料中 MgO 对熟料形成的影响

熟料中的氧化镁主要由生料中的石灰石或石膏引进，其对熟料烧成的影响主要表现在使烧成范围变窄，易出现液相。熟料中 MgO 主要以方镁石存在，其结晶极为细小不会对水泥的安定性产生影响。但为确保水泥的安定性起见，通常要求熟料中 MgO 少于 3.5%。

8.5.3　硫铝酸盐水泥的水化特性

8.5.3.1　熟料矿物的水化

1. 无水硫铝酸钙的水化

早期研发的 CSA 中 $C_4A_3\overline{S}$ 含量占 55%～75%，在硫铝酸盐水泥水化过程中发挥重要作用。$C_4A_3\overline{S}$ 的水化反应在不同水灰比条件下存在一定的差别。存在大量水的条件下（如水灰比为 10～20），早期水化产物中先出现细针状 AFt，接着生成 AFm；随着时间的推移，AFm 越来越多，达到平衡时水化产物几乎均为 AFm 和铝胶（式 8-26）。存在少量水的条件下（如水灰比为 0.30），水化产物中同时存在 AFt 和 AFm 两种水化物，这是由于存在少量水的条件下 $C_4A_3\overline{S}$ 矿物水化反应不易达到平衡。而当水灰比很高时，$C_4A_3\overline{S}$ 的水化产物中会伴随 C_3AH_6 生成（式 8-27），但工程实践应用中较少应用到如此高的水灰比。

$$C_4A_3\overline{S} + 18H \longrightarrow C_4A\overline{S}H_{12} + 2AH_3 \qquad (8\text{-}26)$$

$$4C_4A_3\bar{S} + 80H \longrightarrow C_4A\bar{S}H_{12} + C_6A\bar{S}_3H_{32} + 2C_3AH_6 + 2AH_3 \qquad (8\text{-}27)$$

通常在配制硫铝酸盐水泥时，熟料中常常外掺石膏和其他混合材。其中，石膏具有导向化合与稳定水化产物的作用，主要与 $C_4A_3\bar{S}$ 发生如下反应：

$$C_4A_3\bar{S} + 2C\bar{S}H_2 + 34H \longrightarrow C_6A\bar{S}_3H_{32} + 2AH_3 \qquad (8\text{-}28)$$

Hargis 等对 $C_4A_3\bar{S}$-$C\bar{S}H_2$-CH 体系水化过程研究发现，CH 的掺入会延迟 AFt 的初期结晶与形成速率，此延迟作用与 $C_4A_3\bar{S}$ 表面的凝胶态水化产物薄层有关。Winnefeld 等分析了不同石膏类型和 pH 值对立方晶系 $C_4A_3\bar{S}$ 水化的影响，发现石膏种类和掺量对 $C_4A_3\bar{S}$ 的水化具有显著影响。随着石膏掺量增加，$C_4A_3\bar{S}$ 水化产物中 AFt 的含量随之增加，AFm 的含量随之减少；与二水石膏相比，无水石膏会使 $C_4A_3\bar{S}$ 的早期水化速率减慢。Cuesta 等采用 XRD、ICC 和 RQPA 等方法表征了正交晶系 $C_4A_3\bar{S}$ 与立方晶系 $C_4A_3\bar{S}$ 水化进程的区别。其研究结论为：单独水化时正交晶系 $C_4A_3\bar{S}$ 的水化速率低于立方晶系 $C_4A_3\bar{S}$，此时正交晶系 $C_4A_3\bar{S}$ 水化产物中 AFt 含量也低于立方晶系 $C_4A_3\bar{S}$；而当有石膏参与水化时，正交晶系 $C_4A_3\bar{S}$ 的水化速率高于立方晶系 $C_4A_3\bar{S}$ 的水化速率，石膏对立方晶系 $C_4A_3\bar{S}$ 水化的影响波动较小。Bullerjahn 等研究了合成的化学计量 $C_4A_3\bar{S}$ 和含铁相固溶体的 $C_4A_3\bar{S}$（$C_4A_{2.8}F_{0.2}\bar{S}$）两种体系的早期水化动力学，结果表明：两种体系的水化顺序和主要水化产物相似，但 $C_4A_{2.8}F_{0.2}\bar{S}$ 体系的早期水化动力学速度较快，这主要是由于 $C_4A_{2.8}F_{0.2}\bar{S}$ 熟料中存在少量的 $C_{12}A_7$；通过向化学计量 $C_4A_3\bar{S}$ 体系中加入合成的 $C_{12}A_7$ 验证了 $C_{12}A_7$ 对 $C_4A_3\bar{S}$ 水化动力学的影响，但没有证据表明含铁相的存在改变了 $C_4A_3\bar{S}$ 的水化动力学性质。

2. 铁相的水化

水泥中的铁相是一个固溶体系列，代表性组成有 4 种，C_2F、C_6AF_2、C_4AF 和 C_6A_2F。普通硫铝酸盐水泥熟料中铁相的组成接近 C_4AF，铁铝酸盐水泥熟料中铁相的组成接近 C_6AF_2，两者均会固溶少量 SiO_2、TiO_2、MgO 和 SO_3 等氧化物。C_2F 的水化反应如式（8-29）所示，其产物为结晶度较差的六方片状 C_4FH_{13} 和 FH_3。其中，C_4FH_{13} 是过渡性产物，最终会转化为相对稳定的 $C_3(A,F)H_6$。C_6AF_2 的水化反应如式（8-30）所示，其产物为立方状 $C_3(A,F)H_6$ 和 FH_3。

$$2C_2F + 16H \longrightarrow C_4FH_{13} + FH_3 \qquad (8\text{-}29)$$

$$C_6AF_2 + 15H \longrightarrow 2C_3(A,F)H_6 + 2xFH_{13} + (1-2x)AH_3 \qquad (8\text{-}30)$$

C_4AF 和 C_6A_2F 的水化反应与 C_6AF_2 类似，但水化产物 $C_3(A,F)H_6$ 和 FH_3 的相对生成量不同。一般随着铁相中 $n(A)/n(F)$ 增大，$C_3(A,F)H_6$ 晶体逐渐增多，FH_3 凝胶则相应减少。通过 XRD 半定量法对 C_6AF_2、C_4AF 和 C_6A_2F 的水化产物 $C_3(A,F)H_6$ 的测定结果如图 8-31 所示。从图中可以看出，$C_3(A,F)H_6$ 的含量随铁相中铝含量的增加及龄期的延长而增多。

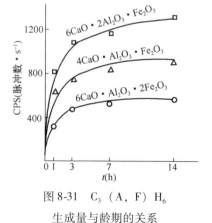

图 8-31　$C_3(A,F)H_6$
生成量与龄期的关系

3. 硅酸二钙的水化

硫铝酸盐水泥熟料中 C_2S 的水化反应与硅酸盐水泥熟料中一样，反应式如下。但硫铝酸盐水泥熟料中的 C_2S 是在低温煅烧下形成的，具有较高的活性、水化速率较快。

$$C_2S + mH \longrightarrow C\text{-}S\text{-}H + (2-x)CH \qquad (8\text{-}31)$$

式（8-31）中反应产物水化硅酸钙凝胶属 C-S-H（Ⅰ型），其中 n（C）$/n$（S）在 0.8 ~1.5。C_2S 在饱和石灰溶液中水化时，C-S-H（Ⅰ型）的 n（C）$/n$（S）接近上限值；在大量水溶液中水化时则接近下限值。C_2S 水化后产生的 CH 远比 C_3S 水化时析出的 CH 少，始终不能在水溶液中达到饱和，所以 C_2S 水化后形成的 C-S-H（Ⅰ型）的 n（C）$/n$（S）偏低。石膏存在的条件下，C_2S 的水化速率随时间延长而加快。

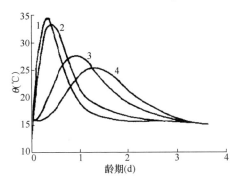

图 8-32　硫铝酸盐水泥与硅酸盐
水泥的水化放热速率

1—快硬铁铝酸盐水泥；2—快硬硫铝酸盐水泥；
3—普通硅酸盐水泥；4—矿渣硫铝酸盐水泥

8.5.3.2　水化特性

硫铝酸盐水泥主要包括普通硫铝酸盐水泥和高铁硫铝酸盐水泥两类，均具有各自的水化反应特征。如图 8-32 所示，硫铝酸盐水泥的水化放热性能与硅酸盐水泥有着明显不同，前者放热总量虽低，但放热集中在水化早期。早期集中放热的特点使得硫铝酸盐水泥成功用于冬期施工，同时也产生了热稳定性的问题。硫铝酸盐水泥放热曲线所占面积比两种硅酸盐水泥都要小，说明前者的放热总量比后者少。而且硫铝酸盐水泥水化放热集中在 1d 内，最高放热量则在 12h 左右。相比之下，快硬铁铝酸盐水泥水化放热较快硬硫铝酸盐水泥更集中，这主要源自其含有水化速度更快的 C_6AF_2。

1. 普通硫铝酸盐水泥的水化

普通硫铝酸盐水泥其水化过程复杂而持续，并不是各熟料矿物水化反应的简单叠加，而是在不同石膏（或混合材）种类及掺量的影响下各矿物同时水化并相互作用。水化过程中，石膏（$C\overline{S}H_x$，$x=0$，0.5，2）的存在加快了 $C_4A_3\overline{S}$ 的水化，两者共同与水反应生成 AFt 和 AH_3 凝胶，如式（8-32）；同时，C_2S 水化生成 C-S-H（Ⅰ型）和 CH，如式（8-33）。由于硫铝酸盐水泥溶液中 CaO 浓度较低，难以达到饱和液相，因此 C_2S 水化生成的 C-S-H 凝胶 Ca/Si 比为 0.8 ~1.5，属于Ⅰ型 C-S-H 凝胶。随石膏掺量的增加，硫铝酸盐水泥的水化热总量降低，最大水化热释放期也会相应延后。

$$C_4A_3\overline{S} + 2C\overline{S}H_x + (38-2x)H \longrightarrow C_3A \cdot 3C\overline{S} \cdot H_{32} + 2AH_3 \tag{8-32}$$

$$C_2S + 2H \longrightarrow C\text{-}S\text{-}H + CH \tag{8-33}$$

若石膏含量充足，AH_3 凝胶会与液相中的 CH、$C\overline{S}H_x$ 继续反应生成 AFt ［式（8-34）］；若石膏含量不足，则 AFt 易分解生成单硫型水化硫铝酸钙（Ms，AFm 中的一种），如式（8-35）。因此，普通硫铝酸盐水泥的水化产物除 AFt 和 AH_3 外，还可能包含少量 AFm，但不会存在 CH。此外，由于熟料中还存在一些微量矿物相及石灰石混合材，水化产物中可能还存在水化碳铝酸钙（$C_3A \cdot C\overline{C} \cdot H_{11}$）、水化钙铝黄长石（$C_2ASH_8$）、水化铝酸钙等。

$$AH_3 + 3CH + 3C\overline{S}H_x + (26-x)H \longrightarrow C_3A \cdot 3C\overline{S} \cdot H_{32} \tag{8-34}$$

$$C_3A \cdot 3C\overline{S} \cdot H_{32} \longrightarrow C_3A \cdot C\overline{S} \cdot H_{12} + 2C\overline{S}H_2 + 16H \tag{8-35}$$

综上所述，普通硫铝酸盐水泥的水化产物均为 AFt、C-S-H（Ⅰ型）和铝胶。在石膏不足和反应达不到平衡的条件下还会生成 AFm。由于水泥浆体中熟料水化反应很难达到平衡，因此一般情况下，水泥石中除前述三种水化物外，常有少量 AFm 存在。C_2S 水化生成的 Ca(OH)$_2$ 会与其他水化产物发生二次反应，形成新的化合物，因此普通硫铝酸盐水泥水化

产物中不存在 $Ca(OH)_2$ 析晶。

从普通硫铝酸盐水泥的水化过程可以看出，石膏在其中具有至关重要的作用，并进而显著影响硬化浆体的最终性能。水化动力学研究表明，石膏的存在大大加快了 $C_4A_3\bar{S}$ 的水化。但不同类型石膏由于活性不同，对水化的影响有所差别。冯修吉等研究发现，石膏的溶解速率是控制普通硫铝酸盐水泥水化反应的关键，不同类型石膏对水化速率的影响按石膏溶解度大小排序依次为 $C\bar{S}H_{0.5} > C\bar{S}H_2 > C\bar{S}$。S. Sahu 等的研究结果表明，室温下掺入 $C\bar{S}H_{0.5}$ 和 $C\bar{S}H_2$ 的浆体水化热曲线均出现明显放热峰，而掺有两种 $C\bar{S}$ 的浆体并无明显放热峰；石膏种类不变而掺量变化时，水化热曲线并无显著差异。F. Winnefeld 和 S. Allevi 发现，$C\bar{S}H_2$ 加速了 $C_4A_3\bar{S}$ 水化；相反，$C\bar{S}$ 由于溶解速率很慢，导致液相中缺少 Ca^{2+} 和 SO_4^{2-}，使得 $C_4A_3\bar{S}$ 溶解和 AFt 形成缓慢。但 G. ÁlvarezPinazo 等采用原位同步辐射粉末衍射分析发现，水化 10h 内，$C\bar{S}H_2$ 的溶解略快于 $C_4A_3\bar{S}$，10h 后石膏的溶解变慢而 $C_4A_3\bar{S}$ 溶解速率加快；在此过程中，AFt 的结晶与 $C_4A_3\bar{S}$ 溶解速率相一致。

与普通硅酸盐水泥相比，硫铝酸盐水泥完全水化所需的用水量较大。根据 F. P. Glasser 的计算，$C_4A_3\bar{S}$ 含量为 47.54%、C_2S 含量为 26.55%、CS 含量为 5.47% 的硫铝酸盐水泥熟料，当外掺石膏（$C\bar{S}H_2$）质量分数在 30% 以内时，理论上完全水化所需的水灰比为 0.37~0.62。若实际拌和时的水灰比低于理论化学需水量，则意味着硬化浆体中出现不同程度的未水化熟料残余。例如，外掺石膏质量分数为 30% 时，熟料完全水化的理论化学需水量（以水灰比表示）约为 0.6，水灰比为 0.36 时，熟料的水化程度为 60%；而水灰比为 0.28 时，熟料的水化程度仅为 40%。尽管如此，在应用过程中实际用水量往往低于理论化学需水量，这使得浆体成为一个不平衡的亚稳体系，其水化过程极易随水灰比变化而发生改变。水灰比增大时，硫铝酸盐水泥的水化放热速率增大、水化放热量也增加。根据溶解-沉淀理论，这可能是因为水灰比增大时，水泥颗粒的分散空间扩大，水化矿物溶解和水化产物沉降的概率增大，从而促进水泥颗粒的水化反应。当水灰比由 0.50 增至 0.67 时，C_2S 的水化明显加速，但 $C_4A_3\bar{S}$ 的水化并未发生明显变化，均在 1d 内完全反应。

2. 铁铝酸盐水泥的水化

铁铝酸盐水泥是由含 $C_4A_3\bar{S}$、铁相（C_4AF、C_6AF）和 C_2S 矿物的熟料以及不同掺量的石膏混合粉磨而成，快硬铁铝酸盐水泥另掺少量石灰石。所以铁铝酸盐水泥遇水后主要发生的化学反应，除普通硫铝酸盐水泥水化中发生的一系列反应外，还存在如下反应：

$$C_6AF_2 + 3C\bar{S}H_2 + 35H \longrightarrow C_6A_xF_{(1-x)}\bar{S}_3H_{32} + 3CH + (2+2x)FH_3 + (2-2x)AH_3$$

$$(8\text{-}36)$$

$$C_4AF + 3C\bar{S}H_2 + 30H \longrightarrow C_6A_xF_{(1-x)}\bar{S}_3H_{32} + CH + 2xFH_3 + (2-2x)AH_3 \quad (8\text{-}37)$$

$$C_4AF + C\bar{C} + 15H \longrightarrow C_4A_xF_{(1-x)}\bar{C}H_{11} + CH + 2xFH_3 + (2-2x)AH_3 \quad (8\text{-}38)$$

与普通硫铝酸盐水泥相比，铁铝酸盐水泥水化产物有以下特点：

（1）水化产物中除 $C_3(A、F)\bar{S}_3H_{32}$、$C_3(A、F)\bar{S}H_{12}$、C-S-H（Ⅰ型）和铝胶外，还有一定数量的铁胶。

（2）水化产物中有相当数量的 $Ca(OH)_2$ 存在。水化液相测定结果表明，快硬硫铝酸盐水泥水化液相的 pH 值为 11.5～12.0，而铁铝酸盐水泥水化液相的 pH 值为 12.0～12.5。

（3）铁铝酸盐水泥水化产物中钙矾石呈细针状，这是由于该产物是在 CaO 质量分数较高的液相中形成的。

3. 孔结构

普通硫铝酸盐水泥的硬化浆体致密且孔隙率较低，是其具有优良抗渗、耐蚀性能的主要原因。根据张量等提出的早期水化模型，普通硫铝酸盐水泥的水化过程通过扩散反应控制，包括 AFt 骨架的形成、填充以及密实三个阶段。通过 BSE 图像看出，水化初期硫铝酸盐水泥迅速与水反应产生 AFt 晶体沉淀 [图 8-33（a）]，随着水分的减少和大量 AFt 晶体的生成，逐渐形成 AFt 骨架 [图 8-33（b）]，浆体失去流动性并开始产生强度，表现出凝结时间短和早期强度高的特性。在随后的凝结硬化过程中，不断生成的铝胶和 C-S-H 凝胶填充在 AFt 骨架中，浆体逐渐密实并形成致密的水泥石结构，保证了后期强度的增长，使硬化浆体具有高强、抗渗、抗冻和耐蚀等优良性能。

(a) 　　　　　　　　　　　　　　　(b)

图 8-33　硫铝酸盐水泥水化初期浆体微观结构（$w/c = 0.44$，25℃）

(a) 水化 1.5h；(b) 水化 6h

水化产物是硬化浆体的主要构成组分，其形貌及相对含量对水泥性能影响显著。除了上述 AFt 之外，硫铝酸盐水泥水化产物中 AFm 通常为六方薄片状（图 8-34）；AH₃ 则表现为绒球状或胶状物质（图 8-35）；C-S-H 凝胶（Ⅰ型）表现为胶状物质（图 8-36），一般与其他水化产物共存，或填充在毛细孔中，或包覆于其他物相表面，不易区分。相比于 C$\overline{\text{S}}$，掺入活性较高的 CSH₂ 使得水化产物结晶度较差、形成的晶体较小，但最终形成的浆体更密实。此外，石膏掺量还会影响各水化产物的相对含量。一般情况下，若石膏掺量低于水泥水化所

图 8-34　硫铝酸盐水泥浆体中 AFm 的形貌　　　图 8-35　硫铝酸盐水泥浆体中 AH₃ 的形貌

需，水化产物会同时包含 AFm 和 AFt 晶体；随着石膏掺量增多，浆体中有利于形成 AFt 的 $[Ca^{2+}]$ 和 $[SO_4^{2-}]$ 增加，AFt 含量增多。但当石膏掺量过多时，则可能由于熟料耗尽导致二水石膏析晶，在硬化浆体中还会出现二水石膏晶体。Winnefeld 等研究表明，当 $C\bar{S}H_2$ 与 $C_4A_3\bar{S}$ 的物质的量之比 ≥2 时，所形成的水化产物只有 AFt 和 AH_3 凝胶；当物质的量之比 <2 时，则形成 AFm。L. Wang 等发现，水化 1d 时浆体中水化产物主要为 AFt 晶体，但水化 28d

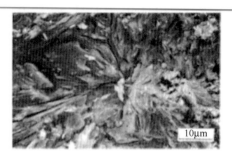

图 8-36　硫铝酸盐水泥浆体中 C-S-H 的形貌

时 AFt 含量减少而 AFm 相明显增多。Liao 等发现，在水化加速期即出现 AFt 向 AFm 的转变，这主要是由水化放热产生的温度升高而引起的；水化稳定期，随着石膏的消耗殆尽，AFt 再次发生分解向 AFm 转变，此时水化产物是 AFt、AFm 及凝胶的混合物。

水化产物的形成、生长和变化，使得浆体孔结构也不断演变发展。S. Irico 等通过热孔计法对比了硅酸盐水泥和普通硫铝酸盐水泥硬化浆体的孔结构，认为硅酸盐水泥水化产物主要是无定形凝胶 C-S-H，浆体孔结构的发展与 C-S-H 凝胶微结构的演变直接相关。与之截然不同，普通硫铝酸盐水泥中 AFt 晶体结晶度好、尺寸较大，在相互搭接形成骨架网络的过程中产生大量孔隙，很大程度上决定了硬化浆体总孔隙率的大小；随后这些孔隙由其他水化产物填充，使得硬化浆体总孔隙率和孔径分布发生改变。这种解释与文献所列的实验结果相符，如图 8-37 所示。

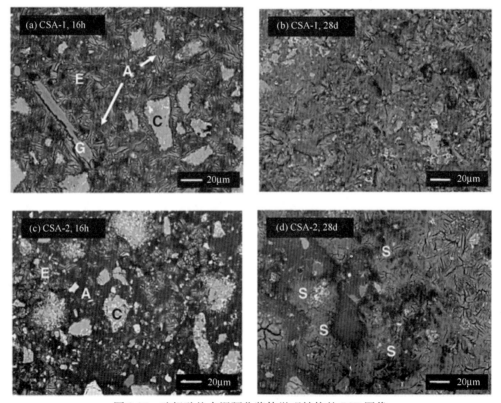

图 8-37　硫铝酸盐水泥硬化浆体微观结构的 BSE 图像

众多研究表明，普通硫铝酸盐水泥硬化浆体中孔径分布并不集中，其孔径分布曲线具有双峰特征。王燕谋等发现，无论石膏掺量如何，普通硫铝酸盐水泥硬化浆体中主要为半径小于 30nm 的孔；针对半径小于 30nm 的孔进一步分析发现，普通硫铝酸盐水泥熟料浆体具有与硅酸盐水泥浆体类似的孔径分布曲线，均在 3～5nm 孔径范围出现峰值，但前者 3～5nm 微孔的数量远低于后者，且随龄期延长而减少。需要说明的是，孔径分布曲线上峰值所处的孔径范围临界值可能由于测试方法的不同而略有差异。

8.5.4　硫铝酸盐水泥的性能及应用

8.5.4.1　硫铝酸盐水泥的性能

1. 力学性能

硫铝酸盐水泥力学性能的重要特点是具有很高的早期强度，12h～1d 抗压强度可达 35～50MPa、抗折强度可达 6.5～7.5MPa；3d 抗压强度可达 50～70MPa、抗折强度可达 7.5～8.5MPa，后期强度仍不断增长。快硬与高强型硫铝酸盐水泥的不同在于，前者早期强度高但后期强度发展较慢；而高强型则具有很高的后期强度，早期强度则较低。快硬与高强之间的联系，与硅酸盐水泥和铝酸盐水泥有所不同。目前世界上能大批量生产的各类水泥中，快硬型硫铝酸盐水泥具有非常突出的早强特性，高强型硫铝酸盐水泥具有很高的后期强度，其指标明显优于我国标准中所列的各种硅酸盐水泥，接近快硬高强铝酸盐水泥。

2. 热稳定性

硫铝酸盐水泥的主要水化产物之一是 AFt。该产物在 CaO 溶液中稳定存在的最高温度是 90℃，超过此温度就转变为 AFm。在剩余石膏存在的常温条件下，AFm 又会转变成 AFt，此时再次形成的 AFt，人们普遍称之为二次钙矾石。二次钙矾石在硫铝酸盐水泥混凝土中所引发的后果与在硅酸盐水泥混凝土中不同。二次钙矾石形成过程中所产生的物理力学性能变化与本身的数量和膨胀时间有关，关键是膨胀进程与强度发展是否能互相适应。常温养护的硫铝酸盐水泥石，由于水化反应局部不平衡的情况在所难免，经常会存在少量 AFm。这些 AFm 在晶型转变中产生的膨胀进程可与强度协调发展，不具有破坏作用。硫铝酸盐水泥石中存在较多量的凝胶体，它起着"衬垫"作用，使强度与膨胀之间的适应性大大增强。所以，硫铝酸盐水泥石中形成少量二次钙矾石并不可怕，只有当其数量超过一定范围、强度发展不能适应膨胀进程时，才会发生破坏作用。硫铝酸盐水泥水化过程中水化物热稳定性问题的研究尚需深入，根据目前研究结果可以得出：硫铝酸盐水泥混凝土内部最高温度不超过 90℃时不会发生二次钙矾石所引发的强度下降和开裂。硫铝酸盐水泥非常适用于冬期施工的大体积混凝土，在其他季节用于大体积混凝土时要控制其中心最高温度不超过 90℃。为降低混凝土温度，可采取降低入模温度、调整外加剂、选择水泥品种和掺超细活性混合材等措施。

3. 抗冻性

抗冻性是混凝土材料非常重要的性能指标。一般都认为抗冻性是代表混凝土耐久性的综合指标，抗冻融循环次数越多，耐久性越好。硫铝酸盐水泥水化热在水化早期集中释放，采取塑料膜覆盖养护措施造就了"自蒸养"环境，从而可使硫铝酸盐水泥在负温下施工。硫铝酸盐水泥具有很好的抗冻性，采用硫铝酸盐水泥制备的混凝土在可塑状态下即使受冻，待解冻后强度也正常发展，一般无强度损失；在硬化状态下冻融循环 270 次后强度损失仅

3.0%。在低温浇筑大体积混凝土时，硫铝酸盐水泥既无超出热稳定温度的危险性，又能达到快硬和早强。综合可知，硫铝酸盐水泥混凝土在寒冷地区或寒冷季节推广使用时比普通硅酸盐水泥具有更多的优越性。

4. 耐腐蚀性

硫铝酸盐水泥硬化浆体结构致密，抗渗性能佳，故其对海水、氯盐（$NaCl$、$MgCl_2$）、硫酸盐［Na_2SO_4、$MgSO_4$、$(NH_4)_2SO_4$］以及它们的复合盐类（$MgSO_4 + NaCl$）具有较好的抗蚀性。在耐氯盐侵蚀方面，硫铝酸盐水泥由于碱度低（pH < 12），且早期拌合混凝土中含有较多空气和水分，会使混凝土内部钢筋出现轻微锈蚀，但由于硫铝酸盐水泥石结构紧密，内部钢筋的后期锈蚀情况不显著。

5. 抗碱-集料反应性能

硫铝酸盐水泥的主要水化产物（AFt 和 AH_3）与硅酸盐水泥的主要水化产物（C-S-H 凝胶和 CH）相比，含有大量结晶水。因此在相同水灰比条件下，硫铝酸盐水泥硬化浆体的总孔隙率大大降低，而且为集料与硬化水泥浆体之间的界面区造就了相对干燥的环境，且其水化液相的 pH 值较低。

一般公认的广泛存在的碱-集料反应有两种类型：碱-硅酸盐反应和碱-碳酸盐反应。为抑制硅酸盐水泥的碱-硅酸盐反应，通常采取掺入粉煤灰或硅灰等混合材、降低水泥碱含量等措施。但对于碱-碳酸盐反应，上述措施不能奏效。相比之下，硫铝酸盐水泥具有抗碱-碳酸盐反应的性能是十分可贵的。因此，硫铝酸盐水泥理论上具备较好的抗碱-集料反应性能，在存在碱活性集料的地区采用硫铝酸盐水泥将具有取得社会和经济效益的潜力。

8.5.4.2 硫铝酸盐水泥的应用

1. 膨胀或自应力硫铝酸盐水泥

目前，工程中使用最广、用量最大的膨胀水泥的膨胀类型属于高硫型水化硫铝酸钙型。由于其膨胀值大，因此自应力水泥的膨胀源也都属该类型。硫铝酸盐水泥的膨胀源是高硫型水化硫铝酸钙。主要矿物 $C_4A_3\bar{S}$ 和 C_6AF_2 在石膏存在条件下遇水后生成 AFt，同时使水泥浆体中的固相体积膨胀。$C_4A_3\bar{S}$ 水化生成 AFt 和 AH_3 时固相体积要增大 123%，这种体积膨胀会同时拉伸钢筋，于是钢筋对混凝土产生压应力，这就是硫铝酸盐水泥钢筋混凝土中产生自应力的基本原理。

膨胀型硫铝酸盐水泥包括微膨胀硫铝酸盐水泥、膨胀硫铝酸盐水泥、微膨胀铁铝酸盐水泥和膨胀铁铝酸盐水泥 4 个品种。微膨胀水泥与膨胀水泥的主要区别：微膨胀水泥净浆的 28d 自由膨胀率不大于 0.5%；膨胀水泥净浆 28d 自由膨胀率不大于 1.0%。与快硬型硫铝酸盐水泥相比，膨胀型硫铝酸盐水泥的主要特点是在干燥条件下收缩小、自应力值保留率高，抗渗性更好。我国曾投入工业化生产的自应力水泥主要有自应力硅酸盐水泥、自应力铝酸盐水泥、自应力硫铝酸盐水泥和自应力铁铝酸盐水泥，后两者统称为自应力型硫铝酸盐水泥。

不同种类自应力水泥的主要性能特征见表8-26。从表中可以看出，与自应力铝酸盐水泥相比，自应力型硫铝酸盐水泥的自应力值较低，自由膨胀率略小，而膨胀稳定期则要短得多。与自应力硅酸盐水泥相比，自应力型硫铝酸盐水泥的自应力值较高，自由膨胀率较低且波动范围较小，抗压强度更高，膨胀稳定期更长。自应力硫铝酸盐水泥各性能指标良好且稳定，制管时成品率高，所以现在大多数自应力水泥管厂都采用自应力型硫铝酸盐水泥。此外，自应力铁铝酸盐水泥的膨胀稳定期更短。所以在自应力值要求不高的情况下，使用自应力铁铝酸盐水泥比自应力硫铝酸盐水泥更安全可靠。但这两种自应力水泥都不能采用低硅矾土 $[w(SiO_2) \leqslant 7\%]$ 作为原料进行生产，否则会使自应力水泥的膨胀稳定期大大延长。

表 8-26　不同种类自应力水泥的性能比较

自应力水泥种类	自应力值 （MPa）	28d 自由膨胀率 （%）	抗压强度 （MPa）	膨胀稳定期 （d）
自应力硅酸盐水泥	2.0 ~ 3.5	1 ~ 3	35 ~ 45	7 ~ 14
自应力铝酸盐水泥	4.0 ~ 6.0	1 ~ 2	40 ~ 50	120 ~ 180
自应力硫铝酸盐水泥	3.0 ~ 5.0	0.5 ~ 1.5	45 ~ 60	28 ~ 60
自应力铁铝酸盐水泥	3.5 ~ 5.0	0.5 ~ 1.5	45 ~ 60	14 ~ 28

但是，各种自应力水泥具有不同的膨胀稳定期，且膨胀稳定期的长短与水泥液相的 pH 值有关。水泥液相 pH 值越高，膨胀稳定期越短。这是因为液相 pH 值越高，钙矾石形成速度愈快，膨胀稳定期随之缩短（表 8-27）。

表 8-27　水泥水化液相 pH 值与自应力水泥混凝土膨胀稳定期的关系

自应力水泥种类	液相 pH 值	自应力值（MPa）	膨胀稳定期（d）
自应力硅酸盐水泥	10.5 ~ 11.0	4.0 ~ 6.0	120 ~ 180
自应力铝酸盐水泥	11.0 ~ 11.5	3.0 ~ 5.0	28 ~ 60
自应力硫铝酸盐水泥	11.5 ~ 12.0	3.0 ~ 5.0	14 ~ 28
自应力铁铝酸盐水泥	13.0 ~ 13.5	2.0 ~ 3.5	7 ~ 14

2. 低碱度硫铝酸盐水泥

由玻璃纤维和水泥砂浆（或混凝土）匹配而成的复合材料称作玻璃纤维增强水泥混凝土，简称 GRC。在国际 GRC 制品业迅速发展的影响下，我国于 20 世纪 70 年代初启动 GRC 制品的研究和开发工作。当时我国为解决水泥对玻璃纤维的碱侵蚀问题，提出了两条技术路线：一是采用耐碱树脂被覆的中碱玻璃纤维增强硅酸盐水泥；二是使用抗碱玻璃纤维增强硫铝酸盐水泥。显然，用抗碱玻璃纤维和普通硅酸盐水泥制造的 GRC 制品的强度和韧性会随着时间而降低，这主要是因为硬化普通硅酸盐水泥（pH = 13 ~ 14）砂浆仍然侵蚀抗碱玻璃纤维。而低碱度硫铝酸盐水泥独具低碱度优势，更适于制作 GRC。实践证明，这条技术路线使我国 GRC 耐久性的研究居于国际领先地位。

低碱度硫铝酸盐水泥熟料的主要矿物为 $C_4A_3\bar{S}$ 和 C_2S，在水泥水化过程中，主要发生如下水化反应：

$$C_4A_3\bar{S} + 2C\bar{S} + 38H \longrightarrow C_6A\bar{S}_3H_{32} + 2AH_3 \tag{8-39}$$

$$C_2S + 2H_2O \longrightarrow \text{C-S-H} + CH \tag{8-40}$$

$$3CH + 2C\bar{S} + AH_3 + 26H \longrightarrow C_6A\bar{S}_3H_{32} \tag{8-41}$$

低碱度硫铝酸盐水泥混凝土集快硬和低碱度于一体，具有早强、高强、碱度低、抗渗性好、抗硫酸盐侵蚀性强等优点，其耐久性已达到国际先进水平，是目前较理想的新型建筑材料，可用于一般建筑、抢修、堵漏、底下、隧道、海工、蓄水池、抗硫酸盐侵蚀等其他需要早强和微膨胀性能的工程中，并可在冬季负温条件下施工。具体来说，低碱度硫铝酸盐水泥的 3d 或 7d 抗压强度指标相当于普通硅酸盐水泥的 28d 抗压强度。并且由于低碱度硫铝酸盐水泥熟料中存在 C_2S，后期强度会缓慢增长，不会出现后期强度倒缩的情况。因此，低碱度硫铝酸盐水泥是一种早强、快硬、后期强度不倒缩的优质低碱度水泥。正是由于低碱度硫铝酸盐水泥的液相碱度较低，其对玻璃纤维的侵蚀作用小。此外，低碱度硫铝酸盐水泥的主要水化产物钙矾石在正常使用条件下是能够稳定存在的。由于低碱度硫铝酸盐水泥所得 GRC 制品具有轻质、高强、耐久性好等特性，为广泛开发生产多种制品提供了基本条件，并已在我国得到广泛应用。

8.6 磷酸镁水泥

8.6.1 磷酸镁水泥概述

磷酸镁水泥（MPC）是由过烧氧化镁、磷酸盐类、缓凝剂等按一定比例在常温下反应制成。由于该反应本质上是一种酸碱反应，因此 MPC 也被称为"酸-碱水泥"，是一种化学键结合无机胶凝材料。室温下，MPC 会与水反应并凝结硬化，其水化产物具有较高的力学性能、良好的致密度和耐酸碱腐蚀性，与陶瓷制品的特性相近。因此，MPC 又被称为"陶瓷水泥"或"化学结合陶瓷"。与硅酸盐水泥相比，MPC 凝结时间短、早期强度和粘结强度较高，且在温度低至 -20℃ 时仍具备较好的耐久性，包括抗冻性和耐磨性等。因此，MPC 可用于道路、机场跑道、桥梁、隧道和工厂地面等的修补以及气温较低地区的施工。近年来，MPC 在环境领域的应用研究发展较快，利用 MPC 可固化固体废弃物和污水中的重金属离子以及处理一些含放射性的废弃物。这有利于降低 MPC 本身的经济成本、解决固体废弃物造成的环境问题，同时对改善 MPC 性能也有一定的帮助。

用于制备磷酸镁水泥的原料一般包括过烧氧化镁和磷酸盐类，为了合理控制 MPC 的凝结时间，通常也会加入适量的缓凝剂（硼酸和硼砂等）。其中，过烧氧化镁通常来源于耐火材料的原料及海水。高温下，氧化镁高度结晶，并显示一定的离子电位和弱碱性，能够与酸性物质（通常为磷酸盐水溶液）发生酸碱反应，形成一种胶凝性很强的物质。早期的磷酸镁水泥常采用过烧氧化镁和磷酸氢二铵为原料，反应方程式如下：

$$MgO + (NH_4)_2HPO_4 + 5H_2O \Longrightarrow MgNH_4PO_4 \cdot 6H_2O + NH_3 \uparrow \qquad (8\text{-}42)$$

该反应会释放氨气且易造成设备损坏，仅限室外使用。为了拓宽 MPC 的适用范围，研究人员采用磷酸二氢钾替代磷酸氢二铵，克服了上述缺陷。反应如下：

$$MgO + KH_2PO_4 + 5H_2O \Longrightarrow MgKPO_4 \cdot 6H_2O \qquad (8\text{-}43)$$

8.6.2 磷酸镁水泥的反应机理

8.6.2.1 反应过程

磷酸镁水泥的凝结硬化机理分为两种：溶解-扩散机理和局部化学反应机理。目前更多学者赞同溶解-扩散机理。Soudée 和 Péra 提出了 MgO 的溶解-扩散反应模型，认为 MgO 首先在水中溶解并释放出 Mg^{2+}，随后 Mg^{2+} 与水形成配合物 $Mg(H_2O)_n^{2+}$（通常 $n=6$），$Mg(H_2O)_6^{2+}$ 再与溶液中的 NH_4^+ 和 PO_4^{3-} 通过氢键连接在一起，形成鸟粪石（$MgNH_4PO_4 \cdot 6H_2O$）的结晶网络。最后，鸟粪石晶体在 MgO 颗粒表面逐渐长大，直至水化产物完全包裹

MgO 颗粒。Wagh 等认为 MPC 的凝结硬化过程为（图 8-38）：MgO 置于酸性溶液后开始缓慢溶解并释放出 Mg^{2+}，释放出的 Mg^{2+} 与水形成水溶胶 $[Mg(H_2O)]^{2+}$；水溶胶与酸式磷酸盐发生酸碱反应并形成凝胶；凝胶量逐渐增多且达到过饱和，反应产物晶体析出并凝结硬化为块体材料。Andrade 等却认为，水化初期，产物仅在 MgO 颗粒的表面形成，随后逐渐渗入 MgO 颗粒内部；随着 MgO 的不断溶解，体系的 pH 值逐渐升高，当 pH = 7 时开始出现针状晶体，并逐渐形成网络结构。

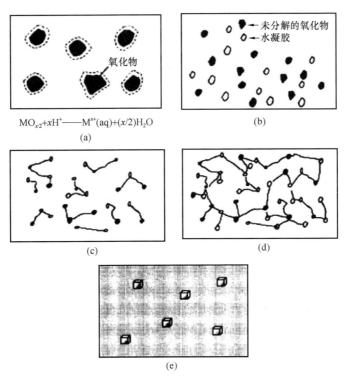

图 8-38　MPC 水化模型

（a）氧化物的分解；（b）水溶胶的形成；（c）酸基反应与缩合；
（d）渗透凝胶的形成；（e）饱和与结晶

常远等根据磷酸镁钾水泥（MKPC）水化过程的温升曲线以及 $MgKPO_4 \cdot 6H_2O$（MKP）生成量变化，将 MKPC 净浆的水化过程分为溶解放热、水化过渡、加速水化和水化衰减 4 个阶段。每个阶段的特性如下：

1. MKPC 溶解放热阶段

MKPC 溶解放热阶段为 MKPC 水化开始到第一次放热结束。这一阶段热量是由 MgO 溶解造成的，当 MKPC 净浆中各原料与水混合后，磷酸二氢钾很快溶于水，发生如下水解反应并导致液相 pH 值大幅降低（图 8-39）：

$$KH_2PO_4 =\!=\!= K^+ + H_2PO_4^- \tag{8-44}$$

$$H_2PO_4^- =\!=\!= H^+ + HPO_4^{2-} \tag{8-45}$$

$$HPO_4^{2-} =\!=\!= H^+ + PO_4^{3-} \tag{8-46}$$

随后，MgO 在酸性溶液中吸收一分子水，然后继续吸收两分子水形成 $Mg(OH)_2$ 并电离出 Mg^{2+}，反应式如下：

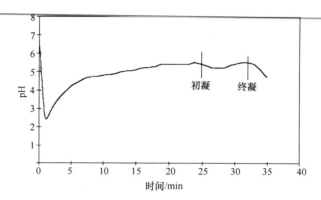

图 8-39　MKPC 液相 pH 值变化曲线图

$$MgO + H_2O \Longrightarrow Mg(OH)^+ + OH^- \tag{8-47}$$

$$Mg(OH)^+ + 2H_2O \Longrightarrow Mg(OH)_2 + H_3O^+ \tag{8-48}$$

$$Mg(OH)_2 \Longrightarrow Mg^{2+} + 2OH^- \tag{8-49}$$

MgO 解离使 pH 值在 1min 左右开始上升（图 8-39）。MgO 的比表面积越大，溶解速率越快，产生热量越多。当溶液中的 Mg^{2+} 和 HPO_4^{2-} 浓度达到一定值时，MKP 开始形成，且 MgO 的比表面积越大，MKP 越早开始形成，形成的量也越多。反应式如下：

$$Mg(aq)^{2+} + H_2PO_4^- + K^+ + 6H_2O \Longrightarrow MgKPO_4 \cdot 6H_2O + 2H^+ \tag{8-50}$$

$$Mg(aq)^{2+} + HPO_4^{2-} + K^+ + 6H_2O \Longrightarrow MgKPO_4 \cdot 6H_2O + H^+ \tag{8-51}$$

2. 过渡阶段

MKPC 的过渡阶段是第一次放热结束到第二次放热开始。当 MgO 的比表面积较大时，在溶解放热阶段会产生大量的 Mg^{2+}，释放大量的热量，加速磷酸二氢钾的溶解，使 MKPC 的水化反应即使在掺加缓凝剂的情况下也很快，短时间内生成大量的水化产物，水化直接进入加速期。

3. 加速水化阶段

MKPC 加速水化阶段是从第二次放热开始到第二次放热结束。当水化达到一定程度时，MKPC 水化加速，溶液中 MKP 达到饱和并析出，进一步促进 MKPC 水化，进而析出大量的 MKP 并释放大量的热。

4. 衰减阶段

随着水化反应的进行，自由水不断消耗，生成的水化产物包裹在 MgO 颗粒表面，延缓了 MgO 的溶解。该阶段的水化速率由扩散作用控制，水化产物生成量较少，最终形成了以未反应的 MgO 颗粒为核心的高强度的硬化体。

8.6.2.2　反应产物

磷酸镁水泥的水化产物可用通式 $Mg(X_2PO_4)_2 \cdot nH_2O$ 或 $MgXPO_4 \cdot nH_2O$ 表示。此处，X 可代表 H、NH_4 或碱金属。表 8-28 归纳了不同类型 MPC 的水化产物。

表 8-28　不同类型 MPC 的水化产物

原材料	水化产物
MgO、H_3PO_4	$Mg(H_2PO_4)_2 \cdot 2H_2O$
MgO、$NH_4H_2PO_4$	$MgNH_4PO_4 \cdot 6H_2O$、$Mg(NH_4)_2(HPO_4)_2 \cdot 4H_2O$
MgO、$(NH_4)_2HPO_4$	$Mg(NH_4)_2(HPO_4)_2 \cdot 4H_2O$、$Mg(OH)_2$、$MgNH_4PO_4 \cdot 6H_2O$

续表

原材料	水化产物
MgO、$NH_4(PO_4)_n$	$MgNH_4PO_4 \cdot 6H_2O$
MgO、$Al(H_2PO_4)_3$	$MgHPO_4 \cdot 3H_2O$、$AlPO_4 \cdot nH_2O$
MgO、KH_2PO_4	$MgKPO_4 \cdot 6H_2O$

Sugama 和 Kukacka 采用 XRD 测得过烧氧化镁和磷酸氢二铵溶液反应 24h 后的主要水化产物为 $Mg_3(PO_4)_2 \cdot 4H_2O$、$MgNH_4PO_4 \cdot 6H_2O$ 和 $Mg(OH)_2$。而 Abdelrazig 等认为该反应所得主要水化产物为鸟粪石（$MgNH_4PO_4 \cdot 6H_2O$）及少量的 Schertelite ［$Mg(NH_4)_2(HPO_4)_2 \cdot 4H_2O$］和 Dittmarite（$MgNH_4PO_4 \cdot H_2O$）或 Stercorite（$NaNH_4HPO_4 \cdot 4H_2O$），并未检测到 $Mg_3(PO_4)_2 \cdot 4H_2O$ 和 $Mg(OH)_2$ 的存在。Popovics 等发现当水灰比较高时，MPC 水化早期阶段的产物中存在 Dittmarit（$MgNH_4PO_4 \cdot H_2O$），但 Dittmarit 会随龄期延长转化成 $MgNH_4PO_4 \cdot 6H_2O$。Yang 等研究发现，MPC 的主要水化产物按生成量从多到少依次排序为：$MgNH_4PO_4 \cdot 6H_2O > Mg_3(PO_4)_2 \cdot 4H_2O > MgNH_4PO_4 \cdot H_2O > Mg_3(NH_4)_2(H_2PO_4)_4 \cdot 8H_2O$

此外，Zhu 等采用 TEM 研究 MPC 的水化产物时发现，MPC 硬化浆体的主要成分为 MKP 和未反应的 MgO，而且鸟粪石同时以晶体和无定形两种形态存在于水化产物中（图 8-40）。

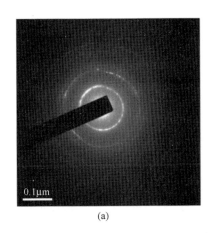 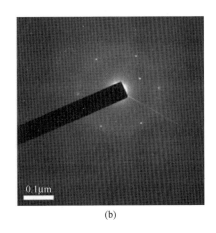

(a)　　　　　　　　　　　　(b)

图 8-40　MPC 的 TEM 衍射花样

（a）由一系列不同半径的同心圆环组成的多晶衍射花样；（b）单晶衍射点以及无定形物质产生的光环

磷酸镁水泥的微结构主要受水灰比、过烧 MgO 与磷酸盐比例（M/P）以及缓凝剂种类和掺量的影响。当水灰比较小时，硬化体中存在大量针状和柱状晶体，晶体之间紧密堆积，且存在很多裂缝和空隙；当水灰比适中时，硬化体中晶体结晶程度高，柱状晶体生长完好，晶体之间互相堆积紧密，整个断面几乎没有裂缝；当水灰比较大时，硬化体中存在大量层状晶体，晶体之间重叠排列在一起，存在很多细小裂缝。水灰比越大，MPC 硬化浆体中的孔隙和裂纹越多，而较低水灰比硬化浆体中容易产生凝胶状水化产物，如图 8-41 所示。M/P 主要影响水化产物晶体的致密度。随着 M/P 增加，晶体逐渐长大呈柱状，且致密度提高。缓凝剂则主要通过延缓晶体的形成速率来改善硬化浆体的微结构。

图 8-41　不同水灰比条件下 MPC 硬化浆体的 SEM 图

8.6.3　磷酸镁水泥的性能

8.6.3.1　凝结时间

MPC 的水化反应速度非常快，特别适用于快速抢修工程。但若 MPC 水化反应速度过快，不仅会造成施工不便，而且会对试件的后期强度及其他性能造成不利影响。因此，MPC 凝结时间的影响因素及影响机制一直是研究者关注的重点。影响 MPC 凝结时间的主要因素包括 MgO 的活性和比表面积、缓凝剂的种类和数量、环境温度以及试件大小等。

1. MgO 的活性和比表面积对凝结时间的影响

MgO 颗粒的比表面积越大、表面缺陷程度越高，颗粒的活性就越大，从而使得 MPC 水化反应越快。为了控制 MPC 的凝结时间，有必要降低 MgO 的比表面积和活性。磷酸镁水泥所使用的 MgO 一般为碳酸镁经 1000℃ 以上的高温煅烧后磨细而成。高温煅烧可有效降低 MgO 的比表面积、增大晶粒尺寸，从而降低 MPC 的水化反应速率，延长凝结时间。随着煅烧温度升高，MgO 的比表面积和总孔隙率降低，颗粒的尺寸增大（图 8-42）。此外，未烧结

图 8-42　MgO 在不同煅烧温度下的微观形貌

（a）煅烧前；（b）800℃；（c）1000℃；（d）1200℃；（e）1400℃

MgO 颗粒的表面有一层粉末状微晶物质，而烧结后的颗粒表面是光滑的，即单个颗粒表面的不定形层和气孔量有所减少。MPC 净浆的流动性和凝结时间主要由 30μm 以下的 MgO 颗粒控制。煅烧后的 MgO 颗粒尺寸更大，小于 30μm 的颗粒数量较少，可使 MPC 凝结时间变长。XRD 谱表明，煅烧后的 MgO 衍射峰更高且更尖，即结晶度更高。

2. 缓凝剂对凝结时间的影响

尽管采用了高温煅烧 MgO 的方法，MPC 的凝结时间依然难以满足某些特殊工程施工要求。为了更加有效地控制 MPC 的凝结时间，需在 MPC 中掺入缓凝剂。缓凝剂可以有效降低 MgO 的溶解度，从而延缓水化反应，降低反应放热量。陈兵等发现掺 $Na_5P_3O_{10}$ 后，MPC 的凝结时间显著延长。这是由于 $Na_5P_3O_{10}$ 会在磷酸铵表面形成一层聚合物层，阻碍了 MgO 的溶解及其与磷酸盐的接触，从而延缓 MPC 凝结速率。Ding 等研究了硼砂、硼酸和三聚磷酸钠对 MPC 的水化温升和凝结时间的影响，发现硼酸的缓凝效果最佳且浆体水化温升最低；而三聚磷酸钠的缓凝效果最差且浆体水化温升最高；硼砂的效果介于上述两者之间。Qian 等发现掺 $Na_2HPO_4 \cdot 12H_2O$ 可以提高 MPC 浆体的 pH 值，并发生吸热反应，从而起到降低早期水化放热量、延长凝结时间的作用。

绝大部分学者认为掺加缓凝剂后 MPC 的凝结硬化机理如下（以掺硼砂为例）：①MPC 与水拌和后，硼砂与磷酸盐的阴、阳离子迅速溶解于水，而 MgO 的溶解要慢得多。②由硼砂溶解生成的 $B_4O_7^{2-}$ 离子迅速吸附到 MgO 颗粒表面，形成一层以 $B_4O_7^{2-}$ 和 Mg^{2+} 为主的水化产物层，该水化层阻碍了 MgO 的溶解以及 K^+ 和 $H_2PO_4^-$ 离子与 MgO 颗粒的接触，从而达到缓凝的目的。③磷酸盐的离子逐渐渗入并透过阻碍层，与 MgO 颗粒表面接触，加快水化反应速率，形成更多的磷酸盐水化产物；随着磷酸盐水化产物生成量不断增加，MPC 体积发生膨胀，当固相体积所产生的压力达到一定数值时，阻碍层被胀破，使大量的磷酸盐离子与 MgO 颗粒发生接触，迅速形成大量的磷酸盐水化产物。④磷酸盐水化产物的生成量不断增多并向外生长，形成以 MgO 颗粒以及其他填料（如粉煤灰）为核心的硬化体。此外，缓凝剂还会使溶液的 pH 值升高，从而降低 MgO 颗粒的溶解度，延缓酸碱反应过程。

3. 其他因素对凝结时间的影响

降低 MPC 的水化速率还可通过降低反应温度、减小试件尺寸来实现。例如，冷水成型或在寒区施工。此外，同等条件下由于 MPC 的水化反应是放热反应，试件尺寸越大，放热量就越多，因此大试件的凝结硬化速度要比小试件快。

8.6.3.2　物理力学性能

MPC 凝结硬化反应的本质属于酸碱反应，其反应程度受反应物的量影响较大。只有在一定的比例（M/P 值）下，MPC 才能充分反应，形成致密的水化产物。与普通硅酸盐水泥相似，MPC 的抗压强度也随龄期延长而增高。但 MPC 早期抗压强度增幅较大，3d 强度值即达到 28d 抗压强度的 80%。随着 M/P 值增大，试件的抗压强度先增高后降低。MgO 比例过高，水化反应速率过快，致使成型效果差、强度降低。相应的，MPC 的累积孔体积随龄期延长而下降，这是因为生成的水化产物不断填充内部孔隙，使得 MPC 硬化浆体结构更加致密，抗压强度提高。当 M/P = 1 时，1h 后 MPC 试件体积发生明显收缩，且试件表面有透明晶体附着，说明内部含大量未反应的磷酸盐。磷酸盐本身强度较低，且其极易溶于水的特性会导致体系中未反应的 KH_2PO_4 大量溶出，从而导致试件孔隙率增大，抗压强度较低。虽然硼砂是一种比较常用且非常有效的缓凝剂。但应当注意的是，硼砂与其他缓凝剂一样，其缓凝效果往往是以牺牲 MPC 早期强度为代价的。

8.6.3.3 耐水性

长期浸泡在淡水中的 MPC 试件强度会发生一定程度的倒缩。相关资料显示，MPC 在水中浸泡 90d 后强度会下降 20% 左右。研究表明，在水中养护 28d 后的 MPC 试件抗压强度严重倒缩，相比自然养护时降低了 44.2%。这是因为水养条件下 MPC 中的磷酸盐会溶出，体系 pH 值降低，主要水化产物 MKP 则在酸性环境下水解，导致体系孔隙率增大、强度倒缩。进一步研究发现通过调整氧化镁与磷酸二氢钾的比例可改善 MPC 的耐水性，即氧化镁含量越高、磷酸盐含量越低，制备得到的 MPC 耐水性越好。MPC 在达到一定强度后的耐水性较好；此外，还可通过掺加适量水玻璃、SiO_2 或纤维素等方式进一步改善 MPC 体系的耐水性。其中，水玻璃能够填充、堵塞毛细孔，并可与 Mg^{2+} 反应生成水合硅酸镁沉积在空隙中；且由于水玻璃的作用，MPC 硬化浆体中水化产物的晶粒明显变小，结构更加致密。此外，SiO_2 和纤维素可大幅提高 MPC 基体的密实度，从而提高耐水性，但掺加纤维后会对 MPC 硬化浆体的强度产生不利影响。

除上述改进方法外，以下方法也可用于改善 MPC 的耐水性：①添加缓凝剂使 MPC 基体充分发生水化反应，从而减少硬化体内部未反应的磷酸盐含量，降低磷酸盐溶出量；②增大磷酸盐细度，使磷酸盐能充分溶解并参与水化反应，从而减少水化反应后的磷酸盐剩余量；③增加预养护时间，使 MPC 内部反应充分进行。总之，MPC 硬化浆体结构越致密、磷酸盐剩余量越少，其耐水性越好。

8.6.4 磷酸镁水泥的应用

MPC 具有十分优异的性能，主要表现在几个方面：早期强度发展快（1h 即可获得超过 50MPa 的抗压强度）、后期强度高（超过 100MPa）、粘结性能优异（与普通水泥混凝土和钢金属粘结性好）、体积稳定性好（收缩小甚至微膨胀）、养护简单（空气自然养护即可）、水化产物不受硫酸盐侵蚀等。近年来，MPC 由于自身性能优异受到极大关注，也在诸多领域得到了广泛应用。

1. 快速修补材料

MPC 在水泥混凝土结构的快速修补领域具有很大潜力，主要适用于水泥混凝土路面、桥梁、机场路面、军事工程等快速修补及抢修工程，目前市场上已有相关的商业产品。

2. 有害及放射性废弃物的固封处置材料

MPC 水化产物中的镁离子、铵根离子或钾离子可被重金属、放射性元素等取代，从而形成难溶性盐。因此，MPC 相比于普通水泥更适用于对含有重金属、放射性元素的废弃物（如垃圾焚烧灰、核废料、重金属污染土壤等）进行固封处置。

3. 人造复合材料

MPC 具有强度高、与其他材料的粘结性好、体积稳定性优异等特点，因此可将 MPC 用作粘结剂将木屑、纸屑残渣、秸秆、木材加工所产生的废块料等粘结成一体，制备出轻质高强、稳定性好、抗热震性好、抗冲击性好的人造复合材料。

4. 耐火复合材料

MPC 最早就被称为化学胶结陶瓷，具有优异的防火性。有机保温材料易燃的特性使其应用受到限制，可将 MPC 喷涂在有机保温材料表面，或将 MPC 用作胶结剂将保温材料胶结在一起制备防火保温材料，也可将 MPC 发泡后制备轻质高强的纯 MPC 耐火材料。

5. 生物材料

MPC 具有很好的生物相容性，早期将磷酸钙水泥用作骨、牙等材料。近年来也采用 MPC 来制备生物骨骼材料，取得了较好的效果。

思考题

1. 水泥基材料工作者如何才能更好地保护生态环境？
2. 水泥工业中的低碳技术包括哪些？近几年出现了哪些低碳水泥材料？
3. 简述铝酸盐水泥和硫铝酸盐水泥在水化上的异同。
4. 简述地聚合物水泥与硅酸盐水泥的异同。
5. 温度变化对铝酸盐水泥水化有何影响？相转变是如何发生的？
6. 磷酸镁水泥的技术特征如何？

第9章 水泥基材料的微观结构表征

9.1 水泥基材料的物相表征

现代材料科学的核心是结构与性能之间的关系。源于水泥基材料高度的不均匀性和结构的复杂性，因此难以建立准确的结构模型，实现后期性能预估。得益于材料现代分析技术的快速发展，如 X 射线衍射（XRD）、电子微探针或能谱仪等微观分析技术，可快速甚至原位测定各相的组成。以水泥熟料为例，显微镜技术主要在中度倍数上被用以测定熟料粒子的质量和数量；鲍格（Bogue）法等越来越多地被现代各种直接的定量方法所取代。不同料源、窑体以及生产工艺线的熟料料子的结晶变化也能通过 XRD 定量法直接得到快速检测。Rietveld 全谱拟合技术就是当前一种全自动的、质量有保障的定量分析方法，在控制文件安装妥当之后，10～20min 即可获得定量结果，能准确获取各相的组成、晶体化学和结晶学参数。本文简单对比了显微镜技术、X 射线衍射法以及 Bogue 法的优缺点（表9-1）。

表9-1　用于物相测定的显微镜技术、X 射线衍射技术以及 Bogue 法的比较

方法	制备	测量	计算	精确度	优点	缺点
显微镜技术	破碎；嵌埋在环氧树脂中；抛光；表面蚀刻（人工耗费大；无自动化；耗时 2d）	肉眼观察计点＞10000 点；微观结构描述［必须是受过良好教育及培训的人员；耗时长（1d）；无自动化］	由体积比计算到质量比（台式计算机）	标准离差约2%	量化及微观结构模拟化；可得熟料基本组成和晶体形成及尺寸的信息	高耗时；制备上高付出；必须有良好受训人员；不容易实现自动化
Rietveld 精修法	研磨；试样制备（人工及设备付出低；自动化；耗时 20min）	个人计算机（PC）控制 XRD（设备投入大；能实现自动化；耗时 1h）	用 PC 程序进行了量化；1min 内完成自动计算	绝对误差为质量比1%	相组成结果确切，无织构效应；无需标样；另可获取微量物相（如 MgO）的信息	测量时间相对较长；仅可获得定量数据
Bogue 计算法	研磨；粉末/颗粒制备（人工及设备付出低；能实现自动化；耗时 20min）	XRF 分析法；挥发性化合物和游离石灰的湿法分析法（XRF 自动化；测量时间 5min；湿法分析的人工及时间付出高）	根据化学分析；对标准物相进行量化	取决于物相组成	分析快速，自动；对已知相组成的量化结果佳	仅有标准物相；定量化；确切量化必须用湿分析法

随着对环境保护的日益关注，更多的废弃物得到应用，由此而产生的更多微量物相不能被 XRD 所发现。尽管从相图中可以获得物相形成和晶化条件等知识，但对熟料相及其形成

的描述还需要综合多种方法：

（1）有关理论上各相含量的 Bogue 计算法，包括改进了的 Bogue 计算法。

（2）直接 X 射线衍射分析法。

（3）X 射线衍射全谱拟合法（如 Rietveld 法）。

（4）如游离氧化钙测定一类的化学方法。

（5）X 射线荧光分析法（XRF）。

（6）为小尺寸试样以及单个化学类信息而采用的微电子探针分析法。

（7）如光反射型显微技术、粉末载片和薄切片之类的光学方法。

（8）具有荧光成像、二次电子成像和背散射电子成像的扫描电子显微技术。

（9）富集物相的选择性溶蚀法。

（10）用于碱金属物相和碳化作用的热分析法。

（11）光谱分析法。

（12）电子微探针（EPMA）、电子顺磁共振波谱仪（ESR）、电感耦合等离子体（ICP）、原子吸收光谱仪（AAS）。

9.1.1　X 射线衍射

9.1.1.1　概述

自 1928 年首次运用于水泥分析，XRD 技术经过多年发展已经成为水泥基材料研究中最重要的检测手段之一。XRD 具有快捷、方便、样品制备简单等特点。以水泥熟料物相分析为例，XRD 方法比鲍格法和显微镜计数法更便捷。水泥工厂中常见用途之一就是用 XRD 检测磨细水泥中硫酸盐的状态及数量。某些专业技术人员会有意加入不同形式的石膏，以获得"最佳硫酸盐掺和"，控制水泥水化的速率。水泥熟料和石膏在一起共磨，研磨引起的放热会使石膏脱水形成半水石膏或无水石膏。运用 XRD 可实现物相的快速鉴定，即对水泥样品进行 5°～ 40°的扫描，30min 左右便可鉴别硫酸盐的类型，还能对其数量做出估计。近 10 年来，随着探测器的发展和功能强大、界面友好的分析软件的推出，进一步推进了 XRD 技术的应用。与此同时，定量方法实现了从过去的单个衍射峰定量向全谱拟合法转变，使 XRD 技术广泛应用于水泥生产的控制和水化浆体研究中。

9.1.1.2　测试方法及原理

1. X 射线的产生

具有一定能量的高速带电粒子与物质相撞时，可以与物质内层电子作用激发出 X 射线。高速运动的电子与物质相撞时，伴随电子动能的消失与转化，产生 X 射线。X 射线具有能量高，波长短、穿透力强的特点。实验室用的 X 射线通常由 X 射线发生装置产生，该装置主要由 X 射线管、高压变压器、电压和电流调节、稳定系统等构成。其中，X 射线管是整个装置的核心部分。其结构示意图如图 9-1 所示。

2. X 射线粉末衍射

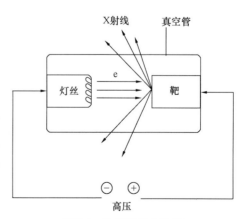

图 9-1　X 射线发生装置

应用 XRD 技术研究晶体结构时，主要是利用 X 射线在晶体中产生的衍射现象。X 射线的波长和晶体内部原子面之间的间距相近，当一束 X 射线照射到物体上时，受到物体中原子的散射，每个原子都产生散射波。不同原子散射的 X 射线相互干涉，衍射波叠加的结果使射线的强度在某些方向上加强，在其他方向上减弱。衍射线在空间分布的方位和强度与晶体结构密切相关。而衍射线空间方位与晶体结构的关系可用布拉格方程表示：

$$n\lambda = 2d\sin\theta$$

式中，n 是整数，称为反射级数；λ 是波长；d 是晶面间距；θ 是入射角，称为布拉格角或半衍射角。

现代 XRD 技术普遍采用粉末衍射法（图 9-2 为 X 射线衍射原理示意图）。粉末样品被单色 X 射线光束以角度 θ 照射，在衍射仪扫描过程中，多晶样品中的小晶粒数量众多且随机取向，因此总会存在许多满足布拉格方程的同名晶面及其等同晶面，在一定条件下产生强烈的干涉并发出强烈的信号。信号被在仪器另一侧的测角仪中的探测器以同样的角度 θ 接收并记录。由于衍射谱是 X 射线在特定结构中的晶体中衍射产生的，通常包含两方面信息：一是衍射线在空间的分布规律；二是衍射线束的强度。衍射线在空间的分布规律主要反映了晶胞的形状和大小，而衍射线的强度则取决于晶胞中原子的种类和位置。基于以上原理，利用 XRD 可以确定材料的物相组成（定性分析）以及晶体的结晶状态，并进一步确定各相含量（定量分析）。

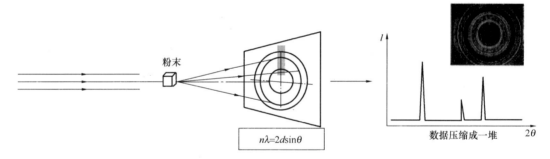

图 9-2　X 射线粉末衍射原理示意图

现在 X 射线衍射仪以布拉格实验装置为原型，融合了机械与电子技术等多方面的成果。由 X 射线发生器、X 射线测角仪、辐射探测器和辐射探测电路 4 个基本部分组成，是以特征 X 射线照射多晶体样品，并以辐射探测器记录衍射信息的衍射实验装置。现代 X 射线衍射仪还配有操作控制和软件运行的计算机系统。图 9-3 为 X 射线扫描样品的过程示意图。

3. 物相定性分析

任何一种结晶物质都具有特定的晶体结构，在一定波长的 X 射线照射下，每种晶体物质都会给出自己特有的衍射图谱特征（衍射线的位置和强度）。每一种晶体物质与其图谱都是一一对应的，不可能有两种物质具有完全相同的衍射图谱。如果事先在一定的规范条件下对所有已知的晶体物质进行 X 射线衍射，获得所有晶体物质的标准 X 射线衍射图谱数据库，当对某种材料进行物相分析时，只要将实验结果与数据库中的标准图谱进行对比，就可以确定材料的物相。这就像根据指纹来鉴别人一样，用衍射谱来鉴别晶体物质，此时 XRD 物相分析就变成简单的图谱对照工作。对于含多种晶相试样的衍射图谱是由各组成相衍射谱机械叠加而成，通常逐一比较就可剥离出各自的衍射谱。

4. 物相定量分析

多相物质经 X 射线定性分析后，若要进一步知道各个组成物相的相对含量，就必须进行定量分析。多相混合物中各相衍射线的强度随该相含量的增高而增高（即物相的相对含量越高，则对应衍射峰的相对强度也越高）。但由于试样吸收等因素的影响，一般来说，某物相的衍射强度与其相对含量并不是简单的线性关系。如果用实验测量或理论分析的方法确定了该关系曲线，就可以根据实验测得的强度计算出该物相的含量。

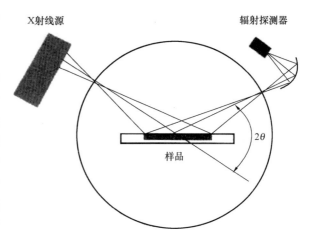

图 9-3　X 射线扫描样品的过程示意图

来自某种物相的一条谱线 (h, k, l) 其强度取决于该物相的结晶结构，并有以下关系：

$$I(h,k,l)_a \propto F(h,k,l)_a^2 \cdot M(h,k,l)_a \cdot (1/V_a^2) \cdot Lp(h,k,l)_a \cdot E(h,k,l)_a \cdot P(h,k,l)_a V_a \cdot \tau_a$$

$$(9\text{-}1)$$

式中，$I(h,k,l)_a$ 是谱线 $(h, k, l)_a$ 的积分强度；$F(h, k, l)_a$ 是物相 a 的"结构因子"；$M(h, k, l)_a$ 是等同晶面簇的多重性因素；$Lp(h, k, l)_a$ 是洛伦兹-偏振因数；V_a 是物相 a 的单位晶胞体积；τ_a 是当基体多于一种物相时的吸收衬度（微吸收）因数；$P(h, k, l)_a$ 是结晶非随机取向的择优取向因数；$E(h, k, l)_a$ 是一次衰减因数。

修改这些修正因数中的某些参数可能会对结果产生严重的影响，尤其是 P 和 τ 参数。其他的修正也会有较大的影响，如对试验性衍射吸收的修正。由于各参数与系统误差之间可能存在相关性，因此必须正确地识别像差。

如果一个两相混合物中，物相 a 和 b 取其两条相近谱线的一个比值，则可以得到 a 物相的量。则式（9-1）写作：

$$w(a) = 100\left[1 + \frac{I_b}{I_a} \cdot \frac{\rho_b}{\rho_a} \cdot \frac{V_b^2}{V_a^2} \cdot \frac{M(h,k,l)_a}{M(h,k,l)_b} \cdot \frac{F(h,k,l)_a^2}{F(h,k,l)_b^2} \cdot \frac{Lp(h,k,l)_a}{Lp(h,k,l)_b} \cdot \right.$$
$$\left. \frac{\tau_a}{\tau_b} \cdot \frac{E(h,k,l)_a}{E(h,k,l)_b} \cdot \frac{P(h,k,l)_a}{P(h,k,l)_b}\right]^{-1}$$

$$(9\text{-}2)$$

式中，$w(a)$ 是物相 a 的质量分数，以 % 表示；ρ 是密度；V 是物相的单位晶胞体积。

在物相很多的情况下，这种计算便会很麻烦，且难以确定哪条谱线最容易发生像差。当谱线密度随着物相的增多而提高时，谱线的重叠就会使得常规的 XRD 定量分析（内标法、吸收衍射法、峰值法）难以进行。由于衍射峰重叠，常规的定量分析法不能对复杂系统进行物理修正，不能完全利用衍射图谱中所有信息，因此这些方法往往是半定量的。

5. Rietveld 法

根据全谱拟合过程中所用已知参数的不同，可以将定量分析方法分为两大类，一类需要使用有关物相的晶体结构数据，即 Rietveld 法；另一类不需知道有关物相的晶体结构数据，但需知道各物相纯态时的标准谱。本节只介绍 Rietveld 法。

Rietveld 于 1969 年提出了 Rietveld 中子衍射法。它不仅解决了衍射峰重叠的问题，还能对一些物理影响做出有效的修正，实现对各相含量的精确计算。其原理：按小步长扫描，沿衍射谱取每步长上扫描强度 Y 为一个数据点，以取代物相谱线的积分强度。这样就在 XRD 谱上产生数千个强度 Yi，以作为一套数据。Rietveld 法就是运用非线性的最小二乘法，对所得 XRD 谱拟合出一套计算图谱。

9.1.1.3 取样/样品制备

采用 XRD 技术可以对水泥水化各个阶段的样品进行分析，包括未反应的水泥、水化中的水泥浆体和已经终止水化的水泥浆体等。未水化的水泥样品，一般研磨后就可以直接进行 XRD 分析。水化中的水泥浆体，可以制成薄片状试样再分析，也可以在加水搅拌制备成浆体后就对其进行分析。已经终止水化的浆体，既可制成薄片状，也可研磨成粉后再分析。

(1) 粉末类样品：对于这类样品一般经过研磨后（用研磨机或者玛瑙研钵手磨），将少量样品逐步放进试样填充区，重复这种操作，使粉末试样在样品架里均匀分布并压实。要求试样面与玻璃表面齐平。值得注意的是，粉末装填过程中过度压紧或者在铺平过程中单向移动，都会导致择优取向，影响分析结果的准确性。

(2) 新拌样品：先在样品架里面喷一层 Teflon 膜，然后将搅拌好的新拌样品置于样品架中。压实后在表面喷一层 kapton（厚度约为 $4\mu m$）膜。对于这类样品，可以直接观察到水泥水化过程中各物相的变化情况。在合理设置实验参数的前提下，能够在 8min 内得到足够清晰的衍射图谱并用于 Rietveld 法定量分析。对于新拌硅酸盐水泥浆体，一般每隔 15min 观察一次，可以观察到较好的 AFt/AFm 峰。

(3) 薄片样品：无论是水化中或已经终止水化反应的样品，都可以制成薄片状进行分析。具体方法：将搅拌好的水泥浆体灌注到圆柱体模具中（模具的直径应与 X 射线衍射仪样品夹相匹配），浆体凝结后加入少量的水，密封养护。在规定的龄期将成型的圆柱体切割成 $3\sim4mm$ 厚的薄片，并立即用异丙醇冲洗干燥表面。制成的薄片放入样品夹中，使用 1200 号的砂纸对其进行打磨。未经干燥处理的薄片可以获得较好的 AFt 和 AFm 峰，但如果测试时间较长，样品可能会碳化。干燥过的样品会产生较强的择优取向，并且使用有机溶剂如（异丙醇）处理后的样品的 AFt/AFm 峰强度会降低。

新拌样品的水化产物波动较小，但是薄片的表面趋于干燥，很大程度上改变了水的含量，很难定量测试水分的损失，且新拌样品很容易碳化。干燥样品因为经过真空干燥，其中 AFt/AFm 衍射强度减小，并且异丙醇处理后对 AFt 和 AFm 相存在影响，但干燥样品容易保存，碳化可能性较小，而其中的结合水则可以使用 TGA 方法（或烧失量法）进行测定。

XRD 样品制备的目的主要包括：①便于后期获得一系列的晶体衍射，确保每个衍射都足够清晰，以获取可重复强度的峰值，并避免出现点状线衍射图；② 减少晶体的择优取向。然而要同时满足这两个目的并不容易，这对样品的颗粒尺寸、装载方式、终止水化方式以及周围环境都有严格的要求。

1. 颗粒尺寸

X 射线具有一定的材料穿透性，不同波长的 X 射线在相同的材料中具有不同的辐射深度；相同波长的 X 射线在不同材料中也具有不同的辐射深度。在通常的衍射条件下，X 射线辐射深度在几微米至几十微米。在没有系统消光的前提下，多晶样品的辐射范围内凡是满足衍射矢量方程的晶粒都会产生衍射。以 CuK_α 辐射为例，其在样品中的穿透深度的数量级为100μm，因此为了保证有足够多的小晶体颗粒参与衍射，颗粒尺寸应该足够小。使用粉末样品进行 XRD 分析时，粉末颗粒太粗会导致峰强度不准确，从而影响分析结果。为了提高测试的准确性，一般控制颗粒尺寸最大不超过10μm，理想尺寸为 1~5μm。

2. 装载方式

颗粒由于解理和晶体习性都有趋向于某一种形态的特征，这显然违背了多晶样品中的小晶粒数量众多且取向随机的粉末衍射的前提。择优取向会增强某一特定相的衍射峰，并且减弱其他衍射峰的强度。因此，在实际测试中应该尽量避免样品产生择优取向，而且这种影响必须在分析过程中就给予修正，否则后期很难处理。粉末样品不能压太实，也不能留有空隙。粉末样品的装填方式有多种，如正装载、背装载等，其中背装载技术不仅能有效抑制被衍射样品的失真，还能够减小择优取向。

3. 终止水化方式

终止水化的目标是移除掉样品中的自由水，并且保留（冻结）样品内部的原始微观结构。在早期水化阶段，因为水化反应快，需要采用各种方法终止水化。在水化进行一个月或者更长时间后，水化变得十分缓慢，终止水化一般是移除掉样品中的孔溶液。对于 XRD 分析而言，长龄期样品终止水化过程严格来说不是必须的，但一般仍然会执行，主要是为了减少碳化。但无论是通过直接干燥（真空干燥、冰冻干燥等）还是溶剂交换来终止水化，都会对样品有一定的影响。直接干燥会移除掉样品中的自由水，可能导致 AFt 和 AFm 分解。而溶剂交换，溶剂可能会和水化产物反应，尤其是 AFt。

4. 碳化

因为空气中 CO_2 的存在，样品中的水化产物容易与其反应生成 $CaCO_3$，导致样品碳化。无论是新鲜样品还是干燥后的样品，在空气中暴露都容易碳化。新鲜薄片样品在空气中暴露2h 后就有 $CaCO_3$ 生成。因此，样品制备时应该采取措施避免样品碳化。如果试样为直接切割获得的片状试样，切割后尽快进行 XRD 谱的采集。对终止水化的试样而言，干燥后应立即放在真空干燥器中保存，试样研磨成粉末后也要尽快进行 XRD 测试。

9.1.1.4 物相分析

1. 物相定性分析

（1）定性分析流程。物相检索的步骤包括：① 给出检索条件，包括检索子库，有机还是无机、矿物还是金属、样品中可能存在的元素等；② 计算机按照给定的检索条件进行检索，将最可能存在的物相列出一个表；③从列表中检定出一定存在的物相。

一般来说，判断一个相是否存在有三个条件：① 标准卡片中的峰位与测量峰的峰位是否匹配，即标准卡片中出现峰的位置，样品谱中必须有相应的峰与之对应，即使三条强线对应得非常好，但有另一条较强线位置没有出现衍射峰，也不能确定存在该相；如果样品存在明显的择优取向时也可能导致这种情况，此时需要另外考虑择优取向问题；② 标准卡片的峰强比与样品峰的峰强比大致相同，择优取向会导致峰强比不一致，因此峰强比仅可作参考；③检索出来的物相包含的元素在样品中必须存在。如果水泥水化试样中检索出一个含 Li 相，但样品中根本不可能存在高浓度的 Li 元素，即使其他条件完全吻合，也不能确定样品中存在该相。

了解材料的相关信息对于水泥物相鉴别非常有帮助：①显微镜观察；②样品的化学性质，如了解试样的化学成分可以帮助从计算机检索结果中排除不可能存在的物相；③材料的来源，如水泥中掺有粉煤灰作为混合材，则水泥样品或水化试样中可存在赤铁矿（FeO）、金红石（TiO_2）、莫来石等物相；④使用选择性溶解增强物相，这对鉴别微量物相非常有用；⑤通过迭代程序对衍射图谱进行匹配和识别，这个方法有助于认出水泥中的微量物相。

（2）定性分析——物相增强。由于普通硅酸盐水泥是一个复杂的多相系统，在其衍射图谱中许多物相之间的重叠十分严重，若不加以处理，可能会漏掉一些次要物相的衍射峰。因此，为了更好地识别衍射图谱，可以选择性地溶解掉部分物相，凸显另外的物相。选择性溶解能够提高识别以及定量测试的检测上限。现在常用的选择性溶解有两种，它们对于 Rietveld 分析有十分重要的作用：① 使用 Salicylic acid/methanol（SAM），可以溶解掉样品中的硅酸盐物相和游离石灰，剩下 C_3A、C_4AF 以及硫酸盐物相；②使用 KOH/Sugar（KOSH），可以溶解掉铝酸盐相和铁酸盐相，剩下 C_3S、C_2S。如图9-4 所示。

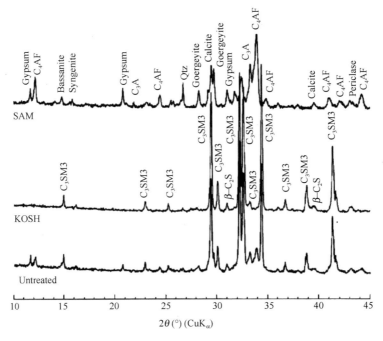

图9-4　水泥经过选择性溶解前后的衍射图

2. 定量分析

Rietveld 定量分析给出的是晶体物相的质量分数，且总和为 100%。如果样品中存在无定形的物相，则所得的结晶相的含量高于其在试样中的实际含量。为了测量物相的绝对含量，解释潜在的无定形或者次要的未识别晶相，有一系列 XRD 技术可以使用。通常会与一种已知的标准晶体材料比较重新进行计算，这种相关的材料或者与材料混合作为一种内标物，或者作为一种外标物在相同条件下分别测试。应用 Rietveld 方法对物相进行定量的前提：① 被定量的相为晶相；② 物相的晶体结构已知。只有满足以上条件，分析软件才能对样品的衍射图进行计算拟合。

（1）定量分析流程。图9-5 为常见硅酸盐水泥基材料物相定量分析的流程。

（2）内标法的计算方法。内标法就是在 XRD 数据采集时，在待测试样中加入一定已知质量分数的标准物质（称为内标物质），通常在研磨时将其与待测样品进行混磨，以达到内

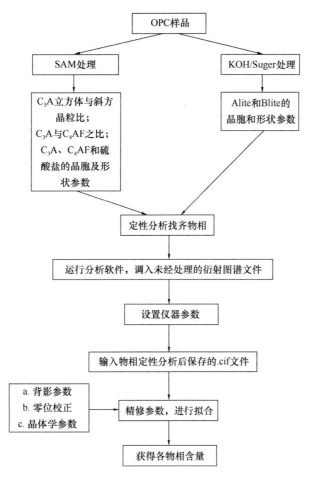

图 9-5　水泥基材料 XRD 定量分析流程图

标物在试样中均匀分布的目的。内标法除 XRD 数据采集外，不需要知道样品的化学成分。水化试样中，C-S-H 凝胶是无定形相，在 XRD 谱中往往呈弥散的衍射峰。通常作为背景加以处理，难以通过全谱拟合法得到其含量。此外，粉煤灰、硅粉、矿渣等矿物材料也含有大量的无定形相或整体以无定形态存在，需要通过内标法或外标法来进行修正。

对待分析试样的 XRD 谱进行全谱拟合和部分参数的精修后，分析软件根据式（9-3）直接计算出样品中各物相的质量分数：

$$w_k = \frac{(ZMV)_k S_k}{(ZMV)_S S_S} w_S \frac{1 + f_S}{f_S} \tag{9-3}$$

式中，下标 S 代表内标物；Z 是晶胞内化学式个数；M 是化学式相对分子质量；V 是物相的晶胞体积；S 是标度因子；w_S 是内标物的结晶度；f_S 是标准物在样品中的质量分数。

如前所述，Rietveld 法计算得到的各物相质量分数是指各物相占该样品中总晶体物相的质量分数。当样品中含有无定形相时，Rietveld 法计算得到的各晶体物相含量并不是样品中的实际含量。因此，需要借助内标物的实际含量和 Rietveld 法计算结果的比值按照式(9-4)进行相应的换算：

$$w_k = \frac{Cacl, Phase\ Cont, k}{Cacl, Phase\ Cont.\ Std} \times \frac{\%\ of\ Std, Added}{\%\ of\ Sample} \times 100\% \tag{9-4}$$

那么样品中无定形物相的总含量可以表示为

$$W_{\text{Amorphous}} = 1 - \sum_n W_n \tag{9-5}$$

（3）外标法的计算方法。外标法采用的标准物质不需要与待测样品混合，但需要在相同的测试条件下获得标准物质的 XRD 数据进行全谱拟合，以获得标准物质的标度因子；再通过相应的公式计算各物相含量。计算时需要修正样品和标准物之间质量衰变系数的差异。质量衰变系数是根据待测试样和标准物质的化学组成来计算的，因此需要对测试样品的化学成分进行测试。

k 物相的质量分数计算方法如下：

$$w_k = \frac{(ZMV)_k S_k}{(ZMV)_s S_s} w_s \frac{\mu_m}{\mu_{ms}} = \frac{(\rho V^2)_k}{(\rho V^2)_k} w_s \frac{\mu_m}{\mu_{ms}} \tag{9-6}$$

式中，μ_m 和 μ_{ms} 分别是样品和标准物的质量衰减系数（mass attenuation coefficient, MAC）；V 为晶胞体积。

同样，样品中无定形物相的含量可以表示为：

$$W_{\text{Amorphous}} = 1 - \sum_n W_n \tag{9-7}$$

试样质量衰变系数（MAC）根据试样的化学组成（氧化物组成）计算，计算公式如下：

$$MAC_{\text{SAMPLE}} = \sum_i W_i MAC_i \tag{9-8}$$

对于未水化水泥及原材料，可以根据原材料的化学成分直接计算。对于切片法制备的片状水化试样，切割后立即进行 XRD 数据采集且试样为密封养护的情况下，可以直接根据水灰比计算浆体中水的含量。如果试样经过了干燥和水化中止处理，则需用 TGA 法或烧失量法推算结合水含量。由于水的质量衰变系数很低，因此水泥浆体的质量衰变系数会比未水化水泥低很多。

（4）未水化水泥的定量分析。对于熟料中是否含有无定形相，尚存在一定的争议，这可能和水泥熟料煅烧工艺、原材料及测试方法有关。Senllings 认为，硅酸盐水泥熟料中无定形相含量在 2% 以下，因此测试熟料的矿物成分可以不采用标准物而直接获取 XRD 谱以 Rietveld 法计算结果。当测试含矿渣、硅灰、粉煤灰等混合材的水泥样品时，需要结合内标法或外标法来确定晶相含量及无定形相的总量。在测量未水化水泥无定形相或未知物相含量时，内标法运用最广泛。

（5）水化产物的定量分析。水泥水化过程中，C_3S、C_2S、C_3A、C_4AF、SO_3 等与水反应，生成新的水化产物如 CH、AFt、AFm 以及 C-S-H 凝胶。因此，水泥水化前后的衍射图谱有较大的区别。水泥水化产物中 CH、AFt 和 AFm 等相的结晶度比较高，峰形明显；C-S-H 凝胶的峰比较宽，通常作为背景处理。图 9-6 为未水化水泥和水泥水化 7d 后的衍射图。

① 水化程度计算。在计算水化程度前，首先对结合水的稀释效应进行修正。由图 9-7 可知，水化产物中结合水占有较大的比率，其含量一般通过 TG 法测量样品在 20 ~ 550 ℃ 间的质量损失而得。

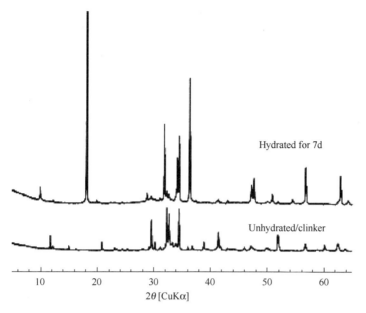

图 9-6 未水化水泥和水泥水化 7d 后的衍射图

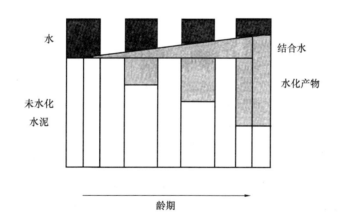

图 9-7 水泥水化过程中自由水、
未水化水泥以及水化产物含量的变化

$$W_{k,\text{dilution corrected}} = W_{k,XRD} / (1 - Volatiles_{\text{bound},TG}) \qquad (9-9)$$

因此，已水化水泥的水化程度可以表示为：

$$DOH(t) = 1 - \frac{W_{\text{anhydrous,dilution corrected}}(t)}{W_{\text{anhydrous}}(t=0)} \qquad (9-10)$$

② XRD 结果的换算。一般外标法的结果通过每 100g 浆体或者 100g 未水化物来表示，计算公式如下：

新鲜样品（薄片）：

占 100g 浆体中的质量分数 $\qquad m = m\text{XRD}$

对应 100g 未水化水泥 $\qquad m = m\text{XRD}\ (1 + W/C)$

干燥样品（粉末）：

每 100g 浆体 $\qquad m = m\mathrm{XRD}/\left[\,(1-\mathrm{LOI})(1+W/C)\,\right]$

每 100g 未水化水泥 $\qquad m = m\mathrm{XRD}/(1-\mathrm{LOI})$

9.1.2 热分析

9.1.2.1 概述

热分析是在程序控制温度条件下，测量材料物理性质与温度之间关系的一种技术。主要用于测量和分析温度变化过程中材料物理性质的变化，从而对材料的组成、结构进行定性和定量分析。热分析技术能快速、准确地测定物质的晶型转变、熔融、升华、吸附、脱水、分解等变化，在研究无机、有机及高分子材料的物理及化学性能方面是重要的测试手段。根据所测定物理参数的不同，热分析又分为多种方法。最常用的有差（示）热分析（DTA）、热重量法（TG）、导数热重量法（DTG）、差示扫描量热法（DSC）、热机械分析（TMA）和动态热机械分析（DMA）。

热分析技术在水泥基材料研究中的应用主要分两个方面：水泥熟料化学和水泥水化化学的研究，尤其在后一方面的应用更广泛。在水泥水化研究方面，热分析主要用于水泥浆体的非蒸发水量，水化产物的定性和定量测试。其中，热重分析（TG 或 TGA）应用最广泛，是目前测定水化浆体中非蒸发水量和氢氧化钙含量较准确的手段。热重法是对试样的质量随温度的变化，或对等温条件下随时间变化而发生的改变量进行测量的一种动态技术。TG 所记录的质量对温度变化的关系曲线称热重曲线，它表示过程失重的累积量。根据 TG 曲线可以得到试样组成、热稳定性、热分解温度、热分解产物和热分解动力学等方面的信息或数据。定量性强是热重法的主要特点，能准确地测量待测物质的质量变化及变化速率。微商热重法，又称导数热重法（DTG），它是 TG 曲线对温度或时间的一阶导数。DTG 曲线能精确地显示物质微小质量变化和变化率、变化的起始温度和终止温度。

热重分析通常可分为两类：动态法和静态法。常说的热重分析和微商热重分析属于动态法。在进行水化物相分析时，TGA 经常与 XRD 相结合，两者可以相互验证和补充，从而取得较好的效果。此节将介绍 TGA 的基本原理、试样制备、结果分析与处理。

9.1.2.2 测试方法及原理

热重分析所用的仪器是热重分析仪（热天平），主要由天平、炉子、程序控温系统、记录系统等几部分构成。热重分析仪有水平布置结构和垂直布置结构两种典型的结构。

在测试过程中，热重分析仪将样品质量变化所引起的天平位移量转化成电磁量，这个微小的电量经过放大器放大后，送入记录仪记录；而电量的大小正比于样品的质量变化量。当被测物质在加热过程中有升华、汽化、分解出气体或失去结晶水时，被测物质的质量就会发生变化。这时热重曲线就不是水平直线而是有所下降。通过分析热重曲线，可知被测物质在产生变化时的温度，以及损失的质量（如 $CaSO_4 \cdot 2H_2O$ 中的结晶水）。热重分析仪最常用的测量原理有两种，即变位法和零位法。根据天平梁倾斜度与质量变化呈比例的关系，用差动变压器等检知倾斜度并自动记录，这就是变位法。采用差动变压器法、光学法及电触点等测定天平梁的倾斜度，然后去调整安装在天平系统和磁场中线圈的电流，使线圈转动恢复天平梁的倾斜，即所谓零位法。线圈转动所施加的力与质量变化呈比例，这个力又与线圈中的电流呈比例，因此只需测量并记录电流的变化，便可得到质量变化的曲线。

9.1.2.3　取样/样品制备

热重分析样品制备过程中需要考虑很多因素，尤其是：

1. 终止水化及干燥方式

水化试样进行 TGA 分析前首先进行的处理就是终止水化和干燥。目前用于水化试样终止水化和干燥的方法可分为直接干燥法和溶剂取代法两大类。直接干燥法包括升温干燥法（≤105℃）、微波干燥法、D-干燥、P-干燥以及冷冻干燥法。间接法主要是采用各种溶剂（乙醇、甲醇、异丙醇、丙酮等）将试样中的水置换出来，从而达到终止水化和干燥的目的，之后抽真空处理使溶剂从试样中挥发出来。近年来，还出现了超临界干燥法。

冷冻干燥法是最适合用于热分析试样的干燥方法，但这种方法对设备的要求高。干燥时，首先将待干燥试样直接浸入液氮（−196℃），或者先将试样放入容器中，再将容器浸入液氮中。在液氮中浸泡约 15min 后，将试样转移到冷冻干燥器中，在低温（−78℃）、低压（4Pa）中继续干燥 24h。

溶剂干燥法也能够较好地保持试样的微观结构，但在浸泡的过程和随后的热分析过程中，有机溶剂可与水化产物产生化学反应，导致水化产物组成的改变。例如，加热时有机溶剂和 C-S-H 反应，释放 CO_2；甲醇可以和 CH 反应，形成类碳酸盐产物。这些作用均影响 TGA 分析的结果。目前所使用的有机溶剂中，异丙醇对水化产物的"碳化"影响最小。因此，进行热分析结果分析时或发表热分析数据时，需注明试样的干燥处理方法。

2. 样品量

样品量将会对测试结果造成影响。若样品量太大，会延长制样时间，而样品量太小，则影响试样的精确度和代表性。物质挥发成分非常小或者试样均匀性差时，更应该加入足够的样品量。但样品量越大，试样内部存在的温度梯度也越显著，尤其是对于导热性较差的试样而言更甚。另外，试样分解产生的气体向外扩散的速率与样品量有关，样品量越大，气体越不容易扩散。

3. 样品碳化及避免

水泥基材料尤其是水化样品，磨细后非常容易碳化，因此在制备试样时要特别注意防止碳化的发生。采用溶剂取代法终止水化和干燥过的水化试样，应该在进行 TGA 分析前的几小时前进行研磨，尽可能降低碳化程度。试样研磨时宜采用手工研磨；如果用制样仪器进行研磨，应采用湿式方法（即与有机溶剂一起进行研磨），以免研磨时因机械冲击作用温度上升而导致水化产物脱水。研磨后置于真空干燥器中保存，最大可能地避免碳化。

样品制备过程中还要注意避免样品污染。采用的研钵要注意清洗，研钵不用时应浸泡到稀磷酸溶液中。使用前用纯净水进行清洗，采用乙醇、异丙醇等有机溶剂进行干燥，用干燥的压缩空气吹干后再使用。收集试样使用的毛刷最好采用超声波清洗后再进行有机溶剂的清洗和干燥。每研磨好一个样品后需要按上述方法对使用过的研钵进行清洗。

4. 样品形态

制备过程中，需考虑样品形态的影响。样品的形状和颗粒大小不同，对热重分析的气体产物扩散影响也不同。通常，大片状试样的分解温度比颗粒状的分解温度高，粗颗粒的分解温度比细颗粒高。对建筑材料来说，一般要求全部通过 80μm 方孔筛。

5. 试样装填方法

试样装填越紧密，试样间接触越好，热传导性就越好，这降低了温度滞后现象。但是装填紧密不利于气氛与颗粒接触，阻碍分解气体扩散或逸出。因此，在试样放入坩埚之后轻轻敲一敲，使之形成均匀薄层。

9.1.3　X 射线荧光分析

9.1.3.1　概述

X 射线荧光分析（XRF）用于水泥行业已有 40 年的历史。目前，荧光分析仪已广泛应用于水泥行业，对原料、熟料和水泥的化学成分进行分析。尤其在质量控制系统当中，XRF 作为检测设备是不可缺少的。XRF 的优点是快速、制样简单、无需专业人员操作，可置于或靠近生产工序。当今水泥厂使用的 X 射线荧光分析仪有两种：一种是能量色散 X 射线荧光分析仪（EDXRF），次级 X 射线由正比计数器以能量的方式探测和分离；另一种是波长色散 X 射线荧光光谱仪（WDXRF）。X 射线荧光分析检测与化学人工方法相比，具有分析检测时间短、能实施在线测量、容易构成自动化程度高的自控系统、提高生产效率等优点。人工化学分析完成 8 种元素，一个人至少需要 1d 时间。若用 X 射线荧光仪分析，则短短 10min 就可以出数据。所以，国内外一些大中型水泥厂均配备了 XRF。

水泥厂分析水泥所涉及和要求准确测定的主要物质是 Al_2O_3、SiO_2、CaO、Fe_2O_3、MgO、K_2O、Na_2O 和 SO_3，将水泥研磨压片再用 XRF 进行分析是一种经济、合理的分析方法，当样品来源不同时，由于"矿物效应"，导致从样品中发射的 X 射线强度不一样，需要采用熔融制样的制样方法来消除矿物效应，以使来自不同地区的样品能参照同一条校准线进行分析。

9.1.3.2　测试方法及原理

1. X 射线光谱

X 射线是由高能电子的减速或由原子内层电子的跃迁产生的。X 射线的本质和光一样，都是电磁辐射，但其波长较短，即能量较高而已。X 射线光谱可以分为连续光谱和特征光谱两种。在常规的 X 射线管中，当所加的管电压低时，只有连续光谱产生；当管电压超过随靶材或阳极物质而定的某一临界数值（激发电势）时，特征光谱即以叠加在连续光谱之上的形式出现，这种特征光谱的波长决定于靶材的性质。

2. X 射线荧光的产生

由 X 射线管产生的一次 X 射线照射到样品上，样品中含有的各种元素在其吸收限的能量低于入射线的能量时，能将 K、L 层电子逐出（光电效应），这样原子就变成激发态。K 层或 L 层产生的空位被外层电子填补后，原子便从激发态恢复到稳定态，同时辐射出 X 射线，其能量等于外层能级和产生空位的内层能级的能量差，即为 X 射线荧光（也称特征 X 射线）。每个轨道上的电子的能量是一定的，因此电子跃迁产生的能量差也是一定的，释放的 X 射线的能量也是一定的。这个特定的能量与元素有关，即每种元素都有其特征谱线。

3. 荧光产额

电子跃迁时多余的能量可以以特征辐射释放，也可以改变原子本身的电子分布，从而导致该原子自身由外壳射出一个或多个电子，这种现象称为俄歇效应。从某一壳层释放出的有用 X 光子与这一壳层吸收初始光子的总量相比，称为荧光产额（ω）。ω 的值必定小于 1。随着原子序数的降低，产生俄歇效应的概率增大，ω 的值就显著降低。

各谱线的荧光产额依 K、L、M、N 系列的顺序递减，因此原子序数小于 55 的元素通常用 K 系谱线作分析线。原子序数大于 55 的元素，考虑激发条件、连续 X 射线和分辨率等问题，一般选用 L 系作分析线。而且在同系谱线中，每条谱线的强度决定较外层电子跃迁的概率，通常选用相对强度高的谱线作为分析线。不同电子层产生的电子跃迁对应 K 系和 L 系等谱线，见图 9-8。

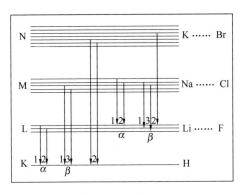

图 9-8　电子跃迁

K 系谱线的相对强度为：$K\alpha_1 : K\alpha_2 : K\alpha_{1,2} : K\beta = 100 : 50 : 150 : 20$；

L 系谱线的相对强度为：$L\alpha_1 : L\beta_1 : L\beta_2 : L\beta_3 = 100 : 50 : 150 : 20$。

4. X 射线荧光光谱仪的结构和原理

波长色散型 X 射线荧光分析仪结构主要由 X-光管、光学系统、探测器和所配置的计算机系统组成，另外还包括冷却、真空、进样和样品制备等辅助设备。

真空 X 光管内阴极发射出来的电子在高压作用下形成高速电子流轰击阳极的金属靶，释放能量。在能量转化过程中产生的激发源 X 射线（一次 X 射线）照射到被测样品时，由于样品物质原子的内层低能态电子获得能量被激发而形成空位，高能态轨道上的电子则向低能态轨道上的空位迁移，并以光量子的形式释放其多余的能量，因元素原子内电子重新配位而形成荧光（光致发光）X 射线（二次 X 射线）。荧光 X 射线的波长与被测样品的元素原子序数有确切的对应关系——元素的特征 X 射线。

荧光 X 射线经平行光管形成的入射狭缝，平射到分光晶体上，由于样品中所含某元素所对应的特征波长 X 射线只有在分光晶体处于某一相应角度时才能经平行光管形成的出射狭缝被衍射，这样通过转动分光晶体的角度，就可使样品中几种元素所对应的特征 X 射线依序形成。探测器追踪特征 X 射线序列，通过光电转换成正比于 X 射线光子能量的电脉冲信号。将 X 光谱序列所对应的分光晶体角度和电脉冲的大小等数据送入计算机，计数系统进行数据分析处理，即可测定被测样品所含成分及其含量。

5. X 射线荧光光谱分析方法

X 射线荧光光谱分析包括定量分析、半定量分析和定性分析三种方法。可以分析样品中的 $^8O \sim ^{92}U$ 元素，元素浓度范围为 $1 \times 10^{-6} \sim 100\%$。通常的检出限为 $1 \times 10^{-6} \sim 10 \times 10^{-6}$。轻基体材料（油、塑料）的检出限可以低到 50×10^{-9}。分析样品的形态可以是块状固体、粉末、液体甚至是不规则零件。

定量分析是一种相对的分析方法。一条校正曲线只能对应一种样品，需准备一套高质量的标准样品，可向标样研制机构购买。无法购买的特殊样品，可自行配制。液体样品和熔融制样的样品可以考虑采用光谱纯或分析纯的物质来配制；粉末样品由于难以混匀，加之颗粒效应，一般不考虑配制。也可自己研制标样，即采用湿法化学分析法定值。需要注意的是，标准样品和样品的基体要一致或采用其他方法来消除基体效应，则定量分析可给出高准确度的浓度值，检出限可接近 1×10^{-9}（和基体及制样方法有关）。

半定量分析又称无标样分析方法，即不需要制备标准曲线，实际是采用仪器生产厂家制备的通用标准曲线来分析样品。由于基体效应的关系，因此只可给出大概的浓度值。定性分析只给出化学元素种类，无浓度值，一般包含在半定量分析中。

9.1.3.3 样品制备

任何一种 X 射线定量分析方法，其最终的准确度如何，样品制备是一个关键因素。XRF 对样品制备的要求是比较高的，需要将标样和未知样处理成近似和可以重现的状态。这就要求各个试样之间，有尽可能一致的物理性质和近似的化学组成。例如，基体的组成，分析元素的化学状态，固体粉末的粒度和密度，块状样品表面的光洁度，以及样品中各元素分布的均匀性等。因此在样品的制备时，应尽可能使它们取得一致。同时，要求制样手续简单快速、重复性好、成本低，并且不引入额外的系统误差。

在水泥基材料的研究中，通常将待测样品研成粉末状，通过粉末压片法或熔片法制样。

1. 压片法

粉末压片法的优点是简单、快速、经济，在分析工作量大、分析精度要求不太高时应用很普遍。压片法制样分三步：干燥和焙烧；混合和研磨；压片。压片法有粉末直接压片、粉末稀释压片、用粘结剂衬底和镶边等方法。由于粒度效应的存在，粉末压片制样引起的强度测量误差随粒度增大呈线性增长，因此原则上要将样品粉碎至 250 目，甚至更细。分析线的波长越长，粉末的粒度效应就越显著。完全消除这些效应的最好办法就是采用熔融技术，将样品熔成玻璃片。这不仅能有效消除粒度效应，还可以消除矿物效应和晶体效应，使样品均匀一致，降低制样误差，并且能保持很好的制样重现性。另外，压片样品表面易吸潮，不宜长期保存。

2. 熔片法

熔片法是将样品熔解在一定熔剂中形成固熔体。该法制样精密度高、均匀性好、可人工配制标样，消除了颗粒效应、矿物效应。其缺点是制样麻烦、成本高且影响检出限。熔片法有采用低稀释比熔样技术，熔融氧化物和硫化物，也有进行了单类型矿物的熔融制样，而且样品与熔剂质量比一般是 1:5 或更高的稀释比，常用熔剂为无水 $Li_2B_4O_7$。该法对测定少量样品的主、次量元素分析结果也不错，但稀释比较高，样品熔解后有可能较难均匀分布在整个熔融体中，所以在样品熔融过程中必须充分摇动，使熔融体组成一致。采用 $Li_2B_4O_7$ 和 $LiBO_2$ 混合型熔剂具有较强的熔解性和良好的流动性，对于大多金属盐都能适用。

具体来说，熔片法的优点如下：

（1）消除待测元素化学态效应。因为待测元素的原子不是存在于自由空间，而是在其化合物的一定晶格中运动，因而化学态的差异，将引起谱线能量的改变。采用熔片法将样品熔解于适当的熔剂中，则在同相的同一基体中，可得到同一结构的待测元素化合物，从而消除了元素的化学态影响。

（2）消除样品的粒度效应。

（3）降低或消除样品的吸收-增强效应。由于过量熔剂对样品的高度稀释，经熔融后，所有的试样都接近统一的组成和密度，即以熔剂为主的组成和密度，故样品的吸收-增强效应就可大大降低，甚至消除。

（4）熔融物经研磨压片或浇铸成片，便于进行测定和保管。

熔片法也存在着一定的缺点，主要是样品的高倍稀释和散射本底的增加，测试分析线的净强度降低，给轻元素或低含量元素的测定带来困难。另外，熔融样品制备也比较费时，并不能保证百分之百的成功率，对坩埚也有一定的腐蚀性。

9.1.4　红外光谱分析

9.1.4.1　概述

红外光位于可见光区和微波光区之间，通常按频率划分为 3 个波区：近红外光（13000 ~4000cm^{-1}）、中红外光（4000~400cm^{-1}）、远红外光（400~100cm^{-1}）。红外光谱（Infrared spectroscopy，IR）是由于红外光中的某些频率的光子能量与被照射物质分子发生能级跃迁所需能量相等时，被分子所吸收而产生的吸收光谱。红外光谱被广泛应用于分子结构和物质化学组成的研究。根据分子对红外光吸收后得到的谱带频率的位置、强度、形状以及吸收谱带和温度、聚集状态等的关系，便可确定分子的空间构型，求出化学键的力学常数、键长和键角。红外光谱技术在水泥和混凝土研究领域被广泛应用，包括不同的水泥熟料、水泥水化、外加剂、地聚物混凝土、碱-集料反应等。

红外光谱仪是发出连续频率的红外光和记录红外光谱的仪器。根据分光原理的不同，红外光谱仪分为色散型和干涉型。傅里叶变换红外光谱仪属于干涉型，因其采用迈克尔逊干涉仪进行分光。傅里叶变换红外光谱（Fourier transform Infrared spectroscopy，FT-IR）利用干涉图和光谱图之间的对应关系，通过测量干涉图和对干涉图进行傅里叶积分变换的方法来测定和研究红外光谱图。与传统的色散型光谱仪相比较，傅里叶变换红外光谱仪能够以更高的效率采集辐射能力，而具有高得多的信噪比和分辨率。正是由于这些优点，傅里叶变换红外光谱成为中红外和远红外波段中最有力的光谱工具。

9.1.4.2　测试原理

分子运动分为移动、转动、振动和分子内的电子运动。每种运动状态属于一定的能级。分子的平移运动是连续变化的，而其电子运动、振动和转动都是量子化的。分子吸收一定频率（一定能量）的光子后，从较低的能级 E_1，跃迁到较高的能级 E_2。但此过程需满足两个条件：①能量守恒关系，如式（9-11）；②辐射需与分子之间有耦合作用。由式（9-11）可知，能级 E_2 态与能级 E_1 态之间的能级差越大，分子所吸收的光的频率就越高，波长越短。如图 9-9 所示，分子的电子运动、振动和转动的能级差是不一样的。分子的转动能级之间的能级差比较小，分子吸收能量低的低频光就会产生转动跃迁，所以分子的纯转动光谱往往出现在远红外区。振动能级间隔比转动能级间隔大很多，所以振动能级的跃迁频率比转动能级的跃迁频率高得多。分子中原子之间的振动光谱出现在中红外区。电子能级之间的跃迁频率已经超出红外区，因此不在本节讨论范围内。此外，红外跃迁是由偶极矩诱导的，也就是说能量的转移是通过红外光和分子振动过程中导致的偶极矩变化相互作用发生的。所以要满足第二个条件，分子的振动必须伴随偶极矩的变化。这也是红外光谱与拉曼光谱的重要区别。

$$\Delta E = E_2 - E_1 = h\nu \tag{9-11}$$

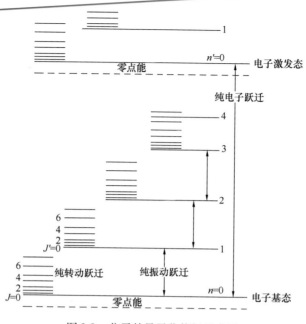

图9-9　分子的量子化能级示意图

式中，h 是普朗克常数，约等于 6.624×10^{-34} J·s；ν 是光的频率，$\nu =$ 光速（c）/波长（λ）。

9.1.4.3　取样/样品制备

红外光谱的优点之一是应用范围广，几乎任何物质都可测出红外光谱，但要得到高质量的谱图，除需要好的仪器、合适的操作条件外，样品的制备技术也非常重要。红外吸收谱带的位置、强度和形状随着测定时样品的物理状态及制样方法而变化。本书针对水泥基材料的红外透射光谱测试，因此只介绍制备固体粉末样品常用的压片法。压片法只需要稀释剂、玛瑙研钵、压片磨具和压片机，不需要其他红外附件。

1. 样品和溴化钾

对于固体粉末样品，散射的影响很大，如直接用粉末进行测量，大部分红外光由于散射而损失，往往使图谱失真。因此，需要将样品分散在具有与样品相近折射率的基质中，散射可大大降低，得到高质量的光谱。最常用稀释剂是溴化钾，它在高压下可变成透明的锭片。市售的光谱纯溴化钾可满足一般红外分析的要求，但溴化钾极易吸水，使用前需在120℃下充分干燥，且操作环境的相对湿度应低于50%。溴化钾压片法需要干燥的粉末样品1mg左右，溴化钾粉末用量100mg左右。为得到更好的光谱，粉末样品最好用万分之一的天平称量，以保证光谱的吸光率/透射率在合适的范围内。光谱最强吸收峰的吸光度在0.5~1.4，透射率在4%~30%较合适。溴化钾粉末一般不需要称量，但用量太少时压出的锭片容易破碎，而溴化钾用量太多时，锭片的透明度较难保证。

2. 研磨

将样品和溴化钾一起置于玛瑙研钵中，一边转动研钵一边研磨，使样品和溴化钾充分混合均匀。普通样品研磨时间4~5min，非常坚硬的样品，可先研磨样品，然后加入溴化钾一起研磨。研磨时间过长，样品和溴化钾容易吸附空气中的水汽；研磨时间过短，不能将样品和溴化钾研细。

　　样品和溴化钾混合物要求研磨到颗粒尺寸小于 $2.5\sim25\mu m$，否则就会引起中红外光的散射。光的散射与光的波长有关——当颗粒大于光的波长时，光线照射到颗粒上就会发生散射。研磨后的颗粒粒度不可能完全一致，光散射的程度与粒度分布有关。混合物研磨得不够细时，在中红外光谱的高频段容易出现光散射现象，使光谱的高频段基线太高，因此检查混合物是否研磨得足够细的标准，是看测得的光谱基线是否倾斜。此外，当出现光散射时，吸收峰的强度会降低，因此对于固体样品的定量分析，必须将混合物研磨得足够细，使测得的光谱基线平坦。

　　3. 压片

　　压片需要压片模具，压片模具实物图和装配图如图 9-10 所示。除了顶模、柱塞和底座，将压片模具的其他部件装配好，并将研磨好的混合物均匀地放入模具，再插入柱塞并轻轻旋转，以使样品平铺。再依次放入顶模、柱塞和顶座，并将模具放入压力机中，在 $10\sim20MPa$ 的压力下压 $1\sim2min$ 即可。压力越高，锭片越透明，但压力过高易损坏模具。模具带有抽气

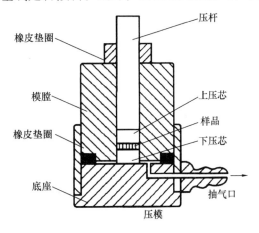

图 9-10　压力模具装配图

口，可在施压前抽真空。抽真空可除去研磨过程中溴化钾粉末吸附的一部分水汽，压出的锭片更透明些。压片模具在使用后需要清洗并干燥，否则残留的溴化钾会腐蚀模具。

9.2　水泥基材料的孔结构表征

　　水泥基材料的强度和耐久性与其密实性紧密相关。而水泥基材料的密实性除了与孔隙率有关外，孔结构也具有重要影响。在水泥水化过程中，水化产物填充原来由水占据的空间，随着水化的进行，水化产物的数量不断增加，浆体孔隙率和孔径分布也不断发生变化。截至目前，没有一种测试方法可以对水泥基材料全孔径范围内的微观孔隙进行准确测定。因此，测定其孔隙率及孔径分布是水泥基材料研究的重要内容。对于水泥基材料孔隙结构的测定，目前使用比较多的测试技术包括压汞法、光学法、等温吸附法、小角 X 射线散射等方法，其中压汞法是目前最常用的方法。

9.2.1　压汞法

9.2.1.1　概述

　　压汞法（mercury intrusion porosimetry，MIP）是一种传统的测孔技术。1921 年，Washburn 首先提出了多孔固体的结构特性可以把非浸润的液体压入其孔中的方法来分析的观点。Washburn 假定迫使非浸润的液体进入半径为 R 的孔所需的最小压力 P 由公式 $P = K/R$ 确定。这个简单的概念就成为现代压汞法测孔的理论基础。最初发展压汞法是为了解决气体吸附法所不能检测到的大孔径（如大于 30nm 的孔），后来由于新装置可达到很高的压力，压汞法也能测量到吸附法所及的小孔径区间。在多孔材料的孔隙特性测定方面，压汞法的孔径测试

范围可达 5 个数量级，其最小限度约为 2nm，最大孔径可测到几百微米，同时也可测量孔比表面积、孔隙率和孔道的形状分布。但是，由于汞不能进入多孔材料的封闭孔（"死孔"），因此压汞法只能测量连通孔和半通孔，即只能测量开口孔隙。利用 MIP 对水泥基材料进行微孔分布测试，常分为低压测孔和高压测孔两种，低压测孔的最低压力为 0.15MPa，可测孔的直径为 5 ~ 750μm；高压测孔的最大压力为 300MPa，可测孔的直径为 3nm ~ 11μm。本节主要介绍 MIP 的基本原理、操作方法及其水泥基材料中的表征参数等，同时与其他测孔方法进行比较。

9.2.1.2 基本原理

利用压汞法在给定的外界压力下将一种非浸润且无反应的液体强制压入多孔材料。根据毛细管现象（图 9-11），若液体对多孔材料不浸润（即浸润角大于 90°），则表面张力将阻止液体浸入孔隙，但对液体施加一定压力后，外力即可克服这种阻力而驱使液体浸入孔隙中。

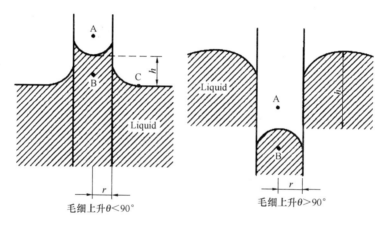

图 9-11　毛细管现象

由于水泥基复合材料内部是无规则的、随机的孔，而压汞法假设孔为圆柱形，故测得的孔径为"名义孔径"。虽然不能全面反映真实的孔分布，但相对比较水泥基复合材料中各种因素对其孔结构及分布的影响，采用压汞法无疑是可行的。根据 Washburn 方程，外界所施加的压力与毛细孔中液体的表面张力相等，才能使毛细孔中的液体达到平衡，液体浸入孔的压力 P（MPa）如下：

$$P = -\frac{4\sigma\cos\theta}{d} \tag{9-12}$$

式中，σ 为液体的表面张力，对于测试水泥基材料孔结构而言，汞的表面张力值范围 σ 在 0.473 ~ 0.485N/m；θ 为接触角，因汞与水泥基材料不浸润，其浸润角 θ 在 117° ~ 140°。上述公式表明，使汞浸入孔隙所需压力取决汞的表面张力、浸润角和孔径。因此，一定的压力值对应于一定的孔径值，而相应的汞压入量则相当于该孔径对应的孔体积。在实验中只要测定水泥基材料在各个压力点下的汞压入量，即可求出其孔径分布。

9.2.1.3 测试方法

压汞法测孔是测量出在一定压力下进入对应尺寸孔的汞体积 ΔV。目前有三种方法量测汞压入体积：电容法、高度法、电阻法。三种方法都使用结构相似的膨胀计。图 9-12 表示电阻法所用膨胀计。它是由毛细管 1 和张紧的铂丝 2 组成的。试样放在样品室 3 中。样品室是一个玻璃泡，由涂真空脂而密封的磨口 4 与毛细管连接。铂丝的两个接头 5 和电桥相连。

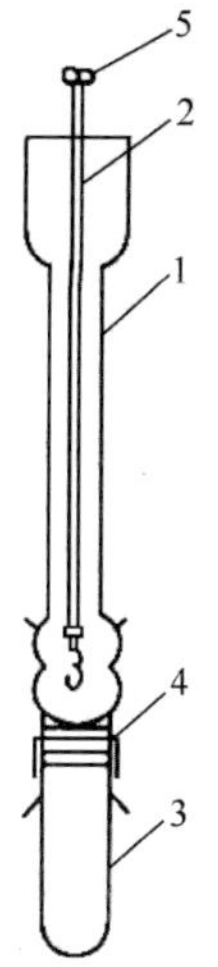

压汞仪试验操作分为低压和高压两个过程，具体如下：

（1）选择膨胀计。选择合适膨胀计需要综合考虑样品构成和形貌、样品孔隙率、样品代表性和样品量。主要有粉末和固体两种膨胀计。粉末膨胀计适合于粉末样品或颗粒物体，当直径大于 2.5mm，长为 25mm 时，使用固体膨胀计。通常膨胀计的头部体积应满足最小代表样品量的体积。预估的样品孔体积不应超过 90% 或低于 25% 毛细管体积。测量水泥基材料孔结构时，应根据制备样品大小选择合适的固体膨胀计，一般选择固体 5cm³ 膨胀计。

（2）称量样品及膨胀计组件。在称量前需要对样品提前进行预处理，在烘箱内烘干样品，一旦样品被烘干，就不能将样品重新暴露于大气中。将样品填充在膨胀计中时，将膨胀计毛细管朝下，用手握住膨胀计，用镊子将样品慢慢夹入膨胀计头部。然后使用真空密封脂涂抹在膨胀计头部的磨口上。若使用低劣的密封脂会导致漏汞和真空度问题。分别称量膨胀计组件质量三次，包括膨胀计的质量，膨胀计和样品的质量，膨胀计、密封脂、样品的总质量。膨胀计组件质量必须以这种方法称量，这样可以区别出密封脂的质量。因为每一次密封时，密封脂用量都不相同。

图 9-12　电阻法压汞测孔用膨胀计

（3）进行低压试验。首先将膨胀计安装在低压分析口，安装前用真空密封脂在膨胀杆的外侧涂抹约 5cm 长，但不要涂杆的顶部（涂到离杆的顶部 1~2cm 即可），以免堵塞毛细管。新建样品分析文件，输入相应参数（样品质量、膨胀计编号和质量等）。开始测试前，检查为低压测试提供压力的氮气钢瓶的压力值，气体减压表设置为 0.25MPa，低于此值会带来分析误差或终止分析测试。从低压分析口卸载膨胀剂时确认低压孔内压力返回到接近大气压，确认汞的排空指示灯亮。若排空指示灯不亮，汞可能会从低压孔中排出。

（4）进行高压试验。低压分析后不要停留过长时间才进行高压分析。在打开高压舱前观察其内部压力值，确认其压力为常压。检查仓内高压油面，保证油面刚好位于仓内的台阶处，若低于此高度需加入一定的高压油。每一个高压分析应对应同一个样品的低压分析结束的文件，压汞仪会检查文件的统一性，如果出现错误，将出现报警。

（5）将膨胀计从高压舱口取出，将膨胀计中的汞和样品分别倒入指定位置。

（6）清洗膨胀计。需佩戴橡胶手套清洗膨胀计，而不能用超声波清洗器加水清洗，以免损坏膨胀计的镀层。

9.2.1.4　取样/样品制备

1. 样品制备

样品的制备包括取样方法、样品尺寸和样品干燥方法。传统的取样方法包括切割、钻孔取芯和压碎。Kumar 等认为压碎和钻芯取样都可以研究混凝土孔结构，而钻芯取样更能减小误差。Heam 等发现，压碎后取样会导致样品出现二次裂缝。图 9-13 所示为从同一样品中分别进行压碎取样和切割取样得到的 MIP 结果。从图中可以明显看到，压碎样品取样得到的孔结构尤其是大孔的数量增多，这是由于在破碎过程中导致了微裂缝的形成。Heam 还研究了样品尺寸对 MIP 结果的影响，他们发现减小样品尺寸，汞不能进入的封闭孔的分数就会减小，得到的结果就更趋于真实值。但如果长度尺寸低于临界样本尺寸，则不会影响 MIP 的结果。图 9-14 表示样品的最小尺寸对 MIP 结果的影响。从图中可以看出，样品的最小尺寸减小，大孔的数量增加。在开始 MIP 测试之前，将样品烘干去除自由水是非常有必要的。这些干燥方法包括烘箱烘干（温度通常在 50～105℃）、真空干燥、冷冻干燥、溶剂置换干燥、干冰干燥、除湿干燥等。Galle 等对比研究了将样品烘干、真空干燥以及冷冻干燥等干燥方法对 MIP 结果的影响，发现冷冻干燥是研究水泥基材料适宜的干燥方法，Korpa 和 Trettin 等也证实了此结论。

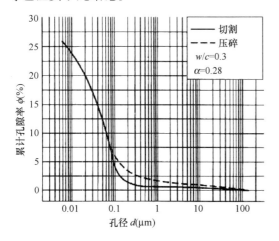

图 9-13　不同取样方法对压汞结果值的影响　　　图 9-14　样品的最小尺寸对 MIP 结果的影响

2. 试样处理

一般采用烘箱烘干的方式对样品进行干燥处理。首先取样后立即用乙醇浸泡以停止水化并脱水，一般应浸泡 24h 以上；取出后在空气中使乙醇充分挥发掉，然后将试样放到 60℃真空干燥箱中干燥 48h（干燥箱的温度不能高于 60℃，防止部分水化产物分解）；将烘好的试样放到膨胀计玻璃测量管内（图 9-15），之后先进行低压实验；在低压结束后，再把充满汞的玻璃测量管置入高压测量槽内，进行高压实验。与压汞仪相连的计算机控制进汞和出汞，并自动记录孔隙率累积曲线和孔径分布微分曲线。

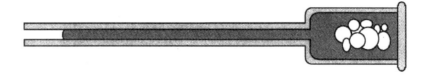

图 9-15　装有试样的膨胀计

9.2.2　光学法

光学法是最早用于观测材料孔隙结构的方法。与其他方法相比，光学法所使用的仪器一般价格较低，占地面积较小，因此被广泛用于观测各种材料的内部结构情况。早在 1882 年，Le Chatelier 就采用光学显微镜对水泥粉末的微观构造进行了观测分析。随着电子和光学技术的发展，1924 年，de Broglie 提出了电子显微镜的最初概念，理论分析显示电子显微镜的成像效果优于普通光学显微镜。1927 年，Davisson 和 Germer 通过试验证明了 de Broglie 的想法。1933 年，在众多理论和试验的基础上，第一台电子显微镜诞生，放大倍数可达 12000 倍。1966 年，Chatterji 和 Jeffery 首次将扫描电子显微镜用于硬化水泥浆体的研究，通过扫描电镜得到了水泥浆试件断裂面的微观构造情况。经过多年的发展，光学显微镜和扫描电子显微镜已经发展成为比较成熟的观测工具，是研究混凝土材料微观孔隙结构特征的重要手段。此部分着重介绍了这两种显微镜用于观测混凝土及集料的微观孔隙结构特征，大致介绍了两种显微镜的仪器情况、数据采集过程及处理等。

9. 2. 2. 1　孔隙结构测定仪

1930 年左右，引气剂被广泛用于改善混凝土的气泡构造，达到提高混凝土抗冻性的目的。1950 年，Powers 分析了气泡构造与混凝土抗冻性的关系，在此基础上提出了采用气泡间隔系数作为气泡特征参数以快速评价和预测混凝土的抗冻性。美国研究人员根据 Powers 的理论，提出了气泡间隔系数及相关气泡特征参数的测定方法，并将其写入 ASTM 规范中。为获得这些气泡特征参数，相关领域的研究人员利用光学显微镜尝试了多种方法，为了使混凝土试件观测面上的孔隙在光学显微镜下可见，观测面需要被均匀打磨，孔隙则需要通过某种直接或间接方法突出显示。最早，仅通过光照条件下孔隙和非孔隙区域光学对比度不同来识别孔隙，这种方法误差较大。1980 年，荧光剂被引入混凝土材料的研究中，荧光剂的使用使采用光学显微镜观测混凝土内部的气泡和微小裂缝变得更加简单易行，且结果更准确可靠。同时，最初工作者利用光学显微镜进行气泡观测时，气泡参数的测量和统计工作均由人工完成，因此该过程中人为误差较大，极大地影响了测量结果的精度。为解决该问题，随着计算机技术的发展，各国研究人员将图像识别软件与光学显微镜配合使用，实现了对混凝土内气泡的智能识别及相关参数的自动计算，对应开发了多种混凝土气泡构造测定仪。下面以 MIC-840-01 型硬化混凝土孔隙结构测定仪为例，介绍该类孔隙测定仪的基本构造、测定方法等。

1. 测定仪简介

MIC-840-01 型硬化混凝土孔隙结构测定仪及分析过程图像分别如图 9-16 和图 9-17 所示。该仪器是我国首台引进的混凝土内部气泡构造自动分析测试设备。设备可自动测定硬化混凝土内部的气泡构造特征参数（如气泡个数、气泡间隔系数、气泡孔径分布、平均气泡直径、比表面积等），还可以通过人工设定将引气气泡和非引气气泡分开进行分析，从而给

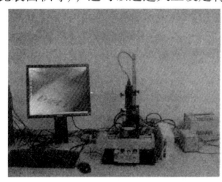

图 9-16　硬化混凝土孔隙结构测定仪

出混凝土孔隙结构的定量描述。同时该设备可加快混凝土气泡分析速度，减小混凝土气泡测试中的人工误差和试验误差，提高测试精度和速度。该仪器可测定气泡孔径的范围为 9.917 ~ 2185.740μm。

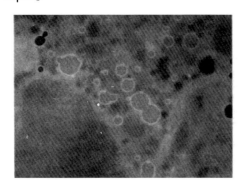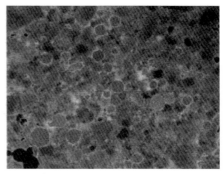

图 9-17　硬化混凝土气泡分布的数字图像

2. 测定仪的关键测试参数

（1）圆形度。圆形度是用以刻画研究对象形状的指标，以 R_D 表示。R_D 可由式（9-13）计算得到：

$$R_D = \frac{4\pi F}{P_L^2} \tag{9-13}$$

式中　P_L——曲线长；

　　　F——曲线所围面积。

当物体是圆形时，则圆形度为 1。当研究对象由圆形向细长变化时，则圆形度随之减小。引气剂引入的气泡一般为比较规则的圆形气泡，因此为了提高测量精度，避免把混凝土中集料周边的裂隙作为被测对象，在进行硬化混凝土气泡特征参数测定时，可通过设置合理的圆形度将小于设置值的气泡去除。在以下所述的研究中，圆形度均取 0.6。

（2）像素删除标准。像素（pixel）是构成数码图像的最小单位，它是一种虚拟单位，硬化混凝土孔隙结构测定仪通过图上像素与实际距离的比值来实现对距离的标定。通过像素删除标准的设置，将直径小于设定值的孔隙剔除。圆形度和像素删除标准小于设定值的孔隙，往往是搅拌或振捣过程中形成的，并非引气剂引入的空气泡。在以下所述的研究中，像素删除标准值取 10 像素。

（3）二值化阈值。为了使测定仪能够准确定位气泡的边界，从光学分析角度，需要将显微镜获取的图像进行二值化处理，二值化阈值即为二值化的临界值。通过二值化阈值的设定，可使系统自动准确识别到气泡的外边缘。在以下所述的研究中，二值化阈值根据具体情况取 120 ~ 160。

3. 硬化混凝土气泡特征参数的计算

硬化混凝土孔隙结构测定仪可测定数据包括平均气泡孔径、含气量、气泡间隔系数等。相应各参数的计算公式如下：

累计气泡面积（mm²）：

$$A = \sum_{i=1}^{N} l_i \tag{9-14}$$

式中 l_i——第 i 个气泡的面积，$i = 1 \sim N$。

平均气泡面积（mm^2）：

$$a = \frac{A}{N} \tag{9-15}$$

单位面积内的气泡个数：

$$n = \frac{N}{S} \tag{9-16}$$

式中 N——气泡个数，个；

S——测定面积，mm^2。

含气量（%）：

$$A_s = 100na \tag{9-17}$$

平均气泡直径（μm）：

$$d = \frac{1}{N} \sum_{i=1}^{N} \left(2\sqrt{\frac{l_i}{\pi}} \right) \tag{9-18}$$

比表面积（$\mu m^2 / \mu m^3$）：

$$\alpha = \sqrt{\frac{6\pi}{a}} \tag{9-19}$$

气泡间隔系数（μm）：

$$L = \frac{P}{\alpha A_s}, \quad \frac{P}{A_s} < 4.33 \tag{9-20}$$

$$L = \frac{3}{\alpha} \left[1.4 \left(\frac{P}{A_s} + 1 \right)^{\frac{1}{3}} - 1 \right], \quad \frac{P}{A_s} < 4.33 \tag{9-21}$$

式中 P——浆体含量，%。

4. 测试试样的制备程序

（1）将经过标准养护到所定龄期的 $10cm \times 10cm \times 40cm$ 混凝土试样，采用自动型岩石切割机切割成 $10cm$（长）$\times 10cm$（宽）$\times 1 \sim 2cm$（厚）的立方体试件，同一试样宜制备三个平行试件。

（2）采用转速较低的台式研磨机对试件的一个表面进行研磨，配合使用 $100^{\#}$、$180^{\#}$ 金刚砂，使试件表面基本被磨平。

（3）将研磨机处理完毕的试件表面，用手工在玻璃板上继续进行磨光，研磨中应保持表面的绝对平整，并配合使用 $240^{\#}$ 和 $320^{\#}$ 的金刚砂，最终使试件表面平整光滑，不允许出现划痕。

（4）仔细清洗磨光后的试件表面，先使用毛刷刷洗，然后使用超声波清洗机，清洗时试件的磨光面朝下放置，清洗 $3 \sim 5min$。

（5）将清洗完毕的试件在空气中风干 $12h$，或放在烘箱中采用逐渐升温的方法将其烘干。

（6）用小毛刷（牙刷也可）在干燥的试件磨光面上涂刷荧光剂，为保证测试准确性，荧光剂应确保浸入被测对象的气泡内部，且应涂刷均匀、厚度一致。同时，由于荧光剂具有一定的挥发性，因此工作人员应做好防护工作，且保持室内通风良好。

（7）荧光剂涂刷完毕后在空气中风干 4~6h，使药液充分固化。应注意通风，避免引起实验人员不适。

（8）重复试验步骤（3）和步骤（4）。在玻璃板上采用手工研磨，用力要均匀，不能过猛。研磨的过程中，要不断检查试件表面，要求将混凝土表面的荧光剂研磨掉，但气孔中的荧光剂完全保留，同时不能磨出新的气孔。宜在手提紫光检测灯照射下检查试件表面，直至试件表面的荧光剂随气孔呈星点状分布，除集料边隙外没有呈片状或线状分布的情况，停止研磨。

（9）使用超声波清洗机清洗试件，要求试件涂有荧光剂的一面朝下放置，清洗 3min 左右。

（10）再次在手提紫光检测灯照射下检查试件表面，如观察到表面磨出了新的气孔或气孔中的荧光剂已被研磨掉，则应重复步骤（5）~（9），重新准备试件。

（11）试件达到标准要求后，在空气中自然风干后用于测试硬化混凝土的气泡特征参数。表面涂刷荧光剂后的试件，不宜采用烘箱进行烘干。

5. 试验数据及处理

试验一般以 3 个试件为一组，将 3 个试件测值的平均值作为该组试件的试验结果。当 3 个试件中的最大值或最小值之一与中间值之差超过中间值的 10% 时，取中间值。当 3 个试件中的最大值和最小值，与中间值之差均超过中间值的 10% 时，则该组试验应重做，即按照上述步骤对试件进行重新制备，并重新测量。

9.2.2.2 扫描电子显微镜

扫描电子显微镜（Scanning electron microscope，SEM）的成像原理是利用细聚焦电子束在样品表面逐点扫描，与样品相互作用产生各种物理信号，这些信号经检测器接收、放大并转换成调制信号，最后在荧光屏上显示反映样品表面各种特征的图像。扫描电子显微镜的功能与光学显微镜的功能近似，但其放大倍数远大于光学显微镜，最小分辨率可达几纳米，它能比光学显微镜观测到更微观层面的图像，因此被广泛用于金属材料、陶瓷材料、半导体材料、化学材料等材料的微观形貌、组织、成分分析，各种材料的形貌组织观察，材料断口分析如失效分析，材料实时微区成分分析，元素定量、定性成分分析，快速的多元素扫描和线扫描分布测量，晶体、晶粒的相鉴定，晶粒尺寸、形状分析，晶体、晶粒取向测量等。这些功能都是光学显微镜无法实现的。

当采用扫描电子显微镜观测水泥基材料时，首先，使用超声波清洗机对样品进行清洗，清洗时间为 3~5min，清洗后的样品在灯下烤干，或放于通风处 12h 自然风干。其次，将处理好的样品依次固定在观察托盘上，注意记录摆放次序，方便试验中辨认。由于混凝土和集料样品均属于非导电材料，当采用扫描电子显微镜观测非导电样品时，样品将产生荷电现象，从而严重影响二次电子图像质量及 X 射线微区成分分析结果。所以，在观察前需要在样品表面镀制金属薄层使样品导电，该做法可以十分有效地提高图像质量。最后，打开仪器，依次对样品进行观察和拍照，观察的放大倍数根据研究目的而定。

用扫描电子显微镜观察，因其分辨率较高，结合图像分析，可分析 50nm 以上的孔。图像分析主要根据孔和固相灰度的差别进行辨认，因此当图像中固体部分反差很大时，对孔的分析会有较大误差。

9.2.3 等温吸附法

等温吸附法是指气体吸附在固体表面，随着相对气压的增加，会在固体表面形成单分子层和多分子层。加上固体中的细孔产生的毛细管凝结，可计算固体比表面积和孔径。所用气体可以是水蒸气或有机气体，用的最多的是氮气。氮吸附法（BET）测定孔径和比表面积是建筑材料研究常用的方法。

9.2.3.1 单层吸附理论

假设：①吸附剂（固体）表面是均匀的；②吸附粒子间的相互作用可以忽略；③吸附是单分子层。则得到吸附等温方程（Langmuir）如下：

$$\frac{P}{V} = \frac{1}{V_m b} + \frac{P}{V_m} \tag{9-22}$$

式中　V——气体吸附量；

V_m——单层饱和吸附量；

P——吸附质（气体）压力；

b——常数。

以 V 对 P 作图，为一直线，根据斜率和截距可求出 b 和 V_m，只要得到单分子层饱和吸附量 V_m 即可求出比表面积 S_g。用氮气作吸附质时，S_g 由下式求得：

$$S_g = \frac{4.36 \cdot V_m}{W} \tag{9-23}$$

式中，W 用 g 表示，得到的比表面为 S_g（m^2/g）。

9.2.3.2 多层吸附理论

BET 法是目前被公认为测量固体比表面的标准方法，其原理是物质表面（颗粒外部和内部通孔的表面）在低温下发生物理吸附。它假设物理吸附是按多层方式进行，即不等第一层吸满就可有第二层吸附，第二层上又可能产生第三层吸附，吸附平衡时，各层达到各层的吸附平衡时，测量平衡吸附压力和吸附气体量。所以吸附法测得的表面积实质上是吸附质分子所能达到的材料的外表面积和内部通孔总表面积之和。BET 吸附等温方程如下：

$$\frac{P/P_0}{V(1 - P/P_0)} = \frac{C - 1}{V_m C} \times P/P_0 + \frac{1}{V_m C} \tag{9-24}$$

式中　V——气体吸附量；

V_m——单分子层饱和吸附量；

P——吸附质压力；

P_0——吸附质饱和蒸气压；

C——常数。

求出单分子层吸附量，从而计算出试样的比表面积。令：

$$Y = \frac{P/P_0}{V(1 - P/P_0)}, \ X = P/P_0, \ A = \frac{C - 1}{V_m C}, \ B = \frac{1}{V_m C} \tag{9-25}$$

则可得到 BET 直线图（图 9-18）。

将 $Y = \dfrac{P/P_0}{V(1 - P/P_0)}$ 与 $X = P/P_0$ 作图为一直线，且 $1/$（截距 + 斜率）$= V_m$，代入式

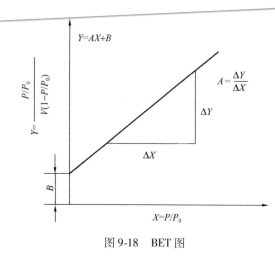

图 9-18　BET 图

9.2.3.3　孔径分布测定原理

气体吸附法测定孔径分布利用的是毛细冷凝现象和体积等效交换原理，即将被测孔中充满的液氮量等效为孔的体积。毛细冷凝指的是在一定温度下，对于水平液面尚未达到饱和的蒸气，而对毛细管内的凹液面可能已经达到饱和或过饱和状态，蒸气将凝结成液体的现象。

在毛细管内，液体弯月面上的平衡蒸汽压 P 小于同温度下的饱和蒸汽压 P_0，即在低于 P_0 的压力下，毛细孔内就可以产生凝聚液，而且吸附质压力 P/P_0 与发生凝聚的孔的直径一一对应，孔径越小，产生凝聚液所需的压力也越小。

由毛细冷凝理论可知，在不同的 P/P_0 下，能够发生毛细冷凝的孔径范围是不一样的，随着值的增大，能够发生毛细冷凝的孔半径也随之增大。对应于一定的 P/P_0 值，存在一临界孔径 R_k，半径小于 R_k 的所有孔皆发生毛细冷凝，液氮在其中填充。开始发生毛细凝聚液的孔径 R_k 与吸附质分压的关系：

$$R_k = -0.414/\log(P/P_0) \tag{9-26}$$

R_k 完全取决于相对压力 P/P_0。式（9-26）也可理解为对于已发生冷凝的孔，当压力低于一定的 P/P_0 时，半径大于 R_k 的孔中凝聚液气化并脱附出来。通过测定样品在不同 P/P_0 下凝聚的氮气量，可绘制出其等温脱附曲线。由于其利用的是毛细冷凝原理，所以只适合于含大量中孔、微孔的多孔材料。根据毛细凝聚理论，按照圆柱孔模型，把所有微孔按孔径分为若干孔区，这些孔区由大到小排列。当 $P/P_0 = 1$ 时，由式（9-26）可知，$R_k = \infty$，即这时所有的孔中都充满了凝聚液。当压力由 1 逐级变小，每次大于该级对应孔径孔中的凝聚液就被脱附出来，直到压力降低至 0.4 时，可得每个孔区中脱附的气体量。把这些气体量换算成凝聚液的体积，就是每一孔区中孔的体积。综上所述，在气体分压从 0.4 ~ 1 的范围中，测定等温吸（脱）附线，按照毛细凝聚理论，即可计算出固体孔径分布，孔径测定的范围是 2 ~ 50nm。

与压汞法相比，氮吸附法可测中微孔，而对大孔的测定会产生较大的误差，仪器的平衡时间会较长，测试耗费的时间也较长（5h）。

9.2.4　小角 X 射线散射

小角度 X 射线散射法（Small-Angle X-ray Scattering，SAXS），是一种用于测定纳米尺度范围的固体和流体材料结构的技术。它探测的是长度尺度在典型的 1 ~ 100nm 范围内的电子密度的不均匀性，从而给 XRD（WAXS，广角 X 射线散射）数据提供补充的结构信息。根据布拉格方程，X 射线波长、衍射角 θ 和晶体晶面距 d 之间有如下关系：

$$2d\sin\theta = \lambda \tag{9-27}$$

即
$$2\sin\theta = \lambda/d \tag{9-28}$$

如果 2θ 非常小，令 $2\theta = \varepsilon$ 可得

$$\sin\theta = \sin\varepsilon/2 \approx \varepsilon/2 \tag{9-29}$$

$$\varepsilon = \lambda/d$$

在很小的角度，波长为 λ 的 X 射线射入直径为 d 的不透明粒子，其关系就是 $\varepsilon = \lambda/d$。式中 d 为试样中所含粒子的大小。由于 X 射线波长在 $0.1\mathrm{nm}(1\text{Å})$ 的数量级，所测角度为十分之几到几度，则可测粒子大小为 $(2 \sim 30)\mathrm{nm}$（$20 \sim 300\text{Å}$）。对于孔，由于其中电子浓度和固体电子浓度不同，也可产生小角度散射，其作用和在空气中分布大小固体粒子相同，因此所测粒子形状、大小、分布和孔的形状、大小、分布是互补的。此方法可在常温下测定 $(2 \sim 30)\mathrm{nm}$（$20 \sim 300\text{Å}$）的细孔孔径分布。散射 X 射线强度只与粒子或孔的大小有关，而与其内部结构无关。粒子（或孔）越小，散射所出现的角度越大。微粉粒子也可引起散射，但一般其粒径比欲测孔径大，所以在所测定散射角范围内可将其忽略。当这种大粒子是由更细的一次粒子凝聚而成的二次粒子，而一次粒子和所测孔径大小相等时，则这种粒子和孔所引起的散射无法区分。

与 MIP 相比，两者所测孔径分布在较大孔处是接近的，而在小孔处，SAXS 法所测孔穴则比 MIP 所测结果大得多。原因是汞难以进入大量封闭孔和墨水瓶状孔的陷入部分。但 SAXS 法在大孔区域，由于干涉效应和仪器精度有限，会产生较大的误差，因此 SAXA 法适于测 $30\mathrm{nm}$（300Å）以下的孔。此外，用 SAXS 测定材料比表面积或孔结构，不要求对试样进行去气和干燥处理，因而可测室内任一湿度下试样的孔结构，X 射线能穿透材料而测出封闭孔穴和墨水瓶状孔的陷入部分。小角散射技术能够在无破坏、无侵入条件下，通过对微观尺度硬化浆体分形结构及凝胶粒子尺寸等参数监测，实时并可重复表征其纳米级别的结构特征及演化。但该技术在水泥水化硬化浆体微结构表征与应用还受到很多因素的影响和制约，存在测试仪器制造成本高、测试价格昂贵和分析测试模型需进一步科学化等突出问题，需要在今后的研究中不断发展和完善。

9.3　水泥基材料的电学测试

9.3.1　引言

水泥基材料的微观结构与其力学性能及耐久性密切相关。许多传统的材料微观结构与成分分析方法，如差热分析法、热重分析法、X 射线及荧光分析法、各种谱图法、核磁共振法、扫描电镜、原子力显微镜等，均已被用来分析水泥基材料的微观结构。而水泥基材料的各种电性能测定，则代表在宏观和微观两种尺度上研究这些材料的一种附加试验方法。在本节中将着重介绍交流阻抗谱这样一种在水泥基材料研究中典型的电学测试方法。与上述传统的方法相比，交流阻抗具有如下几点优势：

（1）测试方法方便简单，可以适应现场成型及其测试环境，应用范围广，可持续进行测试，实时监测体系的发展变化；

（2）阻抗测试相对便宜、快速，阻抗测试过程中消耗很少的能源，能够提供快速、经济的测试，且不会减缓生产和测试进度；

（3）与 XRD 及 MIP 等测试方法相比，阻抗测试的过程对身体是无害的；

（4）一般的测试方法在测试之前均需要将试件破损或干燥，而湿度对水泥基体的微观结构有较大的影响，在干燥过程中可能会改变材料的微观结构。而交流阻抗由于不要求破损或干燥试件，因此不会破坏或改变水泥基材料的微观结构和水化过程；

（5）不需要特殊的试件准备。理论上交流阻抗可对任何尺寸和形状的试件进行测试。能够对大体积试件（如混凝土与砂浆试件）进行测试，消除体积效应对微观结构的影响；

（6）与 BET、SEM 和 MIP 等测试方法相比，可以测试水泥基材料凝结前的性能，研究水泥水化早期的水化过程。

近 30 年来，交流阻抗被用于表征水泥基材料介电性能、纯水泥浆体、掺硅灰的水泥浆体、掺粉煤灰的水泥浆体、掺矿渣的水泥浆体、掺工业废渣的水泥浆体及砂浆和混凝土的水化过程与性能演化，也有将交流阻抗用于表征不同温湿度条件下、孔结构与孔溶液特殊处理情况下及表面处理后的水泥基材料的性能及界面过渡区。在交流阻抗被大量应用于水泥基材料微观结构和性能表征的研究过程中，研究者从来没有停止过改进交流阻抗测试与解析精度的尝试。他们在杂散阻抗校正、等效电路建立、参数分离和解析、电极体系与接触方式及数据验证等方面均进行了较深入的研究，得出了有益的结果，这对交流阻抗测量程序与解析方法的建立和改进具有重大意义。本节将从交流阻抗技术在水泥基材料应用中的测试原理、测量过程、解析方法、关键应用及与传统测试方法的对比等方面加以阐述。

9.3.2 测试原理

一般来说，交流阻抗谱分为两类，即电化学阻抗谱（EIS）和固态交流阻抗谱（ACIS）。EIS 一般用于液相体系的界面和腐蚀表征。ACIS 产生于早期的 EIS，主要关心固-固界面和固-液界面。EIS 和 ACIS 的主要区别还在于所使用的频率范围不同，EIS 通常在 kHz 至 MHz 的范围，而 ACIS 通常在 Hz 至 MHz 范围。

在 ACIS 中，测量的是电流对电压的响应（频率范围较广的小幅度激励电压），包括相位角和幅值。对于直流电来说，欧姆定律确定了电压 V、电流 I 与电阻 R 之间的关系，即 $V = IR$。而对于交流电来说，施加的电压和产生的电流具有时间依附性，欧姆定律可以写成 $V(t) = IZ(\omega)$，其中测得的阻抗 $Z(\omega)$ 具有频率依附性。阻抗因此被定义为：

$$Z(\omega) = \frac{V(t)}{I(t)} = \frac{E_0 \sin(\omega t)}{I_0 \sin(\omega t + \theta)} \tag{9-30}$$

式中，模数为 $|Z(\omega)| = |Z| / |I| \cdot \omega$，相位角为 $\theta(\omega)$。

ACIS 通常用 Nyquist 图和 Bode 图表示，由于 Nyquist 图可以方便地观察阻抗在整个频率范围内的变化规律和趋势，对于阻抗谱的解析有重要意义，因此在实际分析中应用较多。

1. ACIS 上的容抗弧

用于电性能研究的许多材料实际上并不是均质的，因此在阻抗测试中会出现若干个不同的电响应过程（至少会出现电极和本体材料的电响应）。对于复合材料来说，不同的电响应来源于基体以外第二相粒子及粒子与基体材料界面。大多数材料现象（如电极、界面及基体行为等）包括电阻 R、电容 C，它们一般会以串联或并联的方式出现，如图 9-19（复平面表示的阻抗，称为 Nyquist 图）所示，称为容抗弧。理想的容抗弧在复平面图上是一个完美的半圆，圆弧上的每个点代表在某一个频率下测试的阻抗数据点。频率从右到左逐渐增加，顶点频率为 $f_{top} = 1/(2\pi RC)$，称为特征频率，其中 $T = RC$ 称为时间常量或弛豫时间，代表某一材料现象发生的速率。时间常量不同会使不同的材料现象出现在不同的频率范围内，以便解析时分离各个材料现象。

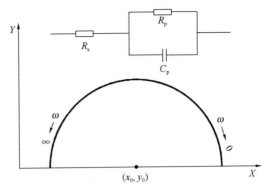

图 9-19　ACIS 上的容抗弧及其等效电路图

2. ACIS 测试的工作假定

ACIS 的测试必须满足 3 个基本条件：

（1）因果性：也即系统的响应仅仅是由于外加的扰动引起的。因此，在测试过程中要消除噪声、振动等的影响，以保证测得的响应和施加的扰动是唯一对应的关系。

（2）线性：系统的扰动与响应之间应该存在线性函数关系，这样才能保证扰动和响应均为频率的函数。也即阻挠或传递函数与外界扰动信号的形状和大小无关。

（3）稳定性：系统必须是稳定的，即在外界扰动移除后，系统能回复到原来的状态，内部结构不发生变化。如若每次测试后系统发生变化，则测试也就失去了意义。

上述 3 个条件可用 Kramers-Kroning（K-K）变换加以验证。K-K 变换在数据处理时很重要，其联系了测得阻抗的实部和虚部，详见本书 9.3.5 第二部分 1 的讨论。

3. ACIS 中的参数意义

ACIS 中的参数通常采用等效电路模型进行拟合分析。等效电路中最常用的元件是电学里的电阻 R、电容 C 和电感 L，各个元件被赋予基本的物理化学意义以便表征材料体系的性能。虽然等效电路模型中的元件有精确的数学描述，但是物理意义却十分宽泛，取决于模拟方法和代表现象的物理本质。各个元件可能的物理意义简述见表 9-2。由于弥散现象（圆弧被压扁，圆心移至第四象限）的存在，电路中的电容 C 常用常相角元件（CPE）代替，而试件与电极接触阻抗可能会出现扩散控制的韦伯（Warburg）阻抗，CPE 和 Warburg 阻抗的意义也一并列于表 9-2 中。

表 9-2　等效电路中常用元件及其代表的物理意义

元件	物理意义
电阻（R）	能量损失，能量耗散，势垒，状态参数之间的比例，由于非常快载流子的电子电导或电导
电容（C）	静电积累，载流子积累，参数积分关系
电感（L）	磁能积累，电流流动或电荷载流子运动的自感
韦伯阻抗（Z_W）	纯线性半无限扩散
常相角元件（CPE）	时间常数的指数分布

9.3.3　取样／样品制备

1. 样品的形状

一些研究者采用圆柱形试件构造双电极体系测量水泥基材料的 ACIS，如图 9-20（a）所示，测试所采用的样品形状为圆柱体。而大多数研究者采用方形试件构造双电极进行测试，如图 9-20（b）所示，测试采用的样品形状为长方体或正方体。圆柱形样品与电极的连接最适合预浇筑的连接方式。若不采用预浇筑的连接方式，很难保证电极和试件间紧密接触。且由于圆形电极不会随着水泥基材料一起收缩，更容易造成电极与试件的接触不够紧密而增大接触阻抗。长方体或正方体样品形状试件与电极的连接，除了适合采用预浇筑方式外，还可以通过各种介质进行连接。

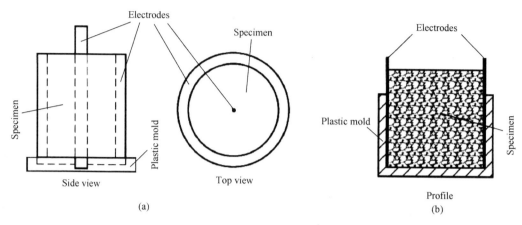

图 9-20 水泥基材料测量的电极体系示意图

（a）圆柱形双电极体系；（b）方形双电极体系

2. 样品的尺寸

交流阻抗仪的测试精度与水泥基材料的阻抗有关。因此，为了获得更好的测试精度，可以改变水泥基材料的样品尺寸以调整材料整体电阻和电容。尽管测试时某个材料现象的时间常量不能被改变，因为它是材料固有的参数，但是样品的尺寸可以被改变。改变样品的几何尺寸，相对串联电阻和电感或者并联电阻和电容来说，就改变了样品的电阻或电容。可以通过改变几何尺寸使得低电阻、高电容的样品产生更高的样品电阻（早期水泥基材料，降低 A/L）。也可以通过改变几何尺寸使得低电容、高电阻样品产生更高的样品电容（后期水泥基材料，增大 A/L）。然而，改变样品尺寸并不总是可行的。水泥基材料的阻抗受很多因素影响，因此在选择样品尺寸时一般应根据待测试件具体的阻抗值结合阻抗仪器的测试精度进行选择。在选择试件尺寸时应考虑电容和电阻是否与尺寸呈线性关系或线性关系成立的试件尺寸范围。

9.3.4 测试过程及注意事项

9.3.4.1 参数选择

1. 电极材料的选用

绝大多数研究者采用不锈钢电极测试水泥基材料的 ACIS。镍电极、石墨电极、铜电极、银电极也被少数研究者用于水泥基材料的 ACIS 测试。由于电极材料导电能力和电极与试件接触界面的差异，不同电极产生的杂散阻抗和接触阻抗可能不一致，因此在决定采用哪种电极材料时，应对比消除杂散阻抗和接触阻抗后，选取误差最小的材料作为电极。

2. 电极体系的选择

测试水泥基材料 ACIS 的电极体系可以采用两电极、三电极及四电极体系，电极体系示意图如图 9-21 所示。目前几乎所有研究者均采用两电极体系测试水泥基材料的 ACIS。但是，两电极体系测量时的接触阻抗是否会对本体材料的阻抗谱产生较大影响尚存在争议，需要进一步研究。

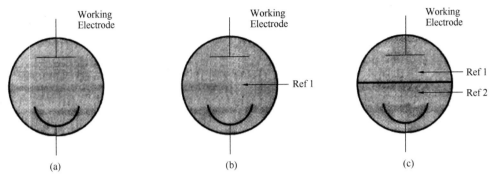

图 9-21　ACIS 测量时电极体系示意图

（a）2-电极；（b）3-电极；（c）4-电极

3. 电极与试件的连接方式

电极与试件的连接通常包括接触法和非接触法。接触法包括直接接触法和间接接触法。直接接触法包括预埋电极法（绝大多数研究采用此方法）、电极与试件的端部紧贴法。间接接触法是指试件与电极之间隔有一层介质，介质包括导电介质如水泥浆、氢氧化钠溶液润湿的滤纸、导电胶等及绝缘材料。非接触法是指试件与电极之间不接触，即电极和试件中间隔有薄薄的空气层。

然而，无论试件和电极之间隔绝的是空气还是绝缘体，其产生的阻抗都比导电介质大很多，而接触阻抗与材料的阻抗串联，实部和虚部要分别加到材料的实部和虚部上。从这一点上来讲，非导电介质（空气和绝缘体）产生的接触阻抗对水泥基材料的阻抗影响大得多。因此，需要对各种电极与试件的连接方式的影响大小进行研究，从而选择影响小且操作便利的连接方式。

4. 激励电压的选择

ACIS 测试过程中的线性条件是通过施加随频率变化的低幅值的正弦交流扰动信号来保证的，这样才能将在 ACIS 测量的频率点附近的电化学过程用线性方程表征出来。低的激励电压值允许忽略扰动信号对测试体系物理化学状态的影响，因此也保证了其稳定状态。若采用高幅值的正弦扰动信号，则在考虑阻抗波形基本组分的同时还要进一步考虑谐波分量，这将会使阻抗谱分析复杂化。

为了保持被测试体系的线性要求，用于测试的激励电压应尽量低。另外，施加的电压过高也会引起较大的电感效应。对于水泥基材料的交流阻抗测试而言，大多数研究者虽然采用了某一定值的激励电压，其中最高的为 1000mV，最低的为 5mV，但史美伦认为水泥基材料的测试电压应该低于 50mV 才能保证系统的线性。

小幅值信号的扰动保证了可以利用线性模型来解释阻抗谱图。但是，如果激励电压过低导致信噪比降低，也会造成较大的误差。因此合理的扰动信号幅值代表了降低非线性（施加小幅值扰动信号）和降低噪声（施加大幅值扰动信号）这两方面的要求。在测试过程中应尽量减小噪声强度，在噪声影响很小的情况下，最佳的电位扰动信号可以通过两种方法确定，一是观察实验 Lissajous 图，如果该图变形，则需要降低幅值；二是比较不同电位幅值下的阻抗响应，如果在低频处的阻抗受到电位扰动的影响，表明电位扰动过大。

5. 频率范围的选择

实际上，根据体系的动态响应，选择合适的频率范围才是非常重要的。频率范围的选取应避免与非稳态响应有关的偏移误差。商业可用的交流阻抗分析仪器能够测试的频率范围相当宽，一般为 $10\mu Hz \sim 32MHz$ 或 $20Hz \sim 110MHz$。这允许材料中的若干个叠加响应同步分析，如电导、反应动力学、扩散、吸附及解吸附等。

频率对材料的交流阻抗测试极其重要。理论上在 ACIS 测试时，采用的频率范围越广，测得的试件阻抗数据越全面，对正确分析测试结果越有利，但是在实际测试过程中很难达到。这主要是由于频率过高会产生较大的杂散阻抗和仪器误差，从而引起较大的测试误差。随着测试频率的增高，介电常数也会随之变化。尽管如此，为了更全面地测量高频特性，需要将测试频率尽可能设置较高，需要至少测试到 $40MHz$ 以上来衡量材料现象。另外，高频测试频率设置值应该至少高于材料的特征频率，若不然将会出现 R_0 的拟合误差，见图 9-22。综上所述，为了更全面地了解材料的阻抗特征，阻抗测量的频率范围应该结合材料本身特性和测试仪器误差进行选取，并应尽量采用较大的测试频率范围，且高频应尽量高。

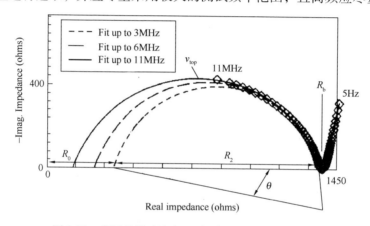

图 9-22 高频值的选取与 R_0 拟合误差的关系示意图

6. 信噪比的选择

因为交流阻抗的测试过程对噪声很敏感，为了获得可靠的测试数据，需要尽可能地降低噪声的影响，提高信噪比。最常用的降低噪声方法是屏蔽和接地。而在交流阻抗测量时采用示波器，对于跟踪时域信号处理阻抗数据非常有用。示波器可以作为材料的电流收集器连接进测试体系，对噪声水平进行监测。建议采用能够显示 Lissajous 图的示波器，在实验设计和测量中是非常有用的。Lissajous 图的变形，可能是由于信号的非线性行为导致的，并且与扰动信号太大有关。测试结果数据点的发散，则往往与时域中数据点的噪声太大有关，这就可能需要通过调整、改变仪器的设置参数予以解决。

9.3.4.2 注意事项

1. 保证电极与试件的接触效果

当电极与试件接触不好时，测得的电容值可能低达 $10^{-10}F$，这一点对于消除电极-试件间的接触阻抗是不利的，所以电极与试件之间良好的接触是十分重要的。为了保证良好的接触效果，可采用对电极适当加压的方式。但是施加的压力不可过大，否则可能影响材料的性能。而实际上，电极和材料接触面的粗糙度也将会对阻抗谱圆弧产生重要影响。因此，在使用电极进行测试时，为了降低分散电阻，最好将表面抛光。

2. 校正测试过程中杂散阻抗

杂散阻抗来源于电缆、电极及测试槽等。在高频区域经常能发现杂散阻抗的存在。杂散阻抗可以通过使用同轴电缆和屏蔽电缆及尽可能短的导线，达到最小化。图 9-23 给出了杂散阻抗对于整个交流阻抗测试的影响。图中 R_s 与 L_s 代表导线贡献的串联电阻和电感。串联杂散阻抗对低频电阻和高频电容影响较大，如新拌水泥浆体。图 9-23 中也显示了并联电阻和电容的影响，分别用 R_p 和 C_p 表示，并联杂散阻抗对高频电阻和低频电容影响较大。

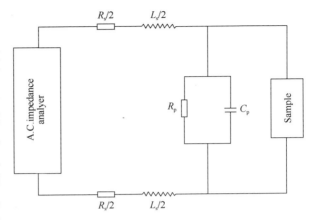

图 9-23　交流阻抗测试的电路图

为了消除并联杂散阻抗的影响，需要执行开路测试；为了消除串联杂散阻抗的影响，需要执行短路测试。开路和短路阻抗测试均需与试件阻抗测试时保持同样的测试条件、频率范围及频率步长。

9.3.5　数据采集和结果处理

9.3.5.1　数据采集

交流阻抗的数据采集一般以对数的形式进行扫描，这样可以保证在每一个频率数量级范围内采集的数据点数相同。为了保证 ACIS 的因果性，要求阻抗谱的响应与输出一一对应。然而，交流阻抗在测试过程中会受到噪声、振动等外界条件的影响，导致阻抗输出可能不是一个具有同样角频率的正弦波信号，频响函数即阻抗就不能描述扰动和响应的关系了；换言之，阻抗谱会偏离常态。因此，阻抗数据采集时要时刻观察阻抗谱是否会偏离常态，以便随时做出判断是否需要调整实验设置，确保因果性的成立。

9.3.5.2　结果分析

1. Kramers-Kronig 转换关系验证工作假定

在一些情况下，测量数据与拟合结果之间的误差很大。这可能源自以下两个原因：①数据包含系统误差。由不合理的测量步骤与仪器、试件龄期及温度的缓慢改变等引起。②模型函数选用不合适。辨识模拟结果不好的原因很重要。然而，即使系统误差很小，水泥基材料阻抗测试的稳定性、线性及因果性条件仍需进行检验，而 Kramers-Kronig 转换关系［式（9-31）~式（9-33）］对于数据验证很有用。假如阻抗数据序列满足交流阻抗测试的工作假定：线性、因果性、稳定性，Kramers-Kronig 转换关系将成立。Kramers-Kronig 关系描述交流阻抗的虚部依赖实部分布，这意味着实部和虚部是相关的。

$$Z'(\omega) - Z'(0) = \frac{2\omega}{\pi}\int_0^\infty \left[\left(\frac{\omega}{x}\right)Z''(x) - Z''(\omega)\right] \times \frac{1}{x^2 - \omega^2}\mathrm{d}x \qquad (9\text{-}31)$$

$$Z'(\omega) = -\left(\frac{2\omega}{\pi}\right)\int_0^\infty \frac{Z'(x) - Z'(\omega)}{x^2 - \omega^2}\mathrm{d}x \qquad (9\text{-}32)$$

$$\theta(\omega) = \int_0^\infty \frac{\ln | Z(X) |}{x^2 - \omega^2} dx \tag{9-33}$$

如果工作假定不成立，由 Kramers-Kronig 转换关系计算的阻抗和实测的阻抗将不一致。

2. 用于拟合水泥基材料阻抗谱的等效电路

水泥基材料 ACIS 的解析一般是采用等效电路来拟合 ACIS 得到相应的阻抗参数，然后尽量将材料的各种电学响应和微观结构的变化相对应，进而应用拟合得到的阻抗参数对材料的微观结构特性进行解析。但是采用等效电路进行拟合时存在两个问题：一是由于等效电路一般是由电阻 R、电容 C 以及常相角元件（CPE）等其中的一个或几个由不同的连接方式组成的，在相同的频率范围内，对于同一个交流阻抗谱，可能会有几个不同的等效电路与之相对应。其次，对于一些电路中的电阻、电容值很难给出明确的物理意义，限制了阻抗技术的应用。因此，在采用等效电路解析 ACIS 时还需要结合水泥基材料微观结构的变化，并参考阻抗谱中时间常量的个数，建立相应的等效电路，应用等效电路对阻抗谱进行拟合，从而得到代表微观结构变化的电学元件值，进而对材料的微观结构进行分析。

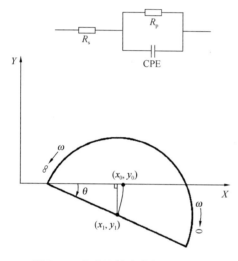

图 9-24　交流阻抗中容抗弧的弥散

3. 水泥基材料交流阻抗的弥散

理想情况的阻抗谱圆弧是一个电阻和一个电容并联，如图 9-24 所示。从图 9-24 可以看出，整个阻抗谱图是一个圆心在实轴上的半圆。然而，理想的容抗弧很少能被观察到。对于大多数材料，圆心在实轴下方的压扁的圆弧是最常见的响应，也即阻抗谱发生弥散。弥散是交流阻抗中最常见的现象，如图 9-24 所示。这个弥散行为在交流阻抗等效电路中通常采用常相角元件（CPE）进行描述。

4. 等效电路参数解析方法

等效电路建立以后，需要解析其参数的值，用以表征水泥基材料的性能。每种等效电路均对应一种确定的数学模型。因此，可以对阻抗谱数据进行回归分析。具体的数值回归分析方法主要包括两种：非线性最小二乘法和单纯形法。绝大多数研究者采用的是非线性最小二乘法，也有一些研究者采用单纯形法。除了回归分析法，还有图解法，但是图解法一般只是针对一个圆弧的具体解析，容抗弧受其他容抗弧影响时，图解法将产生较大误差。

9.4　水泥基材料的核磁共振技术

9.4.1　引言

自美国物理学家 Bloch 和 Purcell 在 1945 年发现核磁共振现象以来，核磁共振技术很快成为一种重要的现代分析手段。经过长期的研究与探索，核磁共振技术逐步从固体物理学发展到化学分析、生物医学、医疗诊断、材料科学等领域。核磁共振（Nuclear magnetic resonance，NMR）技术是一种研究物质结构及其动力学的有力工具，它所测得的信号反映了物质中特定元素的化学环境，因此在物相分辨、结构测定方面有着广泛的应用。通过运用若干不同的核磁共振原子核作为探测器（主要有 ^1H、^{27}Al 和 ^{29}Si，小范围使用的有 ^{17}O、^2D、^{23}Na 和 ^{35}Cl），固态 NMR 谱便被牢固确立为一种对水泥浆体和水泥基材料进行表征和结构分析的强有力的研究工具了。一般而言，NMR 谱对自旋核的局域有序化及周围结构最敏感，这就不仅允许对结晶矿物进行结构性研究，而且对结晶不良和无定形的矿物，如在硅酸盐水泥凝结过程中生成的水化硅酸钙产物，也允许这样进行。它对局域有序化及几何形状的高灵敏度与 X 射线衍射测量所探测的长程周期性形成鲜明的对照。所以，固态 NMR 和 X 射线衍射的结合，对于像水泥这样的微型复合材料的结构和组成所进行的描述，其详细程度要高于其单独的任一种方法。还要强调的是，在固态 NMR 中，一次仅探测一种单一的元素（当然它必须有一个自旋核）。这些特征表明了固态 NMR 的效率和通用性。20 世纪 90 年代召开的两次有关水泥基材料的 NMR 波谱学的国际会议是这些方法普及而有生命力的标志。

在发现 NMR 之后不久，Pake 曾观察了石膏水分子中 ^1H-^1H 偶极子的耦合，并披露了有关可从 ^1H 单晶或粉末的任一种 NMR 波谱中导出质子间距离的一些信息，从而表明了这项技术在胶凝材料研究中的潜在能力。在此后的 30 年里，^1H NMR 曾被用在水泥水化反应及水化动力学的少量研究中，探测的是 ^1H 的自旋-晶格以及自旋-自旋的弛豫时间上的变化。20 世纪 80 年代早期，当在 NMR 中日常开始使用高电场超导磁铁与魔角自旋（MAS）技术时，对固体粉末中如 ^{29}Si 和 ^{27}Al 之类的大量重要的自旋核进行高分辨研究的可能性便立即变得明朗起来。由 Lippmaa 等发现，^{29}Si 各向同性的化学位移（即共振频率方面的变异）揭示出在包括硅酸钙在内的硅酸盐矿物中，以及硅酸盐水泥水化所生成的无定形水化硅酸钙中的 SiO_4 四面体的集聚度。随后，^{29}Si MAS NMR 便大量地被使用在对阿利特和贝利特这些硅酸钙的水化以及硅酸盐水泥基材料中这些物相的水化的详细研究中。根据 ^{27}Al MAS NMR 的试验结果，Müter 等表明，四面体配位和八面体配位的铝，通过其不同的 ^{27}Al 各向同性的化学位移，可以清晰地被识别。继而，这一成果便被利用来研究铝酸钙（CA）、高铝水泥以及硅酸盐水泥中含铝矿物的水化。而且，魔角自旋已与多脉冲去耦序列结合，以减少 ^1H NMR 波谱 ^1H-^1H 偶极子耦合所产生的谱线宽化。Grimmer 和 Rosenberger 曾在测量含水硅酸盐的 ^1H 各向同性的化学位移时使用过这项技术。由此，这些成果便开始被用来区分硅酸盐水泥水化所生成的 C-S-H 中不同的 ^1H 形式。硅酸钙矿物的水化反应还能通过 ^{17}O MAS NMR 来加以研究，这要求使用 ^{17}O（$I = 5/2$，0.04% 天然丰度）同位素富集的起始物料。

在 NMR 可观测核中，^{29}Si、^{27}Al、^1H、^{43}Ca 的化学基团是水泥基材料主物相的结构单元。虽然 ^{29}Si 的自然丰度只有 4.7%，但也可以获得到较清晰的固体 NMR 谱图，能很好地表征水泥基材料中非晶相 C-S-H 凝胶，这是 NMR 技术应用于水泥基材料研究时相对于其他方法最大的优势。^{27}Al 自然丰度为 100%，NMR 信号强，即使一些铝元素含量较低的物相也能获得较清晰的 NMR 谱图。虽然 ^1H 自然丰度为 99.985%，且旋磁比很高，NMR 信号十分强，但目前水泥基材料研究中主要用基于 ^1H 核的低场弛豫技术，而直接利用其化学位移的研究较少。^{43}Ca 的自然丰度只有 0.135%，旋磁比低，因此测定其化学位移需要在高场强的磁场中进行，同时增加扫描次数；且 ^{43}Ca NMR 谱图信噪比和分辨率均较低，因此在水泥基材料研究中应用很少。此外，随着 NMR 技术的进步，二维 NMR 谱图也被用于水泥基材料的研究，这必将使 NMR 技术在水泥基材料研究中的应用越来越广泛。本节中将介绍 ^{1}H、^{29}Si、^{27}Al 的核磁共振谱测试技术。

9.4.2 ^{1}H NMR

在水泥混凝土材料领域，低场核磁共振技术的优势在于其是一种快速、准确、无损并且可以连续测量的方法。可以直接以材料内部孔隙内的水分子为探针，实现原位探测和连续监测。该方法不需要对样品进行干燥或注入液体等处理，因此不会破坏样品内部的精确信息。低场核磁由于其工作频率较低，不可以区分质子的化学位移，因此常通过弛豫时间来反映样品的特性。对于样品弛豫时间的研究可以得到物质间相互作用的信息，如氢质子所处的化学环境。对水泥混凝土材料进行弛豫时间的测定则可以得到样品中水所处的状态，如可以判定是毛细孔水还是凝胶孔水等，同时基于水的弛豫信号量与水量的对应关系，可以进一步表征各种不同状态水的含量。因此，氢质子低场核磁共振技术在水泥混凝土材料的研究中有着广泛的应用前景。

9.4.2.1 测试方法及原理

1. 核磁共振基本原理

核磁共振研究的是具有自旋的原子核，如 ^{1}H、^{19}F、^{31}P、^{23}Na、^{13}C 等。自旋原子核有自旋量子数 I 和磁矩 μ，其自旋动量 P 和磁矩 μ 为：

$$P = \frac{h}{2\pi}\sqrt{I(I+1)} \tag{9-34}$$

$$\mu = \gamma P \tag{9-35}$$

式中，γ 为旋磁比，对 ^{1}H 而言，这个 γ 值为 42.58MHz/T；h 为普朗克常数。自旋量子数 $I \neq 0$ 的原子核，处在恒定的外磁场 H_0 中，核磁矩 μ 与 H_0 相互作用，则 μ 要发生一定的取向与进动。进动的频率 ω_0 称为拉莫尔频率：

$$\omega_0 = \gamma H_0 \tag{9-36}$$

对于被磁化后的核自旋系统，如果在垂直于静磁场的方向加一个射频场 H_1，而且让其频率 $\omega = \omega_0$，那么根据量子力学原理，核自旋系统将发生共振吸收现象，即处于低能态的核自旋将通过吸收射频场提供的能量，跃迁到高能态。这种现象被称为核磁共振。

2. 弛豫现象

在射频场施加以前，系统处于平衡状态，宏观磁化矢量 M 与静磁场 H 方向相同；射频场作用期间，磁化矢量偏离静磁场方向；射频场作用结束后，核自旋从高能级的非平衡状态恢复到低能级的平衡状态，宏观磁化矢量恢复到平衡状态的过程叫做弛豫。

弛豫过程分为两种：纵向弛豫过程和横向弛豫过程。设 H_0 的方向为 z 方向，射频场作用后，M 被分解成 $x-y$ 平面的分量（垂直于静磁场方向的横向分量）M_{xy} 和 z 方向的分量（平行于静磁场方向的纵向分量）M_z。横向弛豫过程以横向磁化矢量 M_{xy} 的衰减为标志，横向磁化矢量从最大值衰减至最大值的 37%，即 $1/e$ 时所需的时间定义为 T_2 时间，T_2 弛豫曲线遵循指数规律：

$$M_{xy}(t) = M_{xy}(0)e^{-\tau/T_2} \tag{9-37}$$

式中，$M_{xy}(t)$ 为弛豫开始 t 时刻的横向磁化矢量；$M_{xy}(0)$ 为弛豫刚开始那一刻的最大横向磁化矢量；T_2 为横向弛豫时间。

横向弛豫过程中，自旋体系内部，即自旋与自旋之间发生能量的交换，使磁化矢量运动的相位从有规则分布趋向无规则分布。此时，自旋系统的总能量没有变化，自旋与晶格或环境之间不交换能量，所以，从微观机制上考虑，又把这个弛豫过程称为自旋-自旋弛豫（spin-spin relaxation）。

纵向弛豫过程以磁化强度纵轴分量 M_z 的恢复为标志。纵向磁化矢量从零恢复至最大值的 63% 即 $1-1/e$ 时所需的时间定义为 T_1 时间，T_1 弛豫曲线遵循指数规律：

$$M_z(t) = M_z(0)(1 - 2e^{-t/T_1}) \tag{9-38}$$

式中，$M_z(t)$ 为弛豫开始 t 时刻的纵向磁化矢量；$M_z(0)$ 为最大纵向磁化矢量；T_1 为纵向弛豫时间。

在纵向弛豫过程中，自旋系统与晶格或环境之间交换能量，因此，从微观机制上，又把它称作自旋-晶格弛豫（spin-lattic relaxation）。两种弛豫的示意图如图 9-25 所示。

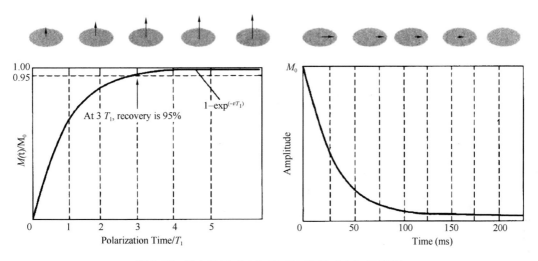

图 9-25　纵向弛豫（左）和横向弛豫（右）示意图

NMR 弛豫时间是重要参数，所反映的弛豫过程实质上是一种能量的传递，即自旋核系统与环境或体系内部的相互作用。这也意味着即便是相同的原子核，如果所处的化学和物理环境不同时，其弛豫时间将表现不同。例如，同样是水分子，但水分子与其他分子相互作用的差别会表现为弛豫特性的差异，利用弛豫的不同可以区分不同状态的水分子。

3. 实验仪器

以苏州纽迈分析仪器股份有限公司生产的 PQ-001 型核磁共振分析仪为例，如图 9-26 所示。该仪器采用"一箱式"设计并选用优质大磁体；仪器分析速度快、操作简便、校正简单稳定，准确性和重复性表现优异，同一样品在相同条件不同时段的测量误差小于 0.5%。样品无需特别制备，可实现无损检测，已在食品、石化、建材等领域得到广泛应用。

主要指标有磁体系统包括一台永久磁体，磁场强度为 0.53T，对应质子的共振频率 22.6MHz，磁场均匀度在 40×10^{-6}（40ppm）；磁体采用高精准电子恒温控制系统，腔体控温精度 ±0.02℃，整个实验期间温度设定为 32℃；射频场脉冲频率范围 1~30MHz，射频频率控制精度 0.01Hz，射频功率放大器的峰值输出功率大于 20W，线性失真度小于 0.5%；信号接发方式为数字正交检波，接收机增益大于 40dB，最大采样带宽大于 300kHz；采样峰点数可达 20000 个，最短回波时间小于 160μs，样品弛豫时间测量范围 80μs～18s；有效样品检测最大范围 25mm×25mm×30mm，样品管外径 15mm（标配）；选配的多指数反演软件可进行 T_1、T_2、T_2^* 的反演拟合。

图 9-26　低场核磁共振仪

9.4.2.2　取样/样品制备

低场核磁共振仪器对样品制备没有特殊的要求，样品直径需要小于采样室样品管的直径（25mm），水泥与水拌和后可以直接装入样品瓶内（高度一般需小于 20mm），然后放入仪器进行连续测试，或者达到某个水化龄期时再进行测试。

9.4.2.3　测试过程及注意事项

在开始测试之前，首先将标准油样品放入磁体箱内并完成系统参数的设置工作，然后将需要进行实验的样品放入磁体箱内，对该样品设置合理的序列参数。如果想对样品进行连续测试，则可以直接在仪器软件上设置采样计划，如果不连续测试，则直接备注样品名称后测试即可。仪器所在的实验室室温应不高于 30℃，高于此温度易引入误差，在夏季应采用空调控温。

在进行 CPMG 实验时，由于 CPMG 序列实验对样品中发生的自扩散很敏感，任何多余的运动都会导致信号的变形。在进行 CPMG 实验时，应注意不能让仪器发生振动或样品发生移动。

9.4.2.4　数据采集和结果处理

低场核磁共振法测试过程主要是仪器对样品中可移动的氢质子信号进行采集，典型的纵向弛豫和横向弛豫信号峰点曲线如图 9-27 和图 9-28 所示。无论是纵向弛豫还是横向弛豫信号量都与氢质子含量呈正比关系，而水泥样品中由于只有水分子中存在可移动的氢质子，因此低场核磁得到的信号量与可移动的水分子质量是呈正比的。对低场核磁共振仪器得到的信号量数据进行反演（一般用仪器自带的反演软件即可完成该项工作），反演波峰则可以象征性地表示水泥中水分子分布信息，而且也可以间接表征孔径的分布情况。

对低场核磁数据则主要根据所研究内容进行不同的处理，可以将信号衰减曲线的第一波峰点作为总信号量，得到水泥水化中信号量随水化时间的演变曲线，对该曲线数据进行适当公式的推导可以得到水泥水化动力学过程不同的转折点以及每个时刻的水化程度等。如果利用低场核磁共振方法进行水化连续测试，则会得到大量的实验数据，此时可以借助 Excel 的 VBA 编程功能或其他编程语言，对数据进行批处理。

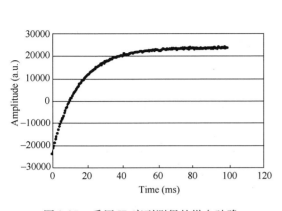

图 9-27 采用 IR 序列测得的纵向弛豫
恢复信号峰点

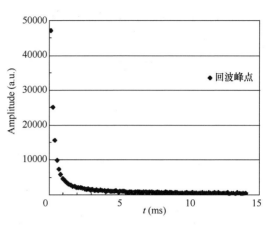

图 9-28 CPMG 脉冲序列测得的横向
弛豫衰减信号峰点

9.4.3 ^{29}Si NMR

9.4.3.1 测试原理和特征参数

NMR 之所以能用作物质结构分析手段，主要是因为各种实际物质形态中的核并不是孤立的裸核，而是存在于原子、分子以及它们的各种聚集体中，不同的核外环境对核具有各异的附加内场和不同的核外相互作用，从而使 NMR 谱有所区别，因此可以通过对 NMR 信号的分析获得物质的结构信息。NMR 谱的特征参数有谱线的数目和位置、宽度、形状和面积、谱线的精细结构以及各种弛豫时间，其中最主要的是谱线的数目和位置—化学位移。化学位移是由于核外电子云的屏蔽作用而引起的 NMR 频率的变化。原子核周围的电子态、原子团结合的键型、自旋核之间的距离、核自旋的方向等都会影响原子核周围的电子密度，从而引起化学位移的变化，谱图中有不同数目的谱线即表明其中的原子核处于不同数目化学环境，所以可以根据谱图中谱线的数目及各谱线的化学位移值进行结构定性分析。NMR 谱线强度与化学环境相同的被测自旋核的数目呈正比，而后者又正比于被测元素的含量，从而可以根据谱线强度进行定量分析。

NMR 谱中 ^{29}Si 的化学位移通常对应 ^{29}Si 所处的不同环境，它的大小与其最邻近原子配位密切相关，配位数越高，屏蔽常数 σ 越大，共振频率降低，化学位移向负值方向移动。四配位 ^{29}Si 的化学位移值在 $(-68 \sim -129) \times 10^{-6}$，而六配位 ^{29}Si 的化学位移值在 $(-170 \sim -220) \times 10^{-6}$。随着硅氧阴离子聚合度的增加，由于屏蔽常数 σ 增大，^{29}Si 的化学位移向负值方向移动。^{29}Si 所处的化学环境习惯用 Q^n 来表示，其中 n 为每个硅氧四面体单元与其他 Si 原子相连的桥氧数。这样 Q^0 即表示正硅酸盐（孤立的 [SiO_4] 四面体）；Q^1 表示只与一个硅氧四面体相连的硅氧四面体，即二聚体中或者高聚体中直链末端处的硅氧四面体；Q^2 表示与两个硅氧四面体相连的硅氧四面体，即直链中间的或环状结构中的硅氧四面体；而 Q^3 表示与其他 3 个硅氧四面体相连的硅氧四面体，有链的分枝、双链聚合结构或层状结构；Q^4 则表示与 4 个硅氧四面体构成三维网络的结构，如图 9-29 所示。Q^0 的峰位一般处于 -70.0×10^{-6} 附近，Q^1 的峰位一般处于 -79.0×10^{-6} 的附近，Q^2 的峰位一般处于 -85.0×10^{-6} 附近，Q^3 的峰位一般处于 -95.0×10^{-6} 附近，而 Q^4 的峰位一般处于 -110.0×10^{-6} 附近，

表 9-3 列出了硅酸盐中 Q^n 结构单元的 Si 化学位移范围。

$$O-\underset{\underset{O}{|}}{\overset{\overset{O}{|}}{Si}}-O \quad O-\underset{\underset{O}{|}}{\overset{\overset{O}{|}}{Si}}-O(b)\text{——}O(b)-\underset{\underset{O}{|}}{\overset{\overset{O}{|}}{Si}}-O(b)-\text{——}O(b)-\underset{\underset{O}{|}}{\overset{\overset{O(b)}{|}}{Si}}-O(b)-\text{——}O(b)-\underset{\underset{O(b)}{|}}{\overset{\overset{O(b)}{|}}{Si}}-O(b)-$$

$$Q^0 \qquad Q^1 \qquad\qquad Q^2 \qquad\qquad Q^3 \qquad\qquad Q^4$$

图 9-29 硅酸盐中 Q^n 结构示意图［其中 O（b）表示桥氧］

表 9-3 硅酸盐中 Q^n 结构单元的 ^{29}Si 化学位移的范围

Types of Si-O-Xgroup	Symbol	Range（10^{-6}）
Monosilicates	Q^0	$-68 \sim -76$
Disilicat es & Chain end groups	Q^1	$-76 \sim -82$
Chain middle groups	Q^2	$-82 \sim -88$
Layers and Chain branching sites	Q^3	$-88 \sim -98$
Three-dimensional networks	Q^4	$-98 \sim -129$

除了最邻近原子配位外，次邻近原子效应对化学位移的影响也很大。当次邻近配位中有 Al 原子时，^{29}Si NMR 化学位移向正值方向移动。这时习惯用 $Q^n(m\text{Al})$ 来表示与铝氧四面体相连处的硅氧四面体，$Q^n(m\text{Al})$ 有 15 种可能的结构，$n = 0 \sim 4$，$m = 0 \sim n$，m 表示与中心硅氧四面体邻连的铝氧四面体数目，如 $Q^2(1\text{Al})$ 用以表示直链中间的或环状结构中与 1 个铝氧四面体相邻的硅氧四面体，而 $Q^2(0\text{Al})$ 则用以强调直链中间的或环状结构中无铝氧四面体与硅氧四面体相连接。

9.4.3.2 在水泥化学中的应用

1. 物质结构分析

（1）硅酸盐水泥熟料矿物。硅酸二钙（C_2S）、硅酸三钙（C_3S）中的 ^{29}Si 存在于孤立的硅氧四面体当中，其 ^{29}Si NMR 图谱如图 9-30 所示。C_2S 有四种晶形，每种晶形对应的只有一个在孤立的硅氧四面体里的 Si 位，在 NMR 波谱中化学位移分别对应为 -70.7×10^{-6}（α-C_2S）、-70.8×10^{-6}（α'_L-C_2S）、-71.4×10^{-6}（β-C_2S，larnite），或 -73.5×10^{-6}（γ-C_2S，bredigite），但它们都属于 Q^0 位。C_3S 三斜晶系在不对称单元中有 9 个 Si 位（也都同属 Q^0 位），在 NMR 波谱中化学位移分别对应 -69.2×10^{-6}、-71.9×10^{-6}、-72.9×10^{-6}、-73.6×10^{-6}、-73.8×10^{-6}、-74.0×10^{-6} 及 -74.7×10^{-6} 这 7 个位置。图 9-30 中 a 样品（C_2S）只有一个共振吸收峰处于 -71.5×10^{-6} 处，对应 β-C_2S。然而，这个峰峰形相当宽，表示这个 β-C_2S 样品结晶度较低。图 9-30 中 b 样品有 5 个清晰的峰形，分别处于 -69.1×10^{-6}、-71.8×10^{-6}、-72.8×10^{-6}、-73.6×10^{-6} 及 -74.6×10^{-6} 处，

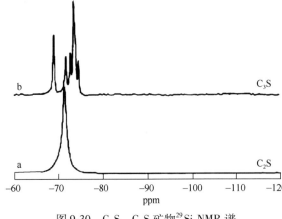

图 9-30 C_2S、C_3S 矿物 ^{29}Si NMR 谱

最强峰实际上是由 3 个共振吸收峰重叠而成。C_2S 和 C_3S 中通常固溶有杂质离子使 C_2S 和 C_3S 产生晶格畸变现象，这也会使它们的共振吸收峰产生宽化现象，从而也可以利用核磁共振波谱来对比分析研究 C_2S、C_3S 的掺杂情况。硅酸盐水泥熟料的 ^{29}Si NMR 共振吸收波谱是由 C_2S 和 C_3S 的波谱重叠而得到的一个宽吸收带，但通过对这一波谱的分峰拟合可以得到 A 矿和 B 矿的相对含量。

（2）C-S-H。C-S-H 结构的分析是 ^{29}Si NMR 技术在水泥化学中应用的一个重要方面。图 9-31 是采用不同方法人工合成且其 C/S 比不同的三种纯 C-S-H 试样经不同温度热处理的 ^{29}Si NMR 谱图，图中 25℃代表未进行热处理的试样，110℃代表经 110℃真空干燥 2h 的试样，200℃代表经 200℃真空干燥 3h 的试样。由图可知，不同温度热处理的纯 C-S-H 试样与未处理试样都存在 Q^1 和 Q^2 吸收峰，但经热处理后 Q^1 和 Q^2 的峰强不同，吸收峰的形状不同，如 SEWCS3 试样经 200℃真空干燥 3h 后 Q^1 的峰强明显降低，Q^2 的峰强明显增高，说明 SEWCS3 试样处理后 C-S-H 试样的聚合度明显增高。又如，SCFUMe 试样经 200℃真空干燥 3h 后，还出现 Q^2 峰明显宽化的现象（在 -82×10^{-6} 附近有 -11×10^{-6} 宽的吸收峰），说明该试样还产生了晶格畸变，C-S-H 的结晶度显著降低。

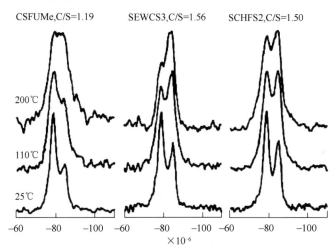

图 9-31　纯 C-S-H 试样经不同温度热处理的 ^{29}Si NMR 谱图

应用 ^{29}Si NMR 还可以计算 C-S-H 凝胶中的平均 Al/Si 比。I. G. Richardson 在其实验中根据 ^{29}Si NMR 各吸收峰的强度采用式（9-39）计算了 C-S-H 凝胶中的平均 Al/Si 比，并发现其计算结果与采用 TEM 技术测试的结果非常吻合。

$$Al/Si = \frac{\frac{1}{2}Q^2(1Al)}{Q^1 + Q^2(0Al) + Q^2(1Al)} \tag{9-39}$$

式中，Q^1、$Q^2(0Al)$ 和 $Q^2(1Al)$ 分别表示试样 ^{29}Si 波谱中 Q^1、$Q^2(0Al)$ 和 $Q^2(1Al)$ 峰的累积强度。

2. 水泥水化的研究

水泥水化过程中，无论是硅酸三钙（C_3S）、硅酸二钙（C_2S）水化生成 C-S-H 凝胶，还是粉煤灰等矿物掺合料中玻璃体的硅氧四面体发生解体，其 ^{29}Si 所处的位置会发生变化，反映到^{29}Si NMR 谱图的特征参数发生变化。通过分析 NMR 波谱中^{29}Si 的化学位移及谱线形状等特征参数的变化，可在一定程度上解析出 C_3S、C_2S 的水化进程，硅酸盐水泥熟料矿物和掺合料的相互作用，掺合料的反应程度，生成的 C-S-H 凝胶相对含量、聚合度以及直链平均长度。

C_2S、C_3S 的水化程度 α（%）可通过式（9-40）进行估算：

$$\alpha(\%) = 100 - \left[I(Q^0)/I_0(Q^0) \right] \times 100 \tag{9-40}$$

式中，$I(Q^0)$、$I_0(Q^0)$ 分别表示水化样和未水化样的^{29}Si NMR 波谱中 Q^0 峰的累积强度。

C-S-H 凝胶的直链平均长度 ψ 可以表示为：

$$\psi = 2 \times \left[I(Q^1) + I(Q^2) \right]/I(Q^1) \tag{9-41}$$

式中，$I(Q^1)$、$I(Q^2)$ 分别表示 Q^1、Q^2 峰的累积强度。

9.4.4 ^{27}Al NMR

水泥基材料中铝相的结构远比硅复杂。从表 9-4（表中元素符号后上标为其不同的状态，括号内的罗马字母为其配位数）可见，水泥基材料中铝的配位数有 Ⅰ、Ⅱ、Ⅳ、Ⅴ、Ⅵ 五种，不同含铝物相中相同配位数的铝相的化学位移变动较大，说明其在不同物质中的化学状态有较大变化。而对于 $CaAl_2O_4$、$Ca_3Al_2O_6$ 和 $Ca_{12}Al_{14}O_{33}$ 来说，铝只有一种配位数，但由于其有两种化学状态，化学位移也不相同。

表 9-4　水化前后水泥基原材料中^{27}Al 的化学位移

含铝物相	铝的化学状态	δ_{Al}
硅酸盐水泥	Al（Ⅳ）（在阿利特和贝利特中作为间隙离子存在）	$40 \sim 90$
矿渣	Al（Ⅳ）	$50 \sim 85$
粉煤灰	Al（Ⅳ）	$30 \sim 75$
	Al（Ⅵ）	$-20 \sim 30$
C_3A	Al（Ⅰ）	$79 \sim 81.4$
	Al（Ⅱ）	$78 \sim 81$
C_4AF	Al（Ⅳ）	60
	Al（Ⅵ）	5
$CaAl_2O_4$	Al^1（Ⅳ）	83.5
	Al^2（Ⅳ）	80
$Ca_3Al_2O_6$	Al^1（Ⅳ）	88
	Al^2（Ⅳ）	86
$Ca_{12}Al_{14}O_{33}$	Al^1（Ⅳ）	85
	Al^2（Ⅳ）	82.2
C-S-H 凝胶	Al（Ⅳ）（硅链中的铝）	$40 \sim 90$
	Al（Ⅴ）（C-S-H 层间铝）	$20 \sim 40$
TAH（第三类水化铝酸盐）	Al（Ⅵ）	$4 \sim 5$
Friedel 盐	Al（Ⅵ）	9
Al（OH）$_3$	Al^1（Ⅵ）	8.1
	Al^2（Ⅵ）	-1.6
三硫型水化硫铝酸钙	Al（Ⅵ）	$12 \sim 14$
单硫型水化硫铝酸钙	Al（Ⅵ）	$9 \sim 12$
硫铝酸钙	Al（Ⅵ）	$7 \sim 8$

硅酸盐水泥水化产物中的铝相主要为三硫型钙矾石和单硫型钙矾石，它们都是晶体，可通过 XRD 等方法进行表征。但由于其在硬化体中所占比率小，因此 XRD 谱图不如[27]Al NMR 谱图分辨率高。NMR 研究表明这两种铝相的生成量与反应中的各种条件密切相关，而且它们在一定条件下会相互转化。石灰石粉会促使其他铝相向 AFm 转变。而甲基纤维素会使 AFt 量增多。如图 9-32 所示，掺加甲基纤维素后 AFm 的峰强升高，同时 AFt 的峰强降低，有石英粉存在的情况下还有 C-A-H 生成。硅灰可使 AFt 保持结构稳定，使其不会向 AFm 转化。

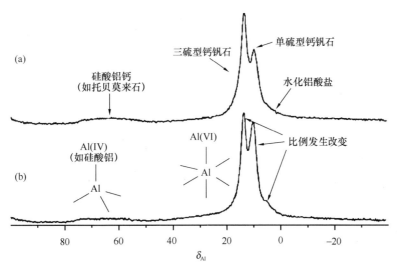

图 9-32　^{27}Al NMR 谱图
(a) 未掺加；(b) 掺加甲基纤维素水泥

^{27}Al NMR 谱也可用来研究铝基特种水泥水化过程及产物。铝酸钙在硅灰存在条件下的产物以 $Ca_3Al_2(OH)_{12}$ 和 $Al(OH)_3$ 为主，一些条件下硅溶解生成 $Ca_3Al_2(SiO_4)_{3-x}(OH)_{4x}$，但量一般较少。硫铝酸盐水泥水化产物主要是 AFt、AFm 和 $Al(OH)_3$。同时，有贝利特存在时还可观察到 Friedel 盐在一定龄期后出现。

9.5　水泥基材料的电子显微技术

9.5.1　引言

电子显微镜是用电子束和电子透镜代替光束和光学透镜，获得物质细微结构的高放大倍数图像的仪器。自 20 世纪 30 年代第一台利用磁场会聚电子束的电子显微镜发明以来，电子显微技术不断地发展和完善，相继出现了透射电子显微镜、扫描电子显微镜、扫描隧道电子显微镜、扫描透射电子显微镜、环境扫描电子显微镜、原子力显微镜等电子显微工具以及 X 射线显微分析仪。电子显微镜已成为自然科学领域中探索微观世界的有力工具，在生物学、医学、材料科学、地质矿物学、物理以及化学等学科中发挥着极其重要的作用。

扫描电镜（Scanning electronic microscopy，SEM）是可以直接利用试样表面的物质性能进行成像的一种微观形貌观察手段。扫描电镜的工作原理是利用聚焦得非常细的高能电子束在试样上扫描，激发出各种物理信息而成像的。扫描电镜具有放大倍数高（20 倍～20 万倍）、景深大、成像立体感强以及试样制备简单等特点。目前的扫描电镜通常配有 X 射线能谱仪装置，从而可以同时进行微观形貌的观察和微区成分分析，是当今十分有用的科学研究仪器。由于上述特点，扫描电镜成为水泥基材料研究领域中最常用的分析工具。

透射电子显微镜（Transmission electron microscope，TEM）是采用透过薄膜样品的电子束成像来显示样品内部的组织形态与结构的。因此，它可以在观察样品微观组织形态的同时，对所观察的区域进行晶体结构鉴定（同位分析）。通过 TEM 可以考察颗粒大小及团聚情况，其分辨率可达 10^{-1} nm，放大倍数可达 10^8 倍。由于 TEM 是以电子束透过薄膜样品经过聚焦与放大后所产生的物像，而电子易散射或被物体吸收，故穿透力很低，必须将样品制成超薄切片或将其分散在支持膜及铜网上才能在 TEM 下进行观察。

本节主要以介绍扫描电镜在水泥基材料微观形貌及微区成分分析中的应用及相应的试样制备、数据处理等方面的内容为主，同时介绍透射电镜的相关内容。

9.5.2　测试原理及方法

9.5.2.1　扫描电子显微镜

SEM 的工作原理是利用电子透镜将一个电子束光斑缩小到纳米级尺寸，利用偏转系统使电子束在样品面上做光栅扫描，通过电子束的扫描激发出次级电子和其他物理信息，经探测器收集后成为信号，调制一个同步扫描的显像管的亮度，显示出图像。如对二次电子、背散射电子的采集，可得到有关物质微观形貌的信息；对特征 X 射线的采集，可得到物质化学成分的信息。

当高能电子束轰击试样表面时，所照射的区域将激发二次电子（Second electron，SE）、背散射电子（Backscattered electron，BSE）、俄歇电子（Auger electron）、特征 X 射线和连续谱 X 射线、透射电子等。在水泥材料的形貌观察及微区成分分析的研究中，主要利用的物理信息是二次电子、背散射电子以及特征 X 射线。下面将分别介绍二次电子、背散射电子成像原理以及利用特征 X 射线进行微区成分分析的原理。

1. 二次电子及其成像原理

二次电子是指被入射电子轰击出来的核外电子。由于原子核和外层价电子间的结合能小，外层电子从入射电子获得的能量高于相应的结合能后，可脱离原子成为自由电子。接近样品表层处产生的自由电子能量高于材料逸出功时，从样品表面逸出变成真空中的自由电子，即二次电子。

二次电子来自表面 5～10nm 的区域，能量较低（50eV 以内）。二次电子对试样表面状态非常敏感，因此能有效地显示试样表面的微观形貌。二次电子发自试样表层，没有被多次反射，产生二次电子的面积与入射电子束的照射面积没有多大区别，所以二次电子的分辨率较高，一般可达到 5～10nm。扫描电镜的分辨率一般就是二次电子分辨率。二次电子产额随原子序数的变化不大，主要取决试样的表面形貌。

2. 背散射电子及其成像原理

背散射电子是被固体样品原子反射回来的一部分入射电子，包括弹性背散射电子和非弹性背散射电子。弹性背散射电子是被样品中原子核反弹回来、散射角大于 90° 的入射电子，其能量基本没有变化。非弹性背散射电子是入射电子和核外电子撞击后产生的非弹性散射，其能量、方向均发生了变化。非弹性背散射电子的能量范围很宽（数十到数千电子伏特）。从数量上看，弹性背散射电子远比非弹性背散射电子多。背散射电子产生的深度范围在100nm～1mm。背散射电子束成像分辨率一般为50～200nm。

背散射电子数量与观察样品中元素的原子序数（相对原子质量）密切相关，背散射电子的产生随原子序数的增大而增加。所以，利用背散射电子作为成像信号不仅能分析形貌特征，也可以用来显示原子序数衬度，进行定性成分分析。大部分材料包含的是各种物相，而非纯元素。此时，在BSE图像中各物相的亮度取决各自的平均相对原子质量。例如，在水泥熟料的BSE图像中，游离氧化钙的亮度比硅酸三钙高，而硅酸三钙的亮度又比硅酸二钙高。BSE图像中这种亮度（灰度）上的差别可清晰显示出材料内部物相的分布。

3. SE图像与BSE图像的比较

背散射电子能量高，产生范围深（典型深度为几微米），因而BSE图像的分辨率较低，不能很好地反映样品表面的形貌信息。SE图像的分辨率高，能更多地反映试样的表面细节。因而SE图像适合于水泥基样品断裂面、早期水化产物及原材料的形貌观察。样品受力后一般从薄弱区域断裂，自然断裂面的二次电子图像主要反映的是薄弱区域的微观形貌。对强度较高的微区（如未水化水泥熟料的残骸结构）则不能全面显示。相比之下，成像衬度主要受化学组成影响的BSE图像适用于样品抛光面的观察。任意截面的BSE图像都能更全面地反映水泥水化浆体内部微观结构，获得更丰富的内部信息。在水泥基微观形貌的研究中，背散射电子图像具有以下优越性：①直观且全面地反映硬化浆体横截面的微观结构。样品通过切割-研磨-抛光处理，从理论上讲可以展示任意横截面，可根据图像的灰度特征和物相的形貌特征区别不同物相组成。②与图像分析技术相结合定量测试物相含量。当图像采集条件相同时，物相在不同图像中的灰度特征值具有重复性，从而可以从多个图像中统计分析物相体积含量（图9-33）。

 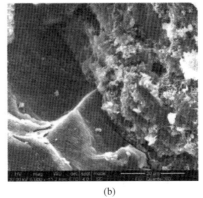

(a)　　　　　　　　　　　　　　　　(b)

图9-33　水泥基试样

（a）BSE图像；（b）SE图像

4. 特征X射线及微区成分分析

特征X射线是原子的内层电子受到激发以后在能级跃迁过程中直接释放的具有特征能量和波长的一种电磁波辐射。X射线一般在试样的500nm～5mm深处发出。微区成分分析的原理是分析特征X射线的波长（或特征能量）从而得知样品中所含元素的种类（定性分析），测量谱线的强度则可求得对应元素的含量（定量分析）。用来分析特征波长的谱仪称为波长分散谱仪（WDS），简称波谱；用来测定 X 射线特征能量的谱仪称为能量色散谱仪（Energy dispersive spectroscopy，EDS 或 Energy-dispersive X-ray microanalysis，EDX），简称能谱仪。

9.5.2.2　环境扫描电镜

环境扫描电镜（Environmental SEM，ESEM）是近年发展起来的新型扫描电镜。它与常规扫描电镜（SEM）的主要区别在样品室。常规扫描电镜样品室真空度必须低于 $10^{-3}Pa(10^{-6}Torr)$，绝缘样品需要进行表面导电处理。而 ESEM 的样品室处于低真空的"环境"状态（$0.08 \sim 30Torr$），可以直接观察非导体及含水样品。此外，ESEM 可以通过调整样品室的压力、气氛、温度、湿度等，模拟实际环境，实现对样品进行原位、动态、连续观测。ESEM 的上述特点特别适合于水泥基材料断裂面的分析，避免了喷涂处理对样品表面细节的覆盖及对 EDX 结果的干扰；减轻或避免了样品制备及测试过程中样品内部水分的损失导致的结构变化（如水分损失导致的开裂，C-S-H 形貌产生很大变化）。

ESEM 由于真空度低，入射电子以及入射电子束击发的样品表面信号电子与气体分子碰撞，使之电离产生电子和离子从而削弱所激发的次级电子信号，部分电子改变方向，不落在聚焦点上，从而产生图像的背景噪声。为此，ESEM 中引入气体放大器来增强信号。气体放大器的工作原理是通过施加一个稳定电场，电离所产生的电子和离子会被分别引往与各自极性相反的电极方向，其中电子在途中被电场加速到足够高的能量时，会电离更多的气体分子，从而产生更多的电子，如此反复倍增。ESEM 探测器正是利用此原理来增强信号的。而通过合理选择偏压电场的电压、方向及电极板的形状，气体状态（种类、压力等）和入射电子路径等参数来降低对分辨率的影响。

在水泥基材料研究领域，ESEM 在产物形貌、早期结构发展、化学外加剂的影响等研究方面具有显著的优势。但如果在 BSE 模式下研究水泥熟料及硬化水泥基材料的结构，则普通 SEM 可以完全满足。采用一些技术手段也可以使用普通 SEM 来研究水泥的早期水化。这些措施包括：①采用冷冻平台，使样品处于冷冻状态而避免干燥导致样品变化。②采用胶囊技术将新拌的试样包裹起来，胶囊的膜很薄，能够让电子和 X 射线通过而又避免试样失水干燥。③采用合适的措施来中止水泥的水化，如溶剂取代法、低温冷冻干燥法。

9.5.2.3　透射电子显微镜

电子从阴极发射而出（热离子发射或场发射）并被阴极和阳极之间的电压加速。电子束由第一聚光镜聚焦缩小到一个颇小的束斑。第二聚光镜将电子束投射到试样上，并使会聚角和照射面积可控。光阑则控制着允许进入电子束的电子数目，从而有助于对照射强度的控制（图9-34）。电子束照射样品（这样品必须非常薄，通常对

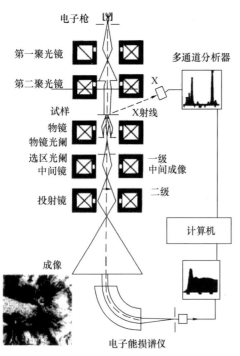

图 9-34　TEM 原理示意图

100keV 电子来说为 5nm ~ 0.2μm，具体取决于试样的密度和组成元素），这些电子可以无偏转（即透射而无相互作用），也可以有偏转而无能量损失（即弹性散射），或者有偏转又有明显的能量损失（即非弹性散射），以及激发出二次电子或 X 射线。通过光阑的使用，可以选择一定的电子群以形成最终的图像。离开试样之后的电子强度分布，在一个三级或四级的透镜系统中被放大，并经该系统，在一个荧光屏上成像。适宜观察硬化水泥浆体的放大率为20000 倍，采用物镜 ×25、中间镜 ×8 以及投影镜 ×100 即可达到。

9.5.3 样品制备

9.5.3.1 SEM 样品制备

用于 SEM 的试样必须是干燥的。在样品处理时含水或早龄期的试样难以进行环氧树脂的浸渍及导电层镀层操作。而含水试样会影响电镜室的真空度，且在高真空度的电镜室内水分会从样品中蒸发，在 X 射线探测器的窗口冷凝并结冰。因此试样必须干燥处理。

供 SEM 用的水泥基材料样品干燥的方法有多种。在干燥过程中，不可避免地影响样品的形貌、结构甚至是组成，如开裂、钙矾石脱水等。因此，需要根据实际情况选择合适的方法来处理试样，尽可能减少上述影响。由于水泥基材料水化的持续性，在进行 SEM 观察、XRD 及热分析时通常需要中止水泥的水化。而干燥和中止水化一般是结合在一起进行的。现有的干燥方法包括冷冻干燥法、溶剂取代干燥法及真空干燥法。冷冻干燥法是利用低温下样品中的水分不经历液态直接从固态的冰升华，从而避免了对结构的影响。冷冻干燥法适合于水化时间仅为几小时的早龄期样品。溶剂取代法是利用与有机溶剂与水之间的互溶而使水分从样品中置换出来的方法。通常使用的溶剂包括乙醇、丙酮、异丙醇等。但溶剂取代法会影响水化产物的形貌，甚至可能生成新的产物。研究表明，用于干燥的各种溶剂中，异丙醇对样品的影响最小。因此，对于长龄期的样品，建议按以下程序干燥样品：①先在异丙醇中浸泡 24h。②更换新的异丙醇后再继续浸泡 6d 以充分置换样品中的自由水。③将样品置于真空干燥器中连续抽真空使异丙醇从试样中挥发。抽真空时间可根据样品的大小而定，可能会需要数小时才能使有机溶剂充分挥发。不建议采用升高温度的方法干燥试样，这样不仅会使部分水化产物脱水、开裂，而且在干燥过程中可能导致样品碳化。试样干燥后在喷碳或喷金处理前需存储在真空干燥器中。

观察试样断面结构时，干燥试样也应该在 SEM 观察前重新形成一个新断面以供观察。因为氢氧化钙、碱、硫酸盐这些溶解度较高的物相在干燥过程中容易在试样表面沉积，从而影响试样表面的真实形貌和组成。

非导电的试样进行 SEM 观察前需要在表面镀一层导电层，避免试样表面电荷积累而影响成像。一般导电层的喷涂用的材料有金（或金-钯）、碳。对用于 BSE 成像的水泥试样宜喷碳处理。因为喷金（或金-钯）后在进行 EDX 能谱分析时，这些元素会产生明显的干扰峰，尤其是当产生的峰刚好与待测元素的峰重叠时，干扰会特别严重。例如，金的 M_α 线会覆盖了硫的 M_α 线。虽然碳也会出峰，但干扰作用不大，可以在 EDX 测试将碳元素过滤，不会对分析产生干扰。

对观察断裂面的试样，如果仅观察断裂面的形貌，则喷金处理可以获得更清晰的照片。这是因为蒸发的金比碳更能够均匀地分布到试样表面。而且附着在样品断面上的碳层在中、高放大倍数下是可见的，看上去就像雨点落到镜面结冰后形成的连续薄膜一样。但如果要进行 EDX 测试应该选择喷碳。如果试样在干燥器中放置时间较长，在喷导电层前应该使试样重新断裂，暴露出新的观察面，以避免储存过程中试样表面产生的变化。

制备好的试样在进行 SEM 观察和 EDX 分析前，必须放在真空干燥器中保存以避免碳化。对于已经研磨好的试样如果产生碳化而影响结果时，可将试样用 $1\mu m$ 抛光液抛光 10min 左右，干燥后重新喷碳。

9.5.3.2　BSE 样品制备

对用于 BSE 的试样宜采用切割机切取薄片状试样，避免在取样时人为造成试样结构的损伤（如裂缝）。切割时应尽量采用切割精度高的切割机，以获得尽可能平整的切割面，从而减少树脂浸渍前的预打磨工作量。切割机的刀片应选用金刚石刀片。试样切割时可用少量水冷却。而用于 SEM 观察的试件平整度无要求。

由于水泥基材料是多孔结构，直接进行磨抛处理会改变其内部结构，研磨剂的颗粒也会进入孔隙中，破坏测试面的真实性。因此，试样在研磨抛光前需要进行树脂浸渍，填充在孔隙中的树脂固化后可保护孔结构抵抗磨抛过程中的破坏。树脂是有机高分子材料，所含的元素为轻元素，与水泥基材料中其他元素相比，在 BSE 图像中亮度低很多，不影响对结构中孔隙的判断。而进行 EDX 分析时，可以将碳元素过滤，从而不影响 EDX 的测试结果。试样干燥后、浸渍前需要进行预打磨以消除试样切割时产生的切痕。试样可用 600 号或 1200 号砂纸手工打磨，打磨时试样应呈 "8" 字形来回运动，避免产生划痕及研磨不均匀，预打磨结束后需用干燥的压缩空气对试样进行清洗，清理打磨过程中嵌入孔隙中的细小颗粒。然后将试样放入专用镶嵌模中（可以采用聚丙烯镶嵌模或硅胶镶嵌模，树脂硬化后试样能够很方便地从镶嵌模中脱出，可重复利用），打磨面朝下，并在试样的表面贴上标签，对试样进行标注。标注时应该采用铅笔，否则环氧树脂浸渍时会溶解墨水而使标记模糊。

浸渍时可采用专门的浸渍装置，也可以采用真空干燥器进行改装。为了尽可能让树脂能够进入试样的内部，应尽量提高浸渍的真空度。真空度足够高时，从试样中排出的空气可以尽快从树脂中逸出。真空浸渍结束后，应使用塑料片将试样在树脂中移动，便于树脂能够较好地在试样表面形成保护层。移动结束时应使试样尽可能位于镶嵌试模的中间位置。在树脂硬化过程中应使试模平放，注意检查试样是否产生移位。

BSE 图像是基于物相的密度与组成元素相对原子质量的差别成像，因此样品必须具有平整的光滑面，否则会影响成像的质量以及 EDS 分析结果的准确性。对于水泥浆体来说，品质 "合格" 的抛光面是获得良好 BSE 图像的关键。试样研磨的过程就是利用不同粒径的研磨剂对试样表面进行逐层研磨、抛光，消除试样在预打磨时难以消除的缺陷，暴露试样内部的真实结构。水泥基材料各物相之间（集料和水泥石，水泥石中水化产物与未水化水泥，填充在孔隙中的树脂与试样内各物相）的硬度存在显著差异，获得高质量的 BSE 试样需要丰富的实践经验。影响研磨质量的因素有以下几方面：

（1）研磨剂种类及粒径。

（2）研磨设备，如研磨盘直径、所采用的材质。

（3）研磨试样时的压力、转速。因此，需要在实践中探索和摸索出适合自己试验室研磨、抛光设备的程序和方法。以司特尔的 MD-Largo 系列磨盘为例，制备水泥净浆样品时研磨抛光剂可选用 $9\mu m$、$3\mu m$、$1\mu m$ 金刚石悬浮抛光液在 20N 的压力下分别研磨 45 ~ 90min，如有必要，可采用 $0.25\mu m$ 的金刚石悬浮抛光液继续研磨。

研磨过程特别需要注意：

（1）在粗磨前需要用 1200 号砂纸手工进行预研磨，磨去试样表面的树脂以便于暴露试样。手工预研磨是非常关键的一步，直接影响后续的研磨效率和质量。首先，在手工预研磨时要通过力度控制、改变试样在研磨盘上的位置尽量使研磨面与试样切割面平行，否则会导致试样一部分表面的树脂保护层已磨损而另一部分试样表面仍然未暴露出来。其次，因为树脂浸渍的深度约为 0.1mm，预研磨过程中要勤观察，既要避免过研磨使试样失去表面树脂保护层，又要避免试样表面的树脂层过厚，影响研磨效率和 BSE 成像质量。预研磨时采用异丙醇冷却，预研磨结束后在异丙醇中进行超声清洗。

（2）研磨过程中使用透明的油性冷却剂进行冷却和润滑，避免使用水性冷却润滑剂。

（3）更换到下一级粒径的研磨剂前必须对试样、研磨盘进行清洗，避免产生污染而在试样表面形成划痕等缺陷。试样清洗时需采用无机溶剂（如异丙醇）作为介质在超声波槽中清洗，清洗完毕后用干燥的压缩空气将试样吹干。同样采用水和洗洁剂对研磨盘进行清洗，清洗后将研磨盘用压缩空气吹干待用。

9.5.3.3　TEM 样品制备

能否充分发挥透射电镜的作用，样品的制备是关键的一环。供透射电镜观察的样品，必须根据不同仪器的要求和试样的特征来选择适当的制备方法，才能达到较好的效果。在透射电镜中，电子束是透过样品成像的，而电子束的穿透能力不强，这就要求将试样制成很薄的薄膜样品。由成像原理可知，电子束穿透固体样品的能力，主要取决于加速电压（或电子能量）和样品物质的原子序数。一般来说，加速电压越高，样品原子序数越低，电子束可以穿透的样品厚度就越大。对于透射电镜常用的 50～100kV 电子束来说，样品的厚度控制在 100～200nm 为宜。这样薄的样品须用铜网承载，装入样品台中，再放入透射电镜的样品室中才可进行观察。而制备这样薄的固体样品显然并不容易。因此，自从透射电镜问世以来，人们就致力于发展样品制备技术。

到目前为止，透射电镜的样品制备方法已有很多，最常用的可分为支持膜法、复型法、晶体薄膜法和超薄切片法四种。而对于水泥基材料，最常用的方法是支持膜法。

支持膜法粉末试样和胶凝物质水化浆体都采用此法。一般做法是将试样载在一层支持膜上或包在薄膜中，该薄膜再用铜网承载，支持膜的作用是支承粉末等试样，而铜网的作用是加强支持膜。支持膜材料必须具备下列条件：本身没有结构，对电子束的吸收不大，以免影响对试样结构的观察；本身颗粒度要小，以提高样品分辨率；本身有一定的力学强度和刚度，能忍受电子束的照射而不致畸变或破裂。目前常用的支持膜材料有火棉胶、聚醋酸甲基乙烯酯、碳、氧化铝等。此外，以上材料除了单独能做支持膜材料外，通常还在火棉胶等塑料支持膜上再喷上一层碳膜，以提高其强度和耐热性，喷碳后的支持膜称为加强膜。下面对支持膜法中支持膜的制备方法和试样的制备进行简单介绍。

1. 支持膜的制备

（1）火棉胶膜：将 0.5～1.5g 范围的固体火棉胶溶入 100mL 的乙酸异戊酯中，置于非常密封的滴液瓶中。轻轻地将 1～2 滴火棉胶溶液（由水面大小决定）滴到直径为 20～30cm 的注满蒸馏水的结晶皿水面上，滴液时滴管要尽量靠近水面，当膜形成后用针挑掉以清洁水面。将铜网轻轻地排放在膜的中间（无皱褶处），剪一尺寸略大于铜网"矩阵"而小于膜的尺寸的滤纸片，以小角度轻轻贴近膜，按入水中、待全部湿润后提起，铜网就排列在膜与滤纸之间了。将该滤纸片放在培养皿中置于 50～60℃的烘箱里烘干。

（2）喷碳：将排有铜网的烘干了的滤纸片，放在真空喷涂仪钟罩内的样品台上，在纸片边上放一小块干净光滑的白磁片，作为碳膜厚度指示板。在磁面上滴一小滴真空油，碳蒸发过程中，油滴内仍保持洁白色，周围颜色逐渐变黑指示碳膜厚度的增加，对于火棉胶-碳复合膜，喷到非常浅的银灰色即可。

（3）碳膜：单独使用的碳膜制作过程如下，用一张经去污剂清洗后擦干的显微镜载玻片面朝上放在钟罩内喷碳，厚度以呈浅银灰色为宜，然后用解剖针或保安刀将碳膜划成铜网大小的方块，缓慢地将载玻片浸入蒸馏水中，碳膜方块将浮于水面，用镊子夹住铜网，小心地浸入水中，并缓慢置于碳膜下面，水平地提出水面并去掉多余的边缘后，放在滤纸上干燥即可得到。此外，还可以在显微镜载玻片上直接滴3%火棉胶溶液，烘干后喷碳，后经乙酸戊酯溶液浸溶火棉胶膜，也可得到碳膜。

2. 支持膜上试样的制备

支持膜上的粉末试样要求高度分散，因而不易制作。可根据不同情况选用如下分散方法。

（1）包藏法：将适量的微粒试样加入制造支持膜的有机溶液中，最好用超声波搅拌仪使其有效分散，再制成支持膜，这样，试样即包藏在支持膜中。

（2）撒布法：干燥分散的微粒试样可以直接撒在支持膜表面，然后用手轻轻叩击，或用超声波仪进行处理，去掉多余的微粒，剩下的即分散在支持膜上。

（3）悬浮法：未经干燥的微粒、悬浮液中的微粒可使用此法。一般以蒸馏水或有机剂作为悬浮剂，但不能使用对试样或支持膜有溶解性的溶剂。样品制成悬浮液后滴在支持膜上，干后即成。水泥的水化浆体的样品制作大多采用这个方法。

（4）糊状法：对于在干燥、湿润状态易结团的微粒试样、油脂物质内的固体成分，可用此法。先用少量的悬浮剂和分散剂与微粒试样调成糊状，涂在金属网的支持膜上，然后浸入悬浮液中或用悬浮液冲洗，则残留在支持膜上的试样就达到均匀分散的状态。用凡士林作微粒分散剂，用苯等溶剂溶去凡士林，也可得到良好的效果。用悬浮法容易在干燥过程中产生再凝聚的试样，用此法较好。

（5）喷雾法：凡用悬浮法在干燥过程中易产生凝聚的粉粒试样，也可用特制的喷雾器将悬浮液喷成极细的雾粒，黏附在支持膜上从而得到可观测试样。

思考题

1. 请简述 XRD 和 XRF 的测试原理，并比较两种测试方法的不同。

2. 墨水瓶状孔的存在对 MIP 的测试结果有何影响？这是否会对总孔隙率产生影响？简述原因。

3. 举例说明水泥基材料孔结构表征方法，并对比不同方法的优缺点。

4. 简述 K-K 转换关系，并说明其作用。

5. 在 ACIS 测试中为什么要用等效电路进行拟合？是否有可以完全拟合水泥基材料电性能的等效电路？简述水泥基材料各等效电路模型的弊端。

6. 在水泥基材料的表征中，时常将两种或两种以上的测试方法结合使用，以达到表征目的，如 TGA-XRD 相结合用以进行水化产物的定量分析。是否还有其他的结合使用？试举例说明。

7. 水泥的水化过程分为几个阶段？如何用 ^{1}H NMR 描述？

8. 简述 ^{29}Si NMR 的测试原理。

9. 试比较 SEM 和 ESEM 的异同。

10. 试举例说明在水泥熟料及硬化浆体研究中，BSE 模式下 SEM 的应用，为什么 BSE 样品要浸渍树脂？

参考文献

[1] 黄士元，蒋家奋，杨南如，等. 近代混凝土技术[M]. 西安：陕西科学技术出版社，1998.

[2] 施惠生. 土木工程材料——性能、应用与生态环境[M]. 北京：中国电力出版社，2008.

[3] 郭晓潞，施惠生. 高钙粉煤灰基地聚合物及固封键合重金属研究[M]. 上海：同济大学出版社，2017.

[4] 施惠生，孙振平，邓恺，等. 混凝土外加剂技术大全[M]. 北京：化学工业出版社，2013.

[5] 胡宏泰，朱祖培，陆纯煊. 水泥的制造和应用[M]. 济南：山东科学技术出版社，1994.

[6] 施惠生，陆纯煊. 预分解窑熟料大块形成机理的探讨[J]. 硅酸盐学报，1986，（3）：362-368.

[7] 施惠生. 生态水泥与废弃物资源化利用技术[M]. 北京：化学工业出版社，2005.

[8] 吴科如，张雄. 土木工程材料[M]. 2版. 上海：同济大学出版社，2008.

[9] 施惠生. 氧化钙的显微结构与水化活性[J]. 硅酸盐学报，1994，22(2)：117-123.

[10] 冯涛，施惠生，范付忠. 若干物料中 f-CaO 的微观结构及水化活性[J]. 建筑材料学报，1999，2（3）：187-192.

[11] 施惠生，陈更新，郁卫国. 水泥石的膨胀行为与应力匹配[J]. 同济大学学报，1997，25(6)：669-674.

[12] Bensted, J. Barnes, P. 著. 廖欣，译. 水泥的结构和性能[M]. 北京：化学工业技术出版社，2009.

[13] Diomand, S., Bonen, D. Microstructure of hardened cement paste. A new interpretation[J]. J. Am. Ceram. Soc.，1993，76(12)：2993-2999.

[14] Scrivener, K. L. In material science of concrete[M]. American Ceremic Society, Westerville, Ohio, USA, 1989.

[15] Barnes, B. D., Diomand, S., Dolch, W. L. The contact zone between Portland cement paste and glass "aggregate" surface[J]. Cem. Concr. Res.，1978，8(2)：233-243.

[16] Talor, H. F. W. Cement Chemistry[M]. 2nd Edn. London：Thomas Telford，1997.

[17] Bentz, D. P., Garboczi, E. J. Percolation of phases in a three-dimensional cement paste microstructural model[J]. Cem. Concr. Res.，1991，21：325-344.

[18] Berger, R. L., Macgregor, J. D. Influence of admixture on the morphology of calcium hydroxide formed during tricalcium silicate hydration[J]. Cem. Concr. Res.，1972，2：43-55.

[19] Copeland, L. E., Kantro, D. L. Proc. 5th Int. Symp. Chem. Cem.［M］. TOKYO：Cement Association of Japan，1968.

[20] Jennings, H. M., Dalgleish, B. J., Pratt, P. L. Morphological development of hydrating tricalcium silicate as examined by electron microscope techniques［J］. Journal of the American Ceramic Society，1981，64：567-572.

[21] 杨南如. C-S-H 凝胶结构模型研究新进展[J]. 南京工业大学学报，1998，20(2)：78-58.

[22] 陆平. 水泥材料科学导论[M]. 上海：同济大学出版社，1991.

[23] Ramachandran, V. S., Feldman, R. F., Beaudoin, J. J. 混凝土科学[M]. 黄士元，等译. 北京：中国建筑工业出版社，1986.

[24] 魏铭滢，甘新平. C-S-H 凝胶结构的研究[J]. 武汉工业大学学报，1991，13(1)：19-24.

[25] 甘新平. C-S-H 凝胶结构的探讨[J]. 硅酸盐学报，1996，24(6)：629-634.

[26] Taylor, H. F. W. Cement Chemistry[M]. London：Academic Press，1990.

［27］ Taylor, H. F. W. Nanostructure of C-S-H: current statues[J]. Advanced Cement Based Materials, 1993, 1(1): 38-46.

［28］ 张文生，王宏霞，叶家元. 水化硅酸钙的结构及其变化[J]. 硅酸盐学报, 2005, 33(1): 63-68.

［29］ Viehland, D., Li, J. F., Yuan, L. J. Mesostructure of calcium silicate hydrate (C-S-H) gels in Portland cement paste: short-range ordering, nano-crystallinity, and local compositional oder[J]. Journal of American Ceramic Society, 1996, 79(7): 1731-1744.

［30］ 吴刚. 材料结构表征及应用[M]. 北京：化学工业出版社, 2002.

［31］ 廉惠珍，童良，陈恩义. 建筑材料物相研究基础[M]. 北京：清华大学出版社, 1996.

［32］ 左演声，陈文哲，梁伟. 材料现代分析方法[M]. 北京：北京工业大学出版社, 2000.

［33］ 秦力川，杨俊峰. 建筑材料微观测试分析基础[M]. 重庆：重庆大学出版社, 1990.

［34］ 杨淑珍，周和平. 无机非金属材料测试实验[M]. 武汉：武汉工业大学出版社, 1991.

［35］ 黄士元，孙复强，等译. 混凝土科学[M]. 北京：中国建筑工业出版社, 1986.

［36］ Kjellsen, K. O., Lagerblad, B. Hollow-shell formation -an important mode in the hydration of Portland cement[J]. Journal of Materials Science, 1997, 32: 2921-2927.

［37］ 刘贤萍，王培铭，陈红霞，等. 原子力显微镜在水泥熟料单矿物早期水化产物研究中的应用[J]. 硅酸盐学报, 2004, 32(3): 327-333.

［38］ James, R. K., Cong, X. D. An introduction to ^{27}Al and ^{29}Si NMR spectroscopy of cement and concrete. In: Pierre Colombet, Arnd-Rudiger Grimmer. Application of NMR spectroscopy to cement science. Singapore: Gordon and Breach Science Publishers, 1998.

［39］ 陆平. 水泥材料科学导论[M]. 上海：同济大学出版社, 1991.

［40］ 史美伦. 混凝土阻抗谱[M]. 北京：中国铁道出版社, 2003.

［41］ 施惠生，方泽锋. 煤矸石-水泥体系早期水化的交流阻抗研究[J]. 同济大学学报(自然科学版), 2005, 33(4): 441-444.

［42］ McCarter, W. J., Brousseau, R. The A. C response of cement paste. Cement and concrete research[J]. 1990, 20(6): 891-900.

［43］ 许仲梓. 水泥混凝土电化学进展-交流阻抗谱理论[J]. 硅酸盐学报, 1994, 22(2): 173-179.

［44］ 中华人民共和国工业和信息化部, 2020. http://www.miit.gov.cn/n1146312/n1146904/n1648356/n1648361/c7821089/content.html

［45］ Kantro, D. L., Bmnauer, S., Weise, C. H. Development of surface in the hydration of calcium silicate. Ⅱ. Extension of investigation to earlier and later stages of hydration [J]. Journal of Physical Chemistry, 1804, 66(10): 1804-1809.

［46］ Stade, H., Wieker, W. On the structure of ILL-Crystallized calcium hydrogen silicates. I. formation and properties of an ILL-crystallized calcium hydrogen disilicate phase [J]. Zeitschrift Fur Anorganische Und Allgemeine Chemie, 1980, 466(7): 55-70.

［47］ Fujii, K., Kondo, W. Estimation of thermochemical data for calcium silicate hydrate (C-S-H) [J]. Journal of the American Ceramic Soceity, 1983, 66(12): C220-C221.

［48］ Kulik, D. A. Improving the structural consistency of C-S-H solid solution thermodynamic models [J]. Cement and Concrete Research, 2011, 41(5): 477-495.

［49］ Blanc, P., Bourbon, X., Lassin, A., et al. Chemical model for cement-based materials: Thermodynamic data assessment for phases other than C-S-H [J]. Cement and Concrete Research, 2010, 40(9): 1360-1374.

［50］ Blanc, P., Bourbon, X., Lassin, A., et al. Chemical model for cement-based materials: Temperature dependence of thermodynamic functions for nanocrystalline and crystalline C-S-H phases [J]. Cement and

Concrete Research, 2010, 40(6): 851-866.

[51] Denis, D., Christine, L. Mutual interaction between hydration of Portland cement and structure and stoichiometry of hydrated calcium silicate [J]. Journal of the Chinese Ceramic Society, 2015, 43 (10): 1324-1330.

[52] Jennings, H. M. A model for the microstructure of calcium silicate hydrate in cement paste [J]. Cement and Concrete Research, 2000, 30(1): 101-116.

[53] Jennings, H. M., Bullard, J. W., Thomas, J. J., et al. Characterization and modeling of pores and surfaces in cement paste: correlations to processing and properties [J]. Journal of Advanced Concrete Technology, 2008, 6(1): 5-29.

[54] Jennings, H. M. Refinements to colloid model of C-S-H in cement: CM-II [J]. Cement and Concrete Research, 2008, 38(3): 275-289.

[55] Setzer, M. J. SLGS Model-nanophysical interaction of pore water with gel matrix [J]. Journal of the Chinese Ceramic Society, 2015, 43(10): 1341-1358.

[56] Etzold, M. A., McDonald, P. J., Routh, A. F. Growth of sheets in 3D confinements——a model for the C-S-H meso structure [J]. Cement and Concrete Research, 2014, 63: 137-142.

[57] Gartner, E. M., Kurtis, K. E., Monteiro, P. J. M. Proposed mechanism of C-S-H growth tested by soft X-ray microscopy [J]. Cement and Concrete Research, 2000, 30(5): 817-822.

[58] Gartner, E. M., Gaidis, J. M. Hydration Mechanisms, I [M]. The American Ceramic Society. Inc., 1989: 95-126 (Ch. 4).

[59] Allen, A. J., Thomas, J. J., Jennings, H. M. Composition and density of nanoscale calcium-silicate-hydrate in cement [J]. Nature Materials, 2007, 6(4): 311-316.

[60] Pellenq, R. J. M., Kushima, A., Shahsavari, R., et al. A realistic molecular model of cement hydrates [J]. Proceedings of the National Academy of Sciences, 2009, 106(38): 16102-16107.

[61] Bonnaud, P. A., Ji, Q., Coasne, B., et al. Thermodynamics of water confined in porous calcium-silicate-hydrates [J]. Langmuir, 2012, 28(31): 11422-11432.

[62] Manzano, H., Masoero, E., Lopez-Arbeloa, I. et al. Shear deformations in calcium silicate hydrates [J]. Soft Matter, 2013, 9(30): 7333-7341.

[63] Manzano, H., Moeini, S., Marinelli, F., et al. Confined water dissociation in microporous defective silicates: mechanism, dipole distribution, and impact on substrate properties [J]. Journal of the American Chemical Society, 2012, 134(4): 2208-2215.

[64] Hou, D. S. Molecular simulation on the calcium silicate hydrate (C-S-H) gel [M]. Hong Kong University of Science and Technology, 2014.

[65] Kovacevic, G., Persson, B., Nicoleau, L., et al. Atomistic modeling of crystal structure of Ca1.67SiHx [J]. Cement and Concrete Research, 2015, 67: 197-203.

[66] Sofi, M., Sabri, Y., Zhou, Z. Y., et al. Transforming municipal solid waste into construction materials [J]. Sustainability, 2019, 11(9): 2661.

[67] 中华人民共和国国家统计局数据, 2018.

[68] 李健峰. 我国垃圾焚烧厂机械炉排型式分析[J]. 山东工业技术, 2016, 7: 26-27.

[69] 中国水泥协会, 水泥工业"十三五"发展规划, 2017.

[70] 王学琴. 碳酸钙结晶式包覆改性粉煤灰的研究[M]. 广州: 华南理工大学, 2017.

[71] 陶春光. 淮南电厂粉煤灰制备分子筛及提取硅铝的研究[M]. 淮南: 安徽理工大学, 2019.

[72] 2019 年中国垃圾发电行业分析报告——产业现状与未来规划分析, 2019.

[73] 王培铭. 无机非金属材料学[M]. 上海: 同济大学出版社, 1999.

［74］ 施惠生. 无机材料实验［M］. 上海：同济大学出版社，2003.

［75］ 肖建庄. 再生混凝土［M］. 北京：中国建筑工业出版社. 2008.

［76］ 刘数华，冷发光. 再生混凝土技术［M］. 北京：中国建材工业出版社. 2007.

［77］ 卢都友. 国际混凝土碱-集料反应研究动态［J］. 混凝土，2009，1：57-61.

［78］ 杜婷. 建筑垃圾再生骨料混凝土性能及强化试验研究［D］. 武汉：华中科技大学硕士学位论文，2001，11.

［79］ 孙跃东，肖建庄. 再生集料混凝土［J］. 混凝土，2004，6：33-36.

［80］ 屈志中. 钢筋混凝土破坏及其利用技术新动向［J］. 建筑技术，2001，2：102-261.

［81］ 赵伟. 绿色高强高性能再生混凝土试验研究［D］. 武汉：武汉大学硕士学位论文，2004，4.

［82］ 孙振平，曹国强，等. 再生混凝土技术［J］. 混凝土，1998，5：36-40.

［83］ 施惠生. 高钙粉煤灰的本征性质与水化特性［J］. 同济大学学报，2003，31（12）：1440-1443.

［84］ 施惠生，范付忠，冯涛. 高钙粉煤灰混合水泥体积稳定性的研究［J］. 建筑材料学报，1999，2（2）：93-98.

［85］ 中华人民共和国国家质量监督检验检疫总局. 建设用卵石、碎石：GB/T 14865—2011［S］. 北京：中国标准出版社，2012.

［86］ 中华人民共和国国家质量监督检验检疫总局. 建设用砂：GB/T 14684—2011［S］. 北京：中国标准出版社，2012.

［87］ 中华人民共和国住房和城乡建设部. 普通混凝土配合比设计规程：JGJ 55—2011［S］. 北京：中国建筑工业出版社，2011.

［88］ 中华人民共和国交通运输部. 公路水泥混凝土路面施工技术细则：JTG/T—F30—2014［S］. 北京：人民交通出版社，2014.

［89］ 《轻集料及其试验方法　第1部分：轻集料》（GB/T 17431.1—2010），中华人民共和国国家质量监督检验检疫总局［S］. 北京：中国标准出版社，2010.

［90］ 范付忠，施惠生，冯涛. 高钙粉煤灰作为混凝土膨胀剂的初步研究［J］. 建筑材料学报，1999，2（2）：116-121.

［91］ 中华人民共和国住房和城乡建设部. 混凝土泵送施工技术规程：JGJ/T 10—2011［S］. 北京：中国建筑工业出版社，1995.

［92］ 张越，等. 外加剂在上海环球金融中心主楼特大体积泵送混凝土中的研究与应用［M］. 上海：混凝土外加剂与混凝土可持续发展论文集. 2006

［93］ 刘文庆，王鸷. 泵送钢纤维混凝土在地下工程施工中的应用［J］. 探矿工程，2006，（1）：18-21.

［94］ 孙振平，王玉吉，张冠伦. 大掺量普通细度矿渣粉泵送混凝土外加剂的研究［J］. 混凝土，1999（2）：28-37.

［95］ 中华人民共和国住房和城乡建设部. 混凝土防冻泵送剂：JG/T 377—2012［S］. 北京：中国标准出版社，2012.

［96］ 中华人民共和国国家质量监督检验检疫总局. 混凝土外加剂：GB 8076—2008［S］. 北京：中国标准出版社，2009.

［97］ 王玲，赵霞，高瑞军. 我国混凝土外加剂行业最新研发进展和市场动态［J］. 混凝土与水泥制品，2018，（7）：1-5.

［98］ 中华人民共和国国家质量监督检验检疫总局. 用于水泥和混凝土中的粉煤灰：GB/T 1596—2017［S］. 北京：中国标准出版社，2017.

［99］ 中华人民共和国住房和城乡建设部. 粉煤灰混凝土应用技术规范：GB/T 50146—2014［S］. 北京：中国计划出版社，2015.

［100］ 中华人民共和国国家质量监督检验检疫总局. 用于水泥、砂浆和混凝土中的粒化高炉矿渣粉：GB/T

18046—2017［S］. 北京：中国标准出版社，2017.

[101] 中华人民共和国住房和城乡建设部. 混凝土和砂浆用天然沸石粉：JG/T 566—2018［S］. 北京：中国标准出版社，2019.

[102] 中华人民共和国国家质量监督检验检疫总局. 砂浆和混凝土用硅灰：GB/T 27690—2011［S］. 北京：中国标准出版社，2012.

[103] 叶青，张泽南，孔德玉，等. 掺纳米 SiO_2 和掺硅粉高强混凝土性能的比较［J］. 建筑材料学报，2003，4：381-385.

[104] 韩古月，聂立武. 纳米材料在混凝土中的应用研究现状［J］. 混凝土，2018，7：65-68.

[105] 冯春花，王希建，朱建平，等. 纳米材料在混凝土中的应用研究进展［J］. 硅酸盐通报，2013，32（8）：1557-1561.

[106] 黄小亚. 水泥混凝土的水化热及其早期收缩研究［D］. 上海：同济大学，2010.

[107] 中华人民共和国住房和城乡建设部. 混凝土结构工程施工质量验收规范：GB 50204—2015［S］. 北京：中国建筑工业出版社，2015.

[108] 陈健中. 用旋转叶片式流变仪测定新拌混凝土流变性能［J］. 上海建材学院学报，1992，5（3）：164-173.

[109] 侯雷等. 应用引气剂提高机场水泥混凝土道面抗冻性的研究［J］. 机场工程，2006（1）：13-14.

[110] 贾惟祖，安明哲. 高流动性混凝土工作度评价方法研究［J］. 混凝土与水泥制品. 1996（3）：11-15.

[111] 张晏清、黄土元. 混凝土可泵性分析与评价指标［J］. 混凝土与水泥制品. 1989（3）：4-8.

[112] 亢景付. 高性能混凝土拌合物流变性能测试方法探讨［J］. 混凝土，2002，10：8-9.

[113] Mehta, P. K. 混凝孔的结构、性能与材料［M］. 祝永年，等译. 上海：同济大学出版社，1991.

[114] Farran, J. Introduction：The transition zone—discovery and development［A］. In：MASO J C ed. Interfacial Transition Zone in Concrete［C］. RILEM Report 11. London：E&FN SPON, 1996.

[115] Lepage, S., Baalbaki, M., Dallaire, E., et al. Early shrinkage development in a high performance concrete［J］. Cement Concrete and Aggregates, 1999, 21(1)：31-35.

[116] Qian, X. Q., Meng, T., Zhan, S. L., Fang, M. H. Influence of shrinkage reduce agent on early age autogenous shrinkage of concrete［J］. Environmental Ecology and Technology of Concrete, 2006, 302-303：211-217.

[117] Bergstrom, S. G., Byfors, J. Properties of concrete at early ages［J］. Matériaux et Construction, 1980, 13(3)：265-274.

[118] Bergstrom, S. G. Curing temperature, age and strength of concrete［J］. Magazine of concrete research, 1953, 5(14)：61-66.

[119] 黄土元. 高性能混凝土发展的回顾与思考［J］. 混凝土，2003（07）：3-9.

[120] 杨钱荣，黄土元. 引气混凝土的特性研究［J］. 混凝土，2008（05）：9-13.

[121] 张晏清，黄土元. 泵送混凝土拌合料的稳定性［J］. 第三届全国混凝土与水泥制品学术交流会，2007.

[122] 中华人民共和国住房和城乡建设部. 普通混凝土拌合物性能试验方法标准：GB/T 50080—2016［S］. 北京：中国建筑工业出版社，2017.

[123] Winslow, D. N., Liu D. The pore structure of paste in concrete［J］. Cement and Concrete Research, 1990, 20(2)：227-235.

[124] Olson, R. A., Neubauer C. M., Jennings H. M. Damage to the pore structure of hardened portland cement paste by mercury intrusion［J］. Journal of the American Ceramic Society, 1997, 80(9)：2454-2458.

[125] Chandran, V. S., Beaudoin, J. Handbook of Armlytical Techniques in Concrete Science and Technology：Principles, Techniques and Applications［M］. New York：William Andrew Publishing, 2001.

[126] 唐国宝. 水泥浆体-集料界面过渡区渗流结构及其对砂浆和混凝土性能的影响[D]. 上海：同济大学，2000.

[127] Shane, J. D, Masonto, J. J. Conductivity and microstructure of the interfacial transition zone measured by impedance spectroscopy[A]. In：ALEXANDER M G, ARLIGUIE G, BALLIVY G, et al, eds. Engineering and Tran sport Properties of the Interfacial Transition Zone in Cementitious Composites[C]. RILEM Report 20. Cachan：RILEM Publications SARL. 1999. 173-203.

[128] 王嘉. 水泥石-石灰石集料界面过渡层结构和性能的研究[J]. 硅酸盐学报，1987，15（2）：l14-121.

[129] Netami, K. M. , Monteiro P. J. M. A new method to observe three-dimensional fractures in concrete using liquid metal porosknetry technique[J]. Cement and Concrete Research，1997，27（9）：1333-1341.

[130] Zampini, D. , Shah S. P. Early age microstructure of the paste-aggregate interface and its evolution[J]. Journal of Materials Research , 1998，13（7）：1888-1898.

[131] 马一平. 提高水泥石-集料界面粘结强度的研究[J]. 建筑材料学报，1999，2（1）：29-32.

[132] 钟世云，史美伦，唐国宝，等. 聚合物改性水泥砂浆界面过渡区的交流阻抗谱研究[J]. 硅酸盐学报，2002，30（2）：144-148.

[133] 徐新生. 集料水泥浆界面对混凝土透过性的影响[J]. 粉煤灰综合利用，2001，2：42-44.

[134] 李屹立，陆小华，冯玉龙，等. 花岗岩/硅烷偶联剂/水泥浆界面层的形成机理[J]. 材料研究学报，2007，21（2）：140-144.

[135] 姚嵘，王振翀. 水泥混凝土中的界面现象[J]. 建材技术与应用，2006，2：7-9.

[136] 林翔，苗英豪，张金喜，等. 废弃水泥混凝土再生利用发展现状[J]. 市政技术，2009，27（5）：536-539.

[137] 陈云钢，孙振平，肖建庄. 再生混凝土界面结构特点及其改善措施[J]. 混凝土，2004（2）：10-13.

[138] 陈惠苏，孙伟，Stroeven Piet. 水泥基复合材料集料与浆体界面研究综述（二）：界面微观结构的形成、劣化机理及其影响因素[J]. 硅酸盐学报，2004，32（1）：70-79.

[139] 魏鸿，凌天清，卿明建，等. 再生水泥混凝土界面过渡区的结构特性分析[J]. 重庆交通大学学报，2008，27（5）：709-712.

[140] 李福海，叶跃忠，赵人达. 再生集料混凝土微观结构分析[J]. 混凝土，2008（5）：30-33.

[141] 水中和，潘智生，朱文琪，等. 再生集料混凝土的微观结构特征[J]. 武汉理工大学学报，2003，25（12）：99-102.

[142] 肖建庄，刘琼，李文贵，等. 再生混凝土细微观结构和破坏机理研究[J]. 青岛理工大学学报，2009，30（4）：24-30.

[143] Poon, C. S. , Kou, S. C. , Wan, H. W. Properties of concrete blocks prepared with low grade recycled aggregates[J]. Waste Management，2009（29）：2369-2377.

[144] 刘数华，阎培渝. 高性能再生集料混凝土的性能与微结构[J]. 硅酸盐学报，2007，35（4）：456-460.

[145] 刘琼，肖建庄，李宏. 老砂浆对再生混凝土力学性能影响模拟试验[J]. 四川大学学报，2009，41（S1）：76-80.

[146] 杨曦，吴瑾，梁继光. 再生混凝土抗拉强度与抗压强度关系的试验研究[J]. 四川建筑科学研究，2009，35（5）：190-192.

[147] 周静海，杨永生，焦霞. 再生混凝土柱轴心受压承载力研究[J]. 沈阳建筑大学学报，2008，24（4）：572-576.

[148] Gokce, A. , Nagataki, S. , Saeki, T. Freezing and thawing resistance of air-entrained concrete incorpora-

ting recycled coarse aggregate: The role of air content in demolished concrete[J]. Cement and Concrete Research, 2004, 34(5): 799-806.

[149] Otsuki, N., Miyazato, S., Yodsudjai, W. Influence of recycled aggregate on interfacial transition zone, strength, chloride penetration and carbonation of concrete[J]. Journal of Materials in Civil Engineering, 2003, 15(5): 443-451.

[150] 陈爱玖, 潘丽云, 王静, 等. 再生混凝土抗氯离子渗透试验研究[J]. 新型建筑材料, 2009(9): 5-7.

[151] 朱志刚. 基于非球形颗粒堆积的水泥基复合材料微观结构及扩散性能的数值建模[D]. 东南大学, 2017.

[152] 田梦云. 基于细观尺度的混凝土单轴力学性能的数值计算[D]. 太原: 太原理工大学, 2019.

[153] 崔冬. 水泥基材料微结构、碳化以及考虑气候变化的碳化深度预测模型研究[D]. 南京: 东南大学, 2018.

[154] 占华刚. 集料-基体界面对水泥基材料碳化性能的影响[D]. 南京: 东南大学, 2015.

[155] 孔宇田. 界面结构和力学性能对混凝土强度影响研究[D]. 郑州: 郑州大学, 2015.

[156] Bentz, D. P., Stutzman, P. E. Experimental and simulation studies of the interfacial zone in concrete [J]. Cement and Concrete Research, 1992, 22(5): 891.

[157] Barnes, B. D., Diamonds, Dolch W. L. Hollow shell hydration of cement particles in bulk cement[J]. Cement and Concrete Research. 1978, 8(3): 263.

[158] Maso, J. C. Interfacial transition zone in concrete [M]. Lomdon: E. FN SPON, 1996.

[159] 谢松善. 水泥基复合材料中界面粘结的研究[J]. 硅酸盐学报, 1983, 11(4): 489-497.

[160] 欧阳利军, 安子文, 杨伟涛, 等. 混凝土界面过渡区(ITZ)微观特性研究进展[J]. 混凝土与水泥制品, 2018(2): 7-12.

[161] Stroeven, P., Stroeven, M. Reconstructions by SPACE of the interfacial transition zone [J]. Cement and Concrete Composites, 2001, 23(2): 189-200.

[162] Zimbelmann, R. Contribution of cement-aggregate bond [J]. Cement and Concrete Research, 1985, 15(5): 801-808.

[163] Larbi, J. A. The cement paste-aggregate interfacial zone in concrete [D]. Delft University Press, 1991, 127.

[164] Ollivier, J. P., Maso, J. C., Bourdette, B. Interfacial transition zone in concrete[J]. Advanced Cement Based Materials, 1995, 2(1): 30-38.

[165] Wu, K., Long, J. F. Xu, L. L., et al. A study on the chloride diffusion behavior of blended cement concrete in relation to aggregate and ITZ [J]. Construction and Building Materials. 2019, 223: 1063-1073.

[166] Wu, K., Kang W., Xu, L. L., et al. Damage evolution of blended cement concrete under sodium sulfate attack in relation to ITZ volume content [J]. Construction and Building Materials, 2018, 190: 452-465.

[167] Wu, K., Shi, H., Xu, L. L., et al. Microstructural characterization of ITZ in blended cement concretes and its relation to transport properties [J]. Cement and Concrete Research, 2016, 79(1): 243-256.

[168] Chen, Z. Y., Older, I. The interface zone between marble and tricalcium silicate [J]. Cement and Concrete Research, 1987, 17(5): 784-792.

[169] Zheng, J. Mesostructure of concrete: stereological analysis and some mechanical implications [D]. Delft: Delft University Press, 2000.

[170] Domingo-Cabo, A., Lázaro, C., López-Gayarre, F. Creep and shrinkage of recycled aggregate concrete [J]. Construction and Building Materials, 2009 (23): 2545-2553.

[171] Etxeberria, M., Vázquez, E., Marí, A. Influence of amount of recycled coarse aggregates and production

processon properties of recycled aggregate concrete[J]. Cement and Concrete Research, 2007 (37): 735-742.

[172] Etxeberria, M., Vázquez, E., Marí, A. R. Microstructure analysis of hardened recycled aggregate concrete[J]. Magazine of Concrete Research, 2006 (58): 683-690.

[173] 鲁雪冬. 再生粗集料高强混凝土力学性能研究[D]. 西南交通大学硕士学位论文, 2006.

[174] 肖建庄, 杜江涛, 刘琼. 基于格构模型再生混凝土单轴受压数值模拟[J]. 建筑材料学报, 2009, 12(5): 511-515.

[175] Poon, C. S., Shui, Z. H., Lam, L. Effect of microstructure of ITZ on compressive strength of concrete prepared with recycled aggregates[J]. Construction and Building Materials, 2004, 18(6): 461-468.

[176] 王军强, 陈年和, 蒲琪. 再生混凝土强度和耐久性能试验[J]. 混凝土, 2007(5): 53-56.

[177] 万惠文, 徐金龙, 水中和, 等. 再生混凝土ITZ结构与性质的研究[J]. 武汉理工大学学报, 2004, 26(11): 29-32

[178] 陈云钢. 再生混凝土界面强化试验的微观机理研究[J]. 混凝土, 2007 (11): 53-57.

[179] Valeria, C., Giacomo, M. Influence of mineral additions on the performance of 100% recycled aggregate concrete[J]. Construction and Building Materials, 2009 (23): 2869-2876.

[180] Paulon, V. A., Dal, M. D., Monteiro, P. J. Statistical analysis of the effect of mineral admixtures on the strength of the interfacial transition zone[J]. Interface Science, 2004, 12(4): 399-410.

[181] 李秋义, 李云霞, 朱崇绩, 等. 再生混凝土集料强化技术研究[J]. 混凝土, 2006(1): 74-77.

[182] 朱崇绩, 李秋义, 李云霞. 颗粒整形对再生集料混凝土耐久性的影响[J]. 水泥与混凝土, 2007 (3): 6-10.

[183] Tam, V. W., Tam, C. M., Le, K. N. Removal of cement mortar remains from recycled aggregate using pre-soaking approaches[J]. Resources, Conservation and Recycling, 2007, 50(1): 82-101.

[184] Du, T., Li H. Q., Wu, X. Q. Basic properties of recycled aggregates in concrete with various intensified methods[C]//Proceeding of 9th International Conference on Inspection, Appraisal, Repairs & Maintenance of Structures. Fuzhou, China, 2005: 225-231.

[185] 盛毅生. 再生集料混凝土水灰比统一定则与界面强化研究[D]. 浙江工业大学硕士学位论文, 2006.

[186] 中华人民共和国住房和城乡建设部. 混凝土物理力学性能试验方法标准: GB/T 50081—2019[S]. 北京: 中国建筑工业出版社, 2019.

[187] 中华人民共和国住房和城乡建设部. 混凝土结构设计规范(2015年版): GB 50010—2010[S]. 北京: 中国建筑工业出版社, 2010.

[188] Almussalam, A. A., Maslehuddin, M., Abdul-Waris, M. Plastic shrinkage cracking of blended cement concretes in hot environments [J]. Magazine of Concrete Research, 1999, 51(4): 241-246.

[189] Almussalam, A. A., Beshr, H., Maslehuddin, M., Al-Amoudi, O. S. B. Effect of silica fume on the mechanical properties of low quality coarse aggregate concrete [J]. Cement & Concrete Composites, 2004, 26 (7): 891-900.

[190] Lura, P., Bentz, D. P., Lange, D. A., et al. Measurement of water transport from saturated pumice aggregates to hardening cement paste [J]. Materials and structures, 2006, 39(9): 861-868.

[191] Uno, P. J. Plastic shrinkage cracking and evaporation formulas[J]. ACI Materials Journal, 1998, 95: 365-375.

[192] Ei-ichi, T., Shingo, M. Influence of cement and admixture on autogenous shrinkage of cement paste [J]. Cement and Concrete Research, 1995, 25: 281-287.

[193] Yoshioka, K. Adsorption characteristics of superplasticizers on cement component minerals [J]. Cement

and Concrete Research, 2002, 32: 1507-1513.

[194] Ei-ichi, T. , Shingo, M. , Tetsurou, Kasai. Chemical shrinkage and autogenous shrinkage of hydrating cement paste [J]. Cement and concrete research, 1995, 25: 288-292.

[195] Mounaga, Pierre. , Khelidj, A. , Loukili, A. , et al. Predicting Ca(OH)$_2$ content and chemical shrinkage of hydrating cement pastes using analytical approach [J]. Cement and Concrete Research, 2004, 34: 255-265.

[196] Katz, A. Treatments for the improvement of recycled aggregate[J]. Journal of Materials in Civil Engineering, 2004, 16(6): 597-603.

[197] 程海丽, 王彩彦. 水玻璃对混凝土再生集料的强化试验研究[J]. 新型建筑材料, 2004, (12): 12-14.

[198] 雷霆, 孔德玉, 郑建军. 掺合料裹集料工艺对再生集料混凝土性能的影响[J]. 混凝土, 2007 (12): 38-41.

[199] Ryu, J. S. Improvement on strength and impermeability of recycled concrete made from crushed concrete coarse aggregate[J]. Journal of Materials Science Letters, 2002, 21(20): 1565-1567.

[200] Li, J. S. , Xiao, H. N. , Zhou, Y. Influence of coating recycled aggregate surface with pozzolanic powder on properties of recycled aggregate concrete[J]. Construction and Building Materials, 2009, 23(3): 1287-1291.

[201] Tam, V. W. , Gao, X. F. , Tam, C. M. Microstructural analysis of recycled aggregate concrete produced from two-stage mixing approach[J]. Cement and Concrete Research, 2005, 35(6): 1195-1203.

[202] Vivian, W. Y. , Tam, C. M. Diversifying two-stage mixing approach (TSMA) for recycled aggregate concrete TSMAs and TSMAsc[J]. Construction and Building Materials, 2008, 22: 2068-2077.

[203] 中华人民共和国住房和城乡建设部. 普通混凝土长期性能和耐久性能试验方法标准: GB/T 50082—2009[S]. 北京: 中国建筑工业出版社, 2009.

[204] 中华人民共和国水利部. 水工混凝土试验规程(附条文说明): SL 352—2006[S]. 北京: 中国水利水电出版社, 2006.

[205] Fecher, H. , Linke, L. , Joest, G. Method and device for manufacturing a standing board stone made of concrete[J]. 1994.

[206] Fagerlund, G. The critical degree of saturation method of assessing the freeze-thaw resistance of concrete [J]. Materials and Structures, 1977, 10(5): 379-382.

[207] Setzer, M. J. , Fagerlund, G. , Janssen, D. J. CDF Test-test method for the freeze-thaw resistance of concrete-tests with sodium chloride solution (CDF) [J]. Materials and Structures, 1996, 29(9): 523-528.

[208] Fagerlund, G. Non-freezable water contents of porous building materials [M]. Division of Building Technology, the Lund Institute of Technology, 1974.

[209] Fagerlund, G. Chloride transport and reinforcement corrosion in concrete exposed to sea water pressure [J]. Report Tvbm, 2008.

[210] Diamond, S. A review of alkali-silica reaction and expansion mechanisms 1. Alkalies in cements and in concrete pore solutions[J]. Cement and Concrete Research, 1975, 5(4): 329-345.

[211] Diamond, S. A review of alkali-silica reaction and expansion mechanisms 2. Reactive aggregates [J]. Cement and Concrete Research, 1976, 6(4): 549-560.

[212] Balachandran, C. , Olek, J. , Rangaraju, P. R. , et al. Role of potassium acetate deicer in accelerating alkali-silica reaction in concrete pavements relationship between laboratory and field studies [J]. Transportation Research Record, 2011, 2240: 70-79.

[213] Folliard, K. , Giannini, E. R. , Zhu, J. Non-destructive evaluation of in-service concrete structures affec-

ted by alkali-silica reaction (ASR) or delayed ettringite formation (DEF) [J]. Deterioration, 2013.

[214] Vivian, W. Y., Tam, X. F., Gao, C. M Physio-chemical reactions in recycle aggregate concrete[J]. Journal of Hazardous Materials, 2009 (163): 823-828.

[215] 管延武, 赵冠刚, 龚爱军. 混凝土收缩徐变机理综述[J]. 山西建筑, 2009, 35(10): 166-167.

[216] 姚炎炎. 混凝土徐变问题分析[J]. 广东建材, 2010, 3: 41-44.

[217] 胡磊, 杨谈蜀. 混凝土徐变影响因素及预测模型研究运用[J]. 煤炭技术, 2010, 29(4): 113-116.

[218] Aruntas, H. Y., Cemalgil, S., Simsek, O. Effects of super plasticizer and curing conditions on properties of concrete with and without Fiber [J]. Materials Letters, 2008, 62(19): 3441-3443

[219] Mehta, P. K. 混凝土: 微观结构、性能和材料[M]. 覃维祖, 等译. 北京: 中国电力出版社, 2008.

[220] 金伟良, 赵羽习. 混凝土结构耐久性[M]. 北京: 科学出版社, 2002.

[221] Neville A. M. 混凝土的性能[M]. 李国泮, 马贞勇译. 北京: 中国建筑工业出版社, 1983.

[222] 刘峥, 韩苏芬, 唐明述. 碱-碳酸盐岩反应机理[J]. 硅酸盐学报, 1987, 04: 16-22

[223] Grattan-Bellow, P. E., Litvan, G. G. Testing Canadian aggregates for alkali expansivity [C]. Proc. of the Alkali Symposium London, 1976.

[224] 莫祥银, 许仲梓, 唐明述. 国内外混凝土碱-集料反应研究综述[J]. 材料科学与工程, 2002, 20(1): 128-132.

[225] 吴中伟. 水泥制品必须预防碱-集料反应[J]. 混凝土与水泥制品, 1991, (1): 25-26.

[226] 阿列克谢耶夫. 钢筋混凝土结构中钢筋锈蚀与保护[M]. 黄可信, 吴兴祖, 等译. 北京: 中国建筑工业出版社, 1983.

[227] 许丽萍, 黄士元. 预测混凝土中碳化深度的数学模型[J]. 上海建材学院学报, 1991, 4(4): 347-356.

[228] Tuutti, K. Corrosion of steel in concrete[D]. CBI Research, 1982.

[229] 王昇, 周兆桐. 混凝土手册[M]. 长春: 吉林科学技术出版社, 1985.

[230] 龚洛书, 苏曼青, 王洪琳. 混凝土多系数碳化方程及其应用[J]. 混凝土及钢筋混凝土, 1985, (6): 10-16.

[231] 许丽萍, 黄士元. 预测混凝土中碳化深度的数学模型[J]. 上海建材学院学报, 1991, 4(4): 347-357.

[232] 朋改非, 王金羽. 火灾高温下硬化水泥浆的化学分解特征[J]. 南京信息工程大学学报. 2009, 1(1): 76-81.

[233] Abrams, M. S. Temperature and Concrete[J]. ACI SP-25, 1973: 33-50.

[234] Jahren, P. A. Fire resistance of high strength/dense concrete with particular references to the use of condensed silica fume-A review [J]. In: ACI ed. Proc., Fly ash, Silca Fume. Slag, and Natural Pozzolans in Concrete, ACI SP114. The Third International Conference, Detroit, USA: American Concrete Institute, 1989.

[235] Castillo, C., Durrani A. J. Effect of transient high temperature on high-strength concrete [J]. ACI Mater. Jour Jan-Feb, 1990, 87 (1): 47-53.

[236] Neves, I. C., Branco, F. A., Valente J. C. Effects of formwork fires in bridge construction [J]. Concrete International, 1997, 9 (1): 41-46.

[237] Al-Mutairi, N. M., Al-Shaleh, M. S. Assessment of fire-damaged Kuwaiti structures [J]. Journal of Materials in Civil Engineering. 1997, 9 (1): 7-14.

[238] 徐志胜, 朱玛. 高温作用后混凝土强度与变形试验研究[J]. 长沙铁道学院学报. 2000, 18(2): 13-16.

［239］ 贾锋，吴高温后混凝土抗压强度的试验研究［J］．青岛建筑工程学院学报．1997，18（1）：10-14.

［240］ 孙伟，Samm，Y. W. 高性能混凝土的高温性能研究［J］．建筑材料学报，2000，3（1）：27-32

［241］ 牛季收．水下不分散混凝土的应用研究［J］．混凝土，2008，221（3）：107-110.

［242］ Khayat，K. H. Effects of anti washout admixtures on fresh concrete properties［J］．ACI Materials Journal，1995，92（2）：164-172.

［243］ 王燕谋．中国水泥工业致力于减排 CO_2 的现状和展望［J］．中国水泥，2009，（11）：17-20.

［244］ 曾学敏．与共和国共铸辉煌——水泥行业余热发电事业发展报告［J］．中国水泥．2009（10）：18-23.

［245］ 汪澜．水泥生产企业 CO_2 排放量的计算［J］．中国水泥，2009（11）：21-22.

［246］ 水泥生产最新技术进展-CSVECRA 技术白皮书．欧洲水泥研究院/世界可持续发展工商理事会，2009 年 6 月．

［247］ 水泥技术路线图 2009 年 11 月．经合组织/国际能源署/世界可持续发晨工商理事会．

［248］ 2008 年中国水泥年鉴．中国水泥协会．

［249］ Li，V. C. From micromechanics to structural engineering-the design of cementitious composites for civil engineering applications［J］．JSCE Journal of Structure，Mechanics and Earthquake Engineering，1993，10（2）：37-48.

［250］ Fukuyama，H.，Sato，Y.，Li，V. C. Ductile engineered cementitious composites elements for seismic structural application［C］．In：Proceedings of the 12 WCEE，2000.

［251］ 王晓刚，毛新奇，赵铁军．聚乙烯醇纤维水泥基复合材料［J］．青岛建筑工程学院学报，2004，25（4）：28-31.

［252］ 崔素萍，刘宇．水泥碳减排潜力及评价方法研究［J］．中国水泥，2016，（1）：71-74.

［253］ 高长明．水泥工业低碳转型刻不容缓［J］．新世纪水泥导报，2019，（6）：1-4.

［254］ 高长明．2050 年世界及中国水泥工业发展预测与展望［J］．新世纪水泥导报，2019，（2）：1-4.

［255］ 高长明．我国水泥工业低碳转型的技术途径——兼评联合国新发布的《水泥工业低碳转型技术路线图》［J］．水泥，2019，（1）：4-8.

［256］ 建筑材料工业技术情报研究所．LC3——一种新型低碳水泥［J］．江苏建材，2019，（4）：62.

［257］ 韩仲琦．关于水泥绿色化的思考［J］．水泥技术，2018，（6）：21-26.

［258］ 徐天林．拉法基研出 Aether 低碳水泥［J］．中国水泥，2017，（7）：58-62.

［259］ 姚燕，史才军．水泥和混凝土研究进展——第 14 届国际水泥化学大会论文综述［M］．北京：中国建材工业出版社，2016.

［260］ Jahren，P.，Sui，T. B. Concrete and Sustainability［M］．Beijing：Chemistry Industry Press，2013.

［261］ 杨南如．非传统胶凝材料化学［M］．武汉：武汉理工大学出版社，2018.

［262］ 施惠生，郭晓潞，阚黎黎．水泥基材料科学［M］．北京：中国建材工业出版社，2011.

［263］ 钱春香，张旋．新型微生物水泥［M］．北京：科学出版社，2020.

［264］ 施惠生，夏明，郭晓潞．粉煤灰基地聚合物反应机理及各组分作用的研究进展［J］．硅酸盐学报，2013，41（7）：972-980.

［265］ 施惠生，胡文佩，郭晓潞，等．地聚合物的早期反应过程及其表征技术［J］．硅酸盐学报，2015，43（2）：174-183.

［266］ 郭晓潞，伍亮，施惠生．地聚合物耐久性能研究进展及改善途径［J］．功能材料，2017，48（10）：10046-10054.

［267］ 郭晓潞，张丽艳，施惠生．地聚合物固化/稳定化重金属的影响因素及作用机制［J］．功能材料，2015，46（5）：05013-05018.

［268］ 郭晓潞，熊归砚，王志浩．地聚合物基月球混凝土及其 3D 打印原位建造设想［J］．航天器环境工

程，2020，37（3）：209-217.

[269] 郭晓潞，施惠生，夏明. 不同钙源对地聚合物反应机制的影响研究[J]. 材料研究学报，2016，30（5）：348-354.

[270] 施惠生，郭晓潞，夏明，等. 地聚合物凝胶结构特性的分子动力学研究[J]. 功能材料，2015，46（4）：4081-4085.

[271] 王晴，康升荣，吴丽梅，等. 地聚合物凝胶体系中 N-A-S-H 和 C-A-S-H 结构的分子模拟[J]. 建筑材料学报，2020，23（1）：184-191.

[272] 郭晓潞，黄加宝，章红梅. 纤维增强粉煤灰-钢渣基地聚合物耐高温性能[J]. 建筑材料学报，2019，22（4）：530-537.

[273] 彭小芹，杨涛，王开宇，等. 地聚合物混凝土及其在水泥混凝土路面快速修补中的应用[J]. 西南交通大学学报，2011，46（2）：205-210.

[274] 阮华夫，高峰，章苏亚. BH 地聚合物浅层注浆技术在上海 G1501 高架北段道路大修中的应用[J]. 中国市政工程，2015，（5）：1-3，93.

[275] 王燕谋，苏慕珍，路永华，等. 中国特种水泥[M]. 北京：中国建材工业出版社，2012.

[276] 袁润章. 胶凝材料学[M]. 武汉：武汉工业大学出版社，1996.

[277] Pöllmann, H. Calcium aluminate cements-raw materials, differences, hydration and properties[J]. Reviews in Mineralogy and Geochemistry, 2012, 74(1): 1-82.

[278] Bensted, J., Barnes, P. Structure and performance of cements [M]. 2nd Edition. London: Taylor&Francis, 2008: 116-130.

[279] Peter, C. H., Martin, L. Lea's chemistry of cement and concrete[M]. 4th Edition. Oxford: Butterworth-Heinemann, 2003: 713-730.

[280] 张宇震. 中国铝酸盐水泥生产与应用[M]. 北京：中国建材工业出版社，2014.

[281] Yang, Z., Ye, G., Gu, W., et al. Conversion of calcium aluminate cement hydrates at 60℃ with and without water[J]. Journal of the American Ceramic Society, 2018, 101(7): 2712-2717.

[282] Ukrainczyk, N., Matusinovic, T. Thermal properties of hydrating calcium aluminate cement pastes[J]. Cement and Concrete Research, 2010, 40(1): 128-136.

[283] Aye, T., Oguchi, C. T., Takaya, Y. Evaluation of sulfate resistance of Portland and high alumina cement mortars using hardness test[J]. Construction and Building Materials, 2010, 24(6): 1020-1026.

[284] 韩行禄. 不定形耐火材料[M]. 2 版. 北京：冶金工业出版社，2003.

[285] 全国化学标准化技术委员会水处理剂分技术委员会. 水处理剂用铝酸钙：GB/T 29341—2012[S]. 北京：中国标准出版社，2012.

[286] 王燕谋，苏慕珍，张量. 硫铝酸盐水泥[M]. 北京：北京工业大学出版社，1999.

[287] 刁江京，辛志军，张秋英. 硫铝酸盐水泥的生产与应用[M]. 北京：中国建材工业出版社，2006.

[288] Lan, W., Glasser, F. P. Hydration of calcium sulphoaluminate cements[J]. Advances in Cement Research, 1996, 8(31): 127-134.

[289] 李楠. 基于 BSE-IA 方法的硫铝酸盐水泥熟料-石膏-聚合物体系水化研究[D]. 上海：同济大学，2018.

[290] Zhang, L. Microstructure and performance of calcium sulfoaluminate cements[D]. Aberdeen: University of aberdeen, 2000.

[291] Winnefeld, F., Lothenbach, B. Hydration of calcium sulfoaluminate cements- Experimental findings and thermodynamic modelling[J]. Cement and Concrete Research, 2010, 40(8): 1239-1247.

[292] Chang, J., Yu, X., Shang, X., et al. A reaction range for hydration of calcium sulfoaluminate with calcium sulfate and calcium hydroxide: theory and experimental validation[J]. Advances in Cement Research,

2016: 1-11.

[293] 李娟, 周春英, 杨亚晋. 高贝利特硫铝酸钙熟料矿物组成优化[J]. 硅酸盐学报, 2012, 40(11): 1618-1624.

[294] 迟琳. 高贝利特硫铝酸盐水泥活化和水化机理研究[D]. 哈尔滨: 哈尔滨工业大学, 2019.

[295] 韩建国, 阎培渝. 水灰比和碳酸锂对硫铝酸盐水泥水化历程的影响[J]. 混凝土, 2010, (12): 5-7, 26.

[296] 吴宗道. 钙矾石的显微形貌[J]. 中国建材科技, 1995, (4): 9-14.

[297] Xu, L. L., Wu, K., Rossler, C., et al. Influence of curing temperatures on the hydration of calcium aluminate cement/Portland cement/calcium sulfate blends[J]. Cement and Concrete Composites, 2017, 80: 298-306.

[298] Xu, L. L., Wu, K., Li, N., et al. Utilization of flue gas desulfurization gypsum for producing calcium sulfoaluminate cement[J]. Journal of Cleaner Production, 2017, 161: 803-811.

[299] Xu, L. L., Liu, S. Y., Li, N., et al. Retardation effect of elevated temperature on the setting of calcium sulfoaluminate cement clinker[J]. Construction and Building Materials, 2018, 178: 112-119.

[300] 尤超. 磷酸镁水泥水化硬化及水化产物稳定性[D]. 重庆: 重庆大学, 2017.

[301] 汪宏涛, 钱觉时, 王建国. 磷酸镁水泥的研究进展[J]. 材料导报, 2005, 19(12): 46-47.

[302] 杨建明, 罗利民, 钱春香. 化学结合磷酸镁胶结材料的研究现状及其发展趋势[J]. 新型建筑材料, 2008, 35(9): 7-11.

[303] Yang, Q., Zhu, B., Wu, X. Characteristics and durability test of magnesium phosphate cement-based material for rapid repair of concrete[J]. Materials and Structures, 2000, 33(228): 229-234.

[304] 雒亚莉, 陈兵. 磷酸镁水泥的研究与工程应用[J]. 水泥, 2009, (9): 16-19.

[305] 杨全兵, 张树青, 杨学广, 等. 新型超快硬磷酸盐修补材料的应用与影响因素[J]. 混凝土, 2000, (12): 49-54.

[306] Yang, Q., Wu, X. Factors influencing properties of phosphate cement-based binder for rapid repair of concrete[J]. Cement and Concrete Research, 1999, 29(3): 389-396.

[307] 张思宇, 施惠生, 黄少文. 粉煤灰掺量对磷酸镁水泥基复合材料力学性能影响[J]. 南昌大学学报(工科版), 2009, 33(1): 80-82.

[308] 常远, 史才军, 杨楠, 等. 不同细度 MgO 对磷酸钾镁水泥性能的影响[J]. 硅酸盐学报, 2013, 41(4): 492-499.

[309] Qiao, F., Chau, C. K., Li, Z. Property evaluation of magnesium phosphate cement mortar as patch repair material[J]. Construction and Building Materials, 2010, 24(5): 695-700.

[310] Wang, A. J., Yuan, Z. L., Zhang, J., et al. Effect of raw material ratios on the compressive strength of magnesium potassium phosphate chemically bonded ceramics[J]. Materials Science and Engineering C, 2013, 33: 5058-5063.

[311] Fan, S., Chen, B.. Experimental study of phosphate salts influencing properties of magnesium phosphate cement[J]. Construction and Building Materials, 2014, 65: 480-486.

[312] Tan, Y. S, Yu, H. F, Li, Y. Magnesium potassium oxide after producing $LiCO_3$ from salt lakes[J]. Science Direct, 2014, 40: 13543-13551.

[313] 杨建明, 钱春香, 张青行, 等. 原料粒度对磷酸镁水泥水化硬化特性的影响[J]. 东南大学学报(自然科学版), 2010, 40(2): 373-379.

[314] Qian, C., Yang, J. M. Effect of disodium hydrogen phosphate on hydration and hardening of magnesium potassium phosphate cement[J]. Journal of Materials in Civil Engineering, 2011, 23(10): 1405-1411.

[315] 姜洪义, 周环, 杨慧. 超快硬磷酸盐修补水泥水化硬化机理的研究[J]. 武汉理工大学学报, 2002,

　　4：18-20.

[316] 雒亚莉. 新型早强磷酸镁水泥的试验研究和工程应用[D]. 上海：上海交通大学，2010.

[317] Buj, I., Torras, J., Casellas, D., et al. Effect of heavy metals and water content on the strength of magnesium phosphate cements[J]. Journal of Hazardous Materials, 2009, 170(1): 345-350.

[318] Kanda, T., Watanabe, S., Li, V. C. Application of pseudo strain hardening cementitious composites to shear resistant structural elements [J]. Fracture Mechanics of Concrete Structures Proc. FRAMCOS-3, A EDIFICATIO Publishers, D-79104 Freiburg, Germany, 1998.

[319] Fukuyama, H., Matsuzaki, Y., Nakano, K. Structural performance of beam elements with PVA-ECC [J]. Proc. Of High Performance Fiber Reinforced Cement Composites 3 (HPFRCC3), Ed. Reinhardt and A. Naaman, Chapman & Hull, 1999.

[320] Zhang, J., Li, V. C. Monotonic and fatigue performance of engineered fiber reinforced cementitious composite in overlay system with deflection cracks [J]. Cement and Concrete Research, 2002, 32 (3): 415-423.

[321] Richmondc, A. Year 5 Annual report: Pacific earthquake engineering research center [R], 2003.

[322] Bilington, S. L. Damage-tolerant cement-based materials for performance based earthquake engineering design: research needs [A]. In: LI VIVCed. Fracture Mechanics of Concrete Structures. Ia-FraMCos, 2004, 53-60.

[323] Li, V. C., Mishra, D. K., Naaman, A. E. On the shear behavior of ECC [J]. J Adv Cem Based Mater, 1994, 1(3): 142-149.

[324] Maalej, M., Zhang, J., Quek, S. T. High-velocity impact resistance of hybrid-fiber ECC [A]. In: Li, V. C. ed. Proceedings, FraMCoS 5, 2004, 1051-1058.

[325] Lepech, M., Weimann M., Li, V. C. Permeability of ECC in strain-hardening state preparation [J]. 2004.

[326] Li, V. C. High performance fiber reinforced cementitious composites as durable material for concrete structure repair[J]. International Journal of Restoration 2004, 10(2): 163-180.

[327] Li, V. C., Leung, C. K. Y. Theory of steady state and multiple cracking of random discontinuous fiber reinforced brittle matrix composites [J]. Journal of Engineering Mechanics, ASCE, 1992, 118 (11): 2246-2264.

[328] Griffith, A. A. The phenomena of rupture and flow in solids [J]. Philosophical Transactions of the Royal Society of London, 1921, 221: 163-198.

[329] Yang, E. H., Li, V. C. Strain-hardening fiber cement optimization and component tailoring by means of a micromechanical model [J]. Construction and Building Materials, 2010, 24: 130-139.

[330] 亚当·内维尔. 国际材料与结构试验室联合会一九七五年会议论文集. 纤维增强水泥与混凝土(第一册)[M]. 北京：中国建筑工业出版社，1980.

[331] Li, V. C., Fukuyama, H., Mikame, A. Development of ductile engineered cementitious composite elements for seismic structural applications [A]. In: Proceedings, Paper T177-5. Structural Engineering World Congress (SEWC). San Francisco, July, 1998.

[332] Zhang, J., Li, V. C. Effect of inclination angle on fiber rupture load in fiber reinforced cementitious composites [J]. Composite Science and Technology, 2002, 62(6): 775-781.

[333] Maalej, M., Li, V. C., Hashida, T. Effect of fiber rupture on tensile properties of short fiber composites [J]. ASCE J. of Engineering Mechanics, 1995, 121(8): 903-913.

[334] 施惠生，郭晓潞. 土木工程材料试验精编[M]. 北京：中国建材工业出版社，2010.

[335] J. 本斯迪德, P. 巴恩斯, 本斯迪德, 等. 水泥的结构和性能[M]. 廖欣，译. 北京：化学工业出版

社，2009.

[336] 史才军，元强. 水泥基材料测试分析方法[M]. 北京：中国建筑工业出版社，2018.

[337] Chung, F. H. , Smith, et al. Industrial Applications of X-ray Diffraction[M]. 2000.

[338] Scrivener, K, Snellings, R. , Lothenbach, B. A practical guide to microstructural analysis of cementitious materials[M]. 1st Edition, 2016.

[339] Snellings, R. , Salze, A. , Scrivener, K. L. Use of X-ray diffraction to quantify amorphous supplementary cementitious materials in anhydrous and hydrated blended cements[J]. Cement and Concrete Research, 2014, 64: 89-98.

[340] Powers, T. C. , Copeland, L. E. , Hayes, J. S. Permeability of Portland cement paste[J]. Journal of ACI Process, 1954, 51: 285-298.

[341] 廉慧珍. 建筑材料物相研究基础[M]. 北京：清华大学出版社，1996.

[342] 赵红. X射线荧光光谱仪在水泥及矿物外掺料成分分析中的实验技术研究[D]. 2004.

[343] 张金喜，金珊珊. 水泥混凝土微观孔隙构造及其作用[M]. 北京：科学出版社，2014.

[344] 祝建清，吴松良. X射线荧光分析仪在水泥生产中的应用[J]. 水泥，2009, (4)：50-53.

[345] 王兆民. 红外光谱学——理论与实践[M]. 北京：兵器工业出版社，1995.

[346] Smith, B. Infrared spectral interpretation: a systematic approach[M]. Boca Raton: CRC Press, 1998.

[347] 徐积荣，吴志鸿，乐群，等. 熔融法X射线荧光光谱测定硅酸岩中30个主、痕量元素[J]. 岩矿测试，1986, (3)：35-40.

[348] 李升，李锦光. X射线荧光光谱-玻璃熔融制样法分析铁矿中成分和微量成分[J]. 光谱实验室，1999, 16(3)：345-347.

[349] Kumar, R. , Bhattacharjee, B. Study on some factors affecting the results in the use of MIP method in concrete research[J]. Cement and Concrete Research, 2003, 33(3): 417-424.

[350] Heam, N. , Hooton, R. D. Sample mass and dimension effects on mercury intrusion porosimetry results [J]. Cement and Concrete Research, 1992, 22(5): 970-980.

[351] Galle, C. Effect of drying on cement-based materials pore structure as identified by mercury intrusion porosimetry: A comparative study between oven-, vacuum-, and freeze-drying[J]. Cement and Concrete Research, 2001, 31(10): 1467-1477.

[352] Korpa, A. , Trettin, R. The influence of different drying methods on cement paste microstructures as reflected by gas adsorption: Comparison between freeze-drying CF-drying), D-drying, P-drying and oven-drying methods[J]. Cement and Concrete Research, 2006, 36: 634-649.

[353] Kaufmann, J. , Loser, R. , Leemann, A. Analysis of cement-bonded materials by multi-cycle mercury intrusion and nitrogen sorption[J]. Journal of Colloid and Interface Science, 2009, 336: 730-737.

[354] Zhang, J. Microstructure study of cementitious materials using resistivity measurement[D]. Dissertations and Theses Gradworks, 2008.

[355] Zeng, Q. , Li, K. , Fen-Chong, T. , Dangla, P. Pore structure characterization of cement pastes blended with high-volume fly-ash[J]. Cement and Concrete Research, 2012, 42(1): 194-204.

[356] Chatterji, S. , Jeffery, J. W. Three-dimensional arrangement of hydration products in set cement paste[J]. Nature, 1966, 209(5029): 1233-1234.

[357] Richardson, I. G. The nature of C-S-H in hardened cements[J]. Cement and Concrete Research, 1999, 29(8): 1131-1147.

[358] 张朝宗. 工业CT技术和原理[M]. 北京：科学出版社，2009.

[359] 史美伦. 混凝土阻抗谱[M]. 北京：中国铁道出版社，2003.

[360] Ford, S. J. , Shane, J. D. , Mason, T. O. Assignment of features in impedance spectra of the cement paste/

steel system[J]. Cement and Concrete Research, 1998, 28(12): 1737-1751.

[361] Ford, S. J., Mason, T. O., Christensen, B. J., Coverdale, R. T., Jennings, H. M., Garboczi, E. J. Electrode configurations and impedance spectra of cement pastes[J]. Journal of Materials Science, 1995, 30 (5): 1217-1224.

[362] Xie, P., Gu, P., Beaudoin, J. J. Contact capacitance effect in measurement of a. c. impedance spectra for hydrating cement systems[J]. Journal of Materials Science, 1996, 31(1): 144-149.

[363] Song, G. L. Equivalent circuit model for AC electrochemical impedance spectroscopy of concrete[J]. Cement and Concrete Research, 2000, 30(11): 1723-1730.

[364] Moss, G. M., Christensen, B. J., Mason, T. O., Jennings, H. M. Microstructural analysis of young cement pastes using impedance spectroscopy during pore solution exchange[J]. Advanced Cement Based Materials, 1996, 4(2): 68-75.

[365] Cormack, S. L., Macphee, D. E., Sinclair, D. C. An AC impedance spectroscopy study of hydrated cement pastes[J]. Advances in Cement Research, 1998, 10(4): 151-159.

[366] Vedalakshmi, R., Devi, R. R., Emmanuel, B., et al. Determination of diffusion coefficient of chloride in concrete: an electrochemical impedance spectroscopic approach[J]. Materials and Structures, 2008, 41 (7): 1315-1326.

[367] Shi, M., Chen, Z., Sun, J. Determination of chloride diffusivity in concrete by AC impedance spectroscopy[J]. Cement and Concrete Research, 1999, 29(7): 1111-1115.

[368] She, A. M., Yao, W., Wei, Y. Q. In-situ monitoring of hydration kinetics of cement pastes by low-field NMR[J]. Journal of Wuhan University of Technology-Materials Science Edition, 2010, 25(4): 692-695.

[369] She, A. M., Yao, W. Probing the hydration of composite cement pastes containing fly ash and silica fume by proton NMR spin-lattice relaxation [J]. Science China Technological Sciences, 2010, 53 (6): 1471-1476.

[370] 何永佳, 胡曙光. ^{29}Si 固体核磁共振技术在水泥化学研究中的应用[J]. 材料科学与工程学报, 2007, 25(1): 147-153.

[371] 王可, 张英华, 李雨晴, 等. 固体核磁共振技术在水泥基材料研究中的应用[J]. 波谱学杂志, 2020, 37(1): 40-51.

[372] 付长璟. 石墨烯的制备、结构及应用[M]. 哈尔滨: 哈尔滨工业大学出版社, 2017.

[373] 贾春晓. 仪器分析[M]. 郑州: 河南科学技术出版社, 2009.

[374] 郑克仁, 陈楼, 周瑾. 玻璃粉的火山灰反应及对水化硅酸钙组成的影响[J]. 硅酸盐学报, 2016, 44 (2): 202-210.

[375] 丰曙霞. 背散射电子图像分析技术及其在水泥浆体研究中的应用[D]. 2013.

[376] 王培铭, 丰曙霞, 刘贤萍. 背散射电子图像分析在水泥基材料微观结构研究中的应用[J]. 硅酸盐学报, 2011, 39(10): 1659-1665.

[377] 韩松, 阎培渝, 刘仍光. 水泥早期水化产物的 TEM 研究[J]. 中国科学: 技术科学, 2012, 42(8): 879-885.